DIE SAPONINE

VON

LUDWIG KOFLER

DR. MED. ET PHIL. ET MAG. PHARM., A. O. PROFESSOR FÜR PHARMAKOGNOSIE UND
VORSTAND DES PHARMAKOGNOSTISCHEN INSTITUTS DER UNIVERSITÄT INNSBRUCK

MIT 7 ABBILDUNGEN
UND 19 TABELLEN IM TEXT

WIEN
VERLAG VON JULIUS SPRINGER
1927

ISBN-13:978-3-7091-9579-6   e-ISBN-13:978-3-7091-9826-1
DOI: 10.1007/978-3-7091-9826-1

MEINEM VATER
GEWIDMET

Vorwort

Die Saponine finden in verschiedenen Wissensgebieten Interesse,
in der Chemie, Kolloidchemie, Botanik, Physiologie, Pharmakologie,
Toxikologie und anderen Zweigen der Medizin, ferner in der Pharmazie
und auf technischem Gebiete. Dementsprechend ist auch die Literatur
über Saponine in den verschiedensten Zeitschriften zerstreut, so daß
in den letzten Jahren wiederholt der Wunsch nach einer neueren,
zusammenfassenden Darstellung geäußert wurde.

In der vorliegenden Schrift habe ich mich bemüht, an Hand der
Literatur und eigener Arbeiten eine zusammenhängende Darstellung
der Saponine zu geben. Es wurden dabei die wichtigsten chemischen,
physikalischen, pharmakologischen und toxikologischen Eigenschaften,
das Vorkommen und die Verteilung in den Pflanzen, die Gewinnung,
der Nachweis, sowie ihre Anwendung in der Medizin, Pharmazie und
Technik besprochen.

Bei der Sammlung und Bearbeitung des Stoffes drängte sich stets
von neuem die Unsicherheit und Lückenhaftigkeit unserer Kenntnisse
über die Saponine auf. Allzu häufig finden sich über eine und dieselbe
Eigenschaft der Saponine gerade entgegengesetzte Angaben in der
Literatur, so daß die Schwierigkeit einer übersichtlichen und einheitlichen Darstellung keine geringe war und sich Zweifel aufdrängten,
ob denn überhaupt der Zeitpunkt für eine Monographie der Saponine
schon gegeben sei. Abgesehen von der Schwierigkeit der Materie selbst,
lassen sich vor allem zwei Ursachen für viele Widersprüche und Unklarheiten erkennen. Die eine Ursache liegt darin, daß die einzelnen Autoren
von sehr verschiedenen Wissensgebieten aus an die Saponine heran-
treten und dann vorwiegend die Saponinliteratur ihres eigenen Faches
berücksichtigen. Die zweite Ursache, die vor allem die Arbeiten auf
physiologischem und medizinischem Gebiete betrifft, liegt in der vielfach
ausdrücklich oder stillschweigend gemachten Voraussetzung, daß die
einzelnen Saponine in allen ihren Eigenschaften übereinstimmen. Es
ist aber durchaus nicht zulässig, die mit einem bestimmten Saponin
gewonnenen Resultate auf andere Saponine zu übertragen; manche
scheinbar widersprechenden Angaben sind auf diese Weise zu erklären.
In der vorliegenden zusammenfassenden Schrift wurde auf beide Punkte
Rücksicht genommen. Es soll dem Chemiker, Physiologen, Mediziner,
Pharmazeuten, Techniker usw. nicht nur die Orientierung über jene

Eigenschaften der Saponine ermöglicht werden, die sein Fachgebiet unmittelbar berühren, sondern auch über das, was auf anderen Wissenszweigen über Saponine gearbeitet wurde. Bezüglich des zweiten Punktes nannte ich möglichst bei allen in dem Buche zitierten Arbeiten Namen und Herkunft des verwendeten Saponins, soweit sie vom Autor vermerkt sind, und hob die Unterschiede gegenüber anderen Saponinen hervor. Neben diesem Hinweis auf die Unterschiede zwischen den einzelnen Saponinen muß aber die Berechtigung einer einheitlichen Betrachtung der Saponine betont werden.

Häufig benützt wurden die wertvollen, zusammenfassenden Abhandlungen von KOBERT, ROSENTHALER und SIEBURG.

Innsbruck, im Frühjahr 1927

L. Kofler

Inhaltsverzeichnis

Berichtigungen

Seite 6, Zeile 8 von oben: lies $C_{27}H_{37}NO_{16}$ statt $O_{24}H_{37}NO_{16}$.
Seite 21, 3. Kolonne: lies $C_{27}H_{37}NO_{16}$ statt $C_{27}H_{37}O_{16}$.

1. Historischer Rückblick

Es ist eine noch unentschiedene Frage, wann und von wem der Name Saponin zum ersten Male gebraucht wurde. Nach DIERGART[1]) scheint der Ausdruck Saponin zwischen den Jahren 1815 und 1819 entstanden zu sein. Nach den Untersuchungen ROSENTHALERS[2]) findet sich die älteste derzeit nachweisbare Literaturstelle, welche das Wort Saponin enthält, im dritten, 1819 erschienenen Bande der ersten Auflage des GMELINschen Handbuches der theoretischen Chemie. Ob GMELIN selbst das Wort Saponin geprägt oder von einem früheren Autor übernommen hat, ist aus der betreffenden Stelle nicht ersichtlich. Als Literatur gibt GMELIN nur die Untersuchungen von SCHRADER[3]) und BUCHOLZ an. Ersterer wurde in der Folgezeit häufig als der eigentliche Entdecker der Saponine und als der Urheber des Wortes Saponin bezeichnet, so z. B. noch von VAN RIJN[4]). Dieser Ansicht trat WEIL und namentlich ROSEN-THALER[2]) entgegen. Der Ausdruck Saponin ist in der SCHRADERschen Arbeit nicht zu finden. Der Umstand, daß SCHRADER in seiner Arbeit von Seifenstoff und unter anderem auch von *Saponaria officinalis* sprach, war wohl die Ursache für die spätere Bildung der irrigen Ansicht, SCHRADER sei der Entdecker der Saponine. ROSENTHALER hebt hervor, daß SCHRADER gar nicht der Meinung war, einen für die Seifenwurzel charakteristischen Stoff gefunden zu haben, sondern daß derselbe Stoff auch in anderen Pflanzen vorkomme. ROSENTHALER schreibt „... SCHRADER suchte durch seine Arbeit zu beweisen, daß Extraktivstoff und Seifenstoff identisch seien. SCHRADER stellte den Seifenstoff nicht nur aus der roten Seifenwurzel, sondern unter anderem auch aus der *China fusca* und der Enzianwurzel (beide sicher saponinfrei) dar...". Dieser Auffassung ROSENTHALERS kann ich nicht ganz beistimmen. Mir scheint der

---

[1]) P. DIERGART, Chem. Zeitg. **45**, 1265 (1921) und **46**, 127 (1922).

[2]) L. ROSENTHALER, Ber. d. Dtsch. Pharmazeut. Ges. **15**, 178 (1905) und Chem. Zeitg. **46**, 127 (1922) und **45**, 592 (1921).

[3]) J. C. C. SCHRADER, GEHLENS Journal f. d. Chemie, Physik und Mineralogie 8, 548 (1809).

[4]) VAN RIJN, Die Glykoside, Berlin 1900.

Zweck der SCHRADERschen Arbeit ein anderer zu sein. Wenn ich SCHRADER richtig verstehe, macht er einen Unterschied zwischen Extraktivstoff und Seifenstoff. Für diese Auffassung scheinen mir unter anderem folgende Stellen zu sprechen, S. 550: „Gewöhnlich wurde bisher bei uns die in den Vegetabilien gefundene extraktive Masse, welche sonst nichts mehr abscheiden ließ und sich im Wasser und im gewöhnlichen Weingeist, aber nicht im Äther, auflöste, wenn sie beim Abrauchen keine Haut mehr bekam, keine Flocken mehr zeigte und sonst nichts mehr abzusetzen, sondern klar zu bleiben schien, Seifenstoff genannt, und was sich ausgeschieden oder abgesetzt hatte, als Extraktivstoff bezeichnet." Später, nach Besprechung der Versuche sagt SCHRADER S. 562: „Wenn nun aber diese Substanz in der Gentiana und in der Seifenwurzel Extraktivstoff ist, so ist sie es wohl ohne Zweifel in den übrigen bekannten, braunen, in Wasser und gewöhnlichem Weingeist auflöslichen Auszügen der Vegetabilien; von den mehrsten ist es auch schon bekannt, daß sie beim Abdampfen mehr oder weniger absetzen." S. 565, nach Untersuchung des Kaffees heißt es: „Aus dem vorhergehenden glaube ich schließen zu können, daß die Kaffeesubstanz ebensogut wie die Substanz der beiden Wurzeln zum Extraktivstoff gehöre...." Die Bezeichnung Seifenstoff führt SCHRADER auf HERMBSTÄDT (Berliner Jahrbuch der Pharmazie 1795) zurück. Wie schon WEIL und ROSENTHALER betonen, ist dieser Seifenstoff nicht identisch mit dem heutigen Begriff Saponin. Ich stimme daher mit ROSENTHALER darin überein, daß SCHRADER weder das Wort Saponin geprägt hat noch einen Körper in Händen hatte, der unserem Begriff Saponin entspricht. Meiner Meinung nach kann man aber noch weiter gehen und sagen: SCHRADER sucht in seiner Arbeit den Nachweis zu erbringen, daß seine aus der roten Seifenwurzel gewonnene Substanz kein Seifenstoff sei.

Das Taschenbuch für Scheidekünstler und Apotheker von BUCHOLZ aus dem Jahre 1811 sollte nach WEIL das Wort Saponin enthalten. Nach den Angaben von ROSENTHALER und DIERGART trifft dies nicht zu. In seinem Katechismus der Apothekerkunst aus dem Jahre 1810 spricht BUCHOLZ[1]) nur von Pflanzenseifenstoff („Principium saponaceum") und hält die übliche Unterscheidung zwischen Seifenstoff und Extraktivstoff für unbegründet. Er betrachtet den Seifenstoff nur als eine besondere Art von Extraktivstoff, ausgezeichnet durch ihre starke Schaumkraft. Als Beispiele führt er Safran, Seifenwurzel, Rhabarber und Aloë an.

Wenn nun auch nach obigen Ausführungen das Wort Saponin nicht vor dem Jahre 1819 nachweisbar ist, so lassen sich doch in der Literatur

---

[1]) CHR. FR. BUCHOLZ, Katechismus d. Apothekerkunst. Erfurt 1810, S. 765.

viel frühere Angaben finden, welche von einem für die Seifenwurzel
und für einzelne andere Saponinpflanzen eigentümlichen Stoff sprechen.
LIPPMANN[1]) zitiert aus BOERHAVE „Elementa Chemiae" (London 1732,
II, S. 13 und 16, Basel 1754, II, S. 33 und 35) eine Stelle, wo vom „Succus
saponaceus plantarum nativus" und vom „Oleum, sali plantarum mixtum
in formam saponis" die Rede ist. In der „Onomatologia botanica completa
oder vollständiges botanisches Wörterbuch" ... herausgegebenen „von
einer Gesellschaft erfahrener Pflanzenkundiger", Bd. VIII, Frankfurt
und Leipzig 1776, ist unter *Saponaria officinalis* unter anderem angegeben:
„Die ganze Pflanze, vornehmlich aber Wurzel und Blätter, ist zwar
ohne Geruch, aber voll von einem seifenartigen, bitterlichen Safte, der
mit Wasser einen Schaum macht, der mit Recht unter die vorzüglichen
auflösenden Mittel gezählt wird, der diese Pflanze der kostbaren Sarsa-
parille an die Seite stellt und sich in Wasser und Weingeist auflöst;',
„Mit dem Safte der frischen und gequetschten Pflanze kann man auch
Fettflecken aus den Kleidern machen." Es wird hier also neben der
schäumenden und reinigenden Wirkung noch die Eigenschaft als vorzügliches auflösendes Mittel herangezogen, ferner die Löslichkeit in
Wasser und Weingeist, gleichzeitig wird die Seifenwurzel einer anderen
Saponinpflanze, der Sarsaparilla, an die Seite gestellt. Diese Literaturstelle charakterisiert demnach die Saponine bedeutend besser als manche
späteren Angaben über den „Seifenstoff". BERGIUS[2]) gibt im Jahre 1778
ebenfalls eine gute Beschreibung der Eigenschaften der roten Seifenwurzel. Er sagt unter anderem vom Dekokt auf S. 371: „Hoc decoctum,
virgulae ope agitatum, maxime spumescit, exacte ut solutio Saponis
veri: spuma alba, persistente, non tamen lubrica, uti e sapone, sed rigi-
diuscula." „Ex hac facultate saponacea virtus medica radicis elucet;
hinc Radix Saponariae praestantissimum diluens in ptisanis; hinc in
arthritide, cura mercuriali etc. nullum aptiorem potum novi."

Der Vergleich saponinhaltiger Pflanzenauszüge mit Seife ist natürlich
viel älter als die angegebenen Stellen, dies geht schon aus den alten
Namen dieser Pflanzen hervor.

Bisher war die Rede von dem Wort Saponin und von solchen älteren
Literaturangaben, welche eine gute Charakterisierung der saponinhaltigen Pflanzen und ihrer Auszüge geben. Von diesen beiden Fragen
ist eine dritte Frage abzutrennen: Wer hatte das erste reine Saponin
in Händen? Auf diese Frage wird sich schwer eine allgemein anerkannte
Antwort finden lassen. Die Beantwortung hängt wesentlich davon ab,
welche Kriterien für die Reinheit eines Saponins verlangt werden. Bei
den amorphen Saponinen läßt sich auch heute noch der Nachweis, ob

---

[1]) E. O. VON LIPPMANN, Chem. Zeitg. **46**, 127 (1922).

[2]) P. J. BERGIUS, Materia medica e regno vegetabili. Stockholmiae 1778.

ein vorliegendes Saponin rein und einheitlich ist, schwer erbringen. Die ersten Untersucher hatten aber sicher nur ganz unreine Saponine in Händen. Man kann mit Sicherheit von einem reinen Saponin streng genommen erst von dem Zeitpunkt an sprechen, wo kristallisierte Saponine aufgefunden wurden. Die französische Literatur nennt als Entdecker der Saponine BUSSY[1]. Ein Jahr vor ihm hatte TROMSDORFF[2] bei der Senega zum ersten Mal essigsaures Blei zur Darstellung eines Saponins verwendet. Im Laufe der Darstellung des Saponins aus der weißen Seifenwurzel fällt er mit essigsaurem Blei und zersetzt den Bleiniederschlag mit Schwefelwasserstoff. TROMSDORFF selbst hält seine Substanz nicht für vollständig rein. BUSSY verbesserte die Bleimethode, indem er die wässerige Lösung zuerst durch Zusatz von neutralem Bleiazetat reinigte und dann im Filtrat das Saponin durch Bleiessig ausfällte und durch Schwefelwasserstoff wieder in Freiheit setzte. Dieses Saponin unterwarf BUSSY der Elementaranalyse. Das Saponin von BUSSY war vermutlich reiner als die Substanzen seiner Vorgänger, vollständig rein dürfte es aber ebenfalls nicht gewesen sein. Als unmittelbarer Vorgänger BUSSYS wäre noch BLEY[3] zu nennen.

In der Folgezeit verstand man unter Saponin eine einzige Substanz. An dieser Auffassung hielt CHRISTOPHSOHN[4] noch im Jahre 1874 fest. Erst FLÜCKIGER[5] erklärte ausdrücklich, daß die Saponine aus verschiedenen Pflanzen nicht identisch sind.

Zusammenfassend läßt sich daher sagen: Es war schon im 18. Jahrhundert bekannt, daß die Seifenwurzel, Sarsaparilla und andere Saponinpflanzen einen Stoff enthalten, der sich mit Wasser und Alkohol extrahieren läßt, in wässeriger Lösung wei Seife schäumt, reinigend wirkt und als „auflösendes" Heilmittel zu gebrauchen ist. Der Name Saponin findet sich zum erstenmal bei GMELIN im Jahre 1819. Ältere Literaturstellen sind nicht bekannt. Verhältnismäßig reine Saponine hatten zuerst BLEY, TROMSDORFF und besonders BUSSY in Händen.

2. Begriffsbestimmung

Die Saponine sind eine Gruppe von Glykosiden, die sich durch eine Reihe von gemeinsamen Merkmalen auszeichnen. Es sind pflanzliche Stoffe, die in Wasser gelöst, ähnlich wie Seife beim Schütteln einen

---

[1] BUSSY, Journ. de Pharm. 19, 1 (1833).
[2] TROMSDORFF, TROMSDORFFS neues Journ. d. Pharmazie 24, 95 (1832).
[3] BLEY, TROMSDORFFS neues Journ. d. Pharmazie 24, 95 (1832).
[4] CHRISTOPHSOHN, Diss. Dorpat 1874.
[5] F. A. FLÜCKIGER, Arch. d. Pharm. III. Reihe 10, 532 (1877).

haltbaren Schaum liefern. Sie vermögen noch in großen Verdünnungen rote Blutkörperchen aufzulösen. Diese hämolytische Wirkung der Saponine wird durch Zusatz von Cholesterin aufgehoben. Die Saponine gehen mit Cholesterin Verbindungen ein. Fische gehen in verdünnten Saponinlösungen bald zugrunde. Die Saponine reizen in Pulverform zum Niesen. Sie schmecken kratzend und wirken in größeren Dosen brechenerregend. Bei intravenöser Injektion in das Blut wirken sie schon in kleinen Dosen tödlich. Fast alle Saponine sind stickstofffrei. Sie bestehen aus Kohlenstoff, Wasserstoff und Sauerstoff. Der Kohlenstoffgehalt bewegt sich zwischen 50 und 63%, der Wasserstoffgehalt zwischen 6 und 9%. In bezug auf die Löslichkeit in Wasser lassen sich zwei Gruppen von Saponinen unterscheiden. Die sogenannten neutralen Saponine sind in Wasser leicht löslich. Die in Wasser unlöslichen werden als saure Saponine bezeichnet, sie lösen sich in verdünnten Alkalien. Über die Begriffe neutrale und saure Saponine wird später jedoch noch ausführlicher zu sprechen sein. Die meisten Saponine sind nur in amorphem Zustande bekannt. Einige wenige konnten auch in kristallisiertem Zustande erhalten werden. Bei der hydrolytischen Spaltung erhält man Hexosen und Pentosen und einen zuckerfreien Spaltling, das Sapogenin. Die völlig zuckerfreien Sapogenine sind in Wasser unlöslich und sind verhältnismäßig leicht in kristallisiertem Zustande zu erhalten. Die Saponine dialysieren verhältnismäßig schwer oder überhaupt nicht. Mit konzentrierter Schwefelsäure geben die Saponine eine langsam eintretende Rotfärbung.

Glykoside, welche die vorstehend angeführten Eigenschaften in mehr oder weniger deutlicher Weise zeigen, werden zu den Saponinen gezählt. Es ist im allgemeinen nicht schwierig, die Zugehörigkeit einer Substanz zu den Saponinen festzustellen. Bei der großen Mehrzahl der Saponine war daher von dem Augenblick an, wo das betreffende Saponin in halbwegs reiner Form aus der Pflanze gewonnen war, kein Zweifel mehr über den Saponincharakter.

Nur einige wenige Substanzen geben Anlaß zu Zweifeln, ob sie den Saponinen zuzuzählen sind oder nicht. Es sind dies vor allem Solanin und Glycyrrhizin. Die Schwierigkeit liegt hier nicht in unseren zu geringen Kenntnissen dieser Substanzen, sondern darin, daß diese Substanzen teilweise die oben angegebenen für die Saponine charakteristischen Eigenschaften besitzen, teilweise aber nicht. Es wird also ganz darauf ankommen, wie weit man die Definition des Begriffes Saponin faßt. Das Glycyrrhizin weicht vor allem in seinem physiologischen Verhalten (Geschmack [Tocco-Tocco[1])] geringe oder mangelnde Hämolysewirkung)

---

[1]) L. Tocco-Tocco, Arch. intern. de pharmacodyn. et de thérap. **28**, 445 und 455 (1924).

von der Mehrzahl der Saponine ab, das Solanin durch seinen Stickstoff-
gehalt, durch die Alkaloidnatur seines zuckerfreien Spaltlings und durch ein
abweichendes Verhalten gegenüber Farbstoffen (siehe S. 45). Das Helleborein nimmt eine Mittelstellung zwischen den herzwirksamen Glykosiden der Digitalisgruppe und den Saponinen ein, es wurde von Kobert
als Brücke zwischen diesen beiden Gruppen von Substanzen bezeichnet.
Als Alfalfasaponin beschreibt Jakobson[1] ein von ihm aus Alfalfaheu
isoliertes, stickstoffhaltiges Glykosid von der Formel $O_{27}H_{37}NO_{16}$. Diese
Substanz ist zwar von hoher Oberflächenaktivität, wirkt aber nicht
hämolytisch. Die Zugehörigkeit dieses Glykosides zu den Saponinen
ist vorläufig noch fraglich.

Die Bezeichnung Sapotoxin stammt von Kobert[2]. Als er
gefunden hatte, daß die Quillajarinde zwei Saponine enthält, nannte
er das wasserunlösliche, saure Saponin Quillajasäure, das wasserlösliche Sapotoxin, um die hohe Toxizität zum Ausdruck zu bringen.
Kobert wollte ursprünglich den Namen Saponin auf die durch Behandlung mit Baryumhydroxyd entgifteten Seifenstoffe der Pflanzen
beschränken und die wirksamen mit anderen Namen bezeichnen.
Später faßte Kobert[3] als Sapotoxine jene Saponine zusammen,
welche der Formel $C_{17}H_{26}O_{10}$ entsprechen. Er ist der Meinung, daß
dieselben trotz gleicher prozentischer Zusammensetzung wohl schwer-
lich identisch sind, wenigstens nicht die von ihm selbst geprüften.
Er unterschied sie daher als Quillaja-Sapotoxin, Sapindus-Sapotoxin
und Saponalbin-Sapotoxin. Die Unterscheidung zwischen Saponin und
Sapotoxin fand keinen Beifall und schien außerdem geeignet, die
Nomenklatur zu verwirren. Kobert[4] ließ daher später seinen ursprünglichen Vorschlag wieder fallen. Als „Saponoid des Blutserums"
bezeichnete Frieboes[5] eine im Serum von Menschen und Tieren
aufgefundene Substanz, welche in vielen ihrer Eigenschaften Ähnlichkeit mit den Saponinen besitzt, z. B. starke Schaumkraft,
Hämolysewirkung, Toxizität für Fische. Über das Sapotoxin des
Handels siehe S. 258.

Die Saponine sind, wie erwähnt, pflanzliche Stoffe. E. St. Faust[6]
nennt einen von ihm im Kobragift gefundenen Körper Ophiotoxin

[1] C. A. Jakobson, Journ. Amer. Chem. Soc. **41**, 640 (1919). Nach
Chem. Zentralbl. **3**, 1014 (1919).

[2] R. Kobert, Arch. f. exp. Pathol. und Pharmakol. **23**, 235 (1887).

[3] R. Kobert, Beitr. S. 11.

[4] R. Kobert, Biochemisches Handlexikon, herausgegeben von
Abderhalden, VII. Bd., S. 144 und 168. Berlin: Julius Springer, 1912.

[5] W. Frieboes, Dtsch. med. Wochenschr., 1914, Nr. 12.

[6] E. St. Faust, Arch. f. exper. Pathol. u. Pharmakol. **56**, 236 (1907).
Ferner in Handbuch der biologischen Arbeitsmethoden, herausgegeben von

und bezeichnet ihn als „tierisches Sapotoxin". Es bestehen
eine Reihe von Ähnlichkeiten zwischen dem Ophiotoxin und den
Sapotoxinen bzw. Saponinen: Das Ophiotoxin entspricht der Formel
$C_{17}H_{26}O_{10}$, es ist in Wasser zu einer schäumenden Flüssigkeit löslich,
es wirkt hämolytisch und ist vom Magen-Darm aus schwer resorbierbar, die lokalen Erscheinungen bei subkutaner Injektion sind
ähnlich denen der Saponine, bei intravenöser Einspritzung wirkt
das Ophiotoxin sehr giftig. Das Ophiotoxin ist schwer dialysabel.
Demgegenüber stehen aber einige wichtige Unterschiede zwischen dem
Ophiotoxin und den Saponinen. Die dem Ophiotoxin eigentümliche
kurarinartige Wirkung wurde bei den Saponinen bisher nicht beobachtet. Ferner ist das Ophiotoxin nach der Meinung von E. St. Faust
kein Glykosid, er konnte nach dem Behandeln mit Salzsäure keine
reduzierenden Kohlenhydratgruppen nachweisen. Es muß daher
vorläufig die Zugehörigkeit des Ophiotoxins zu den Saponinen noch
zweifelhaft erscheinen.

3. Verzeichnis der Saponinpflanzen

Für das folgende Verzeichnis der saponinhaltigen Pflanzen diente
als Grundlage die ausgezeichnete Zusammenstellung von Rosenthaler[1])
in der Real-Enzyklopädie der Pharmazie. Zur Vervollständigung wurden
einzelne Angaben den Zusammenstellungen von Waage[2]), Frieboes[3]),
Czapek[4]) und Luft[5]) entnommen. Es wurde ferner möglichst vollständig die neuere Literatur berücksichtigt.

Das Verzeichnis ist daher als eine Zusammenstellung jener
Pflanzen zu betrachten, die in der Literatur als saponinhaltig
bezeichnet werden. Bei manchen älteren Angaben scheint mir der
Beweis für das Vorhandensein von Saponin in einer bestimmten
Pflanze oft nicht ganz stichhaltig, trotzdem hielt ich mich ohne
Nachprüfung nicht für berechtigt, die betreffende Pflanze aus der
Liste zu streichen.

Abderhalden, Abt. IV., Teil 7, Heft 4, S. 783. Berlin und Wien: Urban
und Schwarzenberg.

[1]) L. Rosenthaler, in Real-Enzyklopädie d. ges. Pharmazie. Herausgegeben von Moeller u. Thoms, 11 (1908) und 1. Ergänzungsbd. (1914).
Berlin und Wien: Urban und Schwarzenberg.

[2]) Th. Waage, Pharmaz. Zentralh. 33, 657 (1892) und 34, 134 (1893).

[3]) W. Frieboes, Beitr. z. Kenntnis d. Guajakpräparate. Stuttgart:
Enke 1903.

[4]) F. Czapek, Biochemie d. Pflanzen, 2. Aufl., 525 (1921) Jena: G. Fischer.

[5]) G. Luft, Sitzungsber. d. Akad. d. Wiss. Wien, Mathem.-Naturwiss.
Kl. Abtl. I, 135, 259 (1926).

Pflanze	Pflanzenteil	Name und Zusammensetzung des Saponins	Literatur
Aizoaceae			
Tetragonia expansa Murs.	Samen	—	R. KOBERT, BRAUERS Beitr. z. Klin. d. Tuberkulose, **31**, 481 (1914).
Trianthema monogyna L.	—	—	W. FRIEBOES, Beitr. z. Kenntnis d. Guajakpräparate (1903).
Amarantaceae			
Achyranthes bidentata Bl. var. *japonica*	—	—	SHIMOYAMA (mdl. Mitteilg. an ROSENTHALER).
Amarantus hypochondriacus L.	Blätter u. Samen	—	M. GRESHOFF, Bull. of miscellaneous inform. of the royal bot. gard. Kew, 397 (1909).
Amarantus melancholicus L.	Samen	—	
„ *oleraceus*	Blätter	—	R. KOBERT, l. c.
Amaryllidaceae			
Agave heteracantha Zucc. u. Morisii Bak.	Blätter	—	HARVARD, nach CZAPEK, Biochem. d. Pflanz., **2**, 597. ROBINSON, JUSTS bot. Jahresber., **2**, 117 (1899).
Fourcroya cubensis	—	—	PECKOLT, Pharmazeut. Rundsch., 162 (1892), zit. n. WAAGE, Pharmazeut. Zentralh., 1893, Nr. 10.
„ *gigantea*	—	—	
Apocynaceae			
Strophanthus gratus Franch.	Samen	Strophanthinsäure $(C_{21}H_{34}O_{10})_4$	E. SIEBURG, Ber. d. Dtsch. pharmazeut. Ges. **23**, 278 (1913). E. HESSEL, Sitzungsber. Naturf. Ges. Rostock **2**, 5 (1913). Nach CZAPEK, l. c.
„ *letei*	Rinde	Kristallisiertes Saponin	WELLS u. FAUSTINO-GARCIA.
Vinca minor L.	—	—	KUNKEL, Handb. d. Toxikolog. 918, n. FRIEBOES, l. c.

Pflanze	Pflanzenteil	Name und Zusammensetzung des Saponins	Literatur
Araceae			
Arum Dioscoridis Sibth.	Blüten-kolben	—	SPICA u. BISCARO, Annal. chim. med. farm. 1885, 84, nach WAAGE, Pharmazeut. Zentralh., 672 (1892).
„ *italicum* Mill.	—	—	
„ *maculatum* L.	Knollen	—	SCHNEEGANS, Journ. d. Pharmazie v. Elsaß-Lothringen, 295 (1895).
Araliaceae			
Aralia montana Bl.	Rinde	—	BOORSMA, Bull. d. l'inst. bot. de Buitenzorg, **14**, 24 (1902). A. W. VAN DER HAAR, Ber. d. Dtsch. chem. Ges. **55**, 3041 (1922).
„ *Sieboldii*	Blätter	—	G. LUFT, Sitzungsber. d. Akad. d. Wiss. Wien, Mathem.-naturw. Kl., Abt. 1, **135**, H. 768 (1926).
„ *spinosa* L.	Rinde u. Wurzel	Araliin	Siehe Saponinverzeichnis, S. 260.
Hedera helix L.	Blätter	Hederin $C_{42}H_{66}O_{11}$	Siehe Saponinverzeichnis, S. 265.
Heptapleurum ellipticum Seem.	—	—	BOORSMA, l. c.
Heptapleurum emarginatum Seem.	Blätter	—	GRESHOFF, Meded. nit' Lands plantentuin **29**, 89 (1900).
Panax fructicosum L.	Blätter u. Wurzeln	—	BOORSMA, l. c.
„ *Ginseng* „ *quinquefolium* C. A. MAYER	Wurzeln u. Wurzelstock	Panaquilon $C_{64}H_{132}O_{28}$ oder $C_{32}H_{56}O_{14}$	Siehe Saponinverzeichnis, S. 266.

Pflanze	Pflanzenteil	Name und Zusammensetzung des Saponins	Literatur
Panax repens Max.	Rhizom	Panaxsaponin $C_{24}H_{40}O_{10}$	F. WENTRUP, Diss. Straßburg (1908). L. ROSENTHALER u. P. STADLER, Ber. d. Dtsch. pharmazeut. Ges. **17**, 450 (1907). Y. MURAYAMA u. T. ITAGAKI, Journ. Pharm. Soc. of Japan 501, 53; nach Pharmazeut. Zentralh. **65**, 318 (1924), vgl. Saponinverzeichnis, S. 266.
Polyscias nodosa Seem.	Blatt	Polysciassaponin	Siehe Saponinverzeichnis, S. 267.
Trevesia sundaica Miq.	Rinde	—	BOORSMA, l. c. J. FLIERINGER, Arch. d. Pharmazie, **249**, 161 (1911).
Asclepiadaceae *Asclepias vincetoxicum* L.	Rhizom	Asclepiasäure	G. MASSON, Bull. d. sciences pharm. **18**, 85 (1911).
Basellaceae *Basella alba*	—	—	R. KOBERT, l. c.
Berberidaceae *Berberis aristata* DC.	—	—	GRESHOFF, Meded., l. c.
Caulophyllum thalictroides L.	Rhizom u. Wurzeln	Caulosaponin $C_{54}H_{88}O_{17}$-4 H_2O Caulophyllosaponin $C_{66}H_{104}O_{17}$	POWER u. SALWAY, Journ. chem. soc. **109**, 191.
Leontice Leontopetalum	—	—	WAAGE, Pharmazeut. Zentralh. **33**, 674 (1892).
Betulaceae *Betula alba*	—	saure und neutrale Saponine	L. KROEBER, Pharmazeut. Zentralh. **65**, 401 (1924).

Pflanze	Pflanzenteil	Name und Zusammensetzung des Saponins	Literatur
Bignoniaceae *Bignonia inaequalis*	—	—	J. SACK, Chem. Zentralbl. 1906, I, 1106.
Cactaceae *Cereus gummosus* Englm.	ganze Pflanze	Cereinsäure Cereus-Sapotoxin	G. HEYL, Arch. d. Pharmazie **239**, 463 (1901).
Caprifoliaceae *Abelia uniflora* R. Br.	Blätter	—	GRESHOFF, Meded., l. c.
Diervilla japonica D. C.	,,	—	CHARAUX, Journ. Pharm. Chim. (7), **4**, 248 (1911), nach CZAPEK, l. c.
,, *lutea*	—	—	
Lonicera caprifolium L.	—	—	
,, *japonica* Thunb.	—	—	
Ledebourii Eschsch., *Morrowi* Gray, *Standishii* Hook., *tatarica* L., *tomentella* Hook. et Thoms, *xylosteum* L.	—	—	GRESHOFF, Meded., l. c.
Sambucus nigra L.	Blüten	—	R. KOBERT, Heil- u. Gewürzpflanzen **1**, 193 (1917/18). L. KROEBER, Pharmazeut. Zentralh. **65**, 303 (1924).
Symphoricarpus mollis Nutt., *racemosus* Mich.	Blätter	—	GRESHOFF, Meded., l. c.
Viburnum macrophyllum Thunb.	Blätter	—	
Caryophyllaceae *Acanthophyllum squarrosum* Boiss.	—	—	A. TSCHIRCH, Handbuch der Pharmakognosie II/2 (1917)
Arenaria serpyllifolia L.	—	—	GRESHOFF, Zur Kenntnis d. Saponinpflanzen, Pharmazeut. Zentralh. **33**, 742 (1892).
Agrostemma Coeli — rosea L.	Wurzel, Kraut u. Blüte	—	Unveröffentlichte Untersuchung. ROSENTHALERS.
Agrostemma Githago L.	Samen	Agrostemmasapotoxin	Siehe Agrostemmasapotoxin u. Githagin (Saponinverzeichnis, S. 260).

Pflanze	Pflanzenteil	Name und Zusammensetzung des Saponins	Literatur
Agrostemma Githago L.	Samen	Agrostemmasäure	BRANDL, Arch. f. exper. Path. u. Pharm. **54**, 245 (1906) u. **59**, 245 u. 311 (1908).
,, ,,	Wurzel u. Blüten		Unveröffentlichte Untersuchg. ROSENTHALERS.
Dianthus Armeria L.	—	—	
,, *barbatus* L.	—	—	
,, *caesius*	—	—	
,, *Carthusianorum*	—	—	WAAGE, Pharmazeut. Zentralh. **33**, 671 (1892).
,, *Caryophyllus*	—	—	
,, *hispanicus*	—	—	
,, *prolifer*	—	—	
,, *plumarius*	—	—	
,, *sinensis*	—	—	GRESHOFF, Meded., l. c.
Gypsophila elegans	Wurzel, Blüten u. Kraut	—	Unveröffentlichte Untersuchg. ROSENTHALERS.
,, *paniculata* L.	Wurzel	zwei neutrale Saponine $C: 47,88\%$ $H: 7,60\%$ und $C: 48,40\%$ $H: 7,21\%$	Siehe Saponalbin (Saponinverzeichnis, S. 269).
,, *Arrostii* Guss.	Wurzel	Levantinisches Sapotoxin $C_{17}H_{28}O_{11}$ oder $C_{17}H_{26}O_{10} + H_2O$ Saponin d. weißen Seifenwurzel (Gypsophilasaponin)	Siehe Saponalbin (Saponinverzeichnis, S. 269).

Pflanze	Pflanzenteil	Name und Zusammensetzung des Saponins	Literatur
Gypsophila Arrostii Guss.	Wurzel	$C_{18}H_{28}O_{10}$ vielleicht daneben noch ein Saponin $C_{19}H_{30}O_{10}$	Siehe Saponalbin (Saponinverzeichnis, S. 269).
,, *acutifolia*	—	—	
,, *altissima*	—	—	
,, *cretica*	—	—	WAAGE, Pharmazeut. Zentralh. 33, 673 (1892).
,, *effusa*	—	—	
,, *fastigiata*	—	—	
,, *Struthium*	—	—	
Herniaria glabra L.	Kraut	Herniariasaponin $(C_{19}H_{30}O_{10})_3$	Siehe Saponinverzeichnis, S. 265.
,, *hirsuta* L.			
,, *incana*.	Stengel	—	G. LUFT, l. c.
Lychnis chalcedonica L.	Wurzel, Kraut u. Blüte	—	WAAGE (1892), l. c.; unveröffentlichte Untersuchg. ROSENTHALERS.
,, *dioica*	—	—	W. FRIEBOES, l. c.
,, *flos cuculi*	Wurzel, blühendes Kraut	Lychnidin	P. SÜSS, Verhandlg. d. Naturforschervers. 2, 1264 (1902).
Melandryum album	Wurzel	—	Unveröffentlichte Untersuchg. ROSENTHALERS.
Saponaria multiflora	Wurzel, Kraut u. Blüte	—	WAAGE, l. c. (1892).
,, *ocymoides*			Unveröffentlichte Untersuchg. ROSENTHALERS.
,, *officinalis* L.	Wurzel	Saporubin $(C_{18}H_{28}O_{16})_4$	Siehe Saponinverzeichnis, S. 269.
,, *Vaccaria* L.	Wurzel u. Blüten	—	Unveröffentlichte Untersuchg. ROSENTHALERS.
Silene vulgaris Garcke.	Wurzel	—	WAAGE, l. c. (1892); unveröffentlichte Untersuchg. ROSENTHALERS.

Pflanze	Pflanzenteil	Name und Zusammensetzung des Saponins	Literatur
Silene armeria	—	—	}
„ *nutans* L.	—	—	}
„ *virginica*	—	—	} WAAGE, l. c. (1892).
„ *viscosa*	—	—	}
Viscaria vulgaris Röhl.	ganze Pflanze	—	G. LUFT, l. c.
Chenopodiaceae			
Atriplex halimus L., *Nuttalii* S. Wats.	Blätter	—	}
Atriplex laciniata L., *rosea* L., *tartarica* L., *vesicaria* Hew.	Samen	—	} GRESHOFF, Kew Bull., l. c.
Atriplex hortensis L.	„	—	R. KOBERT, BRAUERS Beiträge zur Klinik der Tuberkulose **31**, 481 (1914). L. KROEBER, Pharm. Zentralh. **67**, 435 (1926).
Blitum capitatum L., *virgatum* L.	„	—	R. KOBERT, l. c.
Beta vulgaris	Blätter u. Wurzeln	Rübensaponin	Siehe Saponinverzeichnis, S. 268.
Chenopodium ambrosioides var. *anthelminthicum*	alle Teile Samen	—	R. KOBERT, Sitzungsber. u. Abhandl. d. Naturforsch. Ges. Rostock **5**, 6 (1914).
Chenopodium Bonus Henricus L.	Blätter u. Stengel	—	R. KOBERT, l. c.
Chenopodium glaucum L.	ganze Pflanze	—	G. LUFT, Akad. d. Wiss. Wien, l. c.
„ *mexicanum*	Wurzel	—	Jahresber. d. Pharm. 1886, S. 35.
„ *Quinoa*	frisches Kraut u. Samen	Quinoasäure, saures u. neutrales Saponin	R. KOBERT nach BLANCHARD, l. c. M. GONNERMANN, Biochem. Ztschr. **97**, 24.

Pflanze	Pflanzenteil	Name und Zusammensetzung des Saponins	Literatur
Eurotia ceratoides Mey.	Blätter	—	
Kochia scoparia Schrader	Blätter u. Samen	—	M. GRESHOFF, Kew Bull., l. c.
„ *arenaria* Roth.	Samen	—	
Spinacea oleracea	—	—	R. KOBERT, l. c.
Combretaceae *Combretum bracteosum* Brandis	Blätter	—	GRESHOFF, Kew Bull., l.c.
Compositae *Dimorphotheca Ecklonis* D.C.	Blätter	—	
„ *pluvialis* Moench.	Samen	—	GRESHOFF, Kew Bull., l. c.
Grindelia robusta Nutt.	—	—	W. H. CLARC, Americ. Journ. of Pharm. 1888, 433; für *Grind. robusta* auch SCHNEEGANS Journ. d. Pharm. f. Elsaß-Lothringen 1892, S. 133.
„ *squarrosa* Dunal.	—	—	
Eupatorium rebaudianum	—	Eupatorin Rebaudin	Siehe Saponinverzeichnis S. 264.
Mutisia viciaefolia Cav.	—	—	GRESHOFF, Mededeelingen uit's lands plantentuin, 29, 92 (1900).
Oldenburgia arbuscula D.C.	Blätter	—	GRESHOFF, Bull., l. c.
Olearia macrodonta Bak.	Kraut	—	
Tussilago farfara L.	—	—	KROEBER, Pharmazeut. Monatshefte 5, 25 (1924).
Xanthisma texanum D. C.	Blätter	—	GRESHOFF, Bull., l. c.
Zinnea linearis Benth.	Blätter u. Blütenköpfchen	—	W. G. BOORSMA, Bull. de l'instit. botan. de Buitenzorg 21, 26 (1904).
„ *elegans* Jaqu.	Blätter	—	
Baccharis trinervis	Blätter	—	J. S. HEPBURN u. R. H. STROH, Amer. Journ. of Pharm. 96, 804 (1924). Nach Chem. Zentralbl. 1925, I, 718.

Pflanze	Pflanzenteil	Name und Zusammensetzung des Saponins	Literatur
Solidago virga aurea	Kraut	—	L. KROEBER, Pharmazeut. Zentralh. **66**, 424 (1925).
Taraxacum officinale L.	—	—	L. KROEBER, Heil- und Gewürzpflanzen **8**, 93 (1925).
Cucurbitaceae			
Anisosperma passiflora Manso	Samen	Anisospermin (?)	TH. PECKOLT, Ber. d. Dtsch. pharm. Ges. 1904, S. 333.
Cucumis metuliferus E.Mey	Blätter	—	} GRESHOFF, Bull., l. c.
„ *dipsaceus* Ehrenb. *Sacleuxii* Hort.	Samen	—	
Cucurbita maxima Duchesne	Samen	—	GRESHOFF, Bull., l. c.
Echinocystis fabacea Torr.	—	—	GRESHOFF, Meded., l. c., S. 82.
Luffa aegyptiaca Mill. „ *operculata* Cogn.	Fruchtschale	—	TH. PECKOLT, Ber. d. Dtsch. pharm. Ges. 1904, S. 175 u. 177.
Lagenaria vulgaris Ser.	Samen	—	GRESHOFF, Bull., l. c.
Dioscoreaceae			
Dioscorea Tokoro Makino	Wurzel	Dioscorea-Sapotoxin $C_{23}H_{38}O_{10}$ u. Dioscin $C_{24}H_{38}O_9$—$3H_2O$	J. HONDA, Arch. f. exper. Path. u. Pharm. **51**, 213 (1904).
„ *villosa* L.	Rhizom	—	C. W. KALTMEYER, Amer. Journ. of Pharm. **60**, 554 (1888).
Dipsacaceae			
Succisa pratensis Mönch.	Wurzel (Radix Morsus Diaboli)	—	L. u. M. CUHEL, Pharm. Post **50**, 353 (1917).

Pflanze	Pflanzenteil	Name und Zusammensetzung des Saponins	Literatur
Elaeocarpaceae			
Elaeocarpus grandiflorus Sm.	Blätter	—	
Elaeocarpus macrophyllus Bl., *ovalis* Miq.	Rinde u. Blätter	—	BOORSMA, Meded. uit's lands plantentuin 31 (1900).
Monoceras robusta Miq.			
Sloanea javanica Miq.	—	A. u. B. Sloanein	
Euphorbiaceae			
Baccaurea javanica M. Arg.	Rinde	—	M. BUYSMAN, Apoth. Ztg. 23, 581; 24, 43 (1909).
Euphorbia helioscopia L.	frisches Kraut trockenes Kraut	saures Saponin neutrales u. saures Saponin	M. GONNERMANN, Biochem. Ztschr. 97, 24.
„ *Peplus* L.	—	saures u. neutrales Saponin	M. GONNERMANN, Biochem. Ztschr. 97, 24.
Jatropha multifida L.	Blätter	—	G. PECKOLT, Ber. d. Dtsch. pharm. Ges. 1906, S. 181.
Mercurialis annua „ *perennis*	Kraut	neutrales u. saures Saponin, präformiertes Sapogenin	C. J. CHR. ÜBERHUBER, in KOBERT, Neue Beiträge zur Kenntnis der Saponinsubstanzen (1917). M. GONNERMANN, Biochem. Ztschr. 97, 24.
Phyllanthus distichus	Wurzelrinde	—	J. DEKKER, Pharm. Weekblad 45, 1156.
Cleistanthus collinus Benth.	Rinde	—	J. DEKKER, Pharm. Weekblad 46, 16.
Filices			
Gleichenia flabellata R. Br.	Blätter	—	GRESHOFF, Bull., l. c.
Davallia trichosticha Hk., *platyphylla* Don.	Sporen	—	

Pflanze	Pflanzenteil	Name und Zusammensetzung des Saponins	Literatur
Gentianaceae *Exacum affine* Balf.	Blätter	—	Greshoff, Bull., l. c.
Gnetaceae *Gnetum*-Arten	Früchte	—	J. Dekker, Pharm.Weekblad **46**, 16 (1909).
Gramineae *Arrhenaterum elatius* Beauv.	Samen	—	Greshoff, Bull., l. c.
Deyeuxia Langsdorffi Kunth.	—	—	
Panicum junceum Nees.	Rhizom	—	Greshoff, Meded., S. 159.
Guttiferae *Calophyllum Calaba* Jacq.	Blätter	—	Greshoff, Bull., l. c.
Hippocastanaceae *Aesculus hippocastanum* L.	Samen	Aesculussaponin $C_{16}H_{24}O_{10}$ Telaescin	Siehe Saponinverzeichnis, S. 259.
„ *Pavia* L.	Wurzel	—	G. A. Bosshard, Promotionsarbeit Zürich 1916, nach Czapek, Biochemie der Pflanzen **3**, 534 (1921).
Illecebraceae *Paronychia capitata* Lam.	—	—	} Greshoff, Bull., l. c.
„ *bonariensis* D. C.	Samen	—	
Iridaceae *Crocus sativus* L.	Zwiebel	—	R. Kobert, Chem. Ztg. **41**, 61 (1917).
Labiatae *Collinsonia canadensis* L.	Rhizom	—	J. Chevalier u. A. Abel, Bull. des sciences pharmacol. **14**, 513.
Lamium album L.	ganze Pflanze	—	L. Kroeber, Pharmazeut. Zentralh. **67**, 244 (1926).

Pflanze	Pflanzenteil	Name und Zusammensetzung des Saponins	Literatur
Thymus vulgaris L.	Kraut	—	J. MAHLER, Privatmittlg. an L. ROSENTHALER; KROEBER, Pharmazeut. Monatshefte 5, 25 (1924).
Galeopsis ochroleuca	—	saure u. neutrale Saponine	L. KROEBER, Pharmazeut. Zentralh. **64**, 353 (1923).
Lecythidaceae *Barringtonia insignis* Miq.	Wurzelrinde	Barringtoniasaponin	L. WEIL, l. c., S. 45; GRESHOFF, Meded. uit's lands plantentuin, **25** (1898).
Barringtonia speciosa Gärtner	Samen	Barringtonin $C_{18}H_{28}O_{10}$	VAN DEN DRIESSEN-MAREEUW, Chem. Zentralbl. 1903, I, 841.
Barringtonia Vriesei T.u.B.	Samen	$C_{18}H_{28}O_{10}$	L. WEIL, l. c.
Chydenanthes excelsus Miers	Samen	Chydenanthin $C_{21}H_{34}O_{10}$	M. DUYSTER, Diss. Leiden, 1923. Nach Pharm. Monatshefte 5, 79 (1924).
Lecythis amara Aubl.	Rinde	—	J. SACK, Chem. Zentralbl. 1906, **I**, 1106. Nach CZAPEK, l. c., S. 536.
Leguminosae Mimosoideae *Acacia anthelminthica* Baill.	Rinde	Mussenin	THIEL, Journ. de pharm. et de chim. **19**, 76 (1889), Chem. Ztg. 9 (1885); Tropenpflanzer 1901; Pharmazeut. Ztg. **22**, 172 (1889).
Acacia delibrata Cunn.	Früchte	—	BANCROFT, Americ. Journ. of Pharm. (4), **18**, 446 (1887).
„ *concinna* D. C., *concinna var. rug.* Ham.	Früchte	Acaciasaponin $C_{20}H_{320}O_{10}$	L. WEIL, l. c., S. 37. ROSENTHALER, Arch. d. Pharmazie **243**, 247 (1905).
Acacia concinna var. rug.	Rinde	—	

Pflanze	Pflanzenteil	Name und Zusammensetzung des Saponins	Literatur
Acacia pulchella R. Br.	Blätter	—	GRESHOFF, Kew Bull., l. c.
„ *verticillata* Willd.	Samen	—	
Albizzia lophanta Benth.	Wurzel	—	RUMMEL nach WATT, Diction of economic products of India, I, S. 142.
„ *saponaria* Bl.	Rinde u. Samen	—	M. GRESHOFF, Ber. d. Dtsch. chem. Ges. **23**, 3541 (1890).
Calliandra Houstoni Benth.	Rinde	—	M. GRESHOFF, Meded uit's lands plantentuin **29**, 71 (1900).
Entada scandens Benth.	Samen	Entadasaponin	Siehe Saponinverzeichnis, S. 264.
„ *polystachia* Dc.	Rinde u. Blatt	—	
Enterolobium Timbouva Mart.	alle Teile bes. Perikarp (das Holz ausgenommen)	—	LICOPOLI, JUSTS botan. Jahresber. **2**, 446 (1885).
Pithecolobium bigeminum Mart.	Rinde	—	Siehe Saponinverzeichnis, S. 267.
Pithecolobium Saman Benth.		Pithecolobin	
Prosopis dubia H. B. K.	„	—	ROSENTHALER, Synopsis plantar. diaph., S. 1052, zit. nach WAAGE, Pharmazeut. Zentralh. 1893, Nr. 10.
Tetrapleura Thonningii Benth.	„	—	GRESHOFF, Meded. **24**, S. 68.
Xylia dolabriformis Benth.	„	—	
Caesalpinioideae			
Cassia marylandica L.	Blätter u. Samen	—	GRESHOFF, Kew Bull., l. c.
Cercis canadensis L.	Blätter	—	
„ *chinensis* Bunge	„	—	

Pflanze	Pflanzenteil	Name und Zusammensetzung des Saponins	Literatur
Gleditschia japonica Miq.	Samen	—	NAKAO, Journ. Pharm. Soc. Japan, 1909, 1291.
Castanospermum australe A. Cunn.	Früchte	—	J. C. BRÜNNICH, Queensland, Agric. Journ., 1911, S. 421.
Castanospermum australe A. Cunn	Blätter	—	GRESHOFF, Kew Bull., l. c.
Mezoneurum sumatranum W. et A.	,,	—	BOORSMA, Bull. de l'instit. bot. de Buitenzorg **14**, S. 19.
Papilionatae			
Astragalus baeticus L., *galegiformis* L., *hamosus* L., *maximus* Willd.	Samen	—	
Galega officinalis L., *var. alba*	Blätter	—	
Galega officinalis L., *orientalis* Lam.	Samen	—	GRESHOFF, Kew Bull., l. c.
Halimodendron argenteum Fisch.	Blätter	—	
Psoralea macrostachys D.C.	Blätter u. Samen	—	
Dolichos spec.	Samen	—	BOORSMA, l. c., S. 18.
Medicago sativa	—	Alfalfa-saponin $C_{27}H_{37}O_{16}$	C. A. JAKOBSON, Journ. Amer. Chem. Soc. **41**, 640 (1919).
Milletia atropurpurea Benth.	Samen	—	GRESHOFF, Ber. d. Dtsch. chem. Ges. **23**, 3541 (1890).
Milletia pachycarpa	—	—	M. GRESHOFF, Zur Kenntnis d. Saponinpflanzen, Pharmazeut. Zentralh. **33**, 742 (1892).
,, *sericea*	—	—	
Ononis spinosa L. ,, *repens* L.	ganze Pflanze	saure u. neutrale Saponine	J. BULKOWSTEIN in KOBERT, Neue Beiträge zur Kenntnis der Saponinsubstanzen **1** (1916).
Phaseolus multiflorus Willd.	Wurzel	Phaseosaponin $C_{50}H_{84}O_{20}$	POWER and SALWAY, Pharmaceutical Journ. (4), **36**, 550.

Pflanze	Pflanzenteil	Name und Zusammensetzung des Saponins	Literatur
Trigonella Foenum graecum	Samen	—	H. E. Wunschendorff, Journ. Pharmac. et Chim. **20**, 183 (1920).
Liliaceae *Asparagus officinalis* L.	grüne Beeren	—	J. Kauffmann, Patent, Chem. Zentralbl. 1918, I, 686
Chamaelirium luteum Asa Gray	Wurzel	Chamaelirin $C_{36}H_{62}O_{18}$	Greene, Americ. Journ. of pharm. L. 1878, S. 250 u. 465. Kruskal, Arbeit. d. Pharmakol. Inst. zu Dorpat, hsg. v. Kobert 6, 16 (1891).
Chlorogalum pomeridianum Kunth.	Zwiebel	—	Trimble, Americ. Journ. of Pharm. 1898, S. 598.
Convallaria maialis L.	ganze Pflanze	Convallarin u. Convallarinsäure	E. Hirschberg, in Kobert, Neue Beiträge zur Kenntnis der Saponinsubstanzen II, 1917; siehe Saponinverzeichnis, S. 262.
Dracaena arborea Lk.	Blätter	—	Möller, Tropenpflanzer **3**, 268 (1899).
Erythronium purpurescens S. Wats.	,,	—	Greshoff, Kew Bull., l. c.
Medeola virginica L.	,,	—	Greshoff, Meded. **29**, 151 (1900).
Muscari comosum Mill., *racemosum* Mill., *moschatum* W.	—	—	Waage, Pharm. Zentralh. **33**, 671 (1892). Curci, Ann. di Chim., 314 (1888).
Ruscus aculeatus L.	Blätter	—	Greshoff, Kew Bull., l. c.
Paris quadrifolia L.	in allen Teilen, bes. in d. Wurzel	Paristyphnin $C_{38}H_{64}O_{18}$	Siehe Saponinverzeichnis, S. 267.
Scilla bifolia L.	ganze Pflanze	—	G. Luft, l. c.

Pflanze	Pflanzenteil	Name und Zusammensetzung des Saponins	Literatur
Smilax spec., welche die offizinelle Radix *Sarsaparillae* liefern	Wurzel	Parillin $C_{26}H_{44}O_{10}$—$2\,H_2O$	v. Schulz, Arbeiten d. Pharmakol. Instit. zu Dorpat, hrsg. v. Kobert, 14, 18 (1896). Kaufmann u. Fuchs, Ber. d. Dtsch. chem. Ges. 56, 2527 (1923).
		Sarsasaponin $(C_{22}H_{36}O_{10})_{12}$ — $24\,H_2O$	Siehe Saponinverzeichnis, S. 270.
		Smilasaponin $(C_{20}H_{32}O_{10})_5$	Siehe Saponinverzeichnis, S. 270.
Smilax spec.	Tuber Chinae	neutrale u. saure Saponine	G. Paulsen in Kobert, Neue Beiträge z. Kenntnis d. Saponinsubstanzen I (1916).
,, *aspera*	—	—	Waage, l. c. (1892).
Trillium spec.	Rhizom u. Wurzeln	—	Reid, Americ. Journ. of Pharm. 1892, S. 69.
,, *erectum*	Rhizom	—	Siehe Saponinverzeichnis, S. 271.
,, *grandifolium*	Wurzel	Trilliin	Siehe Saponinverzeichnis, S. 271.
,, *pendulum*	,,	—	Siehe Saponinverzeichnis, S. 271.
Yucca angustifolia	—	—	Siehe Saponinverzeichnis, S. 271.
,, *baccata*	Wurzel	—	Siehe Saponinverzeichnis, S. 271.
,, *filamentosa*	—	Yuccasaponin $C_{24}H_{40}O_{14}$	Siehe Saponinverzeichnis, S. 271.
,, *aloëfolia*	—	—	Waage, l. c., 1892.
,, *brevifolia*	—	—	Waage, l. c., 1892.
,, *gloriosa*	—	—	Waage, l. c., 1892.
Linaceae *Roucheria Griffithiana* Planch.	Rinde	—	J. Dekker, Pharm. Weekblad 46, 16.
Loganiaceae *Buddleia globosa* Hope	Blätter	—	Greshoff, Kew Bull, l. c.
,, *Lindleyana* Fort.	Samen	—	Greshoff, Kew Bull, l. c.

Pflanze	Pflanzenteil	Name und Zusammensetzung des Saponins	Literatur
Buddleia variabilis Hemsl.	Samen	—	} GRESHOFF, Kew Bull.,
Nicodemia diversifolia Ten.	Blätter	—	} l. c.
Loranthaceae *Viscum album* L.	saures u. neutrales Saponin	—	J. CHEVALIER, Soc. Biol. Journ. 1908. Nach CZAPEK, l. c.
Magnoliaceae *Liriodendron tulipifera* L.	Blätter	—	} GRESHOFF, Kew Bull., l. c.
„ *chinense* Sarg.	„	—	}
Illicium verum Hock fil.	Frucht	Illiciumsaponin	C. E. SCHLEGEL, Amer. Journ. Pharm. **57,** 426 (1885). Nach CZAPEK, l. c.
Menispermaceae *Coscinium Bluneanum* Miers.	—	—	}
Coscinium fenestratum Colebr.	—	—	} BOORSMA, Bull. de l'inst. bot. de Buitenzorg, **14,** 14 (1902).
Cocculus macrocarpus Wight u. Arn.	Blätter	—	}
Tiliacora racemosa Colebr.	„	—	}
Moraceae *Ficus hispida* L.	—	—	GRESHOFF, Meded., **29,** 144 (1900).
„ *hypogaea* King.	—	—	PLUGGE u. BOORSMA, Jahresber. d. Pharm. 1900, S. 4.
Myristicaceae *Myristica fragrans* Houtt.	Samen	—	J. DEKKER, Pharm. Weekblad, **46,** 16 (1909).
Myrsinaceae *Aegiceras maius* Gärtner	Rinde u. Samen	$C_{22}H_{36}O_{10}$	BANKROFT, siehe MAIDEN Indigenous veget. drugs Dep. of. Agric. Sydney Misc. Publ. Nr. 256 (1899). H. WEISS, Diss. Straßburg 1906.

Pflanze	Pflanzenteil	Name und Zusammen-setzung des Saponins	Literatur
Ardisia spec.	Blätter u. Rinde	—	W. G. Boorsma, l. c. **21**, 29 (1904).
Maesa pyrifolia Miq.	Rinde u. Blätter	—	
Oleaceae			
Forsythia intermedia Zabel	Blätter	—	Greshoff, Kew Bull., l.c.
„ *suspensa* Vahl.	Samen	—	
Phillyrea media L.	Blätter u. Samen	—	
Chionanthus virginica	Wurzel	—	Waage, l. c. (1892).
Orchidaceae			
Eria micrantha Lindl.	—	—	Boorsma, l. c. **14**, 36 (1902).
„ *retusa* Endl.	—	—	
Paphiopedilum javanicum Pfitz.	Blätter u. Wurzel	—	
Oscillatoriaceae			
Oscillatoria prolifica	—	saponin-artiges Glykosid (?)	B. Turner, Journ. Amer. Chem. Soc. **38**, 1402 (1916). Nach Czapek, l. c.
Palmae			
Pseudophoenix vinifera Beccari	Frucht-kerne	saures u. neutrales Saponin	A. L. van Scherpenberg, Chem. Weekblad **13**, 862. Nach Chem. Zentralbl. 1916, II, 663. A. W. van der Haar, Rec. trav. chim. Pays-Bas **40**, 542 (1921).
Phytolaccaceae			
Phytolacca abyssinica Hffm.	Früchte	Phytolacca-saponin	R. Kueny, Arch. d.Pharm. **252**, 350 (1914).
Phytolacca saponacea	—	—	Waage, l. c., 1892.
„ *acinosa* Roxb.	Blätter	—	Greshoff, Kew Bull., l. c.
„ *bogotensis* H. B. K.	„	—	
Phytolacca decandra L.	„	—	

Pflanze	Pflanzenteil	Name und Zusammen-setzung des Saponins	Literatur
Phytolacca decandra L., *dioica* L., *Kaempferi* A. Gray	Wurzeln u. Samen	—	Greshoff, Kew Bull., l. c.
Phytolacca esculenta	Blätter	—	R. Kobert, Brauers Beiträge zur Klinik der Tuberkulose **31**, 481 (1917)
Piperaceae *Piper acuminatissimum*	Blätter	—	J. S. Hepburn u. R. H. Sproh, Amer. Journ. Pharm. **96**, 804 (1924) Nach Chem. Zentralbl. 1925, **I**, 718.
Pittosporaceae *Pittosporum coriaceum* Ait. ,, *undulatum* Vent.	— Rinde	— —	Greshoff, Meded. uit's lands plantentuin, 29, 22 u. 170 (1900).
Pittosporum cornifolium A. Cunn., *crassifolium* Sol., *erioloma* C. Moore et F. Müll., *eugenioides* A. Cunn., *Huttonianum* Kirk., *rhombifolium* A. Cunn., *Tobira* Ait.	Blätter	—	
Pittosporum undulatum Vent.	,,	—	Greshoff, Kew Bull. l. c.
Billardiera longiflora Labill.	—	—	
Polemoniaceae *Cobaea scandens* Cav.	Blätter	—	
Gilia aggregata Spreng.	—	—	
Polemonium reptans L.	Blätter	—	Greshoff, Kew Bull. l. c.
Polemonium boreale Adams, *flavum* Greene, *gracile* Willd., *pauciflor.* S.Watts., *Richardsonia* R. Grah	Samen	—	
Polygalaceae *Monnina polystachia* R.P.	—	Monninin	Dragendorf, Heilpfl., S. 349.
,, *salicifolia*	—	—	Waage, l. c. (1892).

Pflanze	Pflanzenteil	Name und Zusammensetzung des Saponins	Literatur
Polygala alba Nutt.	Wurzel	—	REUTER, Pharmazeut. Zentralh., 1889, S. 609.
„ *amara* L.	Wurzelrinde	—	HANAUSEK, Chem. Ztg. 1892, S. 1295.
	Kraut	saures Saponin $C_{22}H_{36}O_{10}$ neutrales Saponin $C_{34}H_{52}O_{20}$	E. GLASER u. KRAUTER, Ber. d. Dtsch. chem. Ges. **57**, 1604.
„ *angulata*	—	—	} WAAGE, l. c. (1892).
„ *Boykini*	—	—	
„ *chamaebuxus*	ganze Pflanze	—	WAAGE, G. LUFT, l. c.
„ *caracasana*	—	—	} WAAGE, l. c. (1892).
„ *latifolia*	—	—	
„ *major* Jacqu.	Wurzelrinde	—	HANAUSEK, Chem. Ztg. 1892, S. 1295.
„ *paniculata*	—	—	
„ *pauciflora*	—	—	
„ *purpurea*	—	—	} WAAGE, l. c. (1892).
„ *sanguinea*	—	—	
„ *Senega* L.	Wurzel	Senegin $C_{18}H_{28}O_{10}$ Polygalasäure $C_{22}H_{36}O_{10}$	Siehe Saponinverzeichnis, S. 270.
„ *tenuifolia*	—	—	WAAGE, l. c. (1892).
„ *venenosa* Juss.	—	—	GRESHOFF, Ber. d. Dtsch. pharm. Ges. **9**, 219 (1899). BOORSMA, Meded. uit's lands plantentuin **31** (1900).
„ *vulgaris* L.	ganze Pflanze	—	C. LUFT, l. c.
Xanthophyllum lanceolatum	Samen	—	GORTER, Chem. Zentralbl. 1911, II, 92.

Pflanze	Pflanzenteil	Name und Zusammensetzung des Saponins	Literatur
Securidaca longepedunculata	Wurzel	—	LENZ, Arb. d. Pharm. Inst. Berlin **10**, 177 bis 180 (1913).
Polygonaceae			
Rumex Patientia	Blätter	—	O. BLANCHARD in KOBERT Neue Beit. z. Kenntnis d. Saponinsubst. I 1916.
Polytrichaceae			
Polytrichum commune	—	—	KEEGAN, Chem. News **112** 295 (1915). Nach CZAPEK l. c., S. 528.
Portulaccaceae			
Claytonia cubensis	Blätter	—	KOBERT, BRAUERS Beit z. Klinik d. Tuberkulose **31**, 481 (1914).
Talinum paniculatum	—	—	
Primulaceae			
Anagallis arvensis L.	—	—	A. SCHNEEGANS, Journ. d Pharm. f. Elsaß-Lothringen, 1891, S. 171.
,, *coerulea* Schreb.	—	—	WAAGE, Pharmazeut. Zentralh. 1892, S. 697
,, *femina* Mill.	ganze Pflanze	—	L. KOFLER u. H. BINDER unveröffentlichte Untersuchungen.
Aretia Vitaliana	,,	—	
Androsace chamaejasme, lactea, carnea, villosa	,,	—	
Cyclamen europaeum	Knolle	Cyclamin	Siehe Saponinverzeichnis S. 262.
,, *persicum* Mill., *repandum* Sibth., *graecum* Lk., *Coum* Mill., *hederaefolium* Ait., *neapolitanum* Ten.	—	—	R. KOBERT, Bioch. Hand lexikon, hrsg. v. ABDER HALDEN **7**, 157 (1912)
Lysimachia nemorum L., *nummularia* L.	ganze Pflanze	—	L. KOFLER u. H. BINDER l. c.
Lysimachia vulgaris L.	Wurzel	—	
Primula auricula L.	ganze Pflanze	—	

Pflanze	Pflanzenteil	Name und Zusammensetzung des Saponins	Literatur
Primula Clusiana	ganze Pflanze	—	L. KOFLER u. H. BINDER, l. c.
,, *Cockburniana*	,,	—	
,, *japonica*	,,	—	
,, *minima*	,,	—	
,, *sinensis*	,,	—	
,, *pubescens*	,,	—	
,, *spectabilis*	,,	—	
,, *vulgaris*	,,	—	WAAGE, Pharm. Zentralh. 1892, Nr. 45 bis 49.
,, *inflata*	,,	—	
,, *columnae*	,,	—	
,, *veris*	,,	Primula-säure	Siehe Saponinverzeichnis, S. 264 und 267.
,, *elatior*	,,	Elatior-saponin	
,, *farinosa*	,,	—	L. KOFLER u. H. BINDER, l. c.
,, *hirsuta*	,,	—	
,, *Sieboldii Morr.*	Wurzel	Sakurosa-säure	H. YANAGISAWA u. N. JAKASHIMA, Journ. Pharm. Soc. Japan. 1826, S. 81.
Samolus Valerandi	ganze Pflanze	—	G. LUFT, l. c.
Soldanella alpina L., *montana* Willd., *pusilla* Baumg.	—	—	WAAGE, l. c., S. 697.
Soldanella minima	ganze Pflanze	—	L. KOFLER u. H. BINDER, l. c.
Trientalis europea	,,	—	
Proteaceae			
Knigthia excelsa R. Br.	Blätter	—	GRESHOFF, Kew Bull., l. c.
Roupala Pohlii Meissn.	,,	—	
,, *Vervaineana* Hort.	,,	—	
Xylomelum pyriforme Knight.	,,	—	

Pflanze	Pflanzenteil	Name und Zusammensetzung des Saponins	Literatur
Ranunculaceae			
Adonis vernalis u. *aestivalis*	—	—	KROEBER, Pharmazeut. Monatsh. 5, 25 (1924).
Anemone hepatica	Wurzel	—	
„　　*pulsatilla*	„	—	
„　　*ranunculoides*	Rhizom	—	G. LUFT, l. c.
„　　*silvestris*	„	—	
Clematis aethusiaefolia Turcz., *Bergeroni* Lavall., *Buchaniana* D. C., *calycina* Ait., *Flammula* L., *Fortunei* D. Moore, *Fremonti* Wats., *Hedersonii* Hort., *grata* Wall., *integrifolia* L., *lanuginosa* (L.) Lindl. et Paxt., *Pitscheri* Torr. et Gray, *orientalis* L., *recta* L., *Viticella* L.	Blätter	—	GRESHOFF, Kew Bull., l. c.
Clematis vitalba L.	—	—	GRESHOFF, Kew Bull., l. c. C. E. SCHLEGEL, Amer. Journ. of Pharm. 57, 426 (1885). Nach CZAPEK, l. c., G. LUFT, l. c.
Helleborus dumetorum	Blatt	—	G. LUFT, l. c.
„　　*spec.*	Wurzel	Helleborein $(C_{21}H_{34}O_{10})_3$	Siehe Saponinverzeichnis, S. 265.
Nigella damascena	Kraut	—	WAAGE, l. c. (1892).
„　　*sativa*	Samen	Melanthinsäure $C_{22}H_{33}O_7$	Siehe Saponinverzeichnis, S. 265.
Ranunculus ficaria	ganze Pflanze	—	
„　　*paucistamineus*	„	—	G. LUFT, l. c.
Trollius pumilis D. Don.	Blätter	—	GRESHOFF, Kew Bull., l. c.
„　　*chinensis* Bunge	„	—	

P f l a n z e	Pflanzenteil	Name und Zusammen-setzung des Saponins	L i t e r a t u r
Rhamnaceae			
Ceanothus americanus	Samen	—	
„ *azureus* Desf.,	Blätter	—	
„ *ovatus* Desf. *integerrimus* Hook. et Arn., *thyrsiflorus* Eschw., *velutinus* Dougl.			Greshoff, Kew Bull., l. c.
Ceanothus ovatus Desf.	Samen	—	
Discaria serratifolia Benth. et Hook.	Blätter	—	
Colletia spinosa Lam.	—	—	Greshoff, Meded. uit's lands plantentuin 29, 172 (1900).
„ *cruciata* Gill und Hook.	—	Curro-saponin	Siehe Saponinverzeichnis, S. 262.
Colubrina asiatica Brongn., *reclinata* Rich.	Rinde	—	L. Weil, Diss. Straßburg, 1901, S. 46.
Gouania domingensis L., *tomentosa* Jacqu.	—	—	Chem. Ztg. 1886, S. 1167. Nach C. Hartwich, Die neuen Arzneidrogen aus dem Pflanzenreiche, Berlin 1897, S. 164.
Zizyphus Joazeiro Mart.	Wurzel	—	Peckolt nach Waage, Pharm. Zentralh. 1892, S. 687.
Rosaceae			
Eryobotrya japonica L.	Blätter	—	Boorsma, Chem. Zentralbl. 1905, II, 978.
Quillaja brasiliensis Mart.	Rinde	—	Waage, Pharm. Zentralh. 1892, S. 696.
„ *lancifolia* Don.	—	—	
„ *saponaria* Mol.	„	Quillaja-säure $(C_{19}H_{30}O_{10})_2$ oder $C_{18}H_{28}O_{10}$ Quillaja-Sapotoxin $(C_{17}H_{26}O_{10})_4$	Siehe Saponinverzeichnis, S. 267.

Pflanze	Pflanzenteil	Name und Zusammensetzung der Saponins	Literatur
Quillaja Sellowiana Walp.	Rinde	—	} Waage, l. c. (1892).
„ *smegmadermos* Dc.	„	—	
Rubus villosus Ait.	„	Villosin (Saponincharakter ?)	Kraus, Amer. Journ. of Pharm. 1889, S. 605; 1890, S. 161; Harms ebenda, 1894, S. 580.
Spiraea japonica L., *digitata* Willd., *Aruncus* L., *bella* Sims., *canescens* D. Don., *Humboldtii* Hort., *laevigata* L., *palmata* Pall.	Samen	—	Greshoff, Kew Bull., l. c.

Rubiaceae

Pflanze	Pflanzenteil	Name und Zusammensetzung der Saponins	Literatur
Cephalantus occidentalis L.	Rinde	Cephalantussaponin	E. Claassen, Pharm. Ztg.- **34**, S. 384; C. Mohrberg, Arb. aus dem Phar, makologischen Institut in Dorpat, hrsg. von Kobert, 8, 23 (1892).
Chiococca brachiata R. et P.	Wurzel (Radix *Caincae*)	Caincin, Caincasäure $C_{22}H_{36}O_{10}$ oder $2\,C_{22}H_{36}O_{10}$ $\cdot H_2O$	Francois, Pelletier u. Caventon, Annales de Chim. et de Phys. (2), **44**, 296 (1829). Rochleder, Sitzungsber. d. Wiener Akad. **56**, 41 (1867). Nach Kobert, Biochem. Handlex., l. c., S. 188.
Mitchella repens L.	—	—	Steinmann, Amer. Journ. of Pharm. 1887, S. 229.
Mussaenda frondosa L.	Frucht	—	Greshoff, Pharm. Zentralh. 1892, S. 743.
Randia dumetorum L.	Frucht	Randiasaponin $(C_{20}H_{32}O_{10})_3$ (?) Randiasäure $C_{30}H_{52}O_{10}$	M. Vogtherr, Arch. d. Pharm. **232**, 489 (1894).

Pflanze	Pflanzenteil	Name und Zusammensetzung des Saponins	Literatur
Rutaceae			
Choisya ternata H. B. K.	Blätter	—	} GRESHOFF, Kew Bull., l. c.
Ptelea trifoliata L.	,,	—	
Walsura piscidia Roxb.	—	—	BOORSMA, Meded. uit's lands plantentuin **31**, 1900. Nach CZAPEK, l. c.
Xanthoxylon pentanome Dc.	—	—	MENDEZ, Jahresber. f. Pharm. 1886, S. 104.
Sapindaceae			
Blighia sapida Kon.	Frucht	—	WAAGE, Pharm. Zentralh. 1892, S. 686.
Cardiospermum Halicababum L.	—	—	} GRESHOFF, Meded. uit's lands plantentuin **29**, 38 (1900).
Cupania regularis Bl.	—	—	
Deinbollia Nyikensis Baker	Wurzel	—	GADD, Pharm. Journ. and Pharmacist 1909, S. 795.
Dodonaea viscosa Jacqu.	—	—	GRESHOFF, Apothekerztg. 1893, S. 589.
Ganophyllum falcatum Bl.	—	—	} GRESHOFF, Meded. 29, 39.
Harpullia arborea Radlk.	—	—	
,, *cupanoides* Roxb.	—	—	} WAAGE, l. c.
Magonia pubescens	—	—	
,, *glabrata*	—	—	
Nephelium Lougana Camb.	Samen	—	GRESHOFF, Meded., 29, 38.
,, *lappaceum* L.	Fruchtschalen	—	J. DEKKER, Pharm. Weekblad **45**, 1156.
Paullinia sorbilis Mart.	Samenschale	—	TH. PECKOLT, Jahresber. d. Pharm. 1867, S. 144.
Sapindus inaequalis Dc.	Früchte	—	} CZAPEK, l. c. S. 534.
,, *marginatus*	,,	—	
Sapindus Mukorossi Gärtner	Fruchtfleisch	Sapindus-saponin $C_{17}H_{26}O_{10}$	Siehe Saponinverzeichnis, S. 268
Sapindus Mukorossi utilis Trabuti	—	—	W. J. JACOBS, Journ. of biol. chem. **64**, 379 (1925). Nach Ber. ü. d. ges. Physiol. **33**, 267 (1925).

Pflanze	Pflanzenteil	Name und Zusammensetzung des Saponins	Literatur
Sapindus Rarak Dc.	Frucht	Rarak-saponin $C_{24}H_{42}O_{15}$	O. MAY, Chemisch-pharmakognost. Untersuchg d. Früchte von *Sapindus Rarak* Dc., Straßburg 1905.
„ *saponaria* L.	Frucht Blätter Rinde	Sapindus-Sapotoxin $C_{17}H_{26}O_{10}$	Siehe Saponinverzeichnis S. 268.
„ *utilis*	Frucht	—	CZAPEK, l. c., S. 534.
„ *acuminatus, balicus, Manatensis, oahuensis, vitiensis, trifoliatus*	—	—	WAAGE, Pharm. Zentralh 1892, S. 686.
Sarcopteryx spec.		—	
Jagera spec.		—	
Trigonachras spec.	Früchte,	—	
Lepidopetalum spec.	z. T. auch	—	
Guioa spec.	Blätter	—	
Elattostachys spec.		—	L. RADLKOFER, Sitzungs ber. d. kgl. Bayr. Akad
Xerospermum spec.		—	d. Wiss., math.-phys
„ *acuminatum*	Embryo	—	Klasse 1878, Juni, S
Haplocoelum inopleum	„	—	221 ff. und 1890.
Filicium spec.	„	—	WAAGE, l. c.
Otophora amoena	Perikarp	—	
Lepisanthes heterolepis	„	—	
Valenzuelia spec.	Blätter	—	
Haplocoelum spec.	Blätter u. Samen	—	
Sapotaceae *Achras Sapota* L.	Samenkern	Sapotin $C_{29}H_{52}O_{20}$	
	Blätter, Rinde u. Fruchtfleisch Kerne	Sapotin	Siehe Saponinverzeichnis S. 270.
Achras Sapota var. sphaerica Bg.	Fruchtfleisch Blätter	Sapotin	

Pflanze	Pflanzenteil	Name und Zusammen- setzung des Saponins	Literatur
Bassia latifolia Roxb., (*Il- lipe latifolia* Engl.)	Samenkern	Illipe- saponin $C_{17}H_{26}O_{10}$	L. WEIL, Diss. Straßburg, 1901. R. LUCKS, Landwirt. Vers.- Stat. **90**, 241. Nach Chem. Zentralbl. 1917, II, 770. BOORSMA, Bull. de l'Inst. bot. de Buitenzorg, Nr. 14, Pharmakologie **1**, 31 (1902).
Bassia longifolia Willd. (*Illipe Malaborrum*)	Samen (Mowrah- mehl)	Mowrin	E. VALENTA, Journ. de pharm. et de chim. **13**, 210 (1886). R. LUCKS, l. c.; B. MOORE F. BAKER-YOUNG, SOW- TON, Pharm. Journ. (4), **29**, 364 (1909); Siehe Saponinverzeichnis, S. 266.
Chrysophyllum Cainito L.	Samenkern	—	BOORSMA, l. c., S. 32.
,, *glycy- phloeum* Casar.	Rinde (Cortex *Monesiae*)	Monesin	Siehe Saponinverzeichnis, S. 266.
Chrysophyllum Roxburghii G. Don.	Samenkern	—	BOORSMA, l. c.
Illipe Maclayana Engl.	—	Maclayin	Siehe Saponinverzeichnis, S. 265.
Lucuma Caimito A. Dc.	Samenkern	—	PECKOLT, Ber. d. Dtsch. pharm. Ges., 1904.
Mimusops djave	Samen	—	E. FIKENDEY, Chem. Zentralbl. 1910, I, 1034.
,, *Elengi* L.	Samenkern Rinde u. Blüten	Mimusops- saponin $C_{37}H_{64}O_{18}$	Siehe Saponinverzeichnis, S. 266.
,, *hexandra* Roxb.	Samen	—	C. K. PATEL, Journ. of the Indian Inst. of Science **7**, 71. Nach Chem. Zentralbl. 1924, II, 1528.
,, *Kauki* L.	Samenkern	—	PECKOLT, l. c., S. 30.

Pflanze	Pflanzenteil	Name und Zusammensetzung des Saponins	Literatur
Palaquium Beauvisagei Burck	Blatt	—	BOORSMA, l. c., S. 31.
Palaquium borneense Burck	Samenkern	—	
Payena Leerii Kurz	Samen	—	BOORSMA, l. c., S. 30.
„ *Surigariana* Burck var. *Junghuhniana*	„	—	
Sideroxylon bancanum Burck	Blatt	—	BOORSMA, l. c., S. 31.
Sideroxylon indicum Burck	Blatt u. Rinde	—	
Saururaceae			
Saururus lucidus Don.	Blätter	—	GRESHOFF, l. c., Meded., 29.
Saxifragaceae			
Callicoma serratifolia Andr.	Blätter	—	GRESHOFF, l. c., Meded. 29.
Chrysosplenium oppositifolium L.	„	—	
Deutzia staminea R. Br., *gracillis* Sieb., *setchuensis* Franch.	„	—	
Hydrangea arborescens L.	Rinde	—	BONDURANT, Amer. Journ of Pharm. 1887, S. 123
Philadelphus coronarius L. *Lemoniei* u. *microphyllus* A. Gray, *grandiflorus* Willd., *Lewisii* Pursh., *tomentosus* D. Don.	Blätter	—	GRESHOFF, l. c., Meded 29.
Saxifraga Andrewsii	—	—	
Harv., *cortusaefolia* Sieb. et Zucc., *cuneifolia* L., *Sibthorpii* Boiss.	Blätter	—	
Scrophulariaceae			
Digitalis purpurea L.	Samen	Digitonin $C_{55}H_{94}O_{28}$ oder $C_{55}H_{90}O_{26} + H_2O$	Siehe Saponinverzeichni S. 263.
	Blätter	—	

Pflanze	Pflanzenteil	Name und Zusammensetzung des Saponins	Literatur
Digitalis lanata	Blatt	—	G. LUFT, l. c.
„ *lutea*	—	—	
„ *grandifolia*	—	—	WAAGE, l. c. (1892).
„ *ochroleuca*	—	—	
„ *micrantha*	—	—	
Limosella aquatica L.	—	—	GRESHOFF, Meded. uit's lands plantentuin 29, 124 (1900).
Leptandra virginica	—	—	WAAGE, l. c. (1892).
Verbascum sinuatum L.	Frucht	Verbascumsaponin $C_{17}H_{26}O_{10}$	Siehe Saponinverzeichnis, S. 271.
„ *Thapsus* L., *thapsiforme* Schrad., *phomoides* L.	Blüten	saures u. neutrales Saponin	C. E. FR. MATTHEIDES, in KOBERT, Neue Beiträge zur Kenntnis der Saponinsubstanzen I, 1916.
Verbascum Thapsus L.	Blätter u. Früchte	—	
Solanaceae			
Acnistus arborescens Schlecht.	—	—	WAAGE, Pharm. Zentralh., 1892, S. 712.
Acnistus cauliflorus Schott	Wurzel	—	PECKOLT, Ber. d. Dtsch. pharm. Ges. 19, 33 (1909).
Cestrum sessiliflorum Schott, *Sendnerianum* Mart., *laevigatum* Schlecht	Blätter	—	PECKOLT, l. c., 304.
Lycopersicum esculentum Mill.	—	—	WAAGE, l. c. (1892).
Solanum Dulcamara L.	Stengel	(Dulcamarin = (?) Dulcamarinsäure, Pieroglycion	Siehe Saponinverzeichnis, S. 263.
Solanum sodomaeum L., *verbascifolium, nigrum* L., *mammosum*	—	—	WAAGE, l. c. (1892).

Pflanze	Pflanzenteil	Name und Zusammensetzung des Saponins	Literatur
Styracaceae *Styrax japonica* S. et Z.	Frucht- schalen	Jego- saponin $C_{55}H_{89}O_{25}$	Y. ASAHINA u. M. MOMOYA, Arch. d. Pharm. **252**, 56 (1914).
Ternstroemiaceae *Adinandra lamponga* Miq.	Blatt	—	BOORSMA, Bull. de l'inst. bot. de Buitenzorg **21**, 3 (1904).
Thea japonica L.	Samen	Camellin	Siehe Saponinverzeichnis, S. 261.
Thea Sasanqua Thunb.	Samen	Camellin	Siehe Saponinverzeichnis, S. 261.
Thea chinensis L.	Samen, Wurzel, Äste (letztere frei von Saponinsäure)	Theesaponin- säure, Theesaponin $C_{18}H_{28}O_{10}$ Assamin $C_{60}H_{92}O_{30}$ oder $C_{60}H_{96}O_{30}$ Assaminsäure	Siehe Saponinverzeichnis, S. 261 und 271.
Gordonia excelsa Bl.	Blatt	—	
Laplacea subintegerrima Micqu.	,,	—	
Pyrenaria serrata Bl., var. *oidocarpa* Boerl.	,,	—	BOORSMA, l. c., S. 3.
Saurauja cauliflora Dc., var. *crenul.* Boerl.	,,	—	
Schima Noronhae Reinw.	Rinde, Zweige, Blatt, Blüte	Schima- Saponin- säure, Schima- saponin	L. WEIL, l. c., S. 29; BOORSMA, l. c., S. 1.
,, *Wallichii* Chois.	Blatt	—	BOORSMA, l. c., S. 3.

P f l a n z e	Pflanzenteil	Name und Zusammensetzung des Saponins	L i t e r a t u r
Stewartia Pseudocamellia Max.	Rinde u. Holz	—	L. WEIL, l. c., S. 31.
Thymelacaceae *Dirca palustris*	Blätter	—	GRESHOFF, Kew Bull., l. c.
Umbelliferae *Eryngium amethystinum*	Blatt	—	G. LUFT, l. c.
,, *campestre*	Wurzel	—	
,, *foetidum*	,,	—	
,, *maritimum*	,,	—	
,, *planum*	,,	—	
Pimpinella saxifraga	Wurzel	—	C. VESTLIN, Pharmazeut. Zentralh. **61**, 77 (1920).
Sanicula europaea	Blatt	—	G. LUFT, l. c.
,, *marilandica*	ganze Pflanze	—	
Urticaceae *Ficus hispida* L.	—	—	GRESHOFF, Meded. **29**, 144.
,, *hypogaea* King.	—	—	GRESHOFF, Meded. **29**, 185
Verbenaceae *Duranta Plumieri* Jacqu.	Blatt	—	BOORSMA, Meded. uit's lands plantentuin 31 (1900).
Violaceae *Viola odorata* L.	—	—	L. KROEBER, Pharm. Zentralh. **63**, 577 (1922).
,, *tricolor* L.	—	—	L. KROEBER, Pharm. Zentralh. **66**, 336 (1925).
Zygophyllaceae *Balanites Roxburghii* Planchon	Fruchtfleisch	Balanitessaponin $(C_{18}H_{28}O_{10})_{10}$ $-H_2O$ (?)	L. WEIL, l. c., S. 40.

Pflanze	Pflanzenteil	Name und Zusammensetzung des Saponins	Literatur
Guajacum arboreum	Blatt	—	G. LUFT, l. c.
,, *officinale* L.	Rinde u. Holz	—	E. PÄTZOLD, Diss. Straß burg 1901.
		Guajak-rinden-saponin-säure $C_{21}H_{34}O_{10}$	W. FRIEBOES, Beiträge zu Kenntnis d. Guajakprä parate. Rostocker Preis schrift, Stuttgart, 1903
		Guajak-saponin $C_{22}H_{36}O_{10}$	Siehe Saponinverzeichnis S. 264.
	Blatt	Blattsapo-ninsäure und Blatt-saponin des Guajaks	
sanctum	Blatt	—	G. LUFT, l. c.

4. Chemische und physikalische Eigenschaften

Die meisten der bisher gewonnenen Saponine sind a m o r p h. Sie stellen weiße, häufiger gelbe oder braune Pulver dar. Viele ziehen aus der Luft rasch Feuchtigkeit an, ballen sich zusammen und zerfließen zu einer schmierigen Masse. Diese hygroskopische Eigenschaft erschwert häufig das Arbeiten mit Saponinen und macht besondere Vorsichtsmaßregeln notwendig.

Einige wenige Saponine wurden bisher in kristallisiertem Zustande erhalten. Hieher gehört das Digitonin aus den Samen von *Digitalis purpurea*[1]), das Cyclamin aus den Knollen von *Cyclamen europaeum*[2]), das α-Hederin aus den Epheublättern[3]), das Jego-Saponin aus *Styrax japonica*[4]) und die Primulasäure aus *Primula veris*[5]). Siehe auch Verzeichnis der Saponine, S. 259.

[1]) O. SCHMIEDEBERG, Arch. f. exp. Pathol. und Pharmakol. **3**, 18 (1875).
[2]) MUTSCHLER, in LIEBIGS Annalen **185**, 214 (1877).
[3]) A. W. VAN DER HAAR, Arch. d. Pharmazie **250**, 424 (1912) und **251**, 632 (1913).
[4]) Y. ASAHINA u. M. MOMOYA, Arch. d. Pharmazie **252**, 56 (1914).
[5]) L. KOFLER, Arch. d. Pharmazie und Ber. d. Dtsch. Pharmazeut. Ges. 1924, Heft 4.

Viele Saponine sind in Wasser leicht löslich. Manche Saponine dagegen sind in Wasser schwer löslich oder nahezu unlöslich.

Die Unterscheidung zwischen **neutralen und sauren Saponinen** und die Bezeichnung Saponinsäure stammt von KOBERT. Diese Begriffe wurden jedoch in der Folgezeit in verschiedenem Sinne gebraucht, es ist daher notwendig, auf diese Bezeichnungen näher einzugehen. KOBERT kam durch die sogenannte Bleimethode zu der erwähnten Einteilung[1]). Die einzelnen Saponine zeigen nämlich gegen neutrales und basisches Bleiazetat verschiedenes Verhalten. Versetzt man Saponinlösungen, z. B. einen wässerigen Drogenauszug, mit neutralem Bleiazetat, so werden manche Saponine ausgefällt, andere bleiben in Lösung und können aus dem Filtrat durch Zusatz von basischem Bleiazetat ausgefällt werden. Aus den Bleiverbindungen können die Saponine durch Schwefelwasserstoff in Freiheit gesetzt und dann weiter gereinigt werden. Die durch neutrales Bleiazetat gefällten Saponine bezeichnet KOBERT als saure, die durch basisches Bleiazetat gefällten als neutrale. Die sauren Saponine nennt KOBERT auch Saponinsäuren, dies geht zweifellos aus folgenden Sätzen hervor[2]): „Die in die erste Untergruppe gehörigen Saponinsubstanzen sind, wie schon gesagt, saurer Natur und können daher auch als Saponinsäuren bezeichnet werden. Freilich ist die Azidität derselben keine große. Immerhin genügt sie, um auf Lackmus rötend einzuwirken und Kongorot zu bläuen. Mit Ausnahme zweier werden diese Säuren in Wasser erst gut löslich, wenn man die Azidität derselben durch Alkali neutralisiert, während die neutralen Saponine meist auch in angesäuertem Wasser gut löslich sind.“

Nach der Darstellung SIEBURGS[3]) wären jedoch drei Gruppen von Saponinen zu unterscheiden. Er bezeichnet nämlich als Saponinsäuren jene Saponine, welche nur in Form ihrer Alkaliverbindungen wasserlöslich sind, auf Zusatz von Mineralsäuren aber ausfallen. Etwas weiter unten fährt SIEBURG fort: „Die wasserlöslichen Saponine trennt KOBERT nach ihrem Verhalten gegen Bleiazetat und basischen Bleiessig voneinander als ‚saure‘ Saponine und ‚neutrale‘ Saponine. Erstere werden durch Bleiazetat, letztere durch Bleiessig aus ihren wässerigen Lösungen niedergeschlagen.“

Aus diesen und ähnlichen Literaturstellen ergibt sich, daß keine völlige Übereinstimmung zwischen den Autoren über die Begriffe Saponinsäuren, neutrale und saure Saponine herrscht. Solange die Konstitution der Saponine nicht bekannt ist und wir daher nur auf Löslichkeit und Verhalten gegen Alkalien und Säuren angewiesen sind, läßt sich wohl keine befriedigende Einteilung geben. Aus praktischen Gründen und

---

[1]) R. KOBERT, Arch. f. exper. Pathol. u. Pharmakol. **23**, 233 (1887).
[2]) R. KOBERT, Beitr., S. 8.
[3]) E. SIEBURG in ABDERHALDEN, Handb. der biolog. Arbeitsmethoden Abt. I, Teil 10, I. Hälfte, S. 551.

im Interesse der Einheitlichkeit scheint es mir vorläufig zweckmäßig, zwischen sauren und neutralen Saponinen zu unterscheiden und die Bezeichnung Saponinsäure als gleichbedeutend mit saurem Saponin zu betrachten. Die neutralen sind demnach die in Wasser und meist auch in angesäuertem Wasser leicht löslichen Saponine. Die Saponinsäuren oder sauren Saponine sind in Wasser schwer löslich oder unlöslich, lösen sich aber in verdünnten Alkalien und werden durch Säuren aus diesen Lösungen ausgefällt. In diesem Sinne sollen im folgenden die genannten Bezeichnungen gebraucht werden.

Im großen und ganzen deckt sich diese Einteilung mit der von KOBERT getroffenen. Denn die meisten der als sauer bezeichneten Saponine fallen mit Bleizuckerlösung und die neutralen erst mit Bleiessiglösung aus. Allerdings wurden wiederholt Abweichungen von diesem Verhalten gefunden. So ist das Jegosaponin aus *Styrax japonica* nach ASAHINA und MOMOYA eine ausgesprochene Saponinsäure, es ist in Wasser unlöslich, löst sich in Alkalien, läßt sich in methylalkoholischer Lösung mit Lauge glatt titrieren usw. Trotzdem wird das Jegosaponin durch Bleizuckerlösung nicht gefällt. Ebenso verhält sich das Saponin aus *Sapindus Mukorossi*, das ebenfalls saurer Natur ist, trotzdem aber durch neutrales Bleiazetat nicht gefällt wird. VAN DER HAAR[1]) fand, daß das Saponin von *Polyscias nodosa* in unreinem Zustande von neutralem Bleiazetat vollständig niedergeschlagen wird. Das reine Saponin wird hiedurch aber nicht gefällt. Daß das unreine Saponin von neutralem Bleiazetat gefällt wird, erklärt VAN DER HAAR damit, daß die begleitenden Substanzen ausgefällt werden und das Saponin mitreißen. Wird der Niederschlag mit Wasser ausgewaschen, so geht das Saponin in Lösung und kann auf diese Weise dem Niederschlag vollständig entzogen werden. Eine ähnliche Beobachtung hatte BOORSMA[2]) schon früher bei *Coscinium Blumeanum* gemacht, wobei das Saponin aus dem wässerigen Infusum der Blätter durch neutrales Bleiazetat gefällt wird, während das reine Saponin nur durch basisches Bleiazetat gefällt werden kann.

Diese Beobachtungen lassen es zweckmäßig erscheinen, bei der Unterscheidung zwischen sauren und neutralen Saponinen weniger das Verhalten gegen Bleiazetatlösung heranzuziehen, sondern mehr die übrigen oben angeführten Eigenschaften zu berücksichtigen. Weitere Einwände gegen die Bleimethode sind bei Besprechung der Darstellungsverfahren der Saponine zu erwähnen.

Löslichkeit. In heißem, verdünntem Äthylalkohol sind die Saponine fast ausnahmslos gut löslich und fallen beim Abkühlen teilweise

---

[1]) A. W. VAN DER HAAR, Arch. d. Pharmazie **251**, 634 (1913).
[2]) BOORSMA, Nadere resultaten van het onderzoek naar de plantenstoffen van Ned.-Indie 1902, S. 45. Zit. nach VAN DER HAAR, l. c.

aus. Je konzentrierter der Alkohol ist, um so schwerer löst er die Saponine. In absolutem Alkohol sind die meisten Saponine nahezu unlöslich. Ähnlich verhält sich Methylalkohol, der jedoch im allgemeinen ein besseres Lösungsmittel darstellt. Amyl- und Isobutylalkohol lösen nur geringe Mengen von Saponin. In Äther, Petroläther, Chloroform, Benzol, Schwefelkohlenstoff und anderen Fettlösungsmitteln sind die Saponine praktisch unlöslich.

Bei vielen Saponinen wurde eine optische Aktivität festgestellt.

Die **elektrische Ladung** der meisten Saponine ist negativ. Dementsprechend beobachtet man bei der Elektrodialyse häufig eine Wanderung zur Anode. Beim Pulverisieren verleihen Saponine (Smilacin, Sapotoxin aus Quillaja, Solanin, Convallarin) kleinen Aluminiumscheiben eine positive elektrische Ladung (ZEEHUISEN[1]).

Die **Aussalzbarkeit** der Saponine wurde von KOBERT[2]) genauer untersucht und zur Isolierung verwendet. Er versetzte Saponinlösungen verschiedener Konzentration mit dem gleichen oder einem mehrfachen Volumen gesättigter Ammoniumsulfatlösung und beobachtete einige Minuten. Trat in der Kälte keine Fällung ein, so wurde erhitzt. Bei manchen Saponinen erfolgt in der Kälte oder beim Erhitzen eine quantitative Ausfällung, andere Saponine werden durch Ammoniumsulfat überhaupt nicht oder nur unvollständig ausgesalzen. KOBERT kommt zu dem Schluß, daß das Ammoniumsulfat namentlich zum Nachweis und zur Gewinnung der sauren Saponine recht brauchbar ist. Besonders vorteilhaft erwies sich ihm das Ammoniumsulfat bei der Verarbeitung von Quillajaextrakten auf Saponine, da das Quillajasapotoxin damit nicht gefällt wird, die Quillajasäure aber wohl. Das Handelssaponin von STHAMER ließ sich auf diese Weise leicht in seine zwei Komponenten zerlegen. Sehr empfindlich ist die Cereinsäure gegen gesättigte Ammoniumsulfatlösung, sie wird in der Hitze noch bei 10 000facher Verdünnung ausgefällt. An Stelle von Ammoniumsulfat läßt sich auch Magnesiumsulfat zum Aussalzen verwenden.

Die beim Aussalzen ausfallenden Saponine reißen in Lösung befindliche Pflanzenfarbstoffe quantitativ mit. In Versuchen mit beliebig herausgegriffenen Farbstoffen sah KOBERT, daß viele Saponine in hohem Maße die Fähigkeit besitzen, beim Ausfallen aus der mit Ammoniumsulfat versetzten Lösung Farbstoffe, welche durch diese Menge Ammoniumsulfat nicht gefällt werden, quantitativ mitzureißen.

Die Methode des Aussalzens konnte ich nur in seltenen Fällen zur Gewinnung und Reinigung von Saponinen praktisch verwenden.

---

[1]) H. ZEEHUISEN, Archives néerland de Physiol. de l'homme et des animaux **5**, 134 (1920). Zit. nach Chem. Zentralbl. 1922, I, 412.

[2]) R. KOBERT, Beitr., S. 20.

Wässerige Lösungen der Saponine sind **kolloidal** und **dialysieren nicht oder nur sehr schwer.** KOFLER und WOLKENBERG[1]) stellten quantitativ vergleichende Versuche über die Dialysierbarkeit verschiedener Saponine an. Sie verwendeten Pergamenthülsen von SCHLEICHER und SCHÜLL, die vor und nach den Versuchen mit Nachtblaulösung auf ihre Dichtigkeit geprüft wurden. Beim Aufstellen der Versuche wurde eine abgewogene Menge Saponin in Wasser gelöst und in die Hülse eingefüllt. Diese wurde in ein Gefäß mit einer abgemessenen Menge Wasser gestellt. Die Gefäße waren so gewählt, daß bei 12 cm³ Saponinlösung in der Hülse und 40 cm³ Wasser im Gefäß die Flüssigkeitsspiegel innen und außen gleich hoch standen. In die Hülsen wurde so viel Saponin gegeben, daß nach dem Hinausdialysieren des 100. Teiles die Außenflüssigkeit gerade hämolytisch wirken mußte. Zur Prüfung der Hämolysewirkung wurde die Außenflüssigkeit in bestimmten Zeitabschnitten durchgerührt, dann wurde 1 cm³ herauspipettiert, durch Zusatz von 0,008 g NaCl blutisotonisch gemacht und mit 1 cm³ einer 2%igen Blutaufschwemmung versetzt. Nach einer Stunde wurde die Hämolyse als positiv oder negativ abgelesen. Durch Zusatz von 1 cm³ Wasser wurde die Außenflüssigkeit wieder auf 40 cm³ gebracht. Da die Außenflüssigkeit bei der Anstellung des Hämolyseversuchs mit gleichen Teilen Blutaufschwemmung verdünnt wird, muß also für den positiven Ausfall des Versuchs in der Außenflüssigkeit so viel Saponin vorhanden sein, daß dadurch 80 cm³ Flüssigkeit gerade noch hämolytisch wirken, also beispielsweise beim Digitonin 80 : 195,000 = 0,00041 g. In die Hülse wurde daher nach dem oben Gesagten die hundertfache Menge gegeben. Die Außenflüssigkeit wurde zuerst in kurzen Zeitabständen, später täglich einmal untersucht. Die Ergebnisse sind in Tabelle 1 zusammengestellt.

Tabelle 1

Saponin	Hämolytischer Index	Saponin in der Hülse g	Hämolyse in der Außenflüssigkeit nach
Digitonin	195 000	0,041	16 Stunden
Primulasäure	193 000	0,041	24 ,,
Roßkastaniensaponin	25 000	0,320	36 ,,
Sapotoxin	44 000	0,181	42 ,,
Saponin pur. albiss.	25 000	0,320	48 ,,
Saponin STHAMER	25 000	0,320	48 ,,
Powdered-Saponin	80 000	0,100	3 Tagen
Gypsophilasaponin	190 000	0,421	negativ n. 8 Tagen
Senegin	27 800	0,290	ebenso

Diese Versuchsanordnung hat den Nachteil, daß die Konzentration der Lösungen und damit auch das Konzentrationsgefälle bei den einzelnen

---

[1]) L. KOFLER u. A. WOLKENBERG, Biochem. Ztschr. **160**, 398 (1925).

Saponinen ein verschiedenes ist. Da jedoch bei der Mehrzahl der verwendeten Saponine das Molekulargewicht nicht mit Sicherheit bekannt ist, wäre auf keinen Fall ein Arbeiten mit äquimolekularen Lösungen möglich gewesen. Die Resultate selbst sprechen gegen die Annahme, daß die verschiedene Konzentration der Lösungen einen wesentlichen Einfluß ausgeübt habe. Die beiden Saponine, welche am raschesten dialysierten, waren in viel größerer Verdünnung vorhanden als die meisten anderen. Es ist wohl nicht anzunehmen, daß das Molekulargewicht des Digitonins und der Primulasäure zehn- oder zwanzigmal kleiner ist als beispielsweise das des Senegins.

Mehrfache Wiederholung der Versuche unter teilweiser Abänderung der Versuchsbedingungen ergaben zwar mitunter geringfügige Abweichungen der absoluten Werte, das relative Verhältnis zwischen den einzelnen Saponinen blieb aber gleich.

Aus den Versuchen von KOFLER und WOLKENBERG geht hervor, daß vom Digitonin in sechzehn Stunden 1% des in der Hülse vorhandenen Saponins herausdialysiert war, während beim Gypsophilasaponin und Senegin selbst nach acht Tagen nicht einmal 1% in der Außenflüssigkeit nachweisbar war. Von den neun untersuchten Saponinen sind nur zwei kristallisiert und diese beiden dialysierten rascher als die amorphen Saponine. Diese beiden kristallisierten Saponine werden im Tierversuch vom Magen-Darm aus anscheinend auch leichter resorbiert als die amorphen Saponine (siehe S. 205).

Die Verwendung der Dialyse und namentlich der Elektrodialyse zur Reinigung der Saponine wird in einem späteren Abschnitte besprochen.

Wässerige Saponinlösungen haben die Fähigkeit, **Farbstoffe an sich zu reißen.** Nach KOBERT[1]) läßt sich diese Erscheinung in folgender Weise zeigen: Man füllt in einen Dialysierschlauch oder eine Dialysierhülse eine 2- bis 20%ige möglichst farblose Saponinlösung und hängt den Schlauch in ein größeres Gefäß, welches blau oder rot gefärbtes destilliertes Wasser enthält. Die Färbung wird durch ein bis zwei Tropfen einer 1%igen Methylenblau- oder Neutralrotlösung hervorgebracht. Nach 12 bis 24 Stunden wird der Inhalt der Dialysierhülse entleert und die Intensität der eingetretenen Färbung mit der Intensität des Außenwassers verglichen. Dabei zeigt sich bei allen Versuchen die Flüssigkeit im Dialysierschlauche mindestens doppelt so intensiv gefärbt wie die Außenflüssigkeit, ja bei vielen Versuchen ist die Außenflüssigkeit nahezu farblos und die Innenflüssigkeit intensiv gefärbt. Nach KOBERT sind für diese Versuche alle Saponine brauchbar, Solanin jedoch nicht. Eine Ausfällung des Farbstoffes in der Innenflüssigkeit trat nur mit Smilacin auf.

---

[1]) R. KOBERT, Beitr. S. 34.

Digitonin wird in wässeriger Lösung durch Tierkohle, Kaolin oder Stärke absorbiert (Ransom[1]). Das gleiche gilt auch für andere Saponine.

Die Saponine sind **oberflächenaktive Substanzen,** jedoch zeigen die einzelnen Saponine beträchtliche Unterschiede. Kofler[2]) verglich bei mehreren Saponinen die Oberflächenspannungserniedrigung der wässerigen Lösungen mit Hilfe des Traubeschen Stalagmometers und rechnete die gefundenen Werte auf die Normaltropfenzahl (Wasser 100) um.

Tabelle 2

Saponin	Normaltropfenzahl		Fisch tot in Minuten	
	0,1%ige Lösung	1%ige Lösung	0,1%ige Lösung	1%ige Lösung
Digitonin Merck	142,8	149,6	4	3
Glycyrrhizin	123,4	150,6	81	8
Sapindussaponin Hoffmann La Roche	116,3	123,8	11	5
Rumansaponin.............	108,5	130,2	12	9
Unreines Saponin aus *Primula veris* (Primulasäure).......	108,0	115,6	7	5
Saponin pur. albiss. Merck ..	107,5	112,0	8	3
Saponin unbekannter Herkunft	106,6	122,3	11	6
Kastaniensaponin...........	103,1	139,1	25	9

Zeichnet man die Oberflächenspannungs-Konzentrationskurven (σ-c-Kurven), trägt man also die Oberflächenspannungen als Ordinaten, die Konzentrationen als Abszissen auf, so sind die Kurven gegen die Konzentrationsachse konvex. Dieser Typus der σ-c-Kurve ist bei den wässerigen Lösungen sehr vieler organischer Stoffe, Alkohole, Aldehyde, Fettsäuren usw., bekannt.

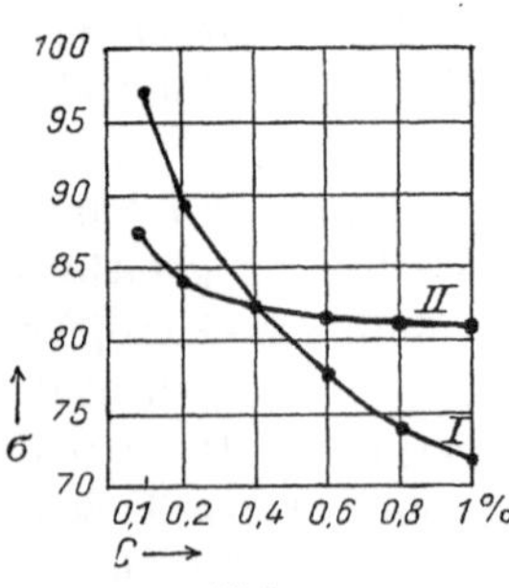

Abb. 1

I Roßkastaniensaponin
II Sapindussaponin

Die Kurven zweier Saponine zeigen häufig einen Schnittpunkt. In Abb. 1 sind die Kurven von Sapindus- und Roßkastaniensaponin wiedergegeben. Aus Tabelle 2 ist ersichtlich, daß solche Schnittpunkte auch zwischen dem Digitonin und Glycyrrhizin, zwischen dem Sapindus- und Rumansaponin usw. vorkommen.

Der Umstand, daß die Oberflächenspannungs-Konzentrationskurven zweier Saponine Schnittpunkte aufweisen können, hat auch physiologisches Interesse. Es lag nämlich der Gedanke nahe, daß bei den Saponinen ein Zusammenhang zwischen Oberflächenaktivität und physiologischer

[1]) F. Ransom, Biochemical journ. **16**, 668 (1922).
[2]) L. Kofler, Biochem. Ztschr. **129**, 64 (1922).

Wirkung bestehe. WOODWARD und ALSBERG[1]) verglichen die Wirkung von zwölf verschiedenen Saponinen auf die Oberflächenspannung des Wassers mit ihrer hämolytischen Kraft und fanden, daß kein Parallelismus besteht. Die Bestimmung der Oberflächenaktivität wurde dabei durch Tropfenwägung 0,01%iger Saponinlösungen in LOCKEscher Flüssigkeit durchgeführt. Noch mehr spricht gegen einen Parallelismus zwischen Toxizität und Oberflächenaktivität der Saponine folgender Versuch KOFLERs[2]). Beim Sapindus- und Roß-kastaniensaponin wurde in 0,1%iger und 1%iger Lösung, also vor und nach dem Schnittpunkt der Oberflächenspannungs-Konzentrationskurve die Giftigkeit gegenüber kleinen Fischen in einer bestimmten Versuchs-anordnung ermittelt (siehe S. 117). Mehrere gut übereinstimmende Versuche ergaben als Mittelwert für die Zeit bis zum Absterben der Fische:

Sapindussaponin	Kastaniensaponin
0,1%ige Lösung 11 Minuten	0,1%ige Lösung 25 Minuten
1%ige ,, 5 ,,	1%ige ,, 10 ,,

Das Sapindussaponin war also sowohl in 0,1%iger als auch in 1%iger Lösung stärker giftig als das Kastaniensaponin in derselben Konzentration. Ginge die physiologische Wirkung parallel der Oberflächenspannungs-Erniedrigung, so müßte in 0,1%iger Lösung das Kastaniensaponin giftiger sein. In der Tabelle 2 sind auch für die anderen Saponine die entsprechenden Werte angegeben. Es zeigt sich auch hier, daß Sapindussaponin in 0,1%iger und in 1%iger Lösung giftiger ist als das Rumansaponin, unbekümmert um das wechselnde Verhältnis der Tropfenzahlen. Ebenso ist das Saponin pur. albiss. MERCK immer giftiger als das unbekannte Saponin, ferner das Digitonin giftiger als das Glycyrrhizin.

Nach BERCZELLER[3]) und WASTL[4]) übt die Wasserstoffionenkonzentration einen deutlichen Einfluß auf die Oberflächenspannung von Saponinlösungen aus. BERCZELLER fand bei MERCKschem Saponin, gemessen mit dem TRAUBEschen Stalagmometer, daß Zusatz von Lauge die Oberflächenspannung der wässerigen Lösung kaum beeinflußt, Zusatz von Säure jedoch die Oberflächenspannung ziemlich stark herabsetzt. Für MERCKsches Saponin konnte WASTL die Angaben BERCZELLERs bestätigen: Säure setzte die Oberflächenspannung herab, Alkali erhöhte sie dagegen in geringem Grade. Andere Saponine zeigten

[1]) H. E. WOODWARD u. C. L. ALSBERG, Journ. of pharm. and exp. therap. **16**, 237 (1920).

[2]) L. KOFLER, Biochem. Ztschr. **126**, 64 (1922).

[3]) L. BERCZELLER, Biochem. Zeitschr. **66**, 223 (1914).

[4]) H. WASTL, Biochem. Zeitschr. **146**, 376 (1924).

aber ein abweichendes Verhalten. Bei „Primulasaponin" fand Wastl nach Säurezusatz die Oberflächenspannung der Lösungen erhöht, durch Alkalizusatz leicht erniedrigt. In ähnlicher Weise fand sich diese Erscheinung bei einer Reihe anderer Saponine, wenn auch in geringerem Grade. Nur beim Digitonin und Sapindussaponin war die Säure-Alkali-Wirkung eine ähnliche wie beim Merckschen Saponin. Kastaniensaponin wurde durch Säurezusatz nahezu nicht beeinflußt. Für das Verhalten des Primulasaponins scheint mir folgende Erklärung möglich: Wastl arbeitete mit einem Präparat, das aus der später zu besprechenden amorphen, in Wasser leichter löslichen Form der Primulasäure bestand. Durch Säurezusatz entsteht die kristallisierte Form der Primulasäure, die in Wasser nahezu unlöslich ist und daher ausfällt; dadurch wird der die Oberflächenspannung erniedrigende Einfluß des Saponins geringer. Setzt man Alkali zu, so geht das Saponin als Natriumsalz der kristallisierten Primulasäure leicht und vollständig in Lösung; die Oberflächenspannung der Lösung wird herabgesetzt. Ähnliche, vorläufig allerdings unbekannte Vorgänge können auch bei anderen Saponinen durch Säure- oder Laugenzusatz ausgelöst werden, wodurch die Oberflächenspannung der wässerigen Lösungen beeinflußt wird.

Zu teilweise etwas abweichenden Resultaten kamen Kofler und Lázár[1]), welche die Oberflächenspannung wässeriger Saponinlösungen in Phosphatgemischen mit genau bekannten Werten für p_H prüften. Diese Ergebnisse sind mit denen von Wastl nicht direkt vergleichbar, weil die verwendeten Saponinpräparate teilweise andere waren, und vor allem weil Kofler und Lázár nur bei den für die Hämolyseversuche in Betracht kommenden Konzentrationen arbeiteten, während Wastl die stalagmometrischen Bestimmungen in verhältnismäßig stark sauren bzw. alkalischen Saponinlösungen vornahm, die schon im Bereiche der Säure und Laugenhämolyse lagen. In den Versuchen von Kofler und Lázár war der Einfluß der Reaktion auf die Oberflächenaktivität bei den meisten Saponinen geringfügig. Beim Saponin pur. albiss. Merck und Gypsophilasaponin war die Oberflächenspannung der Lösung bei $p_H = 8,0$ am höchsten und nahm bei Verschiebung der Reaktion nach der sauren und alkalischen Seite zu ab. Digitoninlösungen besitzen bei $p_H = 8,7$ bis 9,6 die niedrigste Oberflächenspannung, beim Roßkastaniensaponin und Cyclamin zeigt sich eine kontinuierliche Abnahme der Oberflächenspannung von der alkalischen zur sauren Seite. Senegin- und Sapindussaponin-Lösungen weisen eine beträchtliche Abnahme der Oberflächenspannung bei zunehmender Alkalität auf (siehe darüber auch S. 139). Eine gesonderte Stellung

---

[1]) L. Kofler u. Z. Lázár, Arch. d. Pharmazie u. Ber. d. Dtsch. pharmazeut. Ges. (Im Druck.)

nehmen die Primulasäure und das Elatiorsaponin ein, die als saure
Saponine bei saurer Reaktion aus der 0,1%igen Lösung ausfielen und
daher in diesem Bereich nicht mehr untersucht werden konnten.

Ebenso wie Seife sind die Saponine in hohem Maße befähigt, feste
Oberflächenhäute zu geben. Eine Folge der Häutchenbildung und der
Erniedrigung der Oberflächenspannung ist das **Schaumvermögen** der
Saponine (FREUNDLICH[1]). Wässerige Saponinlösungen bilden beim
Schütteln einen reichlichen, lange haltbaren Schaum. Diese Eigenschaft
zeigt sich noch bei weitgehender Verdünnung der Lösungen. 10 cm³
Sapotoxinlösung 1:50000 bilden beim Schütteln in einer Eprouvette
(16 cm lichte Weite) eine Schaumsäule, die nach 15 Minuten noch 1 cm
hoch steht[2]. Die Schaumbildung ist eine der am längsten bekannten
Eigenschaften der Saponine bzw. Saponindrogen. Daraus erklärt sich
die Tatsache, daß saponinhaltige Pflanzen seit den ältesten Zeiten und
unabhängig voneinander in verschiedenen Erdteilen als Waschmittel
verwendet werden (siehe S. 251). Ebenso erfolgt der Zusatz von
Saponinen zu Limonaden (S. 244), zum türkischen Honig (S. 227), zu
Feuerlöschmitteln (S. 254) usw. wegen der hohen Schaumkraft.

Saponinschäume sind vom kolloidchemischen Standpunkt viel
weniger untersucht als Seifenschäume. Im wesentlichen lassen sich
die bei den Seifenschäumen gefundenen Tatsachen auch auf die Saponinschäume übertragen. Es sind aber doch auch einzelne Abweichungen
bekannt. Nach BOYS[3] sind die Blasen aus Saponinlösungen viel starrer
als Seifenblasen: Saugt man aus einer Blase, die man an einer Pfeife
aufgeblasen hat, die Luft heraus, so sinkt sie zu einem faltigen Sack
zusammen, der bei stärkerer Luftentziehung Knicke zeigt, bei
erneutem Blasen aber wieder zu einer glatten Kugel wird. Dieser
Vorgang läßt sich mehrfach wiederholen. Durch Glycerinzusatz, der
auch zur Bereitung guter Seifenlösungen empfohlen wird, verringert
sich die Starrheit der Saponinhäutchen. Glycerinhaltige Saponinlösungen nähern sich in ihrem Verhalten den Seifenlösungen, ohne
sie zu erreichen.

In den Oberflächenhäutchen, also auch im Schaum, findet eine
Anreicherung von Saponin statt. STORTENBEKER[4] ging, um den Unterschied in der Konzentration der Saponinlösung und des von ihr
gebildeten Schaumes zu messen, in folgender Weise vor: Man bringt

---

[1]) H. FREUNDLICH, Kapillarchemie. Leipzig 1922, S. 887 u. 1090 ff.
[2]) L. KOFLER, Pharmazeut. Monatshefte **8**, 117 (1922).
[3]) BOYS, Seifenblasen, übersetzt von G. MEYER. Leipzig 1913. Zit.
nach FREUNDLICH, l. c.
[4]) W. STORTENBEKER, Chem. Weekblad 7, 264. Nach Chem. Zentralbl.
1910, I. 1316.

in ein U-förmig gebogenes Rohr einige Kubikzentimeter 1%iger Saponinlösung, verbindet mit einer Saugflasche und leitet einen langsamen Luftstrom hindurch. Dadurch wird der entstehende Schaum in die Saugflasche hineingesaugt. Die aus dem Schaum durch Zusammenfließen gebildete Flüssigkeit wird mit der ursprünglichen Flüssigkeit mit Hilfe der Hämolyse verglichen. Die Schaumflüssigkeit ist reicher an Saponin. Die Anreicherung im Schaum wurde auch zur Isolierung der Saponine herangezogen (siehe S. 79).

Die **Schaumbildung kann durch andere** gleichzeitig in Lösung befindliche **Stoffe** weitgehend **beeinflußt** werden. Ist der Fremdstoff selbst oberflächenaktiv, so ist nach FREUNDLICH[1]) mit einer Verdrängung des Saponins von der Oberfläche zu rechnen. Ist der betreffende oberflächenaktive Fremdstoff imstande, Oberflächenhäute zu geben und somit schaumbildend zu wirken, so wird die Flüssigkeit ihre Fähigkeit zu schäumen behalten, nur wird der Schaum die Eigentümlichkeiten annehmen, die der oberflächenaktive Fremdstoff besitzt. Einen solchen Fall hat man nach FREUNDLICH, wenn man eine Seifenlösung einer Saponinlösung zusetzt. Die Seifenlösung hat unter vergleichbaren Konzentrationen eine kleinere Oberflächenspannung als eine Saponinlösung, die Seife verdrängt also das Saponin. Nach einem Versuch von BOYS[2]) genügt der Zusatz eines Tropfens Seifenlösung zu 30 g Saponinlösung, um das oben erwähnte faltige Zusammenziehen der Saponinblasen zu verhindern. Nach Zusatz von drei Tropfen Seifenlösung war die Oberflächenhaut so leicht beweglich und elastisch wie Blasen aus einer Seifenlösung. Nach STEFFAN[3]) beeinträchtigt ein Zusatz von Seife das Schäumen von Saponinlösungen. Ferner sinkt nach STEFFAN auch bei Seifenlösungen die Schaumkraft, wenn Saponin zugesetzt wird (siehe S. 253). Zusatz von Milch vermag schon in einer Verdünnung von 1 : 2000 das Schäumen von Saponinlösungen zu verhindern (EICHHOLTZ[4]).

Wenn der oberflächenaktive Stoff nicht imstande ist, Oberflächenhäute zu bilden, so zerstört er durch Verdrängung der schaumbildenden Stoffe die Fähigkeit zu schäumen mehr oder minder völlig[1]). Hierauf beruht es, daß Zusatz von Isobuttersäure die Bildung eines haltbaren Schaumes verhindert. Wird die Isobuttersäure neutralisiert, so ist die Schaumbildung nicht mehr behindert, weil das gebildete Salz der Isobuttersäure nicht mehr oberflächenaktiv ist. Äther verhindert schon in kleinsten Mengen die Schaumbildung.

---

[1]) H. FREUNDLICH, l. c.
[2]) BOYS, l. c.
[3]) M. STEFFAN, Seifensieder-Ztg. 42. Nach Chem. Zentralbl. 1915, I, 578.
[4]) F. EICHHOLTZ, Biochem. Zeitschr. **128**, 310 (1922).

Alkohol verhindert ebenfalls das Schäumen von Saponinlösungen. Die Menge des hiezu erforderlichen Alkohols ist bei gleichem Prozentgehalt der verschiedenen Saponine ungleich (Overton[1]). Bei Lösungen eines und desselben Saponins ist die zur Aufhebung des Schaumvermögens erforderliche Alkoholmenge bis zu einem gewissen Grade von der Saponinkonzentration abhängig, jedoch so, daß die Alkoholmenge viel langsamer als die Saponinkonzentration steigt. Overton führt einige Beispiele an: Nach Schütteln von 5 cm³ Cyclaminlösung von 1:1000 mit 1,50 cm³ wasserfreiem Alkohol verschwindet der Schaum innerhalb zwei Minuten, bei Zusatz von 1,75 cm³ Alkohol schon nach wenigen Sekunden. Beim Mischen von 20 cm³ Cyclaminlösug 1:4000 mit 5 cm³ Alkohol verschwindet der Schaum innerhalb einer Minute. Beim Schütteln von 5 cm³ Saponin pur. albiss. Merck mit 1,5 cm³ Alkohol bildet der Schaum noch nach fünf Minuten eine 8 mm hohe Schicht. Dieselbe Menge Saponinlösung gibt mit 1,75 cm³ Alkohol nur einen geringen Schaum, der nach zwei Minuten praktisch verschwunden ist, und mit 2 cm³ Alkohol einen fast augenblicklich verschwindenden Schaum. Es handelt sich nach Overton beim Alkoholzusatz in der Hauptsache um den Übergang der unechten inhomogenen Saponinlösung in eine echte homogene Lösung. Dabei will Overton allerdings auch in den nicht schäumenden wässerig-alkoholischen Lösungen der Saponine die Möglichkeit des Vorkommens von Doppelmolekülen oder einfacher Molekülkomplexe nicht ausschließen.

Durch **chemische Einwirkung** verschiedener Agenzien kann das **Schaumvermögen** ebenso wie andere physikalische Eigenschaften der Saponine weitgehend verändert werden. Sieburg und Bachmann[2]) untersuchten den Einfluß, den die Behandlung mit Brom und Barytwasser auf das Schaumvermögen und andere Eigenschaften der Saponine ausübt. Die Behandlung mit Barythydrat erfolgte derart, daß die Autoren die Saponine zu 5% in Wasser — bei Cyclamin und Digitonin wegen ihrer geringen Wasserlöslichkeit in Methylalkohol — lösten, diese Lösung mit dem gleichen Volumen n/5 Barythydrat versetzten und dann eine Stunde lang im siedenden Wasserbad hielten. Das Baryum wurde aus der heißen Flüssigkeit durch die äquivalente Menge Schwefelsäure ausgefällt, und dann wurde zur Trockene eingedampft. Die Brombehandlung erfolgte in gesättigter methylalkoholischer Lösung durch Hinzufügen einer 2%igen methylalkoholischen Bromlösung unter Eiskühlung. Das Saponin wurde dann mit Äther ausgefällt, mit Äther gewaschen, nochmals in Methylalkohol gelöst und wieder durch Äther ausgefällt. Dieser Rückstand wurde bei niedriger Temperatur auf Ton

---

[1]) E. Overton, Lunds Universitäts Arsskrift N. F. Afd. 2, Bd. 9, Nr. 7.
[2]) E. Sieburg und F. Bachmann, Biochem. Zeitschr. **126**, 130 (1921).

getrocknet und auf Anwesenheit von freiem Brom geprüft. Durch diese Behandlung war die Löslichkeit in Wasser und Alkohol vielfach eine andere geworden.

Was uns hier interessiert, ist die Beeinflussung des Schaumvermögens. Durchwegs niedriger fielen nach der Brombehandlung die Schaumzahlen aus bei Quillajasaponin, Saponin MERCK und Guajaksaponin. Beim Cyclamin erfolgte durch die Brombehandlung kaum eine Beeinflussung. Beim Digitonin war das Schaumvermögen in Konzentrationen bis 1:5000 geringer, in großen Verdünnungen aber höher als bei der natürlichen Substanz. Die Barytbehandlung lieferte bei Cyclamin und Digitonin durchwegs etwas schwächer schäumende Präparate. Bei Quillajasaponin ergaben sich keine erheblichen Unterschiede, während das MERCKsche Saponin weniger schäumte und auch das Guajaksaponin eine geringe Abnahme des Schaumvermögens aufwies.

Wiederholt wurde versucht, das **Schaumvermögen** der Saponine **zum Nachweis** dieser Substanzen und **zur quantitativen Bestimmung** in Drogen, Limonaden usw. heranzuziehen. Was die Bestimmung des Saponingehaltes von Drogen mit Hilfe des Schaumvermögens anlangt, so kann es sich von vornherein nicht darum handeln, den Saponingehalt verschiedener Drogen miteinander zu vergleichen, da die einzelnen Saponine in ihrer Schaumkraft zu sehr voneinander abweichen. Es kommt daher nur die Frage in Betracht, ob das Schaumvermögen Anhaltspunkte über den Saponingehalt verschiedener Proben derselben Drogenart liefert. HAGER gab zum Vergleich des Saponingehaltes von Sarsaparillawurzeln die Höhe der Schaumsäule nach dem Schütteln des Dekoktes in einem engen Glas an. APT[1]) arbeitete unter Einhaltung ganz bestimmter Bedingungen. Er verdünnte 2 cm³ einer 5%igen Drogenmazeration mit 2 cm³ Wasser und schüttelte in einem graduierten Stehzylinder mit 25 cm³ Fassungsvermögen und 1,5 cm lichter Weite eine Minute lang kräftig in der Längsrichtung. Nach dem Schütteln wurde der Verschluß geöffnet und nach fünf Minuten die Höhe des Schaumes abgelesen.

Zur Ermittlung der toxischen Wirkung stellte APT Fischversuche an und fand zwar keine Funktion zwischen physiologischer Wirkung und Schüttelschaumzahl, aber doch insoferne eine Übereinstimmung, als Sarsaparillawurzeln mit niedrigen Schüttelschaumzahlen schwache, solche mit hohen starke Wirkung auf Fische ausübten. APT hält daher die Schüttelschaumprobe für die schnelle Bewertung, wenn es sich nur um relative Werte handelt, für brauchbar und verlangt von einer sehr guten Sarsaparilladroge die Schüttelschaumzahl 10.

Nach meinen eigenen Versuchen läßt sich die **Schaumzahl,** gleichgültig in welcher Weise sie bestimmt wurde, auch nicht annähernd

---

[1]) F. W. APT, Ber. d. Dtsch. pharmazeut. Ges. **31,** 155 (1921).

zur Beurteilung des Saponingehaltes von Drogen verwenden[1]). Es scheinen andere Drogeninhaltstoffe einen wesentlichen Einfluß auf das Schaumvermögen der Saponine auszuüben, wie es nach der oben ausgeführten Beeinflußbarkeit des Schaumvermögens von Saponinlösungen nicht anders zu erwarten ist.

Um gut vergleichbare Werte zu erhalten und um wenigstens teilweise die durch die Versuche von SIEBURG und BACHMANN (siehe S. 55) aufgezeigten Fehlerquellen zu vermeiden, bestimmte ich die Schaumzahl in Anlehnung an die Ermittlung des hämolytischen Index. Der prinzipielle Vorteil dieser Arbeitsweise vor der Messung der Schaumsäule liegt darin, daß die Bestimmung der Schaumzahl stets bei derselben Konzentration erfolgt: Von der Droge wird nach Vorschrift des Arzneibuches ein 0,1%iges Dekokt hergestellt; während des halbstündigen Kochens wird von Zeit zu Zeit mit Lackmuspapier die Reaktion geprüft. Ist sie sauer, so wird durch tropfenweisen Zusatz einer 1%igen Natriumkarbonatlösung neutralisiert. Zehn Reagenzgläser mit gleicher lichter Weite (16 mm) werden der Reihe nach mit 1, 2, 3 bis 10 cm³ Dekokt beschickt. Jedes Reagenzglas wird dann mit Wasser auf 10 cm³ Flüssigkeit aufgefüllt, so daß beispielsweise das erste Glas 1 cm³ Dekokt + 9 cm³ Wasser enthält. Nun werden die Reagenzgläser der Reihe nach mit dem Daumen verschlossen, durch fünfzehn Sekunden kräftig in der Längsrichtung geschüttelt und dann ruhig stehen gelassen. Nach fünfzehn Minuten wird die Schaumhöhe gemessen, und jenes Reagenzglas für die Berechnung verwendet, in dem die Höhe des Schaumes 1 cm beträgt. Ist die Droge schwach und die Schaumhöhe auch im letzten Reagenzglas niedriger als 1 cm, so wird der Versuch mit einem 1%igen Dekokt wiederholt. Bei sehr saponinreichen Drogen muß das Dekokt auf 0,02% oder noch weiter verdünnt werden. Es liegt natürlich im Interesse der Genauigkeit, die Konzentration für die endgültige Ablesung so zu wählen, daß jenes Reagenzglas, welches für die Berechnung dient, zwischen 5 und 10 cm³ Dekokt enthält. Es wird nun die Verdünnung in diesem Glas berechnet: Enthält es beispielsweise 8 cm³ eines 0,1%igen Dekoktes +2 cm³ Wasser, so beträgt die Verdünnung 1:1250; die Schaumzahl ist 1250. Um dieselben Dekokte auch für Hämolysebestimmungen benützen zu können, verwende ich für die Herstellung und Verdünnung der Dekokte nicht Wasser, sondern physiologische Kochsalzlösung.

In den beiden folgenden Zusammenstellungen ist die in dieser Weise gewonnene Schaumzahl bei einer Reihe von Senega- und Sarsaparilladrogen mit dem hämolytischen Index verglichen (siehe S. 148). Die Drogen stammten aus der Sammlung des Pharmakognostischen Institutes der Universität Wien.

---

[1]) L. KOFLER, Pharmazeut. Monatshefte **3**, 117 (1922).

Tabelle 3. Radix *Senegae*

Inventar Nr.	Herkunft und Alter der Droge	Hämo-lytischer Index	Schaum-zahl
8120	Südliche, 12 Jahre	2000	5000
3018	ca. 50 Jahre	1000	2000
5299	G. u. R. Fritz, 15 Jahre	2000	1600
5300	Wr. Allg. Krankenhaus, 14 Jahre	1250	2000
8122	Manitoba, 12 Jahre	2850	3330
	Frische Droge von Fritz Pezoldt & Süss	3330	6660

Tabelle 4. Radix *Sarsaparillae*

Inventar Nr.	Herkunft und Alter der Droge	Stärkegehalt	Hämo-lytischer Index	Schaum-zahl
2561	Honduras, ca. 50 Jahre	reichlich, verkleistert	200	850
2562	Vera Cruz, ca. 50 Jahre	sehr reichlich, verkleistert	< 40	660
2564	Honduras, ca. 50 Jahre	reichlich, verkleistert	660	2000
2565	Dicke Honduras auf fettem Boden gewachsen, ca. 50 Jahre.	sehr reichlich, nicht verkleistert	620	2000
2567	Vera Cruz, ca. 50 Jahre	reichlich, nicht verkleistert	400	1250
2573	Guatemala, ca. 50 Jahre	sehr reichllich, nicht verkleistert	280	1800
2569	Tampico, ca. 50 Jahre	sehr reichlich, nicht verkleistert	500	1100
2575	Para, ca. 50 Jahre	gering, nicht verkleistert	420	1250
2581	Radix Sarsap. spuriae (?) ca 50 J.	reichlich, nicht verkleistert	250	1000
2576	16 Jahre	reichlich, unverkleistert	500	850
8124	Root Parke, Davis & Co., 12 Jahre	gering, schwach verkleistert	< 65	330
	Frische Droge aus einer Apotheke	gering, nicht verkleistert	500	1330

Die Tabellen zeigen mit großer Deutlichkeit, daß die Schaumzahl bei der Wertbestimmung von Saponindrogen den hämolytischen Index nicht ersetzen kann. So ist beispielsweise die
Schaumzahl bei Radix Senegae Nr. 8120 mehr als dreimal so groß wie

bei Radix *Senegae* Nr. 5299, obwohl der hämolytische Index bei beiden Drogen gleich groß ist. Radix *Sarsaparillae* Nr. 2561 und Nr. 2576 besitzen beide die gleiche Schaumzahl, dagegen beträgt der hämolytische Index bei Nr. 2561 200, bei Nr. 2576 500.

Vor kurzem empfahl PFAU[1]) neuerdings die Messung der Schaumhöhe zur Bestimmung kleiner Mengen Saponin und zur annähernden Bestimmung des Saponingehaltes von Drogen. Er gibt an, daß man in einem verdünnten Quillajainfus die Menge der Droge durch Messung der Schaumhöhe bestimmen kann. Verschiedene Proben hat PFAU aber nicht verglichen.

Gegen die Gehaltsbestimmung einer Saponinlösung mittels einer Schaumzahl, die aus der Höhe der Schaumsäule oder aus der in Schaum aufgegangenen Flüssigkeitsmenge auf den Prozentgehalt an Saponin schließt, sprechen auch die Befunde von SIEBURG und BACHMANN[2]). Sie verwendeten die Schaumzahl, die zur Ermittlung der Schaumfähigkeit von Seifen gebräuchlich ist. Dabei werden 10 cm³ Lösung in bestimmter Versuchsanordnung geschüttelt. Wenn dabei die Gesamtflüssigkeit in Schaum aufgeht, ist die Schaumzahl 100, gehen 5 cm³ in Schaum auf, so ist die Schaumzahl 50 usw. Bei dieser Arbeitsweise fanden SIEBURG und BACHMANN, daß die **Schaumzahl durchaus nicht immer proportional dem Gehalt an Saponin** ist. Wenn auch das Maximum des Schäumens in der Regel bei den stärksten Konzentrationen liegt, so nimmt bei steigender Verdünnung die Schaumzahl keineswegs gleichmäßig ab. Cyclamin hat bei einer Verdünnung 1:4000 die gleiche oder eine etwas höhere Schaumzahl als bei einer Verdünnung von 1:500, Quillajasaponin bei 1:2000 eine höhere Schaumzahl als bei 1:500 usw.

Mit der Oberflächenaktivität hängt die Eigenschaft der Saponine zusammen, viele Substanzen, die Wasser nicht benetzt, z. B. Haut, Haare, Federn, **benetzbar** zu machen. Auch diese Eigenschaft spielt für die Verwendbarkeit als Waschmittel eine Rolle.

Die **Saponine** wirken **als Schutzkolloide**, eine Eigenschaft, die zur Herstellung von Emulsionen usw. auch praktisch verwendet wird (siehe S. 253). WEDEKIND und KRECKE[3]) bestimmten vom Agrostemmasaponin die Goldzahl nach ZSIGMONDY und fanden in einer 2%igen wässerigen Lösung eine Goldzahl von der Größenordnung 4 bis 10, das heißt 0,004 bis 0,010 g Saponin-Schutzkolloid sind imstande, 10 cm³ eines Goldsols vor der Ausflockung durch Elektrolyte zu schützen. Verglichen mit anderen Schutzkolloiden (Na-Caseinat, Albumin, Dextrin, Agar-Agar, Na-Cholat, Na-Stearat) übt Saponin eine der Goldzahl entsprechende

---

[1]) E. PFAU, Apoth. Ztg. 1925, Nr. 100.
[2]) E. SIEBURG u. F. BACHMANN, l. c.
[3]) E. WEDEKIND u. R. KRECKE, Zeitschr. f. physiol. Chemie **155**, 122 (1926).

Wirkung auf Schaumsysteme aus (BARTSCH[1]). LIMBURG[2]) fand die Beständigkeit von Paraffinölemulsionen durch Saponin außerordentlich stark erhöht. Er nimmt an, daß sich um die Ölteilchen herum ein sehr resistentes Saponinhäutchen bildet. Gegenüber der stabilisierenden Wirkung dieses Häutchens tritt die Lösung der Teilchen und die Leitfähigkeit der Lösung vollkommen in den Hintergrund. Dagegen ist nach den Beobachtungen von GUTBIER, HUBER und HAUG[3]), ferner GUTBIER und RHEIN[4]) die Schutzkolloidwirkung der Saponine gegenüber Suspensoiden (kolloides Gold und Selen) geringer, als nach ihren allgemeinen kolloidchemischen Eigenschaften zu erwarten wäre.

Beim Arbeiten mit saponinhaltigen Flüssigkeiten macht sich das langsame Absetzen feiner Niederschläge (Bleisulfid, Bleisulfat, Baryumkarbonat usw.) häufig sehr unangenehm bemerkbar.

Die Gegenwart von Saponin begünstigt das **Durchtreten feiner Niederschläge durch Filter.** Bleisulfidniederschläge in saponinhaltigen wässerigen Flüssigkeiten abzufiltrieren, ist oft nahezu unmöglich, da das Bleisulfid immer wieder durchs Filter geht. Zusatz von Alkohol beeinträchtigt diese Wirkung ebenso wie das Schaumvermögen. Hieher gehört ein bekannter Vorlesungsversuch: Schüttelt man Tierkohle mit Wasser und gießt auf ein Filter, so bleibt die Kohle auf dem Filter und das Wasser fließt klar ab. Schüttelt man dagegen die Tierkohle mit saponinhaltigem oder seifenhaltigem Wasser, so geht mit der Flüssigkeit auch Tierkohle durchs Filter.

Den Saponinen wurde von KOBERT[5]) ein wesentlicher Einfluß auf die Löslichkeit der Digitalisglykoside zugeschrieben. Diese Ansicht wurde später von manchen Autoren als unrichtig bezeichnet, von FOCKE[6]) aber neuerdings wieder als möglich hingestellt. Über die Digitalissaponine und ihre eventuelle praktische Bedeutung siehe S. 223.

BRINKMANN und SZENT-GYÖRGYI[7]) preßten eine Hämoglobinlösung in kleinen Ultrafiltern zwanzig Stunden unter 3 Atmosphären Druck durch Kollodiumfilter. Das Filtrat war wasserhell und farblos. Das Hämoglobin blieb als schmierige Masse auf dem Filter liegen und ließ sich von der tadellos weißen Oberfläche des Filters leicht abwischen. Preßt man dagegen unter 3 Atmosphären zunächst eine n/10 Na-Oleinat-

[1]) O. BARTSCH, Kolloidchem. Beihefte **20**, 1 (1920).
[2]) H. LIMBURG, Rec. d. trav. chim. d. Pays-Bas. **45**, 875 (1926).
[3]) A. GUTBIER, J. HUBER u. R. HAUG, Kolloid-Zeitschr. **29**, 19 u. 25 (1921).
[4]) A. GUTBIER u. M. RHEIN, Kolloid-Zeitschr. **33**, 35 (1923).
[5]) R. KOBERT, Beitr., S. 4.
[6]) FOCKE, Jahresber. d. Caesar u. Loretz A. G. 1924, S. 151.
[7]) R. BRINKMANN u. A. v. SZENT-GYÖRGYI, Biochem. Zeitschr. **139**, 261 (1923).

lösung eine halbe Stunde lang durch das Filter, spült ab und setzt nun eine Hämoglobinlösung unter demselben Druck auf, so geht die Flüssigkeit mit tiefroter Farbe durch. Ebenso wie Seife wirkt Digitonin. Das Filter ist für Hämoglobin permeabel geworden. Diese erhöhte Permeabilität ist reversibel und ist nicht durch Erweiterung der Filterporen bedingt, sondern wahrscheinlich durch Entspannung gewisser Spannungen an der Grenzfläche zwischen Wasser und Kollodium. Die Filtrierbarkeit des reinen Wassers wird durch Behandlung des Filters mit den oberflächenaktiven Stoffen nicht oder nur in geringem Grade erhöht.

5. Verbindungen der Saponine mit Cholesterin und anderen Alkoholen

Den Anstoß zum Studium des Verhaltens der Saponine gegen Cholesterin bildete die wichtige Beobachtung RANSOMS[1]), daß die hämolytische Wirkung der Saponine durch Behandlung mit Cholesterin aufgehoben wird. HAUSMANN[2]) sowie ABDERHALDEN und LE COUNT[3]) machten weitere wichtige Feststellungen: Das Zustandekommen der entgiftenden Wirkung ist an das Vorhandensein der freien Hydroxylgruppe gebunden, Cholesterinester sind also wirkungslos. Diejenigen Derivate des Cholesterins, bei denen die Doppelbindung besetzt ist, wirken schwächer antihämolytisch als das ursprüngliche, ungesättigte Cholesterin. Pflanzliche Phytosterine verhalten sich ebenso wie tierisches Cholesterin.

KOBERT[4]) fand, daß Saponine durch die Behandlung mit Cholesterin auch ihre Giftigkeit auf das Froschherz und auf Fische verlieren. Er stellte die Behauptung auf, es handle sich um eine chemische Verbindung zwischen dem Saponin und dem Cholesterin. Einen exakten Beweis erbrachte er allerdings nicht.

In einwandfreier Weise gelang dieser Nachweis WINDAUS[5]). Er wählte hiefür das **Digitonin,** weil es leicht und schön kristallisiert und weil seine Formel innerhalb enger Grenzen festgestellt war. Gießt man alkoholische Lösungen von Digitonin und Cholesterin zusammen, so erhält man sofort einen in feinen Nadeln kristallisierenden Niederschlag, der aus einer Verbindung von Digitonin und Cholesterin besteht. Als

---

[1]) F. RANSOM, Dtsch. med. Wochenschr. **27,** 194 (1901).
[2]) W. HAUSMANN, Wien. klin. Wochenschr. 1905, u. HOFMEISTERS Beiträge **6,** 567.
[3]) E. ABDERHALDEN u. LE COUNT, Ztschr. f. exper. Pathol. u. Ther. 2,199.
[4]) R. KOBERT, Beitr., S. 49 ff.
[5]) A. WINDAUS, Ber. d. Dtsch. chem. Ges. **42,** 238 (1909).

besten Weg zur Darstellung gibt WINDAUS den folgenden an: 1 g Digitonin wird in 100 cm³ 90%igem Alkohol gelöst und mit 0,4 g Cholesterin in 60 cm³ 95%igem Alkohol in heißem Zustande versetzt. Nach einigen Sekunden bildet sich ein aus rosettenförmig angeordneten Nadeln bestehender Niederschlag. Die Analysen ergaben, daß das Digitonin-Cholesterid aus einem Molekül Cholesterin und einem Molekül Digitonin zusammengesetzt ist, und daß diese Vereinigung ohne Austritt von Wasser stattgefunden hat.

$$C_{27}H_{46}O + C_{55}H_{94}O_{28} = C_{82}H_{140}O_{29}$$
$$\text{Cholesterin} + \text{Digitonin} = \text{Digitonin-Cholesterid}$$

Die Additionsverbindung ist unlöslich in Wasser, Azeton und Äther, sehr wenig löslich in kaltem 95%igen Alkohol, leichter löslich in kochendem absoluten Alkohol, in Methylalkohol, Eisessig und besonders in Pyridin.

Die Festigkeit der Additionsverbindung ist eine ganz bedeutende; so gelang es WINDAUS auch bei andauernder Extraktion mit Äther nicht, der Verbindung das Cholesterin zu entziehen. Dagegen konnte er durch zehnstündige Behandlung mit siedendem Xylol das Cholesterin vollständig extrahieren und beide Komponenten zurückgewinnen[1]).

WINDAUS konnte feststellen, daß das Digitonin-Cholesterid in heißer methylalkoholischer Lösung eine deutliche, allerdings nicht sehr weitgehende Dissoziation zeigt.

Das Digitonin-Cholesterid wirkte nicht mehr hämolytisch.

Ebenso wie das Cholesterin verhalten sich alle bisher untersuchten natürlich vorkommenden Sterine gegenüber dem Digitonin. Die Fällung mit Digitonin ist daher ein ausgezeichnetes Mittel, um aus dem Unverseifbaren von Tier- und Pflanzenmaterial die Sterine in reiner Form zu gewinnen und von gleichzeitig vorhandenen Kohlenwasserstoffen usw. zu trennen.

Auch zum qualitativen Nachweis der Cholesterinkörper ist die Reaktion mit Digitonin verwertbar; sie tritt noch in 0,02%igen Cholesterinlösungen deutlich ein.

WINDAUS arbeitete eine Methode zur quantitativen Bestimmung des Cholesterins mit Hilfe von Digitonin aus. Das zu untersuchende Material wird in der 50fachen Menge kochenden 95%igen Alkohols gelöst und mit einer 1%igen Lösung von Digitonin in heißem 90%igen Alkohol versetzt, solange noch ein Niederschlag entsteht. Nach mehreren Stunden hat sich der Niederschlag abgesetzt. Er wird nun auf einem GOOCH-Tiegel filtriert, mit Alkohol und mit Äther gewaschen, bei 100° getrocknet und gewogen. Die Menge C des Cholesterins läßt sich aus

---

[1]) A. WINDAUS, Ztschr. f. physiol. Chemie **65**, 110 (1910).

der Menge A des Additionsproduktes berechnen nach der Gleichung:
$$A : C = 1589{,}06 : 386{,}35,$$
wobei 1589,06 das Molekulargewicht des Digitonin-Cholesterids, 386,35 dasjenige des Cholesterins darstellt.

Demnach ist $C = A \cdot \dfrac{385{,}35}{1589{,}06} = A \cdot 0{,}2431.$

In den meisten praktischen Fällen genügt es, an Stelle der Zahl 0,2431 die Zahl 0,25 zu verwenden und einfach ein Viertel des Digitonin-Cholesterins in Rechnung zu setzen.

Da nur das freie Cholesterin und nicht seine Ester mit Digitonin ausfallen, bietet die Methode ein einfaches Mittel, um Cholesterin und Cholesterinester zu unterscheiden und zu trennen.

Dieses von WINDAUS eingeführte Verfahren zur Bestimmung des Cholesterins wurde in der Folgezeit vielfach modifiziert und namentlich für das Arbeiten mit kleinsten Mengen umgearbeitet (THAYSEN[1]), FEX[2]), SZENT-GYÖRGYI[3]), IVAR BANG[4]) und andere).

Das **Solanin-Cholesterid** ist sehr schwer löslich in Alkohol, zeigt aber geringe Kristallisationsfähigkeit.

Das **Cyclamin-Cholesterid** kristallisiert in kleinen, sehr feinen Nädelchen. WINDAUS nimmt an, daß auch im Cyclamin-Cholesterid 1 Molekül Saponin und 1 Molekül Cholesterin verbunden sind, und berechnet nach durchgeführter Elementaranalyse die Molekulargröße des Cyclamins.

Das Cyclamin-Cholesterid ist weit weniger beständig als das Digitonin-Cholesterid. Bei der Extraktion mit Äther gibt das Cyclamin-Cholesterid das gebundene Cholesterin wieder ab. RIESENFELD und LUMMERZHEIM[5]) verfolgten die Dissoziation des Cyclamin-Cholesterids mit Hilfe der Hämolyse. Beim Zusammengeben äquivalenter Mengen Cyclamin und Cholesterin entsteht eine Mischung, in der die hämolytische Wirkung des Cyclamins nur zum Teil aufgehoben ist. Ein weiterer Zusatz von Cholesterin bewirkt eine weitere Herabsetzung der Giftigkeit. Diese Beobachtungen lassen vermuten, daß das Cyclamin-Cholesterid in wässeriger Lösung dissoziiert ist.

Während bei den bisher genannten Saponinen sich immer je 1 Molekül Saponin mit 1 Molekül Cholesterin verbindet, treten beim **Dioscin**, dem Saponin von *Dioscorea Tokoro*, 2 Moleküle Cholesterin mit 3 Molekülen Saponin in Verbindung (YAGI[6]). In heißer äthyl- oder methylalkoholischer

---

[1]) TH. E. HESS-THAYSEN, Biochem. Ztschr. **62**, 89 (1914).

[2]) I. FEX, Biochem. Ztschr. **104**, 82 (1920).

[3]) SZENT-GYÖRGYI, Biochem. Ztschr. **136**, 107 (1923).

[4]) IVAR BANG, Mikromethoden zur Blutuntersuchung 3. Aufl. 1922.

[5]) E. H. RIESENFELD u. H. LUMMERZHEIM, HOPPE-SEYLERS Ztsch. f. phys. Chem. **87**, 270 (1913).

[6]) S. YAGI, Arch. f. exper. Pathol. u. Pharmakol. **64**, 141 (1911).

Lösung ist das Dioscin-Cholesterid teilweise dissoziiert. Bei Behandlung mit Äther im SOXHLETschen Extraktionsapparat geht das Cholesterin langsam in Lösung.

Die Entgiftung der Saponine durch Cholesterin läßt sich in verschiedener Weise demonstrieren. WINDAUS goß, wie erwähnt, die alkoholischen Lösungen beider Substanzen zusammen. RANSOM, HAUS-MANN und andere lösten die Saponine in physiologischer Kochsalzlösung, schüttelten mit einer ätherischen Cholesterinlösung, stellten mehrere Stunden in den Thermostaten, verjagten den Äther und filtrierten. Werden genügende Mengen Cholesterin verwendet, so wirkte das Filtrat nicht hämolytisch. KOBERT kochte 10 g Sapotoxin mit 30 g fein zer-riebenem Cholesterin unter fortwährender Wassererneuerung, wodurch die hämolytische Wirkung des Sapotoxins fast ganz verschwand.

Chemische Untersuchungen über die **Cholesterinverbindungen anderer Saponine** als des Digitonins, Cyclamins und Dioscins liegen nicht vor. Für 0,1 g Assamin ist nach HALBERKANN[1]) 0,05 g Phytosterin oder Cholesterin zur Entgiftung erforderlich. Für eine Reihe von Saponinen stellten KOFLER und SCHRUTKA[2]) vergleichende Versuche an über die Menge des Cholesterins, die zur Aufhebung der Hämolysewirkung not-wendig ist. Die übliche Methode mit einer ätherischen Cholesterinlösung führte bei Wiederholungen zu keinen übereinstimmenden Resultaten. Bessere Ergebnisse wurden bei Verwendung einer Lösung von Cholesterin in Azeton erhalten. Die Saponine wurden im Verhältnis 1 : 1000 in physiologischer Kochsalzlösung gelöst, ebenso das Cholesterin in Azeton im Verhältnis 1 : 1000. Zur Anstellung des Versuches wurde eine Reihe von Eprouvetten mit je 5 cm³ Saponinlösung beschickt und mit steigenden Mengen Cholesterinlösung versetzt, z. B. 0,8, 1,0, 1,5, 1,7, 2,0 cm³. Die Eprouvetten wurden umgeschüttelt und ein bis zwei Stunden in den Thermostaten bei 50⁰ gestellt. Der noch nicht verdampfte Rest des Azetons wurde durch Einstellen der Eprouvetten in ein Wasserbad von 60⁰ vertrieben. Dann wurde von dem entstandenen Niederschlag abfiltriert und das Filtrat auf hämolytische Wirkung geprüft.

Für 0,005 g Digitonin wurden 0,0017 g Cholesterin oder für 1 g Digitonin 0,34 g Cholesterin zur Entgiftung verbraucht. Dieses Ergebnis stimmt mit den chemischen Befunden von WINDAUS gut überein und spricht dafür, daß die Dissoziation des Digitonin-Cholesterids in Wassei nur ganz unbedeutend sein kann. In der Tabelle 5 sind die entsprechenden Werte für die untersuchten Saponine angegeben. Wie weit bei der anderen Saponinen die Dissoziation der gebildeten Cholesteride an der Resultaten mitbeteiligt ist, läßt sich mangels chemischer Untersuchungen

---

[1]) J. HALBERKANN, Biochem. Zeitschr. 19, 310 (1909).
[2]) L. KOFLER u. W. SCHRUTKA, Biochem. Zeitschr. 159, 327 (1925)

nicht beurteilen. Jedenfalls zeigen diese Versuche, daß eine Proportionalität zwischen Hämolysewirkung und Cholesterinbindungsvermögen nicht besteht.

Tabelle 5 nach KOFLER und SCHRUTKA

Name des Saponins	1 g Saponin verbraucht zur Entgiftung Gramm Cholesterin
Sapotoxin MERCK	0,7
Primulasäure	0,4
Digitonin MERCK	0,34
Saponin pur. albiss. MERCK	0,3
Gypsophilasaponin	0,16.
Sapindussaponin HOFFMANN LA-ROCHE	0,1
Powdered-Saponin	0,08
Senegin MERCK	0,08
STHAMER-Saponin	0,06
Roßkastaniensaponin	0,04
Guajaksaponin MERCK	0,004

EISLER[1]) zeigte durch Hämolyseversuche, daß das Cholesterin, auch wenn es an Kohle adsorbiert ist, seine Fähigkeit, Saponin zu binden, nicht verloren hat. Umgekehrt bewahrt auch das an Kohle adsorbierte Saponin seine Reaktionsfähigkeit mit Cholesterin.

Bestrahlung mit ultraviolettem Licht beeinflußt das Bindungsvermögen des Cholesterins für Saponine. HESS und SHERMAN[2][3]) bestrahlten Cholesterin eine halbe, zwei und zehn Stunden mit einer Quecksilberlampe aus einer Entfernung von 1 Fuß. Das zwei Stunden bestrahlte Cholesterin band das Digitonin schneller als das unbestrahlte und verzögerte die Hämolyse stärker. Wurde dagegen die Bestrahlung über zehn Stunden ausgedehnt, so war die Wirkung wieder verschwunden.

Ähnlich wie Sterine bilden auch **andere Alkohole**, ferner **Phenole und Thiophenole mit den Saponinen Additionsverbindungen** (WINDAUS[4]) WINDAUS und WEINHOLD[5]). Beim Schütteln einer 1%igen wässerigen Digitoninlösung mit kleinen Mengen flüssiger Alkohole entsteht eine kristallisierte Fällung, und zwar mit Butyl- und Amylalkoholen, käuflichem sek. Octylalkohol, Geraniol, Linalool, Phenol, Carvomenthol, d-, l-α-Terpineol, sek. Phenyläthylalkohol, ac. Tetrahydro-β-naphthol

[1]) M. EISLER, Biochem. Zeitschr. **172**, 154 (1926).

[2]) A. F. HESS u. E. SHERMAN, Proc. of the soc. f. exp. biol. a. med. **23**, 169 (1925).

[3]) A. F. HESS, M. WEINSTOCK u. E. SHERMAN, Journ. of Biolog. Chemistry **47**, 413 (1926).

[4]) A. WINDAUS, Zeitschr. f. physiol. Chemie **65**, 110 (1910).

[5]) A. WINDAUS u. R. WEINHOLD, Zeitschr. f. physiol. Chemie **126**, 299 (1923).

und Thiophenol. In wässerig-alkoholischen Lösungen geben auch einige
feste Stoffe Fällungen, z. B. p-Bromphenol, α-Naphthol und β-Naphthol.
Ferner bilden sich auch Niederschläge beim Schütteln einer 5%igen
wässerigen Digitoninlösung mit nicht zu kleinen Mengen Äther, Isosapol,
Anethol und Benzylmethylketon. Es verbindet sich stets 1 Molekül
Digitonin mit 1 Molekül Alkohol und einer wechselnden Anzahl von
H_2O-Molekülen. WINDAUS, KLÄNHARDT und WEINHOLD[1]) benützten
das Additionsvermögen des Digitonins zur Trennung der d- und l-Form
spiegelbildisomerer Alkohole. Die Trennung gelang vollständig bei d,
l-α-Terpineol und d, l-ac-Tetrahydro-β-naphthol.

Das **Verhalten der Saponine gegen Lecithin** ist noch wenig untersucht.
KOBERT[2]) ist der Ansicht, daß Saponine mit Lecithin ebenso chemische
Verbindungen eingehen wie mit Cholesterin. Die für diese Ansicht als
Beweis angeführten Versuche scheinen mir aber nicht ausreichend.
KOBERT stützt sich vor allem auf folgenden Versuch: Versetzt man
4 cm³ einer 4%igen schwach alkalischen Lecithinsupension in Wasser
mit 2 cm³ Wasser und einigen Tropfen verdünnter Salz- oder Schwefelsäure, erwärmt für einige Sekunden und kühlt dann ab, so fällt das
Lecithin, welches vorher in Pseudolösung gehalten wurde, aus und
bildet allmählich einen voluminösen Niederschlag. Versetzt man dagegen
4 cm³ derselben 4%igen Lecithinlösung mit 2 cm³ einer 20%igen Sapotoxinlösung und einigen Tropfen verdünnter Mineralsäure, so wird beim
Erwärmen das Gemisch wasserklar und bleibt auch nach dem Erkalten
dauernd klar. Daraus schließt KOBERT, daß das Lecithin mit dem Sapotoxin eine Verbindung eingegangen ist, die auch durch Säurezusatz
nicht zersetzt wird. Dieser Versuch läßt sich wohl auch in anderer Weise
erklären und scheint nicht beweisend für die Bildung einer Saponin-
Lecithin-Verbindung.

Über den Einfluß von Lecithin auf die Hämolysewirkung der Saponine siehe S. 129.

6. Reaktionen zum Nachweis der Saponine

Liegt ein Saponin in mehr oder weniger reiner Form vor, so ist es
im allgemeinen nicht schwer, die Substanz als Saponin zu identifizieren.
Es genügen hiezu die bei der Aufstellung des Begriffes Saponin angegebenen
Eigenschaften: das Schäumen, die Glykosidnatur und vor allem die
physiologischen Wirkungen: Hämolyse, die niesen- und brechenerregende
Wirkung, die Toxizität gegen Fische und die intravenöse Injektion am
Warmblüter.

---

[1]) A. WINDAUS, F. KLÄNHARDT u. R. WEINHOLD, Zeitschr. f. physiol
Chemie **126**, 308 (1923).
[2]) R. KOBERT, Beitr.

Außer diesen allgemeinen Eigenschaften ist für die Saponine die Reaktion mit Schwefelsäure am meisten charakteristisch (ROSOLL[1]). Eine kleine Menge Saponin, mit einigen Tropfen konzentrierter Schwefelsäure versetzt, gibt eine allmählich eintretende Rotfärbung. Anfänglich tritt in der Regel eine Gelbfärbung auf, die im Laufe von mehreren Minuten bis einer halben Stunde in die Rotfärbung übergeht. Bei noch längerem Stehen bildet sich mitunter ein rotvioletter Farbton. Die bei der Reaktion auftretenden Farbennuancen sind von der Natur und dem Reinheitsgrad des Saponins abhängig. Bisweilen ist ganz vorsichtiges Erwärmen zweckmäßig. Am besten führt man die Reaktion auf einem Uhrglas oder einer kleinen Porzellanschale aus.

Dieselbe Reaktion erhält man auch bei Verwendung eines Gemisches von gleichen Teilen konzentrierter Schwefelsäure und 96%igen Alkohols.

SIEBURG[2]) suchte die Schwefelsäurereaktion der Saponine durch die Annahme zu erklären, daß sich aus der Zuckerkomponente Furfurol bildet und dieses sich mit dem Hydroxyle oder Methoxyle enthaltenden Aglykon kondensiert. Er schließt dies daraus, daß dieselbe Reaktion auch eintritt, wenn man Sapogenine mit einer Spur Pentose oder Hexose und Schwefelsäure zusammenbringt. Reinere Farbentöne entstehen mitunter, wenn man das Sapogenin in einer 1%igen Furfurollösung auflöst und mit konzentrierter Schwefelsäure unterschichtet. An der Berührungszone tritt erst ein roter Ring auf, der rasch in Violett übergeht. Beim vorsichtigen Mischen unter Wasserkühlung wird die Mischung indigoblau bis sattgrün.

Die Erklärung SIEBURGs ist nach VAN DER HAAR[3]) nicht richtig. Denn einerseits geben auch die zuckerfreien Sapogenine die Reaktion, anderseits gibt es Sapogenine, z. B. das reine kristallisierte Polysciassapogenin, welche weder Hydroxyl- noch Methoxygruppen enthalten. Die Reaktion ist vielmehr auf den Terpenkern der Sapogenine zurückzuführen (siehe S. 100).

Das MECKEsche Reagens (1 g selenige Säure in 200 g konzentrierter Schwefelsäure gelöst) gibt mit manchen Saponinen schöne Farbenreaktionen, z. B. mit Cereinsäure eine kirschrote, mit Guajaksaponinsäure eine violette Färbung (KOBERT[4]).

Die Reaktion mit Essigsäureanhydrid—Schwefelsäure läßt sich nicht nur für Saponine, sondern auch für Sapogenine verwenden.

[1]) A. ROSOLL, Sitz.-Ber. d. Kais. Akad. d. Wiss. i. Wien. 1884, Bd. LXXXIX., Abt. 1, S. 143.

[2]) E. SIEBURG, ABDERHALDEN, Handbuch d. biolog. Arbeitsmeth. Abt. I., Teil 10, S. 545. Biochem. Zeitschr. 74, 371 (1916).

[3]) A. W. VAN DER HAAR, Biochem. Zeitschr. 76, 333 (1916). — Ber. d. Dtsch. chem. Ges. 55, 1054 (1922).

[4]) R. KOBERT, Beitr.

Man löst eine Spur Substanz in Essigsäureanhydrid und unterschichtet mit demselben Volumen konzentrierter Schwefelsäure. An der Berührungszone tritt eine Rotfärbung auf, die nach wenigen Sekunden einer violetten und dann blauen Farbe Platz macht, mit immer stärker werdender Verbreitung in die obere Schicht hinein. Oft ist nach einigen Minuten die ganze obere Schichte smaragdgrün gefärbt (SIEBURG[1]).

Handelssaponin gibt nach MITSCHELL[2]) mit einem Tropfen konzentrierter Schwefelsäure und Nitraten eine blutrote Farbe. Die Reaktion wird an Stelle derjenigen mit Strychin oder Brucin zum Nachweis von Nitraten empfohlen.

MILLONsches Reagens gibt mit Quillajasaponinen beim Erwärmen eine Rotfärbung. Ganz reine Quillajasäure gibt die Reaktion nicht (KOBERT[3]), HOFFMANN[4]).

Die Reaktion von LAFON[5]) fällt bei Saponinen positiv aus (KOBERT[6]). Bei Behandlung des Saponins in der Kälte oder Wärme mit einem Gemisch aus gleichen Teilen konzentrierter Schwefelsäure und 96%igen Alkohols entsteht, wie erwähnt, eine gelb-rot-rotviolette Färbung. Zusatz eines Tropfens verdünnter Eisenchloridlösung ruft eine blaugrüne Färbung bzw. einen Niederschlag hervor. HANAUSEK[7]) benützte diese Reaktion zum Nachweise von Saponinen in pflanzlichen Schnitten.

Saponinlösungen geben beim Erhitzen mit NESSLERs Reagens einen grauen Niederschlag, der allmählich grünlichgrau bis grünschwarz wird (VAMVAKAS[8]). Wenn man die Saponinlösung vorher aufkocht und dann wieder erkalten läßt, so ist die Farbe des Niederschlages erst gelb bis orange, bevor sie schwarz wird. Die Flüssigkeit färbt sich dabei gelb bis rotbraun.

REICHARD[9]) bezeichnet folgende Reaktion als charakteristisch: Beim Verreiben von Saponin mit Kaliumdichromat und Wasser und Zufügen von Salzsäure färbt sich die Masse eigelb, der Rand braunrot; nach einigen Stunden entsteht eine hellgrüne Flüssigkeit.

Alle genannten Reaktionen mit Ausnahme der Schwefelsäurereaktion sind wenig charakteristisch und zum Teil überhaupt nur auf den Zucker-

---

[1]) SIEBURG, l. c.

[2]) C. A. MITSCHELL, Analyst **51**, 181. Nach Chem. Zentralbl. 1926, I, 3499.

[3]) R. KOBERT, Beitr.

[4]) P. HOFFMANN, Ber. d. Dtsch. chem. Ges. **36**, 2722 (1903).

[5]) PH. LAFON, Journ. d. Pharm. e. d. Chim. **12**, 126 (1885).

[6]) R. KOBERT, Pharm. Ztg. 1885 u. Real-Enzykl. d. Pharm. 1890. Bd. IX. S. 48.

[7]) F. HANAUSEK, Öst. Chem. Ztg. 1892.

[8]) J. VAMVAKAS, Ann. chim. analyt. appl. **11**, 161 (1906) u. **12**, 58 u. 139 (1907)., zit nach SIEBURG, l. c.

[9]) C. REICHARD, Pharmazeut. Zentralh. **51**, 1199 (1910).

anteil des Saponins zurückzuführen. Praktische Anwendung findet deshalb fast ausschließlich nur die Schwefelsäurereaktion. Aber mit dieser allein läßt sich eine Substanz nicht mit Sicherheit als Saponin erkennen.

Alle diese Reaktionen, die Schwefelsäurereaktion mit inbegriffen, versagen aber, wenn es sich darum handelt, die Saponine in Gemischen oder Lösungen neben anderen organischen Substanzen nachzuweisen. In diesem Falle, z. B. bei Drogen, führen unter Umständen biologische Reaktionen zum Ziele: die Giftwirkung der Saponine gegen Fische, vor allem aber die hämolytische Wirkung.

Der Hämolyseversuch ist die brauchbarste Reaktion zum Nachweis von Saponinen. Das Wesen und die praktische Anwendbarkeit der Saponinhämolyse wird in einem eigenen Abschnitt besprochen (siehe S. 123).

In vielen Fällen läßt sich Saponin in Gemischen und Lösungen auch mit Hilfe der Hämolyse nicht direkt nachweisen. Es muß daher zuerst eine Isolierung und Reinigung des Saponins vorausgehen.

7. Gewinnung und Reinigung

Eine der größten **Schwierigkeiten** bei allen Arbeiten über Saponine liegt in der Beschaffung reiner, einheitlicher, unveränderter Substanzen von konstanter Zusammensetzung. Zahlreiche Widersprüche oder Unklarheiten in der Literatur sind auf diese Schwierigkeit zurückzuführen.

Die Reinigung der Saponine wird durch verschiedene Umstände erschwert. Die meisten Saponine lassen sich, wie erwähnt, nicht zur Kristallisation bringen, ferner sind ihre wässerigen Lösungen kolloid, sie halten Mineralstoffe, Pflanzenfarbstoffe usw. mit großer Zähigkeit fest. Wir besitzen häufig kein Kriterium für die Reinheit und Einheitlichkeit der Substanz, denn die meisten Saponine, namentlich die amorphen, zeigen keinen scharfen Schmelzpunkt. Chemische Reaktionen zur ausreichenden Charakterisierung stehen, wie aus dem vorigen Abschnitte hervorgeht, nicht zur Verfügung. Namentlich die so häufige Verunreinigung durch Kohlenhydrate läßt sich oft schwer feststellen, da durch etwas energischere Maßnahmen leicht aus dem Saponinmolekül selbst Zucker abgespalten werden können.

Dazu kommt noch ein weiterer Umstand, der schon lange bekannt ist, aber zum Teil immer wieder übersehen wurde, zum Teile sich nicht umgehen ließ: Bei vielen der gebräuchlichen Darstellungsmethoden erleiden die Saponine mehr oder weniger tiefgreifende Veränderungen, die sich in der veränderten Löslichkeit und in der Abschwächung der physiologischen Wirkungen äußern.

Da die Saponine in bezug auf Löslichkeit, Aussalzbarkeit, Fäll-
barkeit usw. beträchtliche Unterschiede zeigen und auch die Natur
und Menge der anderen Pflanzeninhaltsstoffe bei den einzelnen Saponindrogen sehr verschieden ist, läßt sich kein allgemein giltiges und
stets anwendbares Verfahren zur Gewinnung der Saponine aus den
Pflanzen angeben. Der richtige Weg muß für jede einzelne Saponindroge erst gesucht werden. Bei diesem Aufsuchen eines geeigneten
Verfahrens macht sich aber gleich wieder der Mangel an einwandfreien
chemischen Reaktionen auf Identität, Reinheit und Unversehrtheit
des Saponins geltend. Denn wenn man nach irgendeinem Verfahren
aus einer Pflanze ein Saponin gewonnen hat, läßt sich nicht ohne weiteres
feststellen, ob es bei der Reinigung Veränderungen erlitten hat, wie
groß die Substanzverluste bei der Gewinnung waren, und ob ein oder
mehrere Saponine vorliegen.

Mit den Darstellungsmethoden eng verknüpft ist die quantitative
Bestimmung des Saponingehaltes. Die angedeuteten Schwierigkeiten
machen sich bei der Gehaltsbestimmung in noch höherem Maße
fühlbar. Daraus ist es erklärlich, daß die Literaturangaben über
den Prozentgehalt der Drogen an Saponin so unsicher und wider-
sprechend sind.

Bei der **Aufsuchung eines geeigneten Weges** für die Gewinnung
eines unveränderten Saponins aus einer Droge und für die quantitative
Bestimmung des Saponingehaltes der Droge gehen KOFLER und DAFERT[1])
in folgender Weise vor: Die üblichen Gewinnungsverfahren werden bei
der betreffenden Droge in Vorversuchen der Reihe nach durchgeprüft,
dabei wird möglichst quantitativ gearbeitet und nach jeder Phase der
Reinigung wird die Ausbeute mit Hilfe der Hämolyse geprüft. War kein
Saponin verlorengegangen und hatte es sich nicht verändert, so durfte
die hämolytische Kraft der Ausgangsdroge nicht abnehmen.

Ein Beispiel soll dies erläutern: Wir gehen von 10 g Droge aus.
Diese hat einen hämolytischen Index von 1 : 25 000, das heißt wir müssen
einen Teil Droge mit 25 000 Teilen physiologischer Kochsalzlösung
extrahieren, um eben noch Hämolyse zu bekommen. Die 10 g Droge
müßten also mit 250 000 g physiologischer Kochsalzlösung extrahiert
werden, um eben noch Hämolyse zu bewirken. Wenn wir nun nach
irgendeinem Darstellungsverfahren 1 g Ausbeute erhalten, so muß dieses
1 g Saponin in 250 000 g physiologischer Kochsalzlösung gelöst, eben
noch Hämolyse bewirken. Oder, um es anders auszudrücken: Wenn
wir aus 10 g Droge 1 g Saponin erhalten, so muß der hämolytische·Index
dieses Saponins 10 mal größer sein als der der Droge. Ist dies nicht der

---

[1]) L. KOFLER u. O. DAFERT, Ber. d. Dtsch. pharmazeut. Ges. **33**,
215 (1923).

Fall, so ist ein Verlust eingetreten, dessen Größe sich aus der Abnahme der hämolytischen Kraft annähernd berechnen läßt.

Auf den Ausfall des Hämolyseversuches sind verschiedene Faktoren, z. B. die Wasserstoffionenkonzentration der Flüssigkeit, eine hemmende oder fördernde Wirkung anderer gleichzeitig vorhandener Stoffe von Einfluß (siehe S. 154). Diese Faktoren lassen sich nicht immer vollständig beherrschen und können daher bei dem Vorgehen nach KOFLER und DAFERT unter Umständen zu Fehlern führen. Trotzdem hat sich diese Arbeitsweise bei Berücksichtigung aller Vorsichtsmaßregeln nicht nur bei Gypsophilawurzeln, sondern auch bei zahlreichen anderen Saponindrogen gut bewährt.

Wenn sich auch kein vollständiger, allgemein giltiger Gang für die Darstellung von Saponinsubstanzen angeben läßt, so gibt es doch einige Maßnahmen, die häufig mit Erfolg zur Gewinnung von Saponinen angewandt wurden. Diese sollen im folgenden besprochen werden.

Beim Behandeln der Droge mit siedendem hochprozentigen **Alkohol** gehen die Saponine in Lösung. Beim Erkalten der Lösung oder beim Einengen fällt häufig ein Teil der Saponine aus. Die so erhaltenen Saponine sind natürlich noch weitgehend verunreinigt. Man bezeichnet diesen Vorgang, allerdings nicht ganz mit Recht (siehe S. 1), als die SCHRADERsche Methode[1]). Die Wahl der richtigen Konzentration des Alkohols richtet sich nach den Löslichkeitsverhältnissen des Saponins. Häufig ist 96%iger Alkohol am zweckmäßigsten. Vor dem Auskochen der Droge mit Alkohol ist oft die Erschöpfung der Droge mit Äther oder Petroläther empfehlenswert zur Entfernung von Fett, Harz und Chlorophyll. Beim Arbeiten mit kleinen Drogenmengen läßt sich diese Behandlung mit Äther und dann mit Alkohol zweckmäßig nacheinander im SOXLETHschen Extraktionsapparat durchführen[2]).

An Stelle von Äthylalkohol kann auch Methylalkohol verwendet werden, der manche Saponine besser löst.

Das Saponin, das nach dem Erkalten des Alkohols noch in Lösung bleibt, kann durch Zusatz eines mehrfachen Volumens **Äther** ausgefällt werden.

Das aus dem Alkohol beim Erkalten sich ausscheidende Saponin setzt sich als pulveriger Niederschlag ab, erweist sich dann aber nach dem Abfiltrieren als hygroskopische Masse. Noch mehr hygroskopisch sind in der Regel die durch Äther ausgefällten Saponine. Sie kleben als schmierige Massen am Boden und an den Wänden des Gefäßes. Durch wiederholtes Auflösen in Alkohol und Fällen mit Äther kann eine weitere

---

[1]) J. C. SCHRADER, GEHLENS Journ. f. d. Chemie, Physik u. Miner. 8, 1809, S. 548.

[2]) E. SIEBURG, Im Hdb. d. biolog. Arbeitsmeth. Herausgegeben v. ABDERHALDEN, Abt. I, Teil 10, S. 511 ff.

Reinigung durchgeführt werden. Es läßt sich dabei mitunter auch eine Fraktionierung erreichen, da das aus dem Alkohol beim Erkalten ausfallende und das durch Äther ausgefällte Saponin nicht identisch sind. Ebenso sind die durch verschiedene Mengen Äther aus der alkoholischen Saponinlösung gefällten Fraktionen häufig verschieden[1][2]).

Durch entsprechende Verwendung von Alkohol und Wasser läßt sich mitunter ebenfalls eine Fällung und Reinigung erreichen. Man gießt den möglichst konzentrierten wässerigen Auszug langsam unter Umrühren in 96%igen Alkohol, wobei das Saponin ausfällt, oder es wird ein mit 50- bis 70%igem Alkohol hergestellter Drogenauszug mit konzentriertem Alkohol gefällt. Bei sauren Saponinen wird der alkoholische Drogenauszug zuerst durch Destillation von der Hauptmenge des Alkohols befreit, dann wird auf dem Wasserbad unter Zusatz von viel Wasser der Alkohol vollständig vertrieben. Dabei fällt das wasserunlösliche Saponin allmählich aus[3]).

Die nach irgendeinem der bisher genannten Verfahren gewonnenen Saponine enthalten neben anderen Verunreinigungen noch beträchtliche Mengen von Mineralsubstanzen. Diese lassen sich mit Hilfe der **Dialyse** entfernen. Die einfache Dialyse in einem Dialysierschlauch, einer Hülse usw. liefert wenig befriedigende Ergebnisse, weil die Saponinlösungen nicht nur Farbstoffe, sondern auch Mineralsubstanzen mit großer Kraft festhalten. Daher ist die Dialyse sehr langwierig, es besteht die Gefahr bakterieller Zersetzung, und die Resultate sind wenig zufriedenstellend.

Viel bessere Resultate gibt die **Elektrodialyse.** Mit Hilfe des PAULIschen Elektrodialyseapparates[4]) ist es möglich, den Aschengehalt der Saponine von mehreren Prozenten in wenigen Stunden auf einige Hundertstel Prozent herabzudrücken[5][6]). Das Saponin gelangt in 2- bis 10%iger Lösung in die Mittelkammer des Apparates. Schon nach sechs- bis zwölfstündiger Elektrodialyse ist der größte Teil der anorganischen Verunreinigungen entfernt. Der Aschengehalt von Gypsophilasaponin ist z. B. von 4 bis 6% auf 0,07% heruntergegangen. Elektrodialysiert man mehrere Tage, so erhält man vollständig aschefreie Saponine. Zur Wiedergewinnung des Saponins wird die Lösung im Vakuum eingedampft.

---

[1]) J. FLIERINGA, Arch. d. Pharmazie **249**, 161 (1911).

[2]) A. W. VAN DER HAAR, Arch. d. Pharmazie **250**, 424 (1912) u. **251**, 632 (1913).

[3]) L. KOFLER, Arch d. Pharmazie u. Ber. d. Dtsch. pharmazeut. Ges. 1924, Heft 9.

[4]) W. PAULI, Biochem. Zeitschr. **152**, 355 (1924). ADOLF u. PAULI, ebendaselbst **152**, 360 (1924).

[5]) L. KOFLER u. O. DAFERT, Ber. d. Dtsch. pharmazeut. Ges. **33**, 215 (1923).

[6]) L. KOFLER u. A. WOLKENBERG, Biochem. Zeitschr. **160**, 398 (1925).

Zur Reinigung saurer Saponine mit Hilfe der Elektrodialyse bringt man das Saponin mit Hilfe von Natronlauge in wässerige Lösung. Im Laufe der Dialyse scheidet sich dann das Saponin als Niederschlag aus[1]). Dabei ist es zweckmäßig, den Inhalt der Mittelkammer durch einen Rührer in ständiger Bewegung zu halten, damit das ausfallende Saponin keine Mineralsubstanzen einschließt.

Die Elektrodialyse läßt sich an jedes andere Darstellungsverfahren mit Vorteil anschließen, wenn es sich darum handelt, Mineralsubstanzen zu entfernen.

Durch Kombination der Verwendung von Alkohol, Äther, Wasser und der Reinigung mit Hilfe der Elektrodialyse gelingt es in manchen Fällen, aus den Drogen sehr reine unveränderte Saponine zu erhalten.

Es stehen aber noch eine Reihe weiterer Verfahren zur Verfügung.

Die Saponine können durch Bleisalze aus ihren Lösungen ausgefällt werden. Darauf beruht das von TROMSDORF eingeführte, von BUSSY verbesserte und von KOBERT zur Trennung von „sauren" und „neutralen" Saponinen benutzte **Bleiverfahren**[2]). Beim Versetzen der wässerigen Drogenauszüge mit Bleizuckerlösung fallen nach KOBERT die sauren Saponine aus, die neutralen Saponine bleiben in Lösung und können nach dem Abfiltrieren mit Bleiessiglösung ausgefällt werden. In sehr seltenen Fällen bedarf es noch einer dritten Fällung mit ammoniakalischem Bleiessig oder das Saponin ist überhaupt nicht durch Blei fällbar. Es wurde schon früher erwähnt, daß wiederholt Abweichungen im Verhalten der neutralen und sauren Saponine gegenüber Bleizucker und Bleiessiglösung beobachtet wurden. Ebenso wurde schon darauf hingewiesen, daß es sich bei diesen Fällungen nicht immer um chemische Verbindungen der Saponine handelt (siehe S. 42).

KOBERT verfährt bei der Gewinnung des sauren und neutralen Saponins der Quillajarinde in folgender Weise, die später für viele ähnliche Fälle vorbildlich wurde[3]): Der konzentrierte wässerige Drogenauszug wird acht Tage lang in die Kälte gestellt, wobei sich ein brauner Niederschlag aus der anfangs trüben, absolut unfiltrierbaren Lösung absetzt, so daß man abgießen oder filtrieren kann. Die Flüssigkeit wird mit Natriumkarbonat neutralisiert und im Überschuß mit neutralem Bleiazetat versetzt, wobei sich ein reichlicher Niederschlag bildet. Nachdem dieser sich abgesetzt hat, wird die darüber stehende Flüssigkeit entfernt, der Niederschlag nochmals mit Bleiazetatlösung aufgerührt, nach

---

[1]) L. KOFLER, Arch. d. Pharmazie u. Ber. d. Dtsch. pharmazeut. Ges. 1924, Heft 9.

[2]) R. KOBERT, Biochem. Handlex. Herausg. v. ABDERHALDEN 1912, Bd. 7, S. 146.

[3]) R. KOBERT, Arch. f. exp. Pathol. u. Pharmak. **23**, 233 (1887).

neuem Absetzen auf einem Filter gesammelt und mit Bleiazetatwasser und dann mit Alkohol gewaschen, bis der abtropfende Alkohol beim Verdunsten keinen Rückstand mehr gibt. Der Niederschlag nimmt dabei allmählich pulverige Beschaffenheit an. Nun suspendiert man den Niederschlag in Wasser und leitet Schwefelwasserstoff ein. Um das Absetzen des Schwefelbleies und das Filtrieren zu erleichtern, setzt man eine kleine Menge Alkohol zu. Es wird nun filtriert und der Bleisulfidniederschlag, welcher reichlich Quillajasäure adsorbiert enthält, mehrmals mit Alkohol ausgekocht. Diese Abkochungen werden heiß filtriert und eingeengt. Inzwischen wurde das wässerige Filtrat zum Sirup eingedampft, nochmals mit Schwefelwasserstoff behandelt und, wenn nötig, filtriert. Die wässerigen und alkoholischen Flüssigkeiten werden vereinigt und auf dem Wasserbad zur Trockene eingedampft. Nun nimmt man mit heißem absoluten Alkohol auf, wobei gefärbte Massen ungelöst bleiben. Falls die klare Lösung noch gefärbt ist, wird sie heiß mit der zwei- bis vierfachen Menge Chloroform versetzt und geschüttelt, wobei die letzten Verunreinigungen sich an den Wänden fest absetzen. Die abgegossene fast farblose Lösung wird nach dem Abkühlen mit Äther im Überschuß versetzt. Die Quillajasäure fällt in Form weißer, voluminöser Flocken aus, die sich nach dem Trocknen im Vakuum zu einem feinen, nicht ganz weißen Pulver zerreiben lassen.

Das Filtrat nach der Fällung der Quillajasäure durch neutrales Bleiazetat enthält noch ein neutrales Saponin, das Quillajasapotoxin. Zu seiner Gewinnung wird mit basischem Bleiazetat versetzt und der entstandene Niederschlag genau so weiter behandelt wie die neutrale Bleiazetatfällung.

Zum Zerlegen der durch Bleiazetat erzeugten Niederschläge kann auch Schwefelsäure verwendet werden. Man fällt dann den größten Teil des Bleies mit verdünnter Schwefelsäure aus, filtriert von dem ausgefallenen Bleisulfat ab und entfernt den Rest mit Schwefelwasserstoff. Das Abfiltrieren vom Bleisulfat macht häufig Schwierigkeiten, Zusatz einer kleinen Menge Alkohol ist von Vorteil. Man hat auch versucht, das Blei als Phosphat oder Karbonat zu entfernen, was sich jedoch nicht bewährt hat.

Die beim Zerlegen der Saponinbleiniederschläge durch Schwefelwasserstoff frei gewordene Essigsäure kann beim Eindampfen der Filtrate unter Umständen eine hydrolytische Spaltung herbeiführen. Es ist daher häufig zweckmäßig, vor dem Eindampfen zu neutralisieren und das Alkaliazetat durch Elektrodialyse zu entfernen.

Die bei der Bleimethode auftretenden großen Verluste (siehe S. 82) sind unter anderem darauf zurückzuführen, daß der Bleisulfidniederschlag eine große Menge Saponin mitreißt, das auch durch Auskochen mit Alkohol nur teilweise wiedergewonnen werden kann. ROSENTHALER[1]) glaubt beim Verbascumsaponin an eine Verbindung des Saponins mit Bleisulfid, aus der das Saponin frei gemacht werden kann, wenn man das Bleisulfid durch Wasserstoffsuperoxyd zu Bleisulfat oxydiert. Zum Teil handelt es sich aber auch um eine direkte Beeinflussung des Saponins durch Schwefelwasserstoff. VAN DER HAAR fand beim Polysciassaponin, daß Durchleiten von Schwefelwasserstoff durch die wässerige Lösung während der Dauer von fünfzehn Minuten die hämolytische Kraft vollständig zerstört. KOBERT[2]) hatte als Vorteil der Bleimethode gegenüber anderen Verfahren, z. B. der Barytmethode hervorgehoben, daß die Intensität der Giftwirkung des Saponins nicht abgeschwächt werde.

Die mit der Bleimethode gewonnenen Saponine sind verhältnismäßig dunkel gefärbt.

WEIL[3]) digeriert das mit Alkohol erhaltene Rohsaponin zur weiteren Reinigung mit frisch gefälltem Bleihydroxyd. Dabei werden Säuren (natürlich auch eventuell vorhandene Saponinsäuren) entfernt, eine chemische Verbindung des zu behandelnden neutralen Saponins bildet sich nicht. Das Blei wird durch Kohlensäure möglichst entfernt (ROSENTHALER).

Heißgesättigte **Baryumhydroxydlösung** erzeugt in wässerigen Drogenauszügen einen Niederschlag, welcher das Saponin als Barytverbindung enthält. Dieser Niederschlag ist in Barytwasser unlöslich und kann daher mit letzterem ausgewaschen werden (ROCHLEDER und V. PAYR[4]), CHRISTOPHSON[5]). Die Zerlegung des Niederschlages erfolgt mittels Kohlensäure und verdünnter Schwefelsäure. Nach dem Abfiltrieren des Baryumkarbonates gewinnt man das Saponin durch Eindampfen der wässerigen Lösung meist als weiße oder nur wenig gefärbte Substanz. Dieses sogenannte Barytverfahren ist einfach und führt rasch zu reinen Produkten. Es hat aber den großen Nachteil, daß dabei die physiologische Wirkung der Saponine weitgehend beeinträchtigt oder ganz aufgehoben wird (DRAGENDORFF, KOBERT[6]), HALBERKANN[7]). RENZABURO KAWASHIMA[8]), SIEBURG und BACHMANN (siehe S. 81)).

---

[1]) L. ROSENTHALER, Arch. d. Pharmazie **240**, 59 (1902).

[2]) R. KOBERT, Beitr., S. 8.

[3]) L. WEIL, Dtsch. Reichspat. Nr. 144 760. Zit. nach KOBERT, Beitr., S. 6.

[4]) F. ROCHLEDER, Sitzber. d. Wien. Akad. d. Wiss., Math.-naturw. Kl., Bd. 45, 7, 1862.

[5]) CHRISTOPHSOHN, Diss. Dorpat 1874. Zit. nach KRUSKAL, Arbeit. d. Pharm. Inst. zu Dorpat VI. 1891.

[6]) R. KOBERT, Beitr., S. 8.

[7]) J. HALBERKANN, Biochem. Zeitschr. **19**, 301 (1909).

[8]) R. KAWASHIMA, Acta scholae med. univ. imp. Kioto **4**, 251 (1921).

Die Ursache dieser Veränderung ist nicht genau bekannt. Möglicher weise werden unter der Einwirkung des heißen Alkalis die Fettsäuren, die in manchen Molekülen enthalten sind, abgespalten. Bei einigen physiologisch sehr wirksamen Glykosiden, deren Aglykone Oxylaktone sind, ist es bekannt, daß der durch Alkali gesprengte Laktonring durch Zusatz von Säure zwar wieder in ein Lakton zurückverwandelt werden kann, daß diese „Isokörper" aber unwirksam sind. Da nun für einige Saponine auch Laktoncharakter nachgewiesen ist, liegt die Annahme eines ähnlichen Vorganges bei längerem Kontakt von Saponinen mit Alkali nahe (SIEBURG[1]).

Weniger eingreifend als die Behandlung mit Baryumhydroxyd ist die Verwendung von **Magnesiumoxyd** (GREENE[2]), KRUSKAL[3]). Der wässerige Drogenauszug wird mit Magnesiumoxyd versetzt und zur Trockene eingedampft. Schonender ist es jedoch, die wässerigen Auszüge bis zur Sirupkonsistenz einzudampfen, die konzentrierte Lösung in das Magnesiumoxyd zu gießen und den entstandenen Brei auf dem Wasserbad zu trocknen. Der gepulverte Trockenrückstand wird mit heißem Äthyl- oder Methylalkohol ausgekocht. Statt des Magnesiumoxyds kann auch frisch gefälltes Magnesiumoxydhydrat verwendet werden (FLIERINGA[4]). Man mischt Magnesiumoxyd mit Wasser, saugt das Hydrat ab und entwässert durch wiederholtes Anreiben mit Alkohol und Absaugen. Mit diesem alkoholfeuchten Filtrat wird die weingeistige Lösung des Rohsaponins geschüttelt. Die Flüssigkeit wird abfiltriert und zur Gewinnung des Saponins eingedampft. Die Wirkung der Magnesiamethode beruht vor allem darauf, daß vorhandene Gerbstoffe, saure Farbstoffe usw. vom Magnesiumoxyd gebunden werden und in Alkohol nicht in Lösung gehen. Es bleibt aber auch ein beträchtlicher Teil des Saponins im Magnesiumoxyd zurück. Außerdem scheint das Eindampfen wässeriger Drogenauszüge mit Magnesiumoxyd doch nicht immer ganz harmlos zu sein (KAWASHIMA[5]), DAFERT und KOFLER[6]).

Die Methode des **Aussalzens** aus wässeriger Lösung ist nach KOBERT[7]) für einzelne Saponine recht brauchbar. So konnte FLIERINGA[4]) das Saponin der Blätter von *Trevesia sundaica* durch Sättigung der wässerigen Lösung mit Ammonium- oder Magnesiumsulfat vollständig aussalzen.

---

[1]) E. SIEBURG, l. c.

[2]) GREENE, Americ. Journ. of Pharmacy **50**, 250 u. 465 (1878). Zit. nach KOBERT 10, l. c.

[3]) N. KRUSKAL, Arbeit. d. Pharm. Inst. Dorpat VI. 1891.

[4]) J. FLIERINGA, Arch. d. Pharmazie **249,** 161 (1911).

[5]) R. KAWASHIMA, l. c.

[6]) L. KOFLER u. O. DAFERT, l. c.

[7]) R. KOBERT, Biochem. Handlex. Herausg. v. ABDERHALDEN **7**, 146 (1912).

Da dieses Saponin in absolutem Alkohol vollständig löslich ist, konnte das Ammoniumsulfat leicht wieder entfernt werden. In den Fällen, wo das Saponin in absolutem Alkohol unlöslich oder schwer löslich ist, läßt es sich nur schwer vom Ammonium- bzw. Magnesiumsulfat befreien. Leicht dagegen gelingt dies durch Anwendung der Elektrodialyse.

Saponinlösungen lassen sich mitunter durch **Tierkohle** entfärben. Wässerige Lösungen sind hiezu ungeeignet, weil die Tierkohle schwer aus der Lösung zu entfernen ist. Diese Schwierigkeit entfällt in alkoholischen Lösungen. So konnte Schulz[1]) das Parillin und Kofler[2]) die Primulasäure reinigen. Man verwendet dabei so viel Tierkohle, als eben notwendig ist, um die Lösung zu entfärben. Es treten auch dann noch beträchtliche Verluste ein, im Falle der Primulasäure ungefähr ein Drittel, dafür ist das so erhaltene Saponin aber rein weiß.

Die Fällung des Saponins mit **Gerbsäure** läßt sich ebenfalls zur Isolierung heranziehen. Der wässerige Auszug der Droge wird zuerst mit Bleisubazetat gereinigt. Nach der Entfernung des Bleies wird mit Gerbsäure gefällt und die so entstandene Verbindung des Saponins und Tannins mit Bleioxyd zerlegt. Dieses Verfahren führt zu verhältnismäßig reinen Produkten (Merck[3]).

Zum Schluß sei auf ein nicht mehr verwendetes Saponindarstellungsverfahren hingewiesen, welches darin besteht, daß man die Rohsaponine in die **Azetylverbindung** überführt und daraus durch Behandeln mit verdünnter Salzsäure oder Kochen mit alkoholischer Kalilauge oder wässeriger Barytlösung das Saponin wieder regeneriert. Stütz[4]), der dieses Verfahren anwandte, gibt selbst schon an, daß das so gewonnene Saponin weder Niesen errege noch kratzend schmecke. Die über die Azetylverbindung gereinigten Saponine haben ihre physiologische Wirkung nahezu ganz verloren (Kobert[5]). Dasselbe gilt von der von Schulz empfohlenen Reinigung durch Benzoylierung.

8. Nachweis in Nahrungs- und Genußmitteln, Arzneigemischen usw.

Handelt es sich um große Mengen, so wird das Saponin aus den zu untersuchenden Nahrungsmitteln nach einer der oben angegebenen Methoden isoliert und identifiziert. In den meisten Fällen kommen aber nur kleine Mengen in Betracht, bei denen die früher beschriebenen

---

[1]) W. v. Schulz, Arbeit. d. Pharm. Inst. Dorpat. 14. 1896, S. 18.

[2]) L. Kofler, Arch. d. Pharmazie u. Ber. d. Dtsch. pharmazeut. Ges., Heft 9 (1924).

[3]) E. Merck, Jahresber. XXXVI. S. 82 ff. 1923.

[4]) E. Stütz, Liebiegs Annalen d. Chemie 218, 231 (1883).

[5]) R. Kobert, Arch. f. exp. Pathol. u. Pharmak. 23, 233 (1887).

Methoden nicht zum Ziele führen. Aus diesem Grunde wurden eigene Verfahren ausgearbeitet, nach denen der Nachweis von Saponinen namentlich in Limonaden und anderen Getränken versucht werden kann.

Verfahren von BRUNNER-Rühle. Am bekanntesten und in vielen Fällen auch heute noch am zweckmäßigsten ist das Verfahren von BRUNNER[1]), das später von RÜHLE[2]) weiter ausgebaut wurde und Aufnahme in mehrere Lebensmittelbücher fand. Die Methode beruht auf der Löslichkeit der Saponine in Phenol, wodurch die Ausschüttelung möglich ist. Je nach der Natur der zu untersuchenden Flüssigkeit wird in etwas verschiedener Weise vorgegangen. Bei Brauselimonaden oder ähnlichen Flüssigkeiten wird mit Magnesiumkarbonat neutralisiert und filtriert. 100 cm³ des Filtrates versetzt man in einem Schütteltrichter mit 20 g Ammoniumsulfat und schüttelt mit 10 g Acidum carbolicum liquefactum ($= 9$ g Phenol $+ 1$ g Wasser) kräftig aus. Nun läßt man die wässerige Schicht ab, versetzt die Phenollösung mit 50 cm³ Wasser und schüttelt mit 100 cm³ Äther. Eine störende Emulsionsbildung kann durch Zusatz von etwas Alkohol beseitigt werden. Die wässerige Flüssigkeit wird nun eingedampft und der Rückstand auf Saponin untersucht.

Bei dextrinhaltigen Flüssigkeiten muß vor Anwendung des Verfahrens das Dextrin entfernt werden. Dies geschieht in folgender Weise: Man dampft 100 cm³ ein und versetzt mit 150 cm³ 96%igem Alkohol. Nach etwa halbstündigem Stehen erhitzt man auf dem Wasserbad zum Sieden und filtriert sofort. Das klare Filtrat wird vom Alkohol befreit und mit Wasser auf 100 cm³ aufgefüllt. Die Flüssigkeit wird nun mit 20 g Ammoniumsulfat versetzt und wie oben weiter behandelt.

HALBERKANN[3]) schüttelt zweimal mit Phenol aus, zuerst mit 10 und dann mit 5 cm³. Die Phenolauszüge behandelt er nicht sofort mit Wasser und Äther, sondern trachtet zuerst, die stets noch vorhandene wässerige Flüssigkeit zu entfernen. Er gibt hiefür zwei Wege an: 1. Der Phenolauszug wird mit dem gleichen Raumteil absoluten Alkohols gemischt und mit frisch geglühtem Natriumsulfat getrocknet. Dann wird in einen mit Wasser und Äther beschickten Scheidetrichter filtriert und mit einem Gemisch von Phenol und absolutem Alkohol (1:1) nachgewaschen. 2. Die Abscheidung des Wassers wird durch Zentrifugieren erreicht.

---

[1]) K. BRUNNER, Zeitschr. Unters. d. Nahrungs- u. Genußm. **5**, 1197 (1902).

[2]) J. RÜHLE, Zeitschr. Unters. d. Nahrungs- u. Genußm. **16**, 165 (1908); **23**, 566 (1912) u. **27**, 192 (1914).

[3]) J. HALBERKANN, Dtsch. Mineralwasserfabrik.-Ztg., 1912, N. 25 bis 30. Nach Chem. Zentralbl. 1, 1913, I, 852/853.

Das Eindunsten der nach dem Ausschütteln mit Äther schließlich erhaltenen wässerigen Flüssigkeit soll nach HALBERKANN bei 60° geschehen, das Trocknen des Rückstandes im evakuierten Exsikkator.

Um Saponine aus Ölemulsionen zu isolieren, arbeiten CARLINFANTI und MARZOCCHI[1]) nach folgender Methode: 100 cm³ der zu untersuchenden Emulsion werden mit dem gleichen Volumen Wasser verdünnt, nach und nach mit 400 cm³ konzentriertem Alkohol unter Umschütteln versetzt und 24 Stunden stehen gelassen. Dann wird die klare Flüssigkeit von der darunter befindlichen Fettmasse durch Leinwand abfiltriert, das Fett nochmals mit 60- bis 65%igem Alkohol ausgezogen und wieder filtriert. Die vereinigten Filtrate werden mit Natriumkarbonat neutralisiert und auf 100 cm³ eingeengt. Aromatische Stoffe werden mit Äther ausgeschüttelt und dann wird nach BRUNNER mit Ammoniumsulfat und Phenol weiter behandelt.

Die durch Phenolausschüttelung erhaltenen Rückstände prüfte BRUNNER mit der Schwefelsäurereaktion. Dieser Nachweis ist aber nicht eindeutig und liefert infolgedessen in den aus Limonaden erhaltenen Rückständen nur unsichere Resultate. UTZ[2]) behandelt den Rückstand mit einem Tropfen FRÖHDES Reagens. Sobald am Rande die erste Blaufärbung auftritt, wird Azeton zugesetzt und umgerührt: Bei Gegenwart von Saponin färbt sich dann die ganze Flüssigkeit sofort intensiv blau. Glycyrrhizin gibt bei dieser Behandlung eine dunkelblaugrüne Färbung. RÜHLE zog daher den hämolytischen Nachweis heran. Der Hämolyseversuch läßt sich in der Eprouvette oder bei kleinen Mengen auf dem Objektträger unter dem Mikroskop durchführen.

Die roten Farbstoffe aus den Limonaden wirken beim Hämolyseversuch in der Eprouvette störend. Diese Farbstoffe gehen nämlich zum großen Teil in das Phenol und dann in das Wasser über. In diesen Fällen ist es zweckmäßiger, den Hämolyseversuch nicht im Reagenzglas anzustellen, sondern unter dem Mikroskop. Man bringt auf einen Objektträger nebeneinander je einen kleinen Tropfen Blutaufschwemmung und Lösung des Rückstandes und bedeckt mit dem Deckglas. Nun beobachtet man unter dem Mikroskop, ob an der Grenze zwischen der Blutaufschwemmung und der Saponinlösung eine Auflösung von roten Blutkörperchen erfolgt.

Eine Abschwächung der hämolytischen Wirkung der Saponine durch die Behandlung mit Phenol scheint nicht einzutreten.

Die durch Phenolausschüttelung aus Limonaden erhaltenen Saponine sind noch weitgehend verunreinigt. Die nach dem Verfahren von

---

[1]) F. CARLINFANTI u. P. MARZOCCHI, Boll. Chim. Farm. **50**, 609 (1911).
[2]) UTZ, Arch. f. Chemie u. Mikroskopie **2**, 154 (1909).

BRUNNER gewonnene Substanz enthielt in drei Versuchen KOFLERS[1]) nur 9,4%, 26,4% bzw. 4,4% Saponin.

Auf den geringen Reinheitsgrad der über Phenol gewonnenen Saponine wies auch schon CAMPOS[2]) hin. Er schlug eine weitere Reinigung durch Barytfällung vor. Diese Methode ist nur dann von Vorteil, wenn man sich auf Farbenreaktionen beschränkt, steht also hinter dem Verfahren von BRUNNER-RÜHLE zurück.

Auf die Frage der Schädlichkeit der Saponine in Nahrungs- und Genußmitteln, besonders Limonaden, soll an anderer Stelle näher eingegangen werden (S. 250). Es ist aber trotzdem notwendig, schon hier diese Frage kurz zu streifen, weil die Schwierigkeiten des Nachweises und der Identifizierung die Stellungnahme in dieser Frage wesentlich beeinflußt haben.

Einige Autoren sprechen für ein absolutes Verbot des Saponinzusatzes, andere für das Verbot der giftigen, dagegen für die Zulassung der physiologisch schwach oder nicht wirksamen Saponine.

Der Vorschlag der bedingten Zulassung der Saponine stieß aber immer wieder auf heftigen Widerstand bei den Lebensmittelchemikern, die sich außerstande erklärten, die Identität eines bestimmten Saponins in Nahrungs- und Genußmitteln nachzuweisen. Bezeichnend für die Stellung der Lebensmittelchemiker in dieser Frage sind die Vorträge von BEYTHIEN[3]) und SCHAER[4]) und die sich anschließende Diskussion in der fünften Jahresversammlung der Freien Vereinigung Deutscher Nahrungsmittelchemiker im Jahre 1906. BEYTHIEN tritt für ein gänzliches Verbot des Zusatzes saponinhaltiger Schaumerzeugungsmittel zu Limonaden ein, SCHAER begründet dieses Verbot des näheren mit der Giftigkeit der meisten Saponine und mit der Schwierigkeit der Unterscheidung physiologisch indifferenter und stark wirksamer Saponine. „Gänzlich undenkbar ist ferner eine Identifizierung der einzelnen Saponinarten, die aus Brauselimonaden stets nur in sehr kleinen Mengen erhältlich sein würden, durch Feststellung der Spaltungsprodukte, insoweit die Zusammensetzung der Saponine überhaupt schon bekannt ist."

Der **Gift/Schaum-Quotient** von KOFLER ermöglicht nun bis zu einem gewissen Grade eine Identifizierung der nach dem BRUNNERschen Verfahren gewonnenen Saponine oder wenigstens eine Einteilung in bestimmte Gruppen. Daß die Bestimmung des hämolytischen Index oder der Schaumzahl allein keine Anhaltspunkte für die Identifizierung des Saponins liefert, ergibt sich aus dem oben mitgeteilten wechselnder Saponingehalt der nach BRUNNER gewonnenen Substanzen. KOFLER

---

[1]) L. KOFLER, Zeitschr. Unters. d. Nahrungs- u. Genußm. **43**, 278 (1922)
[2]) N. CAMPOS, Ann. chim. analyt. appl. **19**, 289 (1909).
[3]) A. BEYTHIEN, Zeitschr. Unters. d. Nahrungs- u. Genußm. **12**, 35 (1906)
[4]) ED. SCHAER, Zeitschr. Unters. d. Nahrungs- u. Genußm. **12**, 35 (1906)

bestimmt gleichzeitig den hämolytischen Index und die Schaumzahl der nach BRUNNER isolierten Substanzen. Wie schon erwähnt, läßt sich kein Zusammenhang zwischen Oberflächenaktivität und Hämolysewirkung erkennen, daher sind auch Schaumzahl und hämolytischer Index voneinander unabhängige Größen. Dividiert man den hämolytischen Index durch die Schaumzahl, so erhält man den Gift/Schaum-Quotienten, der für jedes Saponin eine charakteristische Zahl darstellt. Denn wenn ein Saponin beispielsweise zu 50% mit irgendwelchen indifferenten Substanzen verunreinigt ist, so wird der hämolytische Index und die Schaumzahl nur halb so groß sein wie beim reinen Saponin, der Gift/-Schaum-Quotient bleibt aber gleich.

Die Brauchbarkeit dieser Gift/Schaum-Quotienten für diagnostische Zwecke wird davon abhängen, wie stark sie von Saponin zu Saponin differieren. KOFLER bestimmte die Quotienten bei einer Reihe von Saponinen und fand sehr beträchtliche Unterschiede. Die Werte waren für Digitonin MERCK 10,0, für Sapindussaponin HOFFMANN-LA ROCHE 7,4, Saponin pur. albiss. MERCK 3,0, Sapotoxin MERCK 0,7 und Guajaksaponin MERCK 0,035.

Diese Werte stellen jedoch nur Beispiele dar, um die großen Unterschiede zwischen den einzelnen Saponinen zu zeigen. KOFLER bestimmte bei den genannten Saponinen die Schaumzahl in der früher beschriebenen Weise (siehe S. 53) und ebenso den hämolytischen Index bei allen Saponinen in derselben Weise gegen Rattenblut. Verwendet man eine andere Blutart oder ein abweichendes Verfahren zur Bestimmung des hämolytischen Index, so erhält man andere Werte für die Gift/Schaum-Quotienten. Jeder Untersucher muß daher die Gift/Schaum-Quotienten selbst bestimmen.

Der große Vorteil des Gift/Schaum-Quotienten für die Identifizierung der Saponine ist, wie erwähnt, der Umstand, daß der Wert unabhängig ist von der Menge der vorhandenen indifferenten Verunreinigungen. Leider sind aber nicht alle Verunreinigungen indifferent für die Größe der Schaumzahl und des hämolytischen Index. Es gibt Substanzen, die hemmend und solche, die fördernd wirken. KOFLER konnte bei Verwendung von sechs Saponinen das jeweils der betreffenden Limonade zugesetzte Saponin identifizieren. Je größer die Zahl der in Frage kommenden Saponine ist, desto größer ist natürlich die Schwierigkeit der Identifizierung.

Eine weitere Schwierigkeit liegt darin, daß die Hämolysewirkung und die Schaumkraft der Saponine durch die Art der Darstellung Veränderungen erleiden können. Man darf daher nicht erwarten, daß der für ein bestimmtes Handelssaponin ermittelte Gift/Schaum-Quotient auch für andere Saponine gilt, die aus derselben Pflanze hergestellt sind. Für die Praxis wird es aber häufig genügen, die gebräuchlichen Handelssaponine unterscheiden zu können.

Gelingt es, das Saponin zu identifizieren, so läßt sich aus dem hämolytischen Index oder der Schaumzahl der Prozentgehalt des Rückstandes an Saponin berechnen.

Der Name Gift/Schaum-Quotient wurde der Kürze halber für praktische Zwecke gewählt. Er soll aber nicht besagen, daß die Hämolysewirkung ein Maß für die Toxizität eines Saponins sei. Hier sei nur erwähnt, daß im allgemeinen schwach giftige Saponine auch wenig hämolytisch wirken und umgekehrt. Diese Regel besitzt aber viele Ausnahmen. Näheres hierüber siehe S. 201.

Das Verfahren von SORMANI[1]) verzichtet auf eine Isolierung des Saponins. Die zu untersuchende Flüssigkeit wird neutralisiert, von Kohlendioxyd und Alkohol befreit, durch Zusatz von Natriumzitrat blutisotonisch gemacht und direkt auf Hämolysewirkung geprüft. Diesem Verfahren haftet eine Reihe von Nachteilen an: Es werden die Farbstoffe nicht entfernt und die Flüssigkeiten können nicht genügend eingeengt werden, ohne die Konzentration der übrigen gelösten Stoffe zu weit zu erhöhen, wodurch die Herstellung der Blutisotonie erschwert ist.

Die Verwendung der **Elektrodialyse** gestattet in vielen Fällen den Nachweis von Saponin in der Untersuchungsflüssigkeit nach Entfernung der störenden Substanzen. KOFLER und WOLKENBERG[2]) gehen dabei in folgender Weise vor: 40 cm³ Limonade werden durch 24 Stunden der Elektrodialyse unterworfen. Die roten und gelben Farbstoffe verschwinden schon nach vier bis sechs Stunden aus der Mittelkammer. Die Reaktion ist nach 24 Stunden neutral oder ganz schwach sauer. Im letzteren Falle wird mit Natriumkarbonat neutralisiert. Nun engt man auf 4 cm³ ein, macht mit Kochsalz blutisotonisch und prüft auf Hämolyse. Der Verlust an Saponin ist bei dieser Versuchsordnung bei den meisten Saponinarten gering. Bei einem Versuche von KOFLER und WOLKENBERG wurden 0,001 g Saponin STHAMER zugesetzt und 0,0008 g gefunden, in einem zweiten Versuch wurde 0,002 g Gypsophilasaponin zugesetzt und 0,00158 g gefunden.

Die Elektrodialyse kann auch bei der Untersuchung des Harnes auf Saponine verwendet werden. KOLLERT, KOFLER und HAUPTMANN[3]) elektrodialysierten den Harn sechs bis zehn Stunden, wobei das spezifische Gewicht auf 1003 bis 1004 sank. Dann wurde neutralisiert, eingeengt, mit Kochsalz versetzt und auf Hämolyse geprüft.

---

[1]) C. SORMANI, Zeitschr. Unters. d. Nahrungs- u. Genußm. **23**, 561 (1912).

[2]) L. KOFLER u. A. WOLKENBERG, Biochem. Zeitschr. **160**, 398 (1925).

[3]) V. KOLLERT, L. KOFLER u. W. HAUPTMANN, Wien. klin. Wochenschr. 1924, Nr. 23.

Das Verfahren von RosenthaleR[1]) schlägt einen ganz anderen Weg ein, indem die Prosapogenine isoliert und mit Hilfe der Schwefelsäurereaktion identifiziert werden. RosenthaleR empfiehlt das Verfahren vorwiegend für jene Fälle, wo es sich um Saponine mit geringer Hämolysewirkung handelt, wie beim Guajaksaponin, oder um Saponine, deren Hämolysewirkung durch die Vorbehandlung gewollt oder ungewollt verlorenging, z. B. durch die Barytmethode oder durch Azetylierung und Regeneration.

Der Arbeitsgang beim Verfahren von RosenthaleR ist folgender: Die zu untersuchende Flüssigkeit wird mit so viel Salzsäure versetzt, daß sie etwa 2,5% davon enthält. Wenn dabei ein Niederschlag entsteht, etwa von Glycyrrhizin, so wird abfiltriert. Dann erhitzt man auf dem Wasserbad bis zur Beendigung der Hydrolyse, das heißt bis die Flüssigkeit beim Schütteln fast nicht mehr schäumt. Die noch warme Flüssigkeit wird mit Essigäther (auf je 100 cm^3 Flüssigkeit mindestens 50 cm^3 Essigäther) wiederholt ausgeschüttelt. Emulsionsbildung wird durch etwas Alkohol aufgehoben. Die klare Essigätherlösung wird im Scheidetrichter mit kleinen Mengen Wasser bis zum Verschwinden der Reaktion auf Chlor ausgeschüttelt und dann eingedampft. Ist die Essigätherlösung stärker gefärbt, so wird sie vor dem Eindampfen mit etwas Tierkohle entfärbt. Ein Teil des aus Prosapogenin bestehenden Rückstandes dient zur Anstellung der Schwefelsäurereaktion, ein anderer Teil wird in Sodalösung gelöst und geschüttelt zur Prüfung auf Schaumfähigkeit.

Der **Schaum** einer saponinhaltigen Flüssigkeit ist reicher an Saponin als die Flüssigkeit (siehe S. 49). Diesen Umstand benützt MülleR-Hössly[2]) zum Nachweis der Saponine, wie folgt: 500 oder 1000 cm^3 der neutralisierten Flüssigkeit werden in einen Zylinder von 1000 cm^3, der in einem großem Trichter steht, eingefüllt. Durch ein bis an den Boden des Zylinders gehendes Rohr wird Luft eingeführt. Der dabei gebildete Schaum schäumt bald über, sammelt sich im Trichter an, zerfließt und tropft in ein untergestelltes Meßgefäß ab. Die übergeschäumte Flüssigkeit wird direkt auf Hämolysewirkung geprüft. Tatsächlich enthält die abgeschäumte Flüssigkeit mehr Saponin als die im Zylinder zurückgebliebene, die Anreicherung und die Trennung von den anderen gelösten Stoffen ist aber keine so weitgehende, daß das Verfahren bei schwachem Saponingehalt für sich allein anwendbar wäre. Dagegen läßt sich das Verfahren von MülleR-Hössly mit Vorteil mit anderen Methoden kombinieren.

---

[1]) L. RosenthaleR, Zeitschr. Unters. d. Nahrungs- u. Genußm. 25, 154 (1913).

[2]) E. MülleR-Hössly, Mitt. Lebensmittelunters. u. Hygiene 8, 113. Nach Chem. Zentralbl. 1917. II, S. 430.

Vor kurzem versuchte ich, die **Kapillaranalyse** zum Nachweis von Saponin in verdünnten Lösungen heranzuziehen. Läßt man einen Filtrierpapierstreifen mehrere Stunden in eine verdünnte Saponinlösung eintauchen und untersucht dann den Streifen auf Hämolysewirkung, so findet man eine Anreicherung von Saponin in dem oberen Teil der benetzten Partie. Zur Untersuchung wird der Filtrierpapierstreifen in kleine Stückchen zerschnitten und auf einem Objektträger in Blutaufschwemmung eingelegt und mit einem Deckglas bedeckt. Es läßt sich dann mit freiem Auge und unter dem Mikroskop der Eintritt und Fortschritt der Hämolyse beobachten. An einer bestimmten Zone des Filtrierpapierstreifens tritt die Hämolyse stärker auf als an anderen Stellen. Ob sich die Methode in der Praxis bewährt, muß erst weiter untersucht werden.

Trotz der verhältnismäßig zahlreichen Untersuchungen, die sich mit dem Nachweis von Saponinen in Nahrungs-, Genuß-, Heilmitteln usw. beschäftigen, läßt sich kein allgemein gangbarer Weg angeben, der mit Sicherheit zum Ziele führt. Die Methode muß dem jeweiligen Untersuchungsobjekt angepaßt werden. Am leichtesten gelingt der Nachweis in Limonaden; in komplizierten Gemischen ist er schwieriger. Weiter ist zu berücksichtigen, daß die einzelnen Saponine in ihren Löslichkeitsverhältnissen, ihrer Hydrolysierbarkeit und ihrer Hämolysewirkung weitgehende Abweichungen zeigen. Bei der Ausarbeitung der beschriebenen Methoden wurde mitunter nur auf ein einziges oder einige wenige Saponine Rücksicht genommen. Für diese Saponine ist dann die Methode durchführbar, während sie für andere vielleicht versagt. Der Nachweis kleiner Mengen Saponin bereitet daher in der Praxis häufig Schwierigkeiten und erfordert große Erfahrung.

9. Quantitative Bestimmung

Eine quantitative Saponinbestimmung kommt in Betracht bei Rohstoffen, also Drogen und Rohsaponinen des Handels, bei Nahrungs- und Genußmitteln, Arzneigemischen, Waschmitteln und anderen technischen Produkten. Es ergeben sich aber schon aus den Ausführungen in den drei vorausgehenden Kapiteln die Schwierigkeiten, welche einer quantitativen Saponinbestimmung entgegenstehen. Nur in seltenen Fällen besteht die Möglichkeit, eine solche mit annähernder Genauigkeit durchzuführen. Verhältnismäßig am einfachsten liegen die Verhältnisse bei der Untersuchung von Limonaden (siehe S. 74).

Praktisch die größte Bedeutung besitzt die quantitative Bestimmung des Saponingehaltes von Drogen und Rohsaponinen. Für diesen Zweck wurden die meisten der früher beschriebenen Gewinnungs- und

Reinigungsmethoden herangezogen und möglichst quantitativ gestaltet. Wie **wenig zuverlässig** die dabei erhaltenen Resultate sind, geht schon aus den zahlreichen Widersprüchen in den Literaturangaben über den Saponingehalt der Drogen hervor.

Von älteren Autoren (CHRISTOPHSON[1]), REUTER[2], DRAGENDORFF[3]), KRUSKAL[4]) wurde häufig die sogenannte **Barytmethode** herangezogen. Die Droge wird bis zur Erschöpfung mit Wasser ausgekocht. Die vereinigten Filtrate werden auf ein kleines Volumen eingedampft, in der Hitze mit Alkohol versetzt und heiß filtriert. Der Filterrückstand wird dreimal mit Alkohol ausgekocht, heiß filtriert und die Filtrate mit dem ersten Filtrat vereinigt. Nach dem Abdampfen des Alkohols wird nochmals filtriert und mit gesättigtem Barytwasser im Überschuß versetzt. Der ausgeschiedene Saponinbaryt wird auf einem Filter gesammelt, mit Barytwasser gewaschen und bei 110° bis zur Gewichtskonstanz getrocknet. Die Wägung ergibt nach Abzug des Filtergewichtes die Menge des Saponinbaryts. Der Saponinbaryt wird samt dem Filter verkohlt und so lange geglüht, bis die Asche weiß ist. Sie wird nach dem Erkalten gewogen und ihr Gewicht von dem des Saponinbaryts in Abzug gebracht. Die Differenz ergibt die Menge des Saponins. Schon CHRISTOPHSON und besonders KRUSKAL machen auf den Fehler aufmerksam, der dadurch entsteht, daß sich beim Glühen Baryumhydroxyd neben Baryumkarbonat bildet. DRAGENDORFF rechnet das Baryumkarbonat in Baryumoxyd um und zieht dieses vom Saponinbaryt ab. Die Methode muß aber wohl noch größere Fehlerquellen haben. Man weiß z. B. nicht, wie groß die Verluste an Saponin beim Fällen mit Barytwasser und beim Auswaschen des Saponinbarytes sind. Umgekehrt können je nach der Droge unter Umständen auch andere Pflanzenstoffe durch das Barytwasser gefällt werden. Bei einer Nachprüfung fanden KOFLER und DAFERT[5]) in einer Wurzel von *Gypsophila paniculata* mit der Barytmethode einen Saponingehalt von 5,5%, während die Droge, wie aus anderen Bestimmungen hervorging, in Wirklichkeit gegen 20% Saponin enthielt.

Die **Magnesiamethode** ergibt ebenfalls für quantitative Zwecke keine befriedigenden Resultate. KOFLER und DAFERT konnten bei der erwähnten Gypsophila unter den verschiedensten Versuchsbedingungen im günstigsten Falle stets nur eine Saponinmenge gewinnen, welche

---

[1]) CHRISTOPHSON, Dissert. Dorpat, 1874. Zit. nach KRUSKAL.
[2]) L. REUTER, Arch. Pharm. **27**, 309 (1889).
[3]) G. DRAGENDORFF, Die qualitative und quantitative Analyse von Pflanzen und Pflanzenteilen. Göttingen 1882, S. 66. Zit. nach KRUSKAL.
[4]) N. KRUSKAL, Arbeit. d. Pharm. Inst. Dorpat VI. 1891.
[5]) L. KOFLER u. O. DAFERT, Ber. d. Dtsch. pharmazeut. Ges. **36**, 215 (1926).

bloß etwas über die Hälfte der hämolytischen Wirkung der Droge besaß. Die Schwierigkeit liegt hier unter anderem in der Unmöglichkeit, das Saponin quantitativ und unverändert aus der Magnesiámasse zurückzugewinnen.

Eine noch schlechtere Ausbeute ergibt die **Bleimethode.** Bei der Gypsophilawurzel beispielsweise entfaltete das nach der Bleimethode bei möglichst quantitativem Arbeiten gewonnene Saponin nur den zwanzigsten Teil der hämolytischen Kraft der in der Droge wirklich vorhandenen Saponinmenge. Die Kontrolle ist hier noch allerdings dadurch erschwert, daß die Bleimethode imstande ist, die hämolytische Wirkung mancher Saponine abzuschwächen. Auf die Ursachen für die bei der Bleimethode auftretenden Verluste wurde schon früher hingewiesen (siehe S. 70).

Besser als die bisher genannten Verfahren eignet sich zur Orientierung über den Saponingehalt einer Droge in manchen Fällen das S. 67 beschriebene **schonende Arbeiten mit Wasser, Alkohol und Äther,** eventuell unter Heranziehung der Elektrodialyse mit Kontrolle durch die Hämolyse.

Zur Ermittlung des Saponingehaltes eines Rohsaponins bestimmt Korsakow[1]) das Sapogenin. Das Rohsaponin wird in 3%iger Schwefelsäure gelöst und durch einstündiges Erhitzen im zugeschmolzenen Rohr auf 105° hydrolysiert. Das abgeschiedene Sapogenin wird mit Wasser bis zur neutralen Reaktion gewaschen, dann in absolutem Alkohol gelöst und der Verdunstungsrückstand zur Wägung gebracht. Eine gewisse Gewähr für Genauigkeit bietet dieses Vorgehen nur dann, wenn das betreffende reine Saponin zur vergleichsweisen Bestimmung des Saponingehaltes zur Verfügung steht.

Eine bessere Orientierung über den Saponingehalt von Drogen und Rohprodukten ermöglicht die **Hämolyse.** Wie in einem eigenen Kapitel zu erörtern sein wird, ist die hämolytische Methode einer Reihe von Fehlerquellen ausgesetzt. Trotzdem ist die Hämolyse bei sorgfältigem Arbeiten wenigstens vorläufig noch den chemischen Methoden nicht nur für den qualitativen Nachweis, sondern auch für die quantitative Bestimmung von Saponinen überlegen. Die Ausführung der Methode und die anzuwendenden Vorsichtsmaßregeln können jedoch erst im Anschluß an das Kapitel über Hämolyse besprochen werden (S. 148).

10. Der Saponingehalt der Pflanzen

Nach den Ausführungen des vorigen Kapitels über die Unzuverlässigkeit der quantitativen Saponinbestimmungsmethoden ist es klar, daß die Literaturangaben, namentlich jene älteren Datums, über den

---

[1]) M. Korsakow, Compt. rend. de l'acad. de scienc. **155**, 844 (1912).

Saponingehalt von Pflanzen und Drogen keinen Anspruch auf große Genauigkeit erheben können. Die folgende Übersicht kann daher nur ganz allgemein zur Orientierung über die für einige Saponinpflanzen angenommenen Werte dienen. Die Tabelle stammt von BLAU[1]) und wurde von mir durch einige neuere Literaturangaben erweitert. Aus der Zusammenstellung ergibt sich, daß der Saponingehalt der einzelnen Pflanzen ein sehr verschiedener sein kann und zwischen den auffallend hohen Werten von 68,5% bei *Sapindus utilis* und sehr niedrigen Werten wie 0,05% bei *Camellia theifera*, schwankt.

Tabelle 6

Pflanze	Saponin-menge %	In welchem Pflanzenteil	Nach welchem Autor
Acacia concinna	5	Fruchtfleisch	WEIL
Acacia concinna rugata	4	Hülse	,,
,,　　　,,　　*var.*	2	Rinde	,,
Aegicerus maius	1	Rinde	WEISS
Aesculus hippocastanum	13	Samen	E. LAVES
,,　　　　　　,,	10	Kotyledonen	WEIL
Agrostemma Githago	6,17	Samen	KRUSKAL unter KOBERT
Arum maculatum	0,1	Blatt und Wurzel	CHANLIAGNET
Balanites Roxburghii	7,2	Fruchtfleisch	WEIL
Barringtonia Vrisei	8	Samen	,,
Camellia theifera	0,05	,,	,,
,,　　　　,,	10	,,	,,
,,　　　　,,	4	Wurzel	,,
Cereus gummosus	24	ganze Pflanze	HEYL
Chamaelirium luteum	9,52	Wurzel	KRUSKAL
Gypsophila paniculata	20	,,	KOFLER und DAFERT
Illipe latifolia	9,5	Kotyledonen	WEIL
Lychnis flos cuculi	0,2	Wurzel	SÜSS
Njuju (Deutsch-Ostafrika)	10,5	Frucht und Same	SCHAER
Panax repens	20,8	Rhizom	ROSENTHALER
Polygala Senega	2,4	Wurzel	CHRISTOPHSON
Polygala tenuifolia	0,7	,,	REUTER
Primula officinalis	5	Rhizom und Wurzeln	KOFLER
Quillaja saponaria	8,7	Rinde	CHRISTOPHSON
Trillium pendulum	4,86	Rhizom	REID
Samuela carnerosana	10	Früchte	BLACH u. KELLY
Sapindus Mukorossi	10,5	Fruchtfleisch	WEIL

---

[1]) H. BLAU, Dissert. Zürich 1911. Zit. nach KOBERT in HEFFTERS Handbuch, S. 1480.

Pflanze	Saponin-menge %	In welchem Pflanzenteil	Nach welchem Autor
Sapindus saponaria	6,13	Fruchtfleisch	KRUSKAL
„ „	0,17	Rinde	PEKOLT
Sapindus trifoliatus	4,5	Früchte	WATT
Sapindus utilis	50	Fruchtfleisch	GASTINE
„ „	68,5	Same	„
Saponaris officinalis	5,09	Wurzel	CHRISTOPHSON
Sarsaparilla-Drogen	1,32—3,29	Wurzel	OTTEN
Smilax aspera	0,61	Wurzel	MARQUIS
Yucca gloriosa	8—10	—	ABOTT
Verbascum sinuatum	6,13	Früchte	ROSENTHALER

11. Mikrochemischer Nachweis in der Pflanze

Der Zweck des mikrochemischen Nachweises in der Pflanze ist die Feststellung der Lokalisation und der Verteilung der Saponine in den Geweben. Eindeutige mikrochemische Reaktionen, welche einen strengen Lokalisationsnachweis gestatten, wären von großem Wert für Untersuchungen über Bildung und Bedeutung der Saponine in der Pflanze. Leider fehlen derartige Reaktionen. Es werden zwar die besprochenen qualitativen Reaktionen auf pflanzliche Schnitte übertragen, dabei macht sich aber neben dem Umstand, daß diese Reaktionen in den pflanzlichen Schnitten wenig charakteristisch sind, als weiterer Nachteil noch geltend, daß diese Reaktionen keine klare Lokalisation ermöglichen.

Frische saponinreiche Pflanzenteile, z. B. *Saponaria*- oder *Gypso-phila*-Wurzeln zeigen in den meisten Parenchymzellen einen farblosen Zellsaft. Im trockenen Zustand findet man bei Betrachtung in Öl, Glycerin oder konzentriertem Alkohol die Parenchymzellen der Rinde, des Holzes und der Markstrahlen ganz erfüllt von form- und farblosen Klumpen. In Wasserpräparaten lösen sich diese Klumpen allmählich auf, durch nachträglichen Zusatz von Alkohol kann wieder eine Fällung erzeugt werden.

Legt man trockene Schnitte in **konzentrierte Schwefelsäure** ein, so färben sich die Saponinklumpen unter allmählicher Auflösung zuerst gelb, dann rot und später violett (ROSOLL[1]). Um Täuschungen durch die RASPAILsche Reaktion (Eiweiß und Zucker) zu vermeiden, ist nach ROSOLL darauf zu achten, daß die Saponinreaktion mit gelber Farbe beginnt, während die RASPAILsche Reaktion mit roter Farbe

---

[1] A. ROSOLL, Sitzungsber. d. Kais. Akad. d. Wiss. Wien 1884, Bd. 89, I. Abt., 143.

einsetzt und ebenso schließt. In zweifelhaften Fällen kocht Rosoll dickere Schnitte längere Zeit in Wasser und prüft dann vergleichend intakte und saponinfreie Schnitte. Trotz dieser Vorsichtsmaßregeln erhält man bei eiweißreichen Schnitten oder bei zarten Geweben, die unter der Einwirkung der Schwefelsäure rasch verkohlen, sehr oft recht zweifelhafte Resultate.

Etwas bessere Ergebnisse bekam Hanausek[1]) durch folgendes Verfahren, das Lafon ursprünglich für Digitalin angewendet hatte. Der Schnitt wird in ein Gemisch aus gleichen Teilen konzentrierter Schwefelsäure und konzentrierten Alkohols eingelegt. Es entsteht entweder schon in der Kälte oder nach schwachem Erwärmen eine Gelb-, dann Rot- und endlich Violettfärbung. Nun wird ein Tropfen verdünnte Eisenchloridlösung zugesetzt, wodurch ein bräunlicher oder bräunlichblauer Niederschlag entsteht.

Eine bessere Lokalisation strebt die **Reaktion von Combes**[2]) an. Die Schnitte werden 24 Stunden in gesättigtes Barytwasser eingelegt, wobei in den Zellen ein Niederschlag von Saponinbaryt entsteht. Um diese Färbung deutlicher sichtbar zu machen, wird zuerst zur Entfernung des überschüssigen Baryumhydroxyds wiederholt mit Kalkwasser abgespült und dann eine 10%ige Kaliumbichromatlösung zugesetzt. Der Saponinbaryt wird dadurch in Baryumchromat übergeführt und tritt in Form gelber Kristalle deutlicher hervor.

Die **hämolytische Wirkung** der Saponine wurde von Luft[3]) zum mikrochemischen Nachweis in Pflanzen herangezogen. Luft legte die Schnitte in eine 1%ige Aufschwemmung von defibriniertem Blut in 0,9%iger Kochsalzlösung ein und verfolgte unter dem Mikroskop die Auflösung der roten Blutkörperchen. Störend kann bei dieser Reaktion die Anwesenheit von Gerbstoffen wirken, welche die Blutkörperchen agglutinieren und widerstandsfähiger gegen Saponinhämolyse machen (siehe S. 143). Eine völlige Verdeckung der Saponinhämolyse durch die Agglutination infolge Anwesenheit von Gerbstoff konnte Luft in den Schnitten niemals beobachten, wohl aber eine Hemmung. Wenn sich Saponin und Gerbstoff ungefähr die Waage halten, lassen sich Hämolyse und Agglutination nebeneinander erkennen. Es tritt gewöhnlich zuerst unmittelbar in der Umgebung des Schnittes Hämolyse ein. Während sich dann die Zone der Blutauflösung konzentrisch ausbreitet, findet nachrückend Agglutination statt. Aber auch sicher saponinfreie Gerbstoffdrogen, wie Gallen, Kino, ja sogar Tannin allein, rufen unter dem

---

[1]) T. F. Hanausek, Chem. Zeitg. **16**, Nr. 71 u. 72 (1892).
[2]) R. Combes, Compt. rend. de l'acad. des scienc. **145**, 1431 (1907).
[3]) G. v. Luft, Sitzungsber. der Akad. d. Wiss. Wien, Mathem.-naturwiss. Kl.. Abt. I. **135**. 259 (1926).

Mikroskop bald schwächer, bald stärker ausgeprägte hämolyseartige Erscheinungen hervor. Um den Gerbstoff unschädlich zu machen, setzte LUFT der Blutaufschwemmung 1% Gelatine zu und außerdem zur Neutralisation von Pflanzensäuren etwas $NaHCO_3$. Mit dieser Mischung wurden bei geringen Gerbstoffmengen gute Resultate erzielt. Allerdings versagt die Methode dann, wenn wenig Saponin neben viel Gerbstoff vorhanden ist, weil der reichlich entstehende Gerbstoff-Leim-Niederschlag eine klare Erkennung der Hämolyse verhindert.

Eine gute Lokalisation der Reaktion erhielt ich in gemeinsam mit KÖNIG[1]) durchgeführten Versuchen bei Verwendung von **Blutgelatine.** Wir stellen in der für bakteriologische Zwecke üblichen Weise Gelatine her unter Zusatz von 0,9% Kochsalz, erwärmen im Wasserbad auf 40° und setzen der verflüssigten Gelatine 1% defibriniertes Blut zu. Nach dem Durchmischen gießen wir von der noch flüssigen Gelatinemasse je einen Tropfen auf Objektträger. Nach dem Abkühlen wird der Pflanzenschnitt auf die erstarrte Blutgelatine aufgetragen und mit einem Deckglas bedeckt. Die Hämolyse tritt bei dieser Versuchsanordnung nur an jenen Stellen des Schnittes auf, wo sich Saponin befindet, bzw. wo Saponin aus den Zellen hervortritt. Aus intakten Zellen tritt besonders bei lebenden Pflanzenteilen das Saponin nicht oder nur äußerst langsam aus. Dies läßt sich mit der Blutgelatinemethode besonders an der abgezogenen Epidermis von lebenden Pflanzen schön verfolgen. Am Rande der Epidermis, also dort, wo die Zellen verletzt sind, tritt im Laufe der nächsten Minuten Hämolyse ein, so daß sich rings um das Epidermisstück herum ein hämolytischer Hof bildet. Fast ebensoweit, wie dieser Hof breit ist, dringt die Hämolyse auch unter dem Schnitt nach innen zu vor. Unter den Zellen, die weiter vom Rand entfernt liegen, tritt jedoch auch nach Stunden keine Hämolyse ein, weil eben aus den intakten Zellen kein Saponin austritt. An dünnen Schnitten durch Stengel, Wurzeln, Rinden usw., wo zahlreiche Zellen angeschnitten sind, tritt unter allen diesen Zellen, soweit sie saponinhaltig sind, Hämolyse auf. Um Irrtümer durch etwa vorhandene Pflanzensäuren zu vermeiden, kann man der Blutgelatine m/15 Phosphatpuffergemisch zusetzen.

12. Verteilung
in der Pflanze und pflanzenphysiologische Bedeutung

Systematische Versuche über die **Verteilung der Saponine** in den **Pflanzen** fehlen bisher fast vollständig. Wenn sich daher in der Literatur beispielsweise die Angabe findet, daß von einer bestimmten Pflanze die Samen saponinhaltig sind, so soll dies häufig nur heißen, daß andere

---

[1]) L. KOFLER u. H. KÖNIG, Unveröffentlichte Versuche.

Teile der Pflanze nicht untersucht wurden. Vielen Autoren kam es ja nur darauf an, das betreffende Saponin zu gewinnen, und die Wahl des Ausgangsmaterials richtete sich häufig nach äußeren Gründen.

Für das Vorkommen von Saponinen in fast allen Pflanzenteilen lassen sich Beispiele anführen. So finden sich Saponine in den Wurzeln und Wurzelstöcken bei *Polygala Senega, Sarsaparilla, Primula, Saponaria* und *Gypsophila*, in Knollen bei Tuber *Chinae* und *Cyclamen*. Saponinhaltige Rinden sind Cortex *Quillajae* und Cortex *Guajaci*. Zu den saponinhaltigen Früchten gehören *Sapindus*-Nüsse und Roßkastanien. Bei den *Sapindus*-Arten sitzt das Saponin nur im Fruchtfleisch, bei der Roßkastanie sowohl in der grünen Schale als auch in den Samen. Bei der Kornrade findet sich nur im Samen, aber nicht in der Fruchtkapsel Saponin (Kobert[1]). Saponinhaltige Blätter besitzt der Efeu, *Saponaria*, der Guajakbaum und *Digitalis*. Viele Pflanzen erwiesen sich in allen ihren Teilen saponinhaltig, z. B. *Anagallis, Herniaria, Mercurialis annua* und *perennis*, *Primula*-Arten, *Cyclamen, Sodanella alpina* usw.

Über die Verteilung in den Geweben der Pflanzenorgane liegen nur spärliche Beobachtungen vor. Rosoll[2]) und Hanausek[3]) geben an, daß sich das Saponin bei *Saponaria alba* und *rubra* in den Parenchymzellen der Mittelrinde, der Markstrahlen und des Holzes befinde. Reich[4]) dagegen fand in beiden Wurzeln das Saponin nur in der Mittelrinde und im Mark, niemals dagegen im Holzteil und den dazwischen liegenden Markstrahlen. Nach Reich findet sich bei der *Sarsaparilla* und *Senega* das Saponin nur in der Rinde; dasselbe gilt für die anderen *Polygala*-Arten. Auch Apt[5]) bezeichnet bei der *Sarsaparilla* die Rinde als den alleinigen Träger des Saponins. Die Samen von *Agrostemma Githago, Dianthus Carthusianorum* enthalten nur im Embryo Saponin, das Endosperm ist frei davon (Hanausek). Bei den *Assamtee-* und *Mowrah*-Samen findet sich das Saponin in allen Teilen des parenchymatischen Kotyledonargewebes (Reich). Bei den Früchten von *Sapindus saponaria* und *Sapindus esculentus* ist nur das Perikarp saponinhaltig. Nach Luft[6]) ist der häufigste Sitz der Saponine das Grundgewebsparenchym. Auch die Epidermis kann reichlich Saponin führen.

---

[1]) R. Kobert, Heil- und Gewürzpflanzen 1, 1917/18, Heft 6 bis 8.

[2]) A. Rosoll, Sitzungsber. d. Kais. Akad. d. Wiss. Wien, 1884, Bd. 89, I, Abt. 143.

[3]) F. T. Hanausek, Chem. Zeitg. 16, Nr. 71 u. 72 (1892).

[4]) M. Reich, Sitzungsber. u. Abh. d. naturf. Ges. zu Rostock N. F. 5, 321 (1913).

[5]) F. W. Apt, Ber. d. Dtsch. pharmazeut. Ges. **31**, 155 (1921).

[6]) G. Luft, Sitzungsber. d. Akad. d. Wiss. Wien, Mathem.-naturw. Kl. Abt. 1, **135**, 259 (1926).

Die **pflanzenphysiologische Rolle der Saponine** ist nicht geklärt. WAAGE[1]) betrachtete die Saponine als Nebenprodukte des pflanzlichen Stoffwechsels und gab an, daß ein Verbrauch von einmal gebildetem Saponin nicht nachweisbar sei. Eine Funktion der Saponine sah WAAGE im Schutz gegen Tierfraß.

Eine Reihe von Tatsachen sprechen dafür, daß den Saponinen doch eine Bedeutung als Reservestoffe zukommen kann, ohne daß allerdings diese Funktion bisher exakt bewiesen werden konnte. Für die Auffassung als Reservestoff spricht die große Menge der Saponine in manchen Speicherorganen, z. B. in *Gypsophila*-Wurzeln 20%. In Schnitten durch getrocknete Wurzeln von *Gypsophila paniculata* sieht man oft alle Parenchymzellen mit Saponinklumpen erfüllt. Nach KOBERT besteht eine Analogie mit der Stärke. Die primäre Bildung der Saponine erfolgt in den Blättern, sie können aber sekundär überall abgelagert werden. Zum Zwecke des Transportes in die Speicherorgane werden die Saponine wahrscheinlich ebenso wie die Stärke in Verbindungen von geringerer Molekulargröße umgewandelt und dann am Endpunkte des Transportes von neuem aufgebaut. Dabei können Saponine entstehen, die denen der Blätter nicht identisch sind. So wurde in den Kastanienblättern bisher nur ein Saponin nachgewiesen, in den übrigen Teilen der Pflanze aber mehrere verschiedene. Die Saponine in den Blättern des Guajakbaumes sind nicht identisch mit denen der Rinde. Für diese Auffassung spricht auch das Vorkommen von saponinspaltenden Fermenten in Saponinpflanzen. Nach WEEWERS[2]) nimmt der Saponingehalt der Roßkastanien bei der Keimung ab. VAN DER HAAR[3]) hält es bei *Polyscias* für wahrscheinlich, daß die Blätter des Baumes, in denen er ein saponinspaltendes Enzym nachweisen konnte, morgens früh wenig und schwach wirkendes Saponin enthalten, abends viel Saponin mit starker Wirkung. Er fand, daß Saponin aus *Polyscias*-Blättern, die zu verschiedenen Zeitpunkten oder von verschieden alten Exemplaren gesammelt waren, große Unterschiede in der hämolytischen Kraft zeigten.

In den Samen von *Lychnis Githago* häuft sich im Laufe der Entwicklung immer mehr Saponin an, während gleichzeitig der Zuckergehalt abnimmt. Nach KORSAKOW[4]) scheint eine direkte Beziehung zwischen dem Verschwinden der Zucker und der Anhäufung des Saponins in der Pflanze zu existieren. SCHÄFFER[5]) bestimmte bei *Primula veris*

---

[1]) Th. WAAGE, Pharm. Zentralh. **33**, 713 (1892).
[2]) Th. WEEWERS, Jahrb. f. wiss. Botanik **39**, 243 (1903).
[3]) A. W. VAN DER HAAR, Biochem. Zeitschr. **76**, 350 (1916).
[4]) M. KORSAKOW, Cpt. rend. hebdom. des séances d l'acad. d. sciences **155**, 1162 (1912).
[5]) E. SCHÄFFER, Unveröffentlichte Untersuchungen.

den Saponingehalt der einzelnen Organe zu verschiedenen Jahreszeiten. Die unterirdischen Organe einer blühenden Pflanze enthielten ungefähr 5%, die Blätter 3%, die Stengel und Blüten ungefähr 0,3% Saponin. Im Herbst gesammelte Blätter, die sich schon teilweise gelb gefärbt hatten, enthielten nur noch 0,2%, ganz dürre kein Saponin. Es verschwindet demnach im Herbst das Saponin aus den absterbenden Blättern. Auch TUNMANN[1]) kam bei *Senega* zu der Ansicht, daß die Saponine sich in den Blättern bilden und beim Absterben der oberirdischen Teile in die ausdauernde Wurzel wandern.

LUFT[2]) betont, daß die biologische Bedeutung der einzelnen Saponine ähnlich wie bei den Gerbstoffen recht verschieden sein kann, daß z. B. ein *Digitalis-* oder *Strophanthus*-Saponin mit *Caryophyllaceen*-Saponinen biologisch vielleicht nichts zu tun hat.

Typische Saponinfamilien sind nach LUFT im allgemeinen arm an anderen chemisch oder pharmakologisch hervortretenden Inhaltsstoffen. Ein relativ häufiger Begleiter der Saponine ist Gerbstoff (KEEGAN[3]), LUFT). Beide kommen in der Regel in den gleichen Zellen vor, wobei häufig die gegen das Zentrum gelegenen Teile reicher an Saponin, die peripheren Teile reicher an Gerbstoff sind (LUFT). Gerade unter den typischen Gerbstoffamilien, wie Rosaceen, Rubiaceen und Leguminosen, finden sich aber nur wenige saponinführende Arten.

Das gleichzeitige Auftreten von blausäurehaltigen Glykosiden und Saponinen konnte SCHAER[4]) bei 22 Pflanzenfamilien feststellen. Auch MOLISCH[5]) hebt das gleichzeitige Vorkommen von Saponinen und blausäurehaltigen Glykosiden bei zahlreichen Pflanzen hervor, während nach ROSENTHALER[6]) ein solches Zusammentreffen selten vorkommt.

Nach SIEBURG[7]) kommen Saponine und ätherische Öle in der Pflanze nur äußerst selten vergesellschaftet vor. Die Pflanzenfamilien, welche die Hauptlieferanten der gebräuchlichen ätherischen Öle sind, wie z. B. die Umbelliferen, Labiaten und Kompositen, weisen nur ganz vereinzelte Arten mit Saponinen auf. Dies legt den Gedanken nahe, daß in den verschiedenen Pflanzenfamilien dieselben Bausteine zu verschiedenen Körperklassen aufgebaut werden: in einem Fall zu Terpenen, im anderen zu Saponinen (SIEBURG).

---

[1]) O. TUNMANN, Pharmazeut. Zentralh. **49**, 61, (1908).

[2]) G. LUFT l. c.

[3]) T. Q. KEEGAN, Chem. News **106**, 181 (1912). Zit. nach Chem. Zentralbl. 1913, I, **438**.

[4]) E. SCHAER, Schweiz. Wochenschr. f. Chem. u. Pharmazie **48**, 645, (1910); Zeitschr. d. allgem. österr. Apoth. Vereines **51**, 523 (1913).

[5]) H. MOLISCH, Mikrochemie d. Pflanze, 3. Aufl. Jena, Fischer. 198 (1923).

[6]) L. ROSENTHALER, Schweiz. Apothek.-Zeitg. **59**, 465 (1921).

[7]) E. SIEBURG, in Hdb. der biol. Arbeitsmeth. Hrsggb. v. ABDERHALDEN, Abt. I, Teil **10**, S. 584 (1923).

13. Elementare Zusammensetzung

Die Saponine bestehen aus Kohlenstoff, Wasserstoff und Sauerstoff. Eine Ausnahme bildet das stickstoffhaltige Solanin (siehe S. 6) und das sogenannte Alfalfasaponin, dessen Zugehörigkeit zu den Saponinen vorläufig noch fraglich ist (siehe S. 6).

„Die Formeln der Saponine zu ermitteln, ist sehr schwierig, fast alle aufgestellten Formeln sind bestimmt falsch", schrieb vor kurzem WINDAUS[1]). Um dies zu verstehen, muß nur an die Ausführungen über die „Gewinnung und Reinigung" der Saponine erinnert werden. Die Schwierigkeit der Entfernung der verunreinigenden Kohlenhydrate, Mineralsubstanzen, Farbstoffe usw., der Mangel eines scharfen Schmelzpunktes, der Mangel eines Kriteriums für die Reinheit, Unversehrtheit und Einheitlichkeit sind die Ursachen dafür, daß viele von den in der Literatur angegebenen Saponinformeln in Zweifel gezogen werden müssen. Insbesondere sei in diesem Zusammenhang darauf hingewiesen, daß sich häufig in den Pflanzen nebeneinander mehrere amorphe Saponine finden, deren quantitative Trennung derzeit oft unmöglich ist. Die der Elementaranalyse zugeführten Substanzen sind daher häufig nicht einheitlich.

Bei der Verbrennung der Saponine macht sich das starke Schäumen und die schwere Verbrennbarkeit unangenehm bemerkbar. Infolge des hygroskopischen Charakters ist beim Abwägen der Substanz besondere Vorsicht geboten. ROSENTHALER[2]) gibt zur Umgehung dieser Schwierigkeiten folgende Arbeitsweise an: Die Wägung wird in einem kleinen, durch einen Gummistöpsel verschließbaren Reagenzglase vorgenommen, dessen Boden durch Ausblasen so dünn gemacht wurde, daß er leicht durchstoßen werden kann. Auf den Boden des Gefäßes kommt eine Schicht eines Gemenges von Bleichromat mit 10% Kaliumbichromat. Dann wird das Gläschen (mit dem Stöpsel verschlossen) tariert, das Saponin rasch hineingegeben und gleichfalls unter Verschluß gewogen. Nun wird auf das Saponin noch etwas Chromatgemisch geschüttet und das Saponin damit (wieder unter Verschluß) durch geeignete Bewegungen gemischt. Dabei ist es jedoch von Vorteil, wenn auf dem Boden des Gefäßes noch eine kleine Menge von dem Chromatgemisch saponinfrei bleibt. Das Gläschen wird nun mit einem ausgeglühten Kupferblech umwickelt, das ungefähr ebenso lang ist wie das Gläschen und nach Entfernung des Stöpsels mit dem Boden nach außen rasch in die bereits mit Kupferoxyd halbgefüllte Verbrennungsröhre geschoben. Die Umwicklung mit Kupferblech ist deshalb nötig, weil sonst das Gläschen

---

[1]) A. WINDAUS, Nachr. d. Ges. d. Wiss. zu Göttingen, Math.-phys. Kl., Sitz. vom 24. Juli 1925.
[2]) L. ROSENTHALER, Arch. d. Pharmazie **243**, 296 (1905).

während der Verbrennung mit der Röhre zusammenschmilzt und dann die Röhre beim Abkühlen an dieser Stelle springt. Schließlich wird der Boden des Gläschens mit einem starken Glasstab durchgestoßen. Bei vorsichtiger Handhabung und ganz besonders, wenn sich am Boden des Gefäßes nur Chromatgemisch befindet, wird kein Saponin am Glasstab haften bleiben. Ist dies aber doch geschehen, so spült man den Glasstab mit ein wenig Chromatgemisch ab. Zuletzt gibt man noch Kupferoxyd in die Röhre und verfährt weiter wie gewöhnlich.

Zweckmäßig wendet man für die Verbrennung der Saponine auch die Mikroelementaranalyse nach PREGL an.

Da aus den angeführten Gründen die meisten der zahlreichen in der Literatur angegebenen Formeln unzuverlässig sind, besitzen auch alle aus diesen Formeln abgeleiteten Schlußfolgerungen und Verallgemeinerungen keine Berechtigung. Dies gilt insbesondere von dem Bestreben FLÜCKIGERS[1]) und später KOBERTS[2]), allgemeine **Reihenformeln** aufzustellen. FLÜCKIGER stellte unter Zugrundelegung der Konstante 18 für Sauerstoff die allgemeine Saponinformel $C_nH_{2n-10}O_{18}$ auf. KOBERT nahm als Konstante für Sauerstoff 10 und als allgemeine Saponinformel $C_nH_{2n-8}O_{10}$. Später legte KOBERT das Digitonin mit der Formel $C_{55}H_{94}O_{28}$ einer weiteren allgemeinen Reihenformel $C_nH_{2n-16}O_{28}$ zugrunde. KOBERT erwartete nicht, daß durch diese Formeln immer auch der Molekulargröße Rechnung getragen wird. Sie wurde meist als ein Vielfaches des nach der Reihenformel gefundenen Ausdruckes angenommen.

Nach dem Gesagten scheint es überflüssig, weiter auf diese überholten und sicher unzutreffenden Reihenformeln einzugehen. Trotzdem glaube ich, eine Wiedergabe derselben nicht vermeiden zu können, weil diese Reihen lange Zeit die Elementaranalysen der Saponine beherrschten und zahlreiche in der Literatur angegebene Saponinformeln durch mehr oder weniger gewaltsames Einzwängen in die homologen Reihen entstanden. Die Reihen sind daher für das Verständnis und die Beurteilung älterer Literaturangaben notwendig.

Bei der Wiedergabe der Reihen ist der Darstellung SIEBURGS[3]) gefolgt.

Für die FLÜCKIGERsche Formel mit der Konstante 18 für Sauerstoff ergeben sich Werte zwischen C_{27} und C_{55}, für die erste KOBERTsche Formel mit $O = 10$ ergeben sich für Kohlenstoff Werte zwischen C_{15} und C_{30}, für die zweite KOBERTsche Reihe Werte zwischen C_{42} und C_{86}. Betrachtet man als Gemeinsames in diesen Reihenformeln das Verhältnis der molekularen Kohlenstoffmengen zu den entsprechenden Wasser-

---

[1]) F. A. FLÜCKIGER, Arch. d. Pharmazie **210**, 532 (1877).

[2]) R. KOBERT, Real-Enzyklopädie der ges. Heilkunde, 4. Aufl.

[3]) R. SIEBURG, in Hdb. der biol. Arbeitsmeth. Hrsggb. v. ABDERHALDEN, Abt. I, Teil **10**, 545, 1921.

Tabelle 7 a (nach SIEBURG)

KOBERTsche Reihe II $C_nH_{2n-16}O_{28}$

Formel	Proz. C	Proz. H	Mol.-Gew.	Quot. C/H
$C_{42}H_{68}O_{28}$	49,41	6,67	1020	7,4
$C_{43}H_{70}O_{28}$	49,90	6,77	1034	7,4
$C_{44}H_{72}O_{28}$	50,38	6,87	1048	7,3
$C_{45}H_{74}O_{28}$	50,85	6,97	1062	7,3
$C_{46}H_{76}O_{28}$	51,22	7,07	1076	7,2
$C_{47}H_{78}O_{28}$	51,74	7,16	1090	7,2
$C_{48}H_{80}O_{28}$	52,17	7,27	1104	7,2
$C_{49}H_{82}O_{28}$	52,59	7,33	1118	7,2
$C_{50}H_{84}O_{28}$	53,00	7,42	1132	7,1
$C_{51}H_{86}O_{28}$	53,40	7,50	1146	7,1
$C_{52}H_{88}O_{28}$	53,79	7,58	1160	7,1
$C_{53}H_{90}O_{28}$	54,17	7,67	1174	7,0
$C_{54}H_{92}O_{28}$	54,55	7,75	1188	7,0
$C_{55}H_{94}O_{28}$	54,90	7,82	1202	7,0
$C_{56}H_{96}O_{28}$	55,26	7,89	1216	7,0
$C_{57}H_{98}O_{28}$	55,61	7,97	1230	7,0
$C_{58}H_{100}O_{28}$	55,95	8,04	1244	7,0
$C_{59}H_{102}O_{28}$	56,28	8,11	1258	7,0
$C_{60}H_{104}O_{28}$	56,60	8,18	1272	6,9
$C_{61}H_{106}O_{28}$	56,92	8,25	1286	6,9
$C_{62}H_{108}O_{28}$	57,23	8,31	1300	6,9
$C_{63}H_{110}O_{28}$	57,53	8,37	1314	6,9
$C_{64}H_{112}O_{28}$	57,83	8,44	1328	6,9
$C_{65}H_{114}O_{28}$	58,12	8,50	1342	6,8
$C_{66}H_{116}O_{28}$	58,40	8,56	1356	6,8
$C_{67}H_{118}O_{28}$	58,68	8,62	1370	6,8
$C_{68}H_{120}O_{28}$	58,96	8,67	1384	6,8
$C_{69}H_{122}O_{28}$	59,23	8,73	1398	6,8
$C_{70}H_{124}O_{28}$	59,49	8,78	1412	6,8
$C_{71}H_{126}O_{28}$	59,75	8,84	1426	6,8
$C_{72}H_{128}O_{28}$	60,00	8,89	1440	6,8
$C_{73}H_{130}O_{28}$	60,25	8,94	1454	6,7
$C_{74}H_{132}O_{28}$	60,49	8,99	1468	6,7
$C_{75}H_{134}O_{28}$	60,73	9,04	1482	6,7
$C_{76}H_{136}O_{28}$	60,96	9,09	1496	6,7
$C_{77}H_{138}O_{28}$	61,19	9,14	1510	6,7
$C_{78}H_{140}O_{28}$	61,42	9,19	1524	6,7
$C_{79}H_{142}O_{28}$	61,64	9,23	1538	6,7
$C_{80}H_{144}O_{28}$	61,85	9,28	1552	6,7
$C_{81}H_{146}O_{28}$	62,06	9,32	1566	6,7
$C_{82}H_{148}O_{28}$	62,28	9,37	1580	6,6
$C_{83}H_{150}O_{28}$	62,49	9,41	1594	6,6
$C_{84}H_{152}O_{28}$	62,68	9,45	1608	6,6
$C_{85}H_{154}O_{28}$	62,88	9,49	1622	6,6
$C_{86}H_{156}O_{28}$	63,08	9,53	1636	6,6

FLÜCKIGERsche Reihe $C_nH_{2n-10}O_{18}$

Formel	Proz. C	Proz. H	Mol.-Gew.	Quot. C/H
$C_{27}H_{44}O_{18}$	49,40	6,70	656	7,4
$C_{28}H_{46}O_{18}$	50,14	6,87	670	7,3
$C_{29}H_{48}O_{18}$	50,87	7,03	684	7,2
$C_{30}H_{50}O_{18}$	51,57	7,17	698	7,2
$C_{31}H_{52}O_{18}$	52,25	7,30	712	7,2
$C_{32}H_{54}O_{18}$	52,89	7,44	726	7,1
$C_{33}H_{56}O_{18}$	53,51	7,57	740	7,1
$C_{34}H_{58}O_{18}$	54,11	7,70	754	7,0
$C_{35}H_{60}O_{18}$	54,68	7,82	768	7,0
$C_{36}H_{62}O_{18}$	55,24	7,95	782	7,0
$C_{37}H_{64}O_{18}$	55,78	8,04	796	7,0
$C_{38}H_{66}O_{18}$	56,30	8,15	810	6,9
$C_{39}H_{68}O_{18}$	56,80	8,25	824	6,9
$C_{40}H_{70}O_{18}$	57,28	8,36	838	6,9
$C_{41}H_{72}O_{18}$	57,75	8,45	852	6,8
$C_{42}H_{74}O_{18}$	58,20	8,54	866	6,8
$C_{43}H_{76}O_{18}$	58,63	8,64	880	6,8
$C_{44}H_{78}O_{18}$	59,06	8,72	894	6,8
$C_{45}H_{80}O_{18}$	59,47	8,81	908	6,8
$C_{46}H_{82}O_{18}$	59,87	8,89	922	6,7
$C_{47}H_{84}O_{18}$	60,25	8,98	936	6,7
$C_{48}H_{86}O_{18}$	60,63	9,05	950	6,7
$C_{49}H_{88}O_{18}$	60,99	9,13	964	6,7
$C_{50}H_{90}O_{18}$	61,35	9,20	978	6,7
$C_{51}H_{92}O_{18}$	61,69	9,28	992	6,7
$C_{52}H_{94}O_{18}$	62,03	9,34	1006	6,6
$C_{53}H_{96}O_{18}$	62,35	9,42	1020	6,6
$C_{54}H_{98}O_{18}$	62,67	9,48	1034	6,6
$C_{55}H_{100}O_{18}$	62,98	9,48	1048	6,6

Tabelle 7 b (nach SIEBURG)

KOBERTsche Reihe I $C_nH_{2n-8}O_{10}$				Beispiel $(C_5H_8)_{12}$ bis $_{24}O_{40}$ für die Formulierung $(C_5H_8)_x O_y$.			
Formel	Proz. C	Proz. H	Mol.-Gew.	Quot. C/H	Formel	Proz. C	Proz. H	Mol.-Gew.
$C_{15}H_{22}O_{10}$	49,72	6,08	362	8,2	$(C_5H_8)_{12}O_{40}$	49,42	6,64	1457
$C_{16}H_{24}O_{10}$	51,06	6,38	376	8,1	$(C_5H_8)_{13}O_{40}$	51,15	6,87	1525
$C_{17}H_{26}O_{10}$	52,31	6,67	390	7,8	$(C_5H_8)_{14}O_{40}$	52,73	7,09	1593
$C_{18}H_{28}O_{10}$	53,46	6,93	404	7,7				
$C_{19}H_{30}O_{10}$	54,54	7,18	418	7,6	$(C_5H_8)_{15}O_{40}$	54,19	7,28	1661
$C_{20}H_{32}O_{10}$	55,52	7,46	432	7,5				
$C_{21}H_{34}O_{10}$	56,28	7,62	446	7,4	$(C_5H_8)_{16}O_{40}$	55,52	7,46	1729
$C_{22}H_{36}O_{10}$	57,39	7,83	460	7,3	$(C_5H_8)_{17}O_{40}$	56,76	7,63	1797
$C_{23}H_{38}O_{10}$	58,22	8,01	474	7,2	$(C_5H_8)_{18}O_{40}$	57,90	7,78	1865
$C_{24}H_{40}O_{10}$	58,98	8,19	488	7,1	$(C_5H_8)_{19}O_{40}$	58,97	7,93	1933
$C_{25}H_{42}O_{10}$	59,76	8,37	502	7,1	$(C_5H_8)_{20}O_{40}$	60,00	8,00	2001
$C_{26}H_{44}O_{10}$	60,70	8,56	516	7,0	$(C_5H_8)_{21}O_{40}$	60,90	8,18	2069
$C_{27}H_{46}O_{10}$	61,13	8,68	530	7,0				
$C_{28}H_{48}O_{10}$	61,76	8,82	544	7,0	$(C_5H_8)_{22}O_{40}$	61,76	8,30	2137
$C_{29}H_{50}O_{10}$	62,36	8,97	558	7,0	$(C_5H_8)_{23}O_{40}$	62,57	8,40	2205
$C_{30}H_{52}O_{10}$	62,94	9,09	572	6,9	$(C_5H_8)_{24}O_{40}$	63,34	8,51	2273

stoffmengen, so ergeben sich für die erste KOBERTsche Reihe $C_nH_{2n-8}O_{10}$ als Quotient C/H von den Gliedern mit niedrigstem Kohlenstoffgehalt bis zu den mit höchstem Kohlenstoffgehalt gleichmäßig abfallende Werte von 8,2 bis 6,9. Für die zweite KOBERTsche Reihe $C_nH_{2n-16}O_{28}$ (Digitoninreihe) und die FLÜCKIGERsche Reihe $C_nH_{2n-10}O_{18}$ ergibt sich ein entsprechender Quotient C/H von 7,4 bis 6,6. In allen drei Formulierungen unterscheiden sich die einzelnen Glieder durch ein Vielfaches von CH_2. Durch Variierung der Zahlenindizes für Sauerstoff lassen sich beliebig viele derartige Reihen aufstellen, in denen der Molekularquotient C/H sich in ähnlich engen Grenzen bewegt wie in den oben angegebenen. Das Verhältnis ist im Mittel 7,5 bis 7,0:1. Nimmt man es als konstant an zu 7,5:1 = 60:8, so erhält man für den C- und H-Gehalt den Ausdruck C_5H_8. Dieses Verhältnis wurde nun angeblich bei der Elementaranalyse nicht nur vieler Saponine, sondern auch ihrer Spaltungsprodukte der Prosapogenine und Sapogenine gefunden. Ein Beispiel für eine solche Reihenformulierung mit dem konstanten Index 40 für Sauerstoff ist in Tabelle 7b rechts wiedergegeben.

Die Arbeiten der letzten Jahre (VAN DER HAAR, WINDAUS und andere) zeigen zur Genüge, daß die Saponine diesen Reihenformeln nicht folgen. Schon das Digitonin, das KOBERT mit der Formel $C_{55}H_{94}O_{28}$ seiner zweiten Reihenformel zugrunde legte, hat nach WINDAUS wahrscheinlich die Formel $C_{55}H_{90}O_{29}$.

14. Hydrolytische Spaltung

Beim Erhitzen wässeriger Saponinlösungen mit verdünnten Säuren findet eine hydrolytische Spaltung statt, wobei Zucker und zuckerfreie Verbindungen, die Sapogenine, entstehen. Die Abspaltung der Kohlenhydratkomplexe erfolgt häufig stufenweise, so daß die ersten Spaltungsprodukte zwar zuckerärmer, aber noch nicht völlig zuckerfrei sind. Diese ersten Spaltungsprodukte bezeichnet KOBERT[1]) als Anfangssapogenine oder Prosapogenine im Gegensatz zu den völlig zuckerfreien Spaltlingen, den Endsapogeninen. Die Sapogenine sind, wie später genauer erörtert werden soll, in Wasser unlöslich, das Fortschreiten der hydrolytischen Spaltung zeigt sich daher in der vorher klaren Saponinlösung durch das Auftreten einer Trübung oder eines Niederschlages an.

Die Spaltung der einzelnen Saponine vollzieht sich verschieden leicht. In manchen Fällen genügen organische Säuren, wie Essigsäure, Wein- oder Zitronensäure. Meist sind Mineralsäuren und höhere Temperaturen erforderlich. Dabei zeigt sich der erwähnte stufenweise Abbau schon darin an, daß es häufig bei einem bestimmten Saponin verhältnismäßig leicht möglich ist, einen Teil des Zuckers abzuspalten, der Rest aber energischere Einwirkung durch Anwendung stärkerer Säuren und höherer Temperaturen erfordert.

Beispiele für leicht abspaltbare Saponine sind die der Roßkastanie und der Seifennüsse. Bringt man diese Saponine in 1- bis 1,5%ige Lösungen organischer Säuren, so wirkt das Gemisch schon nach kurzer Zeit reduzierend, allerdings ohne Ausscheidung von Sapogenin. Dagegen scheidet sich eine beträchtliche Menge Sapogenin ab, wenn man die genannten Saponine mit 10%iger Weinsäure eine Stunde auf dem Wasserbade erhitzt (WINTERSTEIN und BLAU[2]).

In der Regel werden aber für die Spaltung der Saponine Mineralsäuren, und zwar Schwefelsäure, Salzsäure oder Phosphorsäure und mindestens Wasserbadtemperatur verwendet. Schwefelsäure hat den Vorteil, daß sie später leicht wieder durch Baryumkarbonat oder Baryumhydroxyd entfernt werden kann. Man verwendet die Schwefelsäure in einer Konzentration von 2 bis 10%. Salzsäure, die ebenso schnell und weitgehend spaltet, hat den Nachteil, daß ihre Entfernung viel Silberkarbonat oder Silberoxyd erfordert.

Bis zur völligen Hydrolyse ist oft eine tagelange Behandlung mit Mineralsäuren am Wasserbad erforderlich. Beim Erhitzen von Primulasäure mit 8%iger Schwefelsäure am kochenden Wasserbad wirkt die Flüssigkeit nach 15 Minuten reduzierend auf FEHLINGsche Lösung. Die

---

[1]) R. KOBERT, Saponinsubstanzen, in Real-Enzyklopädie der ges. Heilkunde 4. Aufl.

[2]) E. WINTERSTEIN u. H. BLAU, Zeitschr. f. physiolog. Chemie 75, 410 (1911).

vollständige Abspaltung der Zucker gelingt aber erst durch 18- bis 20stündiges Erhitzen in einer Druckflasche auf dem kochenden Wasserbad. Bei Verwendung von 5%iger Schwefelsäure ist unter denselben Bedingungen die Abspaltung der Zucker erst in 33 bis 35 Stunden beendet.

In manchen Fällen gelangt man erst durch mehrstündiges Erhitzen auf 140° im Autoklaven oder im Bombenrohr zu einem zuckerfreien Sapogenin. Dabei spaltet sich ein Teil der Zucker verhältnismäßig leicht ab, und nur ein kleiner Rest erfordert die angegebene energische Behandlung. Bei Saponinen, welche nebeneinander Hexosen und Pentosen enthalten, wurde wiederholt beobachtet, daß bei stufenweisem Abbau zuerst der größte Teil der Hexose und dann erst die Pentose abgespaltet wird. Ebenso wie die Pentosen werden auch Glukuronsäure und Galakturonsäure häufig erst nach den Hexosen abgespaltet.

Zusatz von Alkohol leistet unter Umständen gute Dienste, namentlich wird ein Gemisch von Alkohol-Salzsäure empfohlen. DAFERT[1] benützt zur vollständigen Entfernung des Zuckers aus dem Cyclamin mit Vorteil 50%igen Alkohol, der 5% Schwefelsäure enthält.

Zur Herstellung von Prosapogeninen für technische und pharmazeutische Zwecke werden nach einem Patent von HOFFMANN-LA ROCHE und Co.[2] die Saponine mit Wasserstoffsuperoxydlösung bei Temperaturen unter 100° behandelt.

Hydrolytische Spaltung von Saponinen kann auch durch pflanzliche und tierische Enzyme bewirkt werden (siehe S. 105).

15. Die Kohlenhydrate der Saponine

Als Spaltprodukte von Saponinen wurden gefunden die Hexosen: Glukose, Fruktose und Galaktose, die Pentosen: Arabinose, Xylose und Rhamnose und die Kohlenhydratsäuren: Glukuronsäure und Galakturonsäure.

Glukose ist der in Saponinen am häufigsten aufgefundene Zucker. Sie findet sich beispielsweise im Saponin der Kornradesamen (BRANDL[3]), im Saponin von *Yucca filamentosa* (CHERNOFF, VIEHOEVER und JOHNS[4]),

---

[1]) O. DAFERT, Arch. d. Pharmazie u. Ber. d. Dtsch. pharmazeut. Ges. **264**, 409 (1926).

[2]) D. R. P. Nr. 275048, ausgegeben für HOFFMANN-LA ROCHE. Chem. Zentralbl. 1914, II, 181.

[3]) J. BRANDL, Arch. exper. Path. und Pharmakol. **59**, 247 (1908).

[4]) L. H. CHERNOFF, A. VIEHOEVER u. C. O. JOHNS, Journ. of bilological chemistr. **28**, 437 (1917).

im Saponin von *Agave Lechuguila* (JOHNS, CHERNOFF und VIEHOEVER[1]), im Cyclamin (DAFERT[2]), im Saponin von *Aralia montana* und von *Polyscias nodosa* (VAN DER HAAR[3]), in einem Saponin aus *Sarsaparilla* (KAUFMANN und FUCHS[4]), im Roßkastaniensaponin und im Gypsophilasaponin (VAN DER HAAR).

Fruktose tritt bei der Hydrolyse von Glykosiden nur sehr selten auf und konnte dementsprechend auch nur in wenigen Saponinen nachgewiesen werden, so im Mowrin, dem Saponin von *Bassia longifolia* (SPIEGEL[5]), im Saponin von *Phytolacca abyssinica* (KUENY[6]) und im Saponin aus der Roßkastanie und *Sapindus utilis* (WINTERSTEIN und BLAU[7]). Nach VAN DER HAAR kommt Fruktose in reinem Roßkastaniensaponin nicht vor.

Galaktose wurde ebenfalls nur bei wenigen Saponinen als Kohlenhydratkomponente gefunden: Im Saponin der Kornradesamen (BRANDL), im Assamsaponin (HALBERKANN[8]), im Saponin von *Phytolacca abyssinica* (KUENY), im Saponin von *Pseudophoenix vinifera* (VAN DER HAAR), im Saponin von *Agave lechuguilla* (JOHNS, CHERNOFF und VIEHOEVER), im Roßkastaniensaponin, Gypsophilasaponin und Araliasaponin (VAN DER HAAR).

Arabinose ist ein verhältnismäßig häufiger Bestandteil des Saponinmoleküls. Nachdem sie schon früher in verschiedenen Saponinen vermutet worden war, wurde sie zum ersten Male mit Sicherheit von VAN DER HAAR im Saponin von *Polyscias nodosa*, dann im α-Hederin, im Gypsophilasaponin und Araliasaponin nachgewiesen. Ferner wurde Arabinose gefunden in den Saponinen von *Sapindus utilis* und der Roßkastanie (WINTERSTEIN und BLAU) und im Cyclamin (DAFERT).

Bei einer größeren Anzahl von Saponinen wurden Pentosen ohne genauere Identifizierung nachgewiesen. Mit Hilfe der Phloroglucinund der BIALschen Orcinreaktion fand ROSENTHALER[9]) in den Hydrolysaten folgender Saponine **Pentosen:**

---

[1]) C. O. JOHNS, L. H. CHERNOFF und A. VIEHOEVER, Journ. of biological chemistr. **52**, 335 (1922).

[2]) O. DAFERT, l. c.

[3]) A. W. VAN DER HAAR, Pharmazeut. Weekblad **45**, 1184, **50**, 1350, 1381, 1413 (1913). Arch. d. Pharmazie **247**, 213 (1909) u. **251**, 632 (1913); Biochem. Zeitschr. **76**, 335 (1916); Ber. d. Dtsch. chem. Ges. **55**, 3041 (1922); Rec. trav. chim. Pays-Bas **40**, 542, **46**, 85, und zahlreiche andere Arbeiten.

[4]) H. P. KAUFMANN u. C. FUCHS, Ber. d. Dtsch. chem. Ges. **56**, 2527 (1923).

[5]) L. SPIEGEL, Ber. d. Dtsch. pharmazeut. Ges. **28**, 100 (1918).

[6]) R. KUENY, Arch. d. Pharmazie **252**, 350 (1914).

[7]) E. WINTERSTEIN u. H. BLAU, Zeitschr. f. physiolog. Chemie **75**, 410 (1911).

[8]) J. HALBERKANN, Biochem. Zeitschr. **19**, 301 (1909).

[9]) L. ROSENTHALER, Arch. d. Pharmazie **243**, 247 (1905).

Saponin der Wurzel von *Gypsophila spec.*

    „   „ Samen   „ *Camellia theifera* Griff.

    „   „ Wurzel „ *Polygala Senega* (Senegin).

Saponinsäure der Rinde von *Quillaja saponaria* Mol. (Quillajasäure)

Sapotoxin   „   „   „   „   „

Saponin der Früchte von *Acacia concinna* D. C.

    „   „ Samen   „ *Entada scandens* Benth.

    „   „   „   „ *Dialopsis africana* Radlk.

    „   „ Blätter   „ *Digitalis purpurea* L.

Saponinsäure der Rinden von *Guajacum officinale* L.

Saponin der Rinde von *Guajacum officinale* L.

Weiter wurde im Saponin von *Sapindus Rarak* durch MAY[1]) eine Pentose nachgewiesen.

Xylose ist im Digitonin vorhanden (KILIÁNI[2]).

Rhamnose wurde im α-Hederin Gypsophilasaponin (VAN DER HAAR), im Saponin von *Sapindus utilis* (WINTERSTEIN und BLAU) und in der Primulasäure (BRAUNER[3]) festgestellt.

Glukuronsäure geben ASAHINA und MOMOYA[4]) für das Jegosaponin aus *Styrax japonica*, VAN DER HAAR für Roßkastaniensaponin, BRAUNER[3]) für die Primulasäure und KOBERT[5]) und seine Schüler für das Saponin der Futterrübe an. EHRLICH und REHORST[6]) konnten freie d-Glukuronsäure aus Rübensaponin zur Kristallisation bringen.

EHRLICH[7]) erhielt aus „reinem MERCKschen Saponin" bei der Spaltung mit Brom-Bromwasserstoff 11% Schleimsäure und nimmt an, daß neben der d-Galaktose auch **d-Galakturonsäure** vorhanden ist. EHRLICH ist daher der Meinung, daß als typisches Spaltprodukt d-Galakturonsäure und nicht die α-Glukuronsäure zu betrachten sei. Er weist mit Recht darauf hin, daß KOBERT und andere Autoren die Gegenwart der Glukuronsäure lediglich durch den positiven Ausfall der Naphtoresorcinreaktion bewiesen zu haben glaubten. EHRLICH scheint nur ein einziges Saponin untersucht zu haben; das „reine MERCKsche Saponin" war wohl Saponin pur. albiss. MERCK. Nun besteht dieses Saponin nur zum Teil aus reinem Saponin, das übrige sind Verunreinigungen aus der Ausgangsdroge (siehe S. 256). Es ist daher noch der Nachweis zu erbringen, daß die Schleimsäure bei den Versuchen von EHRLICH

---

1) O. MAY, Arch. d. Pharmazie **244**, 25 (1906).

2) H. KILIÁNI, Ber. d. Dtsch. chem. Ges. **59**, 2462 (1926).

3) M. BRAUNER, Unveröffentlichte Untersuchungen.

4) J. ASAHINA u. M. MOMOYA, Arch. d. Pharmazie **252**, 56 (1914).

5) R. KOBERT, Neue Beitr. I., S. 124.

6) F. EHRLICH u. K. REHORST, Ber. d. Dtsch. chem. Ges. **58**, 1989 (1925).

7) F. EHRLICH, Chem. Zeitg. **41**, 197 (1917).

wirklich aus dem Saponin selbst und nicht aus den Verunreinigungen des MERCKschen Saponins gebildet wurde. Tatsächlich kommt aber Galakturonsäure im Saponinmolekül vor. So wies VAN DER HAAR in den Saponinen von *Aralia montana* d-Galakturonsäure neben d-Galaktose nach.

Bei der Beurteilung von Literaturangaben über den Kohlenhydrat-komplex ist stets zu berücksichtigen, daß die nicht kristallisierenden Saponine in der Regel schwer von verunreinigenden Kohlenhydraten zu trennen und die absolute Reinheit schwer feststellbar ist. Es besteht daher häufig die Gefahr, daß ein Teil der im Hydrolysat aufgefundenen Zucker von den Verunreinigungen herrührt. Eine Reihe von Literatur-angaben über die Zuckerkomponenten bedürfen daher zweifellos einer Nachprüfung, sobald es gelingt, das betreffende Saponin in einwandfrei reiner Form zu gewinnen.

Es können hier nicht die Reaktionen der einzelnen Zucker und die Methoden ihrer Isolierung und Identifizierung besprochen werden. Hiefür sei auf die ausführlichen Werke über diesen Gegenstand verwiesen, z. B. A. W. VAN DER HAAR, Anleitung zum Nachweis, zur Trennung und Bestimmung der reinen und aus Glykosiden usw. erhaltenen Mono-saccharide und Aldehydsäuren und G. ZEMPLÉN, Kohlenhydrate, in Handbuch der biologischen Arbeitsmethoden. Herausgegeben von ABDER-HALDEN, Abt. I, Teil 5.

16. Die Sapogenine

Die zuckerfreien, bei der Hydrolyse der Saponine entstehenden Spaltungsprodukte bezeichnet man als Sapogenine.

Löslichkeit. Die Sapogenine sind unlöslich in Wasser, Alkalikar-bonaten und häufig auch in Ätzalkalien in der Kälte. Leicht löslich sind sie dagegen in Alkohol, Azeton, Eisessig, zumeist auch in Äther und Chloroform. Die Sapogenine lassen sich im allgemeinen leichter zur Kristallisation bringen als die Saponine, aus denen sie erhalten wurden; eine Anzahl von amorphen Saponinen liefert bei der Hydrolyse kristallisierte Sapogenine.

Die Sapogenine sind **physiologisch** unwirksam oder wenigstens schwächer wirksam als die entsprechenden Saponine, dies gilt sowohl für die hämolytische (LAUBE[1]) als auch für andere Wirkungen der Saponine. Nur bei *Phytolacca abyssinica* wird von KUENY[2] angegeben daß das Sapogenin stärker hämolytisch wirkt als das Saponin, und be

---

[1] W. LAUBE, Zeitschr. f. exp. Pathol. u. Ther. **10**, 28 (1911).
[2] R. KUENY, Arch. d. Pharmazie, **252**, 350 (1914).

Polygala amara fand WEINBERG[1]) das neutrale Saponin und sein Sapogenin gleich stark wirksam auf das isolierte Kaltblüterherz, ebenso ist das Rebaudinsapogenin und das Sapogenin des neutralen Senegasaponins stärker wirksam als ihre Muttersubstanzen. Derartige vergleichende Untersuchungen sind allerdings durch die Unlöslichkeit der Sapogenine in wässeriger Flüssigkeit erschwert.

Der **Sauerstoffgehalt** der Sapogenine ist bedeutend niedriger als der der entsprechenden Saponine. So fand DAFERT[2]) für Cyclamin 37,27%, für das Sapogenin Cyclamiretin 14,39% Sauerstoff. Die Primulasäure enthält 36,93%, das zugehörige Sapogenin 15,24% Sauerstoff (BRAUNER[3]).

Die bei der Hydrolyse erhaltenen zuckerfreien Spaltlinge sind nicht immer einheitlich, sondern lassen sich durch Essigäther, Benzol und andere Lösungsmittel mitunter in mehrere Fraktionen zerlegen.

So konnte SIEBURG[4]) aus dem Sapogenin des Helleboreins, dem Helleboretin, durch Essigäther zwei Fraktionen erhalten, die sich, abgesehen von der Löslichkeit, auch noch durch den Schmelzpunkt und den Sauerstoffgehalt ein wenig voneinander unterscheiden. Die Entstehung zweier oder mehrerer Sapogenine ist wohl in vielen Fällen auf die Nichteinheitlichkeit des Saponins zurückzuführen. Es ist aber auch denkbar, daß bei der Hydrolyse ein Teil des Sapogenins Veränderungen durch Oxydationsprozesse, Anhydrierung usw. erleidet. Nicht auszuschließen ist auch die Annahme, daß von vornherein im Saponinmolekül zwei verschiedene Sapogeninmoleküle vorhanden sind.

Über die **Konstitution** der Sapogenine weiß man sehr wenig. In den meisten Fällen war es bisher nicht einmal möglich, die Funktion der Sauerstoffatome restlos aufzuklären. Karboxylgruppen ließen sich bei einigen Sapogeninen durch Titration in der Kälte und Herstellung von Methylestern nachweisen (ROSENTHALER und STRÖM[5]), alkoholische Hydroxylgruppen durch Azetylierung, Karbonylgruppen zweckmäßig durch Darstellung des Semikarbazons (WINTERSTEIN und BLAU[6]).

Über die Beziehungen der Sapogenine zu verschiedenen Körperklassen wurden im Laufe der Zeit eine Reihe von Ansichten ausgesprochen, die meisten dieser Angaben sind aber durch zu geringes Tatsachenmaterial gestützt, um allgemeine Gültigkeit beanspruchen zu können.

---

[1]) WEINBERG, Zeitschr. f. exp. Path. u. Therapie **20**, 151 (1919).

[2]) O. DAFERT, Arch d. Pharmazie u. Ber. d. Dtsch. pharmazeut. Ges. **264**, 409 (1926).

[3]) M. BRAUNER, Unveröffentlichte Untersuchung.

[4]) E. SIEBURG, Arch. d. Pharmazie, **251**, 154 (1913).

[5]) L. ROSENTHALER u. KNUT F. STRÖM, Arch. d. Pharmazie **250**, 290 (1912).

[6]) E. WINTERSTEIN u. H. BLAU, Zeitschr. f. physiol. Chemie **75**, 431 (1911).

Schon im Jahre 1893 sprach KILIÁNI[1]) die Vermutung aus, daß die Digitsäure und mit ihr das Digitogenin, das Sapogenin des Digitonins, in naher **Beziehung zu den Terpenen** stehe. Er stützte sich dabei auf die Entwicklung eines terpenartigen Geruches und einer langen, stark rußenden Flamme bei der Verbrennung dieser Substanzen auf dem Platinblech und auf seine Untersuchungen über den Bau der Digitsäure. Die Digitsäure „ist unzweifelhaft eine gesättigte Verbindung und muß infolgedessen, wenn man gleichzeitig ihren Wasserstoffgehalt berücksichtigt, unter die hydrierten Verbindungen mit ringförmiger Verkettung der Kohlenstoffatome gerechnet werden".

Eingehender wurden diese Verhältnisse von VAN DER HAAR[2]) studiert, der zu dem Ergebnis kam, „das weitere Studium der Saponine ist in die Chemie der Terpene verlegt worden". Es war VAN DER HAAR nämlich gelungen, das Hederagenin mittels der Zinkstaubdestillation im Wasserstoffstrome zu Terpenkohlenwasserstoffen abzubauen und den mit Wasserdampf flüchtigen Anteil als ein Sesquiterpen ($C_{15}H_{24}$) zu identifizieren, welches die violette Farbe mit Schwefelsäure gab, und zwar besonders schön, wenn eine Spur in Eisessig gelöst, mit einem halben Tropfen Schwefelsäure gemischt wurde. Analoge Resultate erhielt er bei anderen untersuchten Sapogeninen des Guajak, der Saponaria, des Senegins, des Digitonins und des α-Hederins. Auf Grund dieser Untersuchungen nimmt VAN DER HAAR an, daß allen Sapogeninen ein gemeinsamer Terpenkern zugrunde liege, auf den auch die Schwefelsäurereaktion zurückzuführen sei.

Später wies VAN DER HAAR auf Beziehungen zwischen den Sapogeninen und **Phytosterinen** hin. Das Pseudophoenigenin, ein Sapogenin aus *Pseudophoenix vinifera* gab nämlich die Reaktionen von LIEBERMANN, SALKOWSKY und HESSE und von TSCHUGAJEW. Außerdem wurden bei der Zinkstaubdestillation terpenartig riechende Dämpfe beobachtet. Auf Grund seiner ausgedehnten diesbezüglichen Erfahrungen kam VAN DER HAAR endlich zu dem Schluß, daß eine Anzahl von Sapogeninen untereinander und mit Terpenkohlenwasserstoffen (z. B. Sesquiterpenen) einerseits, mit Phytosterinen (Sistosterin), Cholesterin und phytosterinartigen Körpern (Urson, Oleanol) anderseits in engem Zusammenhang stehen.

WINDAUS[3]) nimmt auf Grund seiner Untersuchungen über das Digitogenin und Gitogenin ebenfalls enge Beziehungen zum **Cholesterin**

---

[1]) H. KILIÁNI, Arch. d. Pharmazie **231**, 450 (1893).

[2]) A. W. VAN DER HAAR, Biochem. Zeitschr. **76**, 333 (1916); Rec. trav. chim. Pays-Bas **40**, 542 und **43**, 542 (1924); Ber. d. Dtsch. chem. Ges. **55**, 1054 (1922).

[3]) A. WINDAUS, Nachr. d. Ges. d. Wiss. zu Göttingen, Math.-phys. Kl., Sitzg. vom 24. Juli 1925. A. WINDAUS u. WILLERDING, Zeitschr. f.

(Sitosterin) an. Da dies nicht nur die neuesten, sondern auch die durch das meiste Tatsachenmaterial gestützten Angaben über die Beziehungen von Saponinen zu anderen Pflanzenstoffen sind, seien im folgenden die Ansichten von WINDAUS kurz wiedergegeben.

Das **Digitogenin** und das **Gitogenin** haben nach den Untersuchungen von WINDAUS dieselbe Anzahl Kohlenstoff- und Wasserstoffatome und unterscheiden sich nur durch die Zahl ihrer Sauerstoffatome voneinander. Digitogenin enthält drei sekundäre Alkoholgruppen, die beiden übrigen Sauerstoffatome sind vermutlich oxydartig gebunden. Das Gitogenin besitzt ebenfalls zwei oxydartig gebundene Sauerstoffatome, dagegen nur zwei Alkoholgruppen. Die sekundären Alkoholgruppen stehen in hydrierten Ringen. Beide Sapogenine sind gesättigt. Sie enthalten im Molekül vier hydrierte Ringe und der ihnen zugrunde liegende gesättigte Kohlenwasserstoff hat die Formel $C_{26}H_{46}$. Nun besitzen die dem Cholesterin zugrunde liegenden gesättigten Kohlenwasserstoffe (Cholestan und Sitostan) die Formel $C_{27}H_{48}$, sie enthalten ebenfalls ein System von vier hydrierten Ringen und erscheinen als die nächst höheren Homologen des Kohlenwasserstoffs $C_{26}H_{46}$, des Grundkohlenwasserstoffs des Gitogenins und Digitogenins. WINDAUS vermutet daher in diesen beiden Sapogeninen Umwandlungsprodukte der Sterine.

Für die nahe Verwandtschaft zwischen Digitogenin und Cholesterin spricht auch der Umstand, daß beide außer dem tetrazyklischen Kern eine Seitenkette enthalten und daß diese in beiden Fällen durch energische Oxydation unter Bildung von α-Methylglutarsäure abgebaut wird.

Als weitere Stütze für die Beziehungen zwischen den Saponinen und Sterinen führt LUFT[1]) eine Beobachtung an den Samen von *Anagallis* an. Die Samen von *Anagallis arvensis* enthalten reichlich Saponine, aber keine Sterine, die Samen von *Anagallis coerulea* dagegen nur Phytosterine, aber keine Saponine.

Für Digitogenin und Gitogenin konnte WINDAUS noch zu einer anderen Gruppe von Pflanzenstoffen Beziehungen nachweisen. Bei der Oxydation des Gitogenins mit Salpetersäure wird unter Abspaltung von vier Kohlenwasserstoffatomen aus der Seitenkette eine Lactondicarbonsäure $C_{22}H_{32}O_6$ gebildet; diese läßt sich über ein Brenzderivat $C_{21}H_{30}O_3$ in ein gesättigtes Oxylacton $C_{21}H_{32}O_3$ überführen.

Dieses Oxylacton verdient deshalb ein besonderes Interesse, weil es in dieselbe homologe Reihe wie die gesättigten Oxylactone gehört,

---

physiol. Chemie **143**, 33 (1925). A. WINDAUS u. O. LINSERT, Zeitschr. f. physiol. Chemie **147**, 274 (1925). A. WINDAUS, Zeitschr. f. physiol. Chemie **150**, 205 (1925). A. WINDAUS u. S. V. SHAH, Zeitschr. f. physiol. Chemie **151**, 86, (1926) und frühere Arbeiten.

[1]) G. LUFT, Sitzungsber. d. Akad. d. Wiss., Wien, Mathem.-naturw. Kl., Abt. 1, **135**, 259 (1926).

die sich aus den Aglykonen der Herzgifte (Digitalinum verum, Digitoxin, Strophanthin, Bufotoxin) darstellen lassen. Diese chemischen
Beziehungen zwischen Herzglykosiden und Saponinen sind
unter anderem deshalb bemerkenswert, weil auch in der pharmako-
dynamischen Wirkung beider Substanzen manche Ähnlichkeit besteht.

Die nahen Beziehungen zu den Sterinen scheinen jedoch nicht für
alle Saponine zu gelten. So stellt das Sapogenin der Quillajasäure eine
Dioxy-oxo-carbonsäure, von der Formel $C_{29}H_{46}O_5$ dar und entspricht
einem Kohlenwasserstoff der Formel $C_{29}H_{50}$ mit fünf hydrierten Ringen
(WINDAUS, HAMPE und RABE[1]). Dieses Quillajaendsapogenin ist chemisch
nahe verwandt mit einigen anderen Sapogeninen, und zwar: Araligenin,
$C_{26}H_{42}O_3$, eine Oxy-monocarbonsäure (VAN DER HAAR[2]), Hederagenin,
$C_{31}H_{50}O_3$, eine Dioxy-monocarbonsäure (VAN DER HAAR[3], JACOBS[4]) und
Albsapogenin $C_{28}H_{44}O_4$ (KARRER, FIORINI, WIDMER und LIER)[5].

Es wurde schon wiederholt erwähnt, daß mitunter ein **stufenweiser
Abbau** der Saponine beobachtet werden konnte. Bisweilen gelang es
nämlich, bei der Hydrolyse Abbauprodukte zu fassen, welche weniger
Zucker enthielten als das ursprüngliche Saponin, bei weiterer energischer
Behandlung aber noch weitere Mengen Zucker abspalteten. Um eine
Unterscheidung zu ermöglichen, nennt man die noch zuckerhaltigen
Spaltungsprodukte Anfangssapogenine, sekundäre Saponine
(KOBERT[6]) oder Prosapogenine (ROSENTHALER und STRÖM) und
stellt ihnen die völlig zuckerfreien Spaltungsprodukte als Endsapoge-
nine oder Sapogenine im engeren Sinne gegenüber. Die Anfangssapo-
genine enthalten mitunter nur noch Pentosen.

In der empirischen Zusammensetzung unterscheiden sich die **Prosapogenine** nicht oder nur wenig von ihren Muttersubstanzen. In Wasser
lösen sich die Prosapogenine schwerer als ihre Saponine, leichter dagegen
in Alkohol und leicht in Essigäther. In Äther und Chloroform sind die
Prosapogenine unlöslich. Da sich die Prosapogenine in verdünnten
Alkalien leicht lösen und sie außerdem physiologisch (LAUBE[7]), BÄCK[8])
wirksam sind, vergleicht KOBERT sie mit den sauren Saponinen. KOBERT
nimmt an, daß es zwei Sorten saurer Saponine gibt, nämlich erstens
von der Natur gebildete und zweitens künstlich durch unvollkommene

---

[1]) A. WINDAUS, F. HAMPE u. H. RABE, Zeitschr. f. physiol. Chemie,
160, 301 (1926).

[2]) A. W. VAN DER HAAR, Ber. d. Dtsch. chem. Ges. **55**, 3041 (1922).

[3]) A. W. VAN DER HAAR, Rec. trav. chim. Pays-Bas **44**, 740.

[4]) W. A. JACOBS, Journ. Biol. Chem. **63**, 621 u. 631 (1925).

[5]) P. KARRER, W. FIORINI, R. WIDMER u. H. LIER, Helv. chim.
Acta **7**, 781 (1924) und **9**, 26 (1926).

[6]) R. KOBERT, Heil- und Gewürzpflanzen I, Heft 6 bis 8, 1917.

[7]) W. LAUBE, Zeitschr. f. exp. Path u. Ther. 10, 1912.

[8]) M. BÄCK, Biochem. Zeitschr. **86**, 223 (1918).

Hydrolyse aus neutralen Saponinen im Laboratorium hergestellte. Es ist nach Kobert nicht undenkbar, daß ein und dasselbe Saponin mehrere Prosapogenine liefern kann. In einigen Pflanzen, z. B. in der Roßkastanie, scheinen solche Prosapogenine präformiert neben den Saponinen vorhanden zu sein.

Unsere Kenntnisse über die Prosapogenine sind allerdings noch lückenhafter als über die Saponine und Sapogenine, weil die Schwierigkeit, reine einheitliche Prosapogenine zu erhalten, ganz besonders groß ist. Denn den stufenweisen Abbau der Saponine dürfen wir uns wohl nicht so vorstellen, daß zuerst quantitativ das ganze Saponin etwa durch Abspaltung der vorhandenen Hexose in Sapogenin umgewandelt wird, und dann erst die zweite Phase des Prozesses, etwa die Abspaltung der Pentosen und Umwandlung in Endsapogenin, einsetzt. Vielmehr muß man erwarten, daß das Prosapogenin schon angegriffen wird, bevor das ganze Saponin gespalten ist, daher im Hydrolysat nebeneinander Saponin, Prosapogenin und Endsapogenin vorhanden sein können.

Will man versuchen, das Prosapogenin zu isolieren, so muß die Hydrolyse frühzeitig unterbrochen werden, sobald sich ein Niederschlag ausgeschieden hat. Zur Trennung kann man folgenden Weg einschlagen: Das bei der Hydrolyse sich ausscheidende Prosapogenin wird entweder auf dem Filter gesammelt, säurefrei gewaschen und mit Essigäther aufgenommen, oder die Hydrolysenmischung wird mit Essigäther ausgeschüttelt und dieser durch Schütteln mit Wasser im Scheidetrichter säurefrei gewaschen. Zur Trennung von den Endsapogeninen gießt man die Essigätherlösung in Äther oder Chloroform, worin die Prosapogenine unlöslich, die Sapogenine löslich sind. Rosenthaler und Ström gelang es, aus dem Saponin der weißen Seifenwurzel ein Prosapogenin zu gewinnen, das nach Entfärben mit Tierkohle aus alkoholischer Lösung auskristallisierte.

Kobert stellte auch für die Sapogenine allgemeine Reihenformeln auf. Die Reihe, der die meisten Sapogenine entsprechen sollen, nennt Kobert Sapogenolreihe mit der allgemeinen Formel $C_nH_{2n-6}O_2$. Der Name Sapogenol war früher von O. Hesse[1] für das Sapogenin der weißen Seifenwurzel gewählt worden. Dieses Sapogenol mit der empirischen Zusammensetzung $C_{14}H_{22}O_2$ legte Kobert der allgemeinen Formel für die „Sapogenolreihe" zugrunde. Andere sauerstoffreichere Sapogenine nennt Kobert Oxysapogenole und gibt ihnen die allgemeine Formel $C_nH_{2n-6}O_3$. Die Prosapogenine mit einem Kohlenstoffgehalt zwischen 58% und 62% entsprechen nach Kobert der allgemeinen Formel $C_nH_{2n-6}O_7$. Für die Beurteilung dieser Formeln gilt dasselbe, was oben über die Reihenformeln der Saponine gesagt wurde.

---

[1] O. Hesse, in Liebigs Ann. **261**, 373 (1891).

17. Säurereste als Abbauprodukte der Saponine

Im Hydrolysat einzelner Saponine konnten Fettsäuren nachgewiesen werden. Die Abspaltung der Fettsäureradikale gelingt sowohl mit Säuren als auch mit Laugen, leichter häufig mit letzteren.

Einzelne Autoren berichten über einen bei der Säurehydrolyse der Saponine auftretenden Geruch nach flüchtigen Fettsäuren, genauere Daten über die Natur der Fettsäuren fehlen aber in der Regel.

Aus Helleborein wird bei der Hydrolyse durch verdünnte Mineralsäuren (THAETER[1]), SIEBURG[2]) und durch Laugen Essigsäure abgespalten. SIEBURG erhitzte Helleborein mehrere Stunden hindurch am Wasserbad mit Barytlösung, entfernte das Baryum mit Kohlensäure und destillierte ab. Das Destillat enthielt Essigsäure. Das α-Sapogenin des Jegosapogenins spaltet sich durch längeres Kochen mit alkoholischer Kalilauge in einen kristallinischen Alkohol und in Tiglinsäure (ASAHINA und MOMOYA[3]). Dieselbe Fettsäure läßt sich in sehr kleiner Menge auch bei der Hydrolyse des Jegosaponins mit verdünnter Schwefelsäure nachweisen.

In anderen Fällen wurde Ameisen-, Propion-, Butter- und Valeriansäure nachgewiesen.

Bei der Einwirkung von Fermenten auf Sapindus- und Roßkastaniensaponin beobachteten WINTERSTEIN und BLAU[4]) neben der Abspaltung von Zucker einen an Fettsäuren erinnernden Geruch. 50 cm³ einer 1%igen sterilen Sapindus-Saponinlösung wurden mit 0,05 g Taka-Diastase und eine gleiche Lösung ohne Ferment zwei Tage bei 38° C stehen gelassen. Die fermentfreie Probe verbrauchte bei der Titration mit Phenolphtalein 1,9 cm³, die fermenthaltige 3,2 cm³ norm./5 Natronlauge.

18. Enzyme und Saponine

Bei den Beziehungen zwischen Enzymen und Saponinen haben wir einerseits den Einfluß von Saponinen auf Enzymwirkungen und anderseits die Wirkung von Enzymen auf Saponine zu betrachten.

Über den **Einfluß** von Saponinen **auf den Ablauf enzymatischer Prozesse** sind nur wenige Tatsachen bekannt. Nach FLOHR[5]) wirkt Saponin auf die Fettspaltung durch Pankreaslipase fördernd, und zwar wird das Optimum dieser Förderung erreicht bei dem Verhältnis 3 Teile

---

[1]) K. THAETER, Arch. d. Pharmazie **235**, 414 (1897).
[2]) E. SIEBURG, Arch. d. Pharmazie **251**, 154 (1913).
[3]) Y. ASAHINA u. M. MOMOYA, Arch. d. Pharmazie **252**, 56 (1914).
[4]) E. WINTERSTEIN u. H. BLAU, Zeitschr. f. physiol. Chemie **75**, 410, (1911).
[5]) FLOHR, in MALYS Tierchemie **48**, 472 (1920).

Olivenöl und 2 Teile 2%ige Saponinlösung. Ausschlaggebend ist dabei nach FLOHR die Erniedrigung der Oberflächenspannung. Auf Rizinuslipase dagegen wirkt Saponin hemmend im Sinne eines Enzymgiftes. Ebenso verzögert Saponin die Wirkung der Urease (BAYLISS[1]). Der zerstörende Einfluß von Pepsin und Trypsin auf Insulin wird durch Saponin gehemmt (LASCH und BRÜGEL[2]). Für eine Reihe pflanzlicher Enzyme ist festgestellt, daß ihre Tätigkeit durch die Gegenwart von Saponinen nicht beeinflußt wird.

Saponin verhindert in größeren Mengen die Hemmung der Labwirkung durch Kohle vollständig und teilweise auch die Hemmung durch Normalserum (JAHNSON-BLOHM[3]). Lab, das durch Kohle oder Normalserum inaktiv geworden ist, wird durch Saponin wieder frei gemacht. Saponin verhindert ferner die Kohle an der Hemmung der Trypsinwirkung, vermag aber das Trypsin aus seiner Verbindung mit Kohle nur in geringer Menge zu befreien.

Zahlreicher sind die Angaben über den **Abbau von Saponinen unter der Einwirkung von Enzymen.** Eine Anzahl von Saponinen konnte durch Einwirkung von Enzymen hydrolytisch gespalten werden, so wie dies sonst unter dem Einfluß von Mineralsäuren geschieht. Diese Erscheinung verdient in mehrfacher Richtung Interesse.

Die hydrolytische Spaltung durch Verdauungsfermente ist von Bedeutung für Untersuchungen über das Schicksal von innerlich verabreichten Saponinen. Daß ein Abbau von Saponinen unter dem Einfluß von Verdauungsfermenten erfolgt, wurde teils in Versuchen in vitro bewiesen, teils daraus erschlossen, daß aus dem Kot saponingefütterter Tiere Sapogenin isoliert werden konnte. Helleborein verliert nach längerer Einwirkung von Pankreatin seine Herzwirkung, was nach HOLSTE[4] auf eine fermentative Spaltung zurückzuführen ist. SIEBURG[5] schabte vom Darm einer frisch getöteten Katze die Mukosa ab, brachte eine Suspension dieser Zellen mit einer Helleboreinlösung zusammen und ließ das Gemisch nach Zusatz einiger Tropfen Toluol fünf Tage lang bei zirka 38° C stehen. Gemessen an der Wirkung auf das Froschherz war das Helleborein durch die Darmzellen weitgehend entgiftet, was SIEBURG auf die Enzyme der Darmschleimhaut zurückführt. Auszüge aus Rinder- und Hasenleber und Pankreas, ferner Trypsin, spalten Quillaja-Sapotoxin (GONNERMANN[6]). Dagegen erleidet Agrostemma-

[1]) BAYLISS, in MALYS Tierchemie **48**, 471 (1920).
[2]) F. LASCH u. S. BRÜGEL, Biochem. Zeitschr. **181**, 109, 1927.
[3]) G. JAHNSON-BLOHM, Zeitschr. f. physiol. Chemie **82**, 178 (1912).
[4]) A. HOLSTE, Arch. f. exper. Path. u. Pharmakol. **68**, 323 (1912).
[5]) E. SIEBURG, Arch. d. Pharmazie **251**, 154 (1913).
[6]) M. GONNERMANN, Arch. f. d. ges. Physiol. **113**, 197 (1906) und Apoth. Ztg. **21**, 976 (1906).

Sapotoxin durch Zugabe von Pepsinsalzsäure, Trypsin, Diastase oder Ptyalin nicht die geringste Veränderung (BRANDL[1]). Wurde das Agrostemma-Sapotoxin aber Hunden innerlich eingegeben, so konnte aus dem Kot ein kristallisiertes Sapogeninabbauprodukt isoliert werden. Bei Hühnern und Kaninchen gelang eine derartige Isolierung nicht, was nach BRANDL möglicherweise auf eine noch weitergehende Spaltung des Sapogenins zurückzuführen ist. KOBERT[2]) und seine Schüler konnten nach der Verfütterung von Quillajasaponin, Sapindus-, Guajak-Rinden-, Ononis- und Futterrübensaponin im Kot der Hunde stets Sapogenin wiederfinden. BÄCK[3]) konnte nach Verfütterung von Sapindus- und Quillajasaponin nicht nur bei Hunden, sondern auch bei Hühnern Sapogenin im Kot nachweisen.

In Saponinpflanzen wird allgemein die Gegenwart von Enzymen angenommen, die imstande sind, die Saponine zum Zwecke des Abtransportes und der Verwendung als Reservestoffe zu spalten. Nachgewiesen wurde ein derartiges Enzym von ROSENTHALER[4]) in der Radix *Senegae*, ferner von VAN DER HAAR[5]) in den Blättern der Araliacee *Polyscias*, aus der er ein saponinspaltendes Emulsin gewinnen konnte. Doch wirken auch Fermente aus saponinfreien Pflanzen spaltend, so Taka-Diastase, Diastase und Invertin auf Sapindus- und Roßkastaniensaponin (WINTERSTEIN und BLAU[6]), Taka-Diastase und Rizinus-Lipase auf Helleborein (SIEBURG). In einem gewissen Gegensatz hiezu steht die oben erwähnte Angabe von FLOHR, wonach die fettspaltende Wirkung der Rizinus-Lipase durch Saponin wie durch ein Enzymgift behindert wird. Es ist aber auch möglich, daß einerseits die einzelnen Saponine die Enzyme in verschiedener Weise beeinflussen und daß anderseits die Spaltbarkeit verschiedener Saponine durch fermentative Einwirkung Unterschiede aufweist.

19. Wirkung auf Bakterien

In Saponinlösungen, die mehrere Tage offen stehen bleiben, entwickeln sich Bakterien, die Lösungen trüben sich, zeigen eine Abnahme ihrer hämolytischen Wirksamkeit und andere Veränderungen ihrer Eigenschaften. Konzentriertere Lösungen, etwa von 1 bis 10%, sind einer rascheren Zersetzung durch Mikroorganismen unterworfen als

---

[1]) J. BRANDL, Arch. f. exp. Pathol. u. Pharmakol. **59**, 245 (1908).
[2]) R. KOBERT, Neue Beitr. I. u. II.
[3]) H. BÄCK, Biochem. Zeitschr. **86**, 223 (1918).
[6]) L. ROSENTHALER, Ber. d. Dtsch. pharmazeut. Ges. **22**, 267 (1912).
[5]) A. W. VAN DER HAAR, Biochem. Zeitschr. **76**, 335 (1912).
[6]) E. WINTERSTEIN u. H. BLAU, Zeitschr. f. physiolog. Chemie **74**, 431 (1911).

verdünntere Lösungen. Aus diesem Umstand, den man im Labarotorium jederzeit zu beobachten Gelegenheit hat, ergibt sich, daß wenigstens gewisse Bakterien auch in konzentrierten Saponinlösungen nicht geschädigt werden. Nach ROTKY[1]) wirkt Saponin (neutrales Guajak-Rindensaponin und „Saponinum depuratum aus Quillaja") auf die meisten Bakterien wachstumfördernd. Bei Bacillus subtilis wird die Atmung, an der Kohlensäureproduktion gemessen, durch die Gegenwart größerer Saponinmengen geschädigt, geringe Saponinmengen haben keinen Einfluß (MOLDENHAUER und BROOKS[2]). Nach LANDSTEINER[3]) und RUSS[4]) sind Vibrio cholerae, Bacillus anthracis, Bacillus typhi und Staphylococcus pyogenes gegen 1%ige Saponinlösung (MERCK) unempfindlich.

Der **Tuberkelbazillus** zeigt auf saponinhaltigen Nährböden ein eigentümliches Verhalten. Die Erscheinung wurde zuerst von DOSTAL[5]) beschrieben, von SCHNÜRER[6]), PALTAUF[7]) und anderen bestritten, neuerdings aber von japanischen Autoren wenigstens teilweise bestätigt.

DOSTAL züchtete mehrere Stämme Tuberkelbazillen vom Typus bovinus, Typus humanus und Typus gallinaceus unter Guttaperchaverschluß in mehreren Durchgangskulturen auf Glycerinagar, dem 5 bis 10% Saponinum depuratum MERCK zugesetzt war. Das Saponinum depuratum wurde dem „Saponinum purissimum MERCK" des billigeren Preises wegen vorgezogen, nachdem sich in der Wirkung der beiden Präparate kein besonderer Unterschied gezeigt hatte. Die Kulturen wurden zwei- bis dreimal, in der Regel fünf- bis achtmal in neue Röhrchen übertragen. Während der Passagen veränderten die Kulturen schon makroskopisch ihr Aussehen. Die zarten, trockenen, hellgelblichen, rauhen und matten Schüppchen der Ursprungskulturen sahen nach mehreren Überimpfungen etwas gelber, gröber gewulstet, feuchter und speckiger aus. Das Wachstum war üppiger, und es wurde eine Höhe bis zu mehreren Millimetern über der Nährbodenoberfläche erreicht. Um die Kultur bildete sich schließlich ein zarter, schleierartiger Rasen, von dem immer die jeweils zartesten Teile übertragen wurden. In solchen Röhrchen war nichts mehr von den charakteristischen Ursprungsrasen der säurefesten Kultur vorhanden. Die Oberfläche der in den ersten 24 Stunden fast farblosen Kolonie war mit sehr zarten, leicht gelblich-bräunlich pigmentierten Furchen durchzogen, so daß die Bilder bei schwacher Vergrößerung an Hirnwindungen erinnerten. Hand in Hand mit dieser Änderung der Kultur veränderten

---

[1]) K. ROTKY, Zentralbl. f. Bakteriol. **73**, I. 195 (1914).
[2]) MOLDENHAUER u. M. BROOKS, Journ. of general Physiol. **3**, 527 (1921).
[3]) K. LANDSTEINER, Zentralbl. f. Bakteriol. **38**, I. 542 (1906).
[4]) V. K. RUSS, Arch. f. Hygiene **59**, 196 (1908).
[5]) H. DOSTAL, Frankfurter Zeitschr. f. Pathologie, **19**, 198 (1916).
[6]) SCHNÜRER, Zentralbl. f. Bakteriol. **89**, I. 150 (1923).
[7]) R. PALTAUF, Zentralbl. f. Bakteriol. **89**, I, 154 (1923).

die Bakterien ihr Aussehen, sie wurden zwei- bis dreimal so lang als
normale Tuberkelbazillen, zeigten träge Eigenbewegungen und helle
Innenkörper, die den Eindruck von Sporen machten. Die wichtigste
Veränderung besteht aber darin, daß die Bakterien allmählich ihre
Säurefestigkeit verlieren. Durch Überimpfen auf saponinfreies Agar
lassen sich wieder typische säurefeste Kulturen gewinnen. DOSTAL
stellte aus seinen Kulturen einen Impfstoff her, der unter dem Namen
„Tebecin Dostal" als spezifisches Heilmittel der Tuberkulose in
den Handel kommt.

Den Angaben DOSTALS trat SCHNÜRER auf der 9. Tagung der
Deutschen Vereinigung für Mikrobiologie in Würzburg 1922 entgegen.
SCHNÜRER bezeichnete die nicht säurefesten Formen als gelegentliche
Verunreinigungen. Vor allem bezweifelte SCHNÜRER eine Rück-
verwandlung der neuen Form in die Ausgangsform. PALTAUF schloß
sich in einer Diskussionsbemerkung den Ausführungen SCHNÜRERS an,
während GILDEMEISTER[1]) nach der Methode DOSTALS auf Saponinagar
Bazillen erhielt, die zum großen Teil ihre Säurefestigkeit verloren hatten.
Verunreinigungen waren dabei ausgeschlossen.

WYSS[2]) fand ebenso wie DOSTAL eine sehr verminderte Säurefestigkeit und eine eigentümliche Art von Verzweigung der Tuberkelbazillen unter dem Einfluß von Saponin. Als Substrat diente ein von
TERROINE und LOBSTEIN angegebener Nährboden, dem WYSS auf 10 cm³
4 Tropfen einer 0,25%igen Saponinlösung zusetzte. Der Prozentgehalt
an Saponin war demnach sehr viel niedriger (ungefähr 0,005%) als in
den Versuchen DOSTALS.

Neuerdings benützten ARIMA, AOYAMA und OHNAWA[3]) saponinhaltige Nährböden für Tuberkelbazillen und kamen im ganzen und
großen zu ähnlichen Ergebnissen. Leider geben die genannten Autoren
den Namen des verwendeten Saponins nicht an, sondern sprechen nur
von „einer besonderen Saponinart", die sie einem albumosefreien Nährboden zusetzen. Auf flüssigem saponinhaltigen Substrat wachsen die
Tuberkelbazillen als zarter grauer Rasen an der Oberfläche. Mit der
Zeit sinken die fadenförmigen Gebilde in die Tiefe, um schließlich am
Boden als schleimige, halbdurchsichtige Masse liegen zu bleiben. Auf
Saponinagar sind die Kulturen im Vergleich zu saponinfreiem Agar
feucht, zarter, glänzend hellgrau, halbdurchsichtig und mit weißen
Stippchen durchsetzt. Die Säure- und Alkoholfestigkeit ist verschwunden.
Dies soll dadurch geschehen, daß die Tuberkelbazillen unter der Ein-

---

[1]) E. GILDEMEISTER, Zentralbl. f. Bakteriol. **89**, I. 154 (1923).
[2]) F. WYSS, Compt. rend. d. l'Acad. des sciences **177**, 719 (1923).
[3]) R. ARIMA, K. AOYAMA u. J. OHNAWA, Dtsch. med. Wochenschr. 1924.
S. 666, u. Zeitschr. f. Tuberkulose **42**, 275 (1925).

wirkung des Saponins von ihren Fetten und Eiweißkörpern befreit werden, ohne daß dabei aber die Eigenart der Eiweißkörper der Stäbchen geschädigt wird. Noch restloser kann das durch kombinierte Verwendung von Saponin und Lipase durchgeführt werden.

Es gelang den japanischen Autoren leicht, die fett- und lipoidfreien Stäbchen durch einfache Rücküberimpfung auf Glycerinagar wieder in gewöhnliche Tuberkelbazillen zu verwandeln.

ARIMA und seine Mitarbeiter verweisen auf einen wichtigen Umstand, der vielleicht zur Erklärung der oben mitgeteilten widersprechenden Literaturangaben herangezogen werden kann. Die verschiedenen Tuberkelbazillenstämme verlieren nämlich ihre Säure- und Alkoholfestigkeit verschieden leicht oder schwer. Unter den mehr als 50 verschiedenen mit Saponin behandelten Tuberkelbazillenstämmen konnten nur bei sieben die Fette und Lipoide leicht eliminiert werden. Es wäre daher möglich, daß bei den negativen Versuchen von SCHNÜRER und PALTAUF ungeeignete Stämme vorlagen.

Die Virulenz erlitt bei allen mit Saponin behandelten Stämmen eine bedeutende Abschwächung. ARIMA und seine Mitarbeiter stellen aus ihren Saponinkulturen einen Tuberkuloseimpfstoff in Form einer Emulsion her, der in Japan „A. O." genannt wird.

Die Saponine entfalten, wie aus den bisherigen Ausführungen hervorgeht, selbst keine Desinfektionswirkung. Es wurde aber versucht, die **Desinfektionswirkung anderer Stoffe durch** Beigabe von **Saponin zu erhöhen.** Diese Art der Anwendung von Saponin ist Inhalt des Deutschen Reichspatentes Nr. 268 628 (R. v. WALTHER), wonach man desinfizierend wirkende Substanzen oder deren Lösungen und Suspensionen Saponin oder saponinartige Benetzungsmittel zusetzt. WALTHER sieht dabei die Wirkung des Saponins in der Erhöhung der Benetzungsfähigkeit. ROTKY[1]) veröffentlichte eine Reihe von Versuchen in dieser Richtung. Er verwendete teils neutrales Guajak-Rinden-Saponin, teils „Saponinum depuratum aus Quillaja" in 0,1%iger Lösung und arbeitete teils mit Staphylokokken, teils mit Bacterium coli. Argentum nitricum, Sublimat und Hydrargyrum oxycyanatum werden durch Saponin in ihrer Desinfektionswirkung abgeschwächt, Salzsäure und Kalilauge bleiben unbeeinflußt. Bei Karbolsäure, Lysol, Formaldehyd und einem Teerpräparat verbesserte Saponinzusatz die Desinfektionswirkung im Vergleich zu den Kontrollen häufig aber nur dann, wenn die Bakterien in einer Ölemulsion aufgeschwemmt waren. ROTKY erwartete daher vom Saponinzusatz für die Praxis einen Vorteil namentlich dann, wenn der Zutritt des Desinfektionsmittels durch eine Ölhülle behindert ist. Man könnte aber auch daran denken, daß unter

---

[1]) K. ROTKY, Zentralbl. f. Bakteriol., **73**, I. 195, (1914).

der Einwirkung des Saponins die Bakterien nicht nur leichter benetzbar, sondern für einzelne Desinfektionsmittel auch leichter durchgängig werden (vgl. S. 222). Das genannte Patent scheint jedoch keine praktische Bedeutung erlangt zu haben.

20. Wirkung auf Hefe und andere pflanzliche Zellen

Der **Einfluß von Saponinen** auf die **Alkoholgärung durch Hefe** und **Hefeextrakt** wurde mehrfach, zum Teil sehr eingehend, untersucht. Durch diese Arbeiten wurde eine Reihe von Tatsachen festgestellt; eine klare einheitliche Auffassung läßt sich jedoch vorläufig noch nicht gewinnen.

LUNDBERG[1]) fand eine deutliche Hemmung der Gärungsgeschwindigkeit sowohl von frischer als auch von Trockenhefe durch Cyclamin. Die Beobachtung, daß bei der Verarbeitung der Zuckerrübensäfte in Brennereien die Gärung oft recht langsam verläuft, führt SATAVA[2]) auf die Gegenwart von Saponin in den Rübensäften zurück. Bei diesbezüglichen Versuchen genügten schon 0,02 bis 0,03 g Rübensaponin, um die Gärung in 100 g Flüssigkeit ganz zu verhindern. Doch verhalten sich verschiedene Hefearten verschieden gegenüber dem Saponin. *Saccharomyces ellipsoideus* ist zwei- bis dreimal empfindlicher als Brennereihefen und die Brauereiunterhefen. Eine Akklimatisation ist bis zu einem gewissen Grade möglich. Die chemische Zusammensetzung der Gärflüssigkeit ist von Einfluß auf die Giftwirkung des Saponins, so hebt Zusatz von Säure die Giftwirkung des Saponins auf.

Eingehender wurde der Einfluß von Saponin auf die Hefegärung von BOAS[3]) untersucht, der ebenfalls einen großen Einfluß der Zusammensetzung der Gärflüssigkeit auf die Saponinwirkung und eine Aufhebung der Giftwirkung durch Säurezusatz fand, im übrigen aber zu anderen, zum Teil entgegengesetzten Resultaten kam.

Aus den ausführlichen Arbeiten von BOAS lassen sich folgende Ergebnisse zusammenfassen: Bei Hefe verursachen „die mäßig wirkenden Saponinsubstanzen" eine bedeutend schnellere Vergärung der wichtigsten Zuckerarten, wie sich aus folgendem Versuch ergibt: 25 cm³ gewaschene Hefe (Weihenstephaner Betriebshefe) wurden mit 5 cm³ 5%iger Saponin-

---

[1]) J. LUNDBERG, Arkiv f. Kemi, Geologi och. Mineral. 4, Nr. 32, 1 bis 24, 1912; zit. nach F. BOAS, Biochem. Zeitschr. **117**, 166 (1921), **129**, 144 (1922) u. Ber. d. Dtsch. bot. Ges. **38**, 350 (1920), **40**, 32 u. 249 (1922).

[2]) J. SATAVA, Chemické listy **14**, 1, 1920. Nach Ref. Ber. ü. d. ges. Phys. **6**, 126 (1921).

[3]) F. BOAS, Biochem. Zeitschr. **117**, 166 (1921) u. **129**, 144 (1922) u. Ber. d. Dtsch. bot. Ges. **38**, 350 (1920) u. **40**, 32 u. 249 (1922).

lösung versetzt. Nach 20 Minuten erfolgte Zugabe von 20 cm³ 25%iger Rohrzuckerlösung. Es wurden entwickelt Gramm CO_2 nach:

2	3³/₄	6	8	10	28	30 Stunden
0,09	0,28	0,52	0,73	0,85	1,38	1,56 g CO_2 (mit Saponin)
0,03	0,15	0,23	0,48	0,58	1,12	1,31 „ „ (Kontrolle)

Aus diesem Versuch schließt BOAS, „die Gärungsförderung beträgt also anfangs 200% und sinkt allmählich nach 30 Stunden auf 19%". Ich möchte diesen Versuch aber etwas anders deuten: Zu Beginn fördert Saponin die Gärung sehr stark (200%), später nimmt die Förderung dann allmählich ab. Von der 10. bis zur 30. Stunde zeigt sich sogar eine allerdings geringfügige Hemmung der Kohlensäureproduktion in der Saponinlösung (0,71 g) gegenüber der Kontrollösung (0,73 g).

BOAS verfolgte weiter den Einfluß von Salzen. Saponin in Verbindung mit Salzen ein- oder zweiwertiger Kationen führt rasch zum Tode der Zelle und zur Aufhebung jeder Gärung, wenn die Salze in einigermaßen stärkeren Konzentrationen (norm./5) anwesend sind. Diese schädigende Wirkung wird durch Zusatz eines anderswertigen Kations zum großen Teil aufgehoben, es wird also z. B. die schädigende Wirkung einer Kombination von Saponin mit einem Kaliumsalz durch Zusatz eines zweiwertigen Kations (Ba-, Sr-, Ca-Salzes) aufgehoben. Ebenso hebt Erhöhung der Wasserstoffionenkonzentration auf norm./500 bis norm./1000 Salzsäure die Giftwirkung der Salze auf. Saponin mit Aluminiumsulfat kombiniert fördert die Gärung. BOAS vermutete, daß die Giftwirkung der Kombination Salzsaponin durch Erhöhung der Azidität (infolge der sauren Reaktion des Aluminiumsulfates) abgeschwächt ist.

Bei den „mäßig wirksamen Saponinsubstanzen", wozu nach BOAS vor allem das Saponin pur. albiss. MERCK, ferner Quillajasaponin und Sapotoxin gehören, zeigt sich die Gärungsförderung bei hohen und niedrigen Konzentrationen. Die „hochwirksamen Saponinsubstanzen" Cyclamin und Digitonin wirken in geringer Konzentration gärungsfördernd, in stärkerer Konzentration gärungshemmend. Die fördernde Konzentration liegt beim Digitonin bei 0,002%, beim Cyclamin bei 0,03%; die hemmende Konzentration beim Digitonin über 0,01%, beim Cyclamin über 0,2%. Die Giftwirkung des Digitonins wird durch die Gegenwart von Quillajasaponin abgeschwächt.

Nach ihrer Wirksamkeit lassen sich die untersuchten Saponine in folgende Reihe ordnen: Cyclamin, Digitonin, Smilacin, Saponin MERCK, Quillajasaponin und Guajaksaponin. Das Verhalten des Solanins war ungleichmäßig, in manchen Fällen verhielt es sich ebenso wie die anderen Saponine, in anderen Fällen wurde eine fast völlige Hemmung der Gärung durch Solanin beobachtet.

Hefe, die mit Saponin in Berührung ist, kann durch Neutralrot, Safranin, Methylviolett und Methylenblau nicht mehr vital gefärbt werden.

Bei höheren Pflanzen sah BOAS unter dem Einfluß von Saponin und Salzen Anthocyan und Gerbstoff aus den Zellen austreten. Er verwendete für diese Versuche Schnitte durch Blaukraut und herbstrotgefärbte Blätter vom wilden Wein.

Zur Erklärung der beobachteten Erscheinungen nimmt BOAS Permeabilitätsänderungen unter dem Einfluß der Saponine an und zieht daraus Schlüsse auf die Bedeutung der Lipoide als Regulatoren der Permeabilität. „Saponinsubstanzen verändern den kolloiden Zustand der aus einer Lecithin-Cholesterin-Mischung bestehenden Lipoidkomponente der Plasmaoberfläche, wobei Cholesterin ausgeflockt wird, ohne daß eine Entmischung der Lipoide eintritt." „Eine Änderung des Quellungszustandes der Lipoide, die meist im Sinne einer $\pm$ großen Flockung verläuft, führt je nach der Wirksamkeit der Saponine zu einer $\pm$ starken Erhöhung der Permeabilität. Diese starke Erhöhung der Permeabilität kann bei den hochaktiven Saponinsubstanzen, die wie Digitonin auf die Cholesterine besonders intensiv wirken, zu einer schweren Schädigung der Zelle führen. Es werden demnach die mäßig wirksamen Saponinsubstanzen, wenn wir mit Hefe als Versuchsobjekt arbeiten, die Gärung stark anregen, die hochwirksamen Saponinsubstanzen dagegen, welche die besonders wichtige Cholesterinkomponente in erster Linie beeinflussen (Digitonin), werden die Gärung stark schädigen." „Saponin in Verbindung mit Salzen bedingt eine Entmischung der Lecithin-Cholesterin-Komponente, so daß die Salze ungehindert in die Zelle eindringen können. Dies führt zu einer irreversiblen Schädigung der Zelle, die bei Gärungsversuchen eine starke Hemmung der Gärleistung bedingt. Mikroskopisch läßt sich die Salz-Saponin-Wirkung meist sehr bequem an der Zerstörung der Struktur der Zelle erkennen."

In der überragenden Bedeutung, welche BOAS der Wechselwirkung zwischen dem Saponin und dem Cholesterin bei der Deutung seiner Versuche zuschreibt, wird man BOAS vielleicht nicht ganz folgen können. Daß aber die Versuche tatsächlich wenigstens teilweise durch Änderung der Permeabilität der Hefezelle unter dem Einfluß der Saponine zu erklären sind, erscheint sehr wahrscheinlich. Von Permeabilitätssteigerungen unter dem Einfluß von Saponinen wird später noch die Rede sein (siehe S. 223).

Allerdings scheinen bei den Hefeversuchen außer der Permeabilitätserhöhung noch andere Faktoren eine Rolle zu spielen. Die Angaben von BOAS über die Saponinwirkung auf lebende Hefen wurden von NEUBERG und SANDBERG für Quillajasaponin, Rübensaponin, Rübenharzsäure und Verodigen bestätigt. NEUBERG, REINFURTH und SANDBERG[1]) und später NEUBERG und SANDBERG[2]) untersuchten aber auch den Einfluß von Saponinen auf die Gärwirkung von Hefesäften. Saponin pur. albiss. MERCK fördert die zellfreie Gärung deutlich, obzwar etwas schwächer als die Gärung durch intakte Hefezellen. Schon daraus schließen die genannten Autoren, daß der Saponineffekt nicht einheitlicher Natur zu sein braucht. Daß die Verhältnisse tatsächlich komplizierter liegen, als BOAS annimmt, und nicht einheitlich aus der Permeabilitätsänderung erklärt werden können, geht aus weiteren Versuchen von NEUBERG und SANDBERG hervor: Digitonin, Digitalin und Cyclamin hemmen die Gärung bei Verwendung lebender Hefe, während sie bei Säften deutlich beschleunigen.

Saprolegnia-Mycelium stirbt in 1%iger Saponinlösung nach wenigen Tagen ab (KLEBS[3]). In 0,1- und 0,5%iger Lösung findet ein langsames Wachstum, allmählich aber ein Absterben statt. In 0,05%iger Lösung werden zwar anfänglich Sporangien gebildet, die aber später samt dem Mycelium absterben.

Elodea-Zellen werden nach SEIFRIZ[4]) durch die Gegenwart von Saponin für Alkohol empfindlicher. *Elodea*-Zellen, die 18 Stunden mit einer 0,5%igen Smilacinlösung behandelt worden waren, blieben am Leben. Legte man diese vorbehandelten Zellen aber für 10 Minuten in 10%igen Alkohol, so wurden fast alle abgetötet, obwohl der 10%ige Alkohol bei unvorbehandelten Zellen nicht zum Tode führt. SEIFRIZ deutet die Versuche als eine Erhöhung der Permeabilität durch das Saponin.

21. Wirkung auf niedere Tiere

Während Bakterien, wie oben ausgeführt, von Saponinen nicht nur nicht geschädigt, sondern zum Teil in ihrem Wachstum sogar gefördert werden, sind Protozoen gegenüber Saponin sehr empfindlich. NEUFELD und PROWAZEK[5]), LANDSTEINER[6]), RUSS[7]) und andere versuchten daher, diesen Umstand für das Studium systematischer Fragen heranzuziehen.

---

[1]) C. NEUBERG, E. REINFURTH u. M. SANDBERG, Biochem. Zeitschr. **121**, 215 (1921).

[2]) C. NEUBERG u. M. SANDBERG, Biochem. Zeitschr. **126**, 153 (1921/22).

[3]) G. KLEBS, Jahrb. f. wissensch. Botanik **33**, 534 (1899).

[4]) W. SEIFRIZ, Ann. of botany **37**, 489 (1923), zit. nach Ber. a. d. ges. Phys. **22**, 214 (1924).

[5]) F. NEUFELD u. S. v. PROWAZEK, Arb. aus d. Kais. Gesundheitsamte **25**, 494 (1907).

[6]) K. LANDSTEINER, Zentralbl. f. Bakteriol. **38**, 540 (1906).

[7]) V. K. RUSS, Arch. f. Hygiene **59**, 302 (1906).

Trypanosomen geraten nach NEUFELD und PROWAZEK in verdünnter Sapotoxin- oder Solaninlösung zunächst in verstärkte Bewegung, dann strecken sie sich plötzlich und es bleibt eine bewegungslose, färberisch darstellbare Periplasthülle mit einem deutlichen Kern und Blepharoplast übrig, während das Protoplasma mit dem GIEMSA-Farbstoff durch seine Blaufärbung nicht mehr nachweisbar ist. Serum und andere Körperflüssigkeiten wirken entgiftend auf die Saponinlösungen. NEUFELD und PROWAZEK führen dies auf das Cholesterin zurück und suchen deshalb den Hauptangriffspunkt des Saponins im Cholesterin der Zellmembran. Hühner- und Mundspirochäten werden von Sapotoxin in derselben Weise beeinflußt, sie werden immobilisiert und abgetötet. Die Wirkung tritt auch noch in ganz schwachen Saponinlösungen auf, und zwar annähernd in denselben Konzentrationen, wie sie für die Hämolyse erforderlich sind. Hühnerspirochäten scheinen sogar etwas empfindlicher zu sein als rote Blutkörperchen. Von dem Gedanken einer möglichen therapeutischen Verwertung ausgehend, injizierten NEUFELD und PROWAZEK bei mit Spirochäten infizierten Hühnern intravenös Sapotoxin MERCK in Dosen von 0,0001 bis 0,001 g und Smilacin MERCK bis 0,025 g. Bei den injizierten Tieren konnte zwar niemals ein schnelleres Verschwinden der Parasiten beobachtet werden, jedoch war die Mortalität der behandelten Hühner geringer als die der unbehandelten. Gallensaure Salze zeigen Trypanosomen gegenüber ein ganz ähnliches Verhalten wie Saponine.

Paramäcien gehen nach HAUSMANN und KOLMER[1]) in einer Sapotoxinlösung 1:13 000 zugrunde. Bei den Versuchen von LEVADITI und ROSEMBAUM wurden Paramäcien in einer Saponinlösung 1:10 000 sofort unbeweglich. Die Autoren sprechen von einer „action zootoxique" und verstehen darunter die Giftwirkung hämolytisch wirkender Substanzen auf Protozoen (Paramäcien und Trypanosomen). Die Wirkung wird durch Zusatz von Serum, das durch Erwärmen seine eigene Giftigkeit verloren hat, aufgehoben. LEVADITI und ROSEMBAUM[2]) stellten aus Serum einen Ätherauszug her und konnten damit die „action zootoxique" des Saponins aufheben, ähnlich wie es RANSOM gelungen war, die Hämolysewirkung aufzuheben (siehe S. 128). Ebenso war ein ätherischer Auszug aus Paramäcien imstande, die Giftwirkung des Saponins zu verhindern. Die beiden Autoren schlossen daraus, daß die Wirkung des Saponins auf Erythrozyten und Protozoen nach demselben Mechanismus verläuft.

WADA[3]) verglich die hämolytische Wirkung mehrerer Saponine mit der Wirkung auf *Trypanosoma equiperdum*. Infizierte Mäuse wurden

---

[1]) W. HAUSMANN u. W. KOLMER, Biochem. Zeitschr. **3**, 503 (1907)

[2]) G. LEVADITI u. ROSEMBAUM, Ann. de l'inst. Pasteur **22**, 323.

[3]) Y. WADA, Biochem. Zeitschr. **129**, 290 (1922).

aus der Karotis entblutet und das Blut in 0,85%iger Kochsalzlösung mit einem Zusatz von 1,5% Natriumzitrat aufgefangen. 0,1 cm³ dieser Aufschwemmung wurde in 1,0 cm³ Saponinlösung gebracht. In wirksamen Saponinkonzentrationen quollen die Trypanosomenleiber auf, bisweilen schienen sie auch zusammengerollt. Außerdem waren auch Trypanosomen zu sehen, deren Kopf- und Schwanzteil fehlte. Im folgenden sind die Grenzwerte der Saponinverdünnungen angegeben, die innerhalb 30 Minuten bei Zimmertemperatur die Trypanosomen abtöten, und daneben die hämolytische Grenzkonzentration.

Tabelle 8 (nach WADA)

Name des Saponins	Tödliche Konzentration für Trypanosomen	Hämolytische Grenzkonzentration
Solanin	1 : 550 000	1 : 937 500
Cyclamin	1 : 55 000	1 : 1 500 000
Saponin	1 : 13 700	1 : 200 000
Saponin aus Roßkastanien	1 : 11 000	1 : 25 000
Saponin aus *Guajak*-Rinde	1 : 1375	1 : 40 000

Eine Übereinstimmung zwischen der Trypanosomen- und Hämolysewirkung besteht nur insoferne, als die stark hämolytisch wirkenden Saponine auch für Trypanosomen giftiger sind und umgekehrt. Im einzelnen herrscht aber keine genauere Übereinstimmung.

Auf das **Virus der Hühnerpest** wirkt eine 1%ige Lösung von Saponin MERCK stets vernichtend ebenso wie auf *Trypanosoma Lewisii*. Mit Rücksicht auf die Unempfindlichkeit der Bakterien gegenüber Saponin erblicken LANDSTEINER und RUSS hierin eine Stütze für die Annahme, daß der filtrierbare Erreger der Hühnerpest den Protozoen zuzurechnen ist.

PROWAZEK[1]) verfolgte unter dem Mikroskop die Einwirkung schwacher Saponinlösungen auf **Colpidien**. Das Protoplasma wird zunächst etwas lichtbrechender und läßt stellenweise typische Alveolarstruktur erkennen. Bald bemerkt man im Innern eine lebhafte Bewegung der lichtbrechenden Granulationen, zwischen denen lipoidartige Tröpfchen auftreten, die sich bald aufblähen und zu kleinen Hohlkugeln, „cavula", umbilden. Diese Erscheinung, welche PROWAZEK als „Cavulation des Protaplasmas" bezeichnet, beginnt mit einer Entmischung des Protoplasmas, worauf sich die „Lipoidsubstanzen" zu Kügelchen umbilden, die sich sekundär durch Flüssigkeitsaufnahme zu den eigentlichen Cavula umgestalten. Im Laufe der Zeit vergrößern sie sich und treten durch einen Pellikularriß nach außen, wo sie bei stärkerem Zusatz von Saponin

---

[1]) S. v. PROWAZEK, Arch. f. Protistenkunde **18**, 221 (1910).

schließlich aufgelöst werden. Die Befunde von Prowazek wurden von H. S. Hopkins[1]) bestätigt.

Bei den Eiern von Anneliden und von Fundulus erzeugte eine 0,1%ige Lösung von „Quillaja-Saponin Merck" in Seewasser Quellung und strukturelle Veränderungen, Asterias-Eier dagegen wurden von Saponin in der angegebenen Konzentration nicht beeinflußt (Sollmann[2]).

Page und Clowes[3]) untersuchten das Verhalten der Eier von Asterias, Arbacia, Echinarachnius und Choetopterus gegen Saponinlösungen (Quillaja-Saponin und Digitonin) und gegen Hypotonie. Sie fanden, daß die Resistenz gegen die Saponinlösungen bei Asterias am größten ist und in der angeführten Reihenfolge abnimmt. Die Resistenz gegen Hypotonie verhält sich gerade umgekehrt. Page und Clowes vergleichen diese Reihe und Gegenreihe in bezug auf die Zytolyse mit der bekannten Rywosch-Reihe bei der Hämolyse. Da aber nach neueren Untersuchungen (siehe S. 145) die Rywosch-Reihe keine allgemeine Giltigkeit für die Saponinhämolyse besitzt, müßten auch die Zytolyseversuche mit einer größeren Anzahl von Saponinen wiederholt werden, bevor man allgemein eine Reihe und Gegenreihe in bezug auf Resistenz gegen Hypotonie und Saponinhämolyse annehmen kann.

Bei **Seeigeleiern** rufen einbasische Fettsäuren, z. B. Propionsäure, ferner gallensaure Salze Membranbildung hervor. Dieselbe Wirkung zeigte auch „(Mercks) Saponin" (Loeb[4]). Wenn man eine Spur von dem Saponin in 5 cm³ Seewasser löst und unbefruchtete Eier von Strongylocentrotus in diese Lösung bringt, so bilden die Eier bei 15⁰ in etwa fünf bis acht Minuten eine prachtvolle Befruchtungsmembran. Läßt man die Eier in der Lösung, so folgt auf die Membranbildung alsbald die Zytolyse des ganzen Eies, wobei dasselbe in einen Schatten verwandelt wird. Man kann die beiden Vorgänge trennen, indem man die Eier unmittelbar nach beginnender Membranbildung in normales Seewasser zurückbringt und sie durch wiederholtes Waschen in letzterem so weit als möglich von allem Saponin befreit. Man erhält auf diese Weise Eier, welche die typische Befruchtungsmembran besitzen, aber nicht zytolysieren. Die Eier, die in der Saponinlösung eine Membran gebildet haben, fangen nach der Übertragung in normales Seewasser an, sich zu entwickeln, aber die Entwicklung verläuft nicht richtig und führt zum raschen Zerfall des Eies. Bringt man aber solche Eier 30 bis 60 Minuten lang in hypertonisches Seewasser (50 cm³ Seewasser 7 cm³ 2½ norm. NaCl-Lösung), so bilden viele oder die Mehrzahl der Eier Larven.

---

[1]) S. Hopkins Hoyt, Americ. Journ. of Physiology **61**, 551 (1922).
[2]) T. Sollmann, Americ. Journ. of Physiol. **12**, 99 (1904).
[3]) J. H. Page u. G. A. H. Clowes, Americ. Journ. of Physiol. **63**, 117 (1922/23)
[4]) J. Loeb, in Pflügers Arch. f. d. ges. Physiol. **122**, 196 (1908).

Die Empfindlichkeit künstlich befruchteter Seeigeleier gegen hypotonische Lösungen der Salze des Meerwassers und gegen starke Basen zeigt zehn bis zwanzig Minuten nach der Befruchtung oder Aktivierung ein erstes und am Ende der Zellteilung ein zweites Stadium (HERLANT[1]). Saponin gegenüber zeigen die Seeigeleier genau die umgekehrte Reihenfolge. Das Maximum der Resistenz gegen Saponin entspricht genau dem Maximum der Empfindlichkeit gegen hypotonische Salzlösungen und gegen starke Basen. Dieser Wechsel der Empfindlichkeit im Laufe der Entwicklung hängt nach HERLANT vielleicht mit dem wechselnden Gehalt des Protoplasmas an Cholesterin zusammen.

22. Wirkung auf Fische und Kaulquappen

Die Giftwirkung saponinhaltiger Pflanzen auf Fische und die Anwendung dieser Wirkung beim Fischfang ist seit Jahrtausenden bekannt (siehe S. 255).

Ausgedehnte Versuche mit isolierten Saponinen wurden von KOBERT[2] angestellt. Er untersuchte Süßwasserfische, besonders aber eine große Anzahl von Seefischen und anderen Meerestieren auf ihre Empfindlichkeit gegenüber Quillajasäure und Sapotoxin. Eine wesentliche Differenz der Wirkung zwischen diesen beiden Saponinen war nicht vorhanden. Knochen- und Knorpelfische werden noch in einer Verdünnung von 1:200 000 vergiftet. Auch Cephalopoden und ein Teil der Manteltiere werden noch bei dieser großen Verdünnung gelähmt. Andere Seetiere, wie Seewürmer und Seeschnecken, gehen erst bei etwas stärkeren Konzentrationen zugrunde. Außerordentlich widerstandsfähig sind Krebse. Die meisten Krebse waren bei einer Saponinkonzentration von 1:2000 in Seewasser noch nach 24 Stunden am Leben.

Durch Kochen mit Cholesterin verliert Sapotoxin seine Giftwirkung gegen Fische ebenso wie gegen Erythrozyten.

Während bei den beiden Saponinen der Quillaja-Rinde zwischen dem sauren Saponin, der Quillajasäure und dem neutralen, dem Sapotoxin, fast keine Verschiedenheiten in der Wirkung auf Fische besteht, zeigt sich eine solche bei den beiden Saponinen der Guajak-Rinde sehr deutlich, indem das neutrale Guajaksaponin fast indifferent ist, während das saure noch bei 50 000facher Verdünnung Fische binnen 24 Stunden lähmt und dann tötet. Dies steht in Übereinstimmung mit dem Verhalten dieser beiden Saponine bei Hämolyseversuchen.

---

[1] M. HERLANT, Compt. rend. soc. de biologie 82, 161. Nach Chem. Zentralbl. 1919, III, 62.
[2] R. KOBERT, Beitr. S. 59.

Zur Erklärung der Giftwirkung nahm KOBERT eine Schädigung der Kiemen durch das Saponin an, wodurch sie für die Respiration untauglich werden. Nach OVERTON[1]) führt die durch Saponin gesetzte Schädigung der Kiemen aus einem anderen Grund zum Tode der Fische (siehe S. 122). JAKOBSON[2]) sieht die Giftigkeit der Saponine für Fische in einer Verhinderung des Luftzutrittes zum Wasser. Überträgt man die Fische nach dem Auftreten der ersten Vergiftungssymptome in saponinfreies Wasser, so erholen sie sich wieder.

KOFLER[3]) stellte mit einer Reihe von Saponinen vergleichende Versuche über die Giftwirkung gegenüber Fischen an. Um einen zahlenmäßigen Vergleich zu ermöglichen, suchte er für jedes einzelne Saponin jene Konzentration zu ermitteln, bei welcher die Fische innerhalb einer bestimmten Zeit abgetötet werden. Als Zeit wurde eine Stunde gewählt, um Schädigungen durch Anhäufung von Exkrementen und Sauerstoffmangel zu vermeiden. Es wurden junge Rotaugen (Leuciscus rutilus) oder Karauschen (Carassius vulgaris) von 0,1 bis 0,5 g Gewicht und 2 bis 4 cm Länge verwendet. Auf die Größe der Fische innerhalb der angegebenen Grenzen mußte nach den Ergebnissen von Vorversuchen keine Rücksicht genommen werden, da selbst verhältnismäßig große Fische bis zu 4,5 g ebenso reagierten wie die kleinsten von 0,1 g.

Der **Fischindex** wird nach KOFLER in folgender Weise bestimmt: Man beschickt eine Reihe von Glasschalen mit je 100 cm³ Leitungswasser, das in steigender Menge Saponin gelöst enthält, gibt in jede Schale einen Fisch von der angegebenen Art und Größe und wartet den Eintritt des Todes ab. In den konzentriertesten Saponinlösungen wird der Tod der Fische nach wenigen Minuten eintreten und in den am meisten verdünnten erst nach vielen Stunden. Die Saponinkonzentration in jener Schale, in der der Fisch genau nach einer Stunde tot ist, wird als Fischindex bezeichnet. Diese Versuchsanordnung hat vor der sonst gebräuchlichen Methode, bei gegebener Konzentration den Zeitpunkt des Eintrittes der Narkose oder des Todes abzuwarten, den Nachteil eines großen Fischverbrauches, dafür aber den Vorteil einer größeren Unabhängigkeit von zufälligen Ergebnissen, da zur Ermittlung der gesuchten Konzentration meist eine größere Versuchsreihe notwendig ist und ein Versuchsfehler oder ein abnorm über- oder unterempfindlicher Fisch sich sofort beim Vergleich der Teilresultate bemerkbar macht. In den ersten Minuten nach dem Einbringen in die Saponinlösung befinden sich die Tiere in heftiger Erregung, welche jene übertrifft, die die Tiere nach dem Ver-

---

[1]) E. OVERTON, Lunds Universitets Arsskrift N. F. Afd. 2, Bd. 9. Nr. 7 (1913) u. Bd. 14, Nr. 7 (1918).

[2]) C. A. JAKOBSON, Journ. Americ. Chem. Soc. 41, 640, zit. n. Chem. Zentralbl. 1919, III. 1014.

[3]) L. KOFLER, Biochem. Zeitschr. 129, 64 (1922).

setzen von einem größeren Gefäß in ein kleineres auch ohne Saponinzusatz zeigen. Auf die anfängliche Erregung folgt in nicht allzu konzentrierten Saponinlösungen ein Stadium von anscheinend normaler Bewegung. Der Eintritt der Giftwirkung wird durch etwas unsicheres Schwimmen und zeitweises kurzdauerndes Einnehmen der Seitenlage angezeigt. Das Schwimmen in Seitenlage nimmt überhand, dazwischen Ruhestellung in Rückenlage, welche auf äußere Reize hin durch wildes, stoßweises Umherschwimmen mit Fluchtversuchen unterbrochen wird. Allmählich sind immer stärkere Reize notwendig, um den Fisch zum Aufgeben der Rückenlage und zu Bewegungen zu veranlassen. Wenn die Reflexerregbarkeit erloschen scheint, zuckt der Fisch noch beim Herausheben aus dem Wasser. Die Kiementätigkeit zeigt sich während der Zeit der Rückenlage immer sehr kräftig und hält noch einige Zeit nach Erlöschen der Reflexerregbarkeit an. Der vollständige Stillstand der Kiementätigkeit wird als Eintritt des Todes betrachtet und als Endtiter zur Berechnung des Fischindex gewertet.

Im folgenden ist der in dieser Weise bestimmte Fischindex einiger Saponine zusammengestellt (KOFLER und SCHRUTKA[1]):

T a b e l l e 9

Name des Saponins	Fischindex
Digitonin	200 000
Primulasäure	36 400
Saponin pur. albiss.	11 000
Sapindussaponin	10 000
Sapotoxin	2 800
Senegin	2 000
Powdered-Saponin	1 900
Roßkastaniensaponin	1 800
Saponin STHAMER	1 400
Gypsophilasaponin	580
Guajaksaponin	<200

Der Fischindex läßt sich in vielen Fällen ebenso wie der hämolytische Index zur Charakterisierung von Saponinen verwenden.

Hämolytischer und Fischindex gehen zwar nicht genau parallel, es läßt sich aber immerhin ein gewisser Zusammenhang zwischen der hämolytischen und der Wirkung auf Fische erkennen.

Über die **Wirkung von Saponinen auf Kaulquappen** wurden von OVERTON[2]) eingehende Untersuchungen angestellt, die zu interessanten Ergebnissen führten. Saponinlösungen von passender Konzentration

---

[1]) L. KOFLER u. W. SCHRUTKA, Biochem. Zeitschr. **159**, 327 (1925).
[2]) E. OVERTON, Lunds Universitets Arsskrift N. F. Afd. 2. Bd. 9, Nr. 7 (1913). u. Bd. **14**, Nr. 7 (1918).

schädigen rasch die Haut- und Kiemenepithelien der Kaulquappen und bringen sie zur Ablösung, ohne daß zunächst Saponin in merklicher Menge in den Organismus eindringt und eine direkte Schädigung der übrigen Organe erfolgt. Infolge der Schädigung und Abstoßung der Epithelien findet ein ungehinderter oder nur wenig verlangsamter Diffusionsaustausch zwischen den gelösten Kristalloiden des Blutplasmas und denjenigen der umgebenden Lösung statt.

In salzfreien oder salzarmen Saponinlösungen sterben Kaulquappen und Fische nur deswegen ab, weil das Blutplasma seine Salze an die Saponinlösungen abgibt und bald sehr stark hypotonisch wird, was in allen Organen zur Schwellung, Wasserstarre und baldigem Tode führt.

Daß der Tod der Tiere in solchen Versuchen nur durch den Verlust der Salze und nicht durch eine direkte Einwirkung der Saponine nach etwa erfolgter Resorption verursacht ist, konnte OVERTON durch Verwendung von salzhaltigen Saponinlösungen beweisen. Er löste die Saponine statt in reinem Wasser in einer Salzlösung, die Natriumchlorid, Kaliumchlorid und Kalziumchlorid in ungefähr denselben Verhältnissen enthielt wie das Blutplasma der Kaulquappen (z. B. 0,65% NaCl + 0,02% KCl + 0,06% $CaCl_2 \cdot 6\ H_2O$). In solchen Lösungen wurden die Haut- und Kiemenepithelien ebenso rasch geschädigt und abgestoßen wie in den salzfreien Saponinlösungen, trotzdem blieben die Tiere selbst in bedeutend konzentrierteren Saponinlösungen viel länger, häufig über 24 Stunden, am Leben. Denn in den salzhaltigen Saponinlösungen erleidet das Blutplasma durch die Diffusion keine Salzverluste und die Isotonie in den Organzellen bleibt erhalten. Aber auch in Saponinlösungen mit einem geringeren Salzgehalt als dem des Blutplasmas bleiben die Kaulquappen viel länger am Leben als in salzfreien Saponinlösungen.

Der Verlauf der Vergiftung ist nach OVERTON folgender: Selbst in sehr verdünnten Saponinlösungen (z. B. beim Digitonin 1:200 000) treten schon in den ersten Minuten nach der Übertragung der Kaulquappen gewisse Reizerscheinungen auf, die sich durch abnorme Körperbewegungen (Drehungen des Körpers zu einem Ring) äußern. Die Wimperbewegung der zilientragenden Hautepithelien hört in kurzer Zeit völlig auf. Dann wölbt sich die Außenfläche der Epidermiszellen vor und bald treten einzelne Epidermiszellen aus dem Verband der übrigen Zellen heraus. Allmählich werden auch größere Partien des Hautepithels abgelöst, was in salzfreien Saponinlösungen bald zum Tode der Tiere führt.

Die weiteren charakteristischen Saponinwirkungen lassen sich nur verfolgen, wenn die Saponine in geeigneten Salzlösungen aufgelöst sind. Die Bewegungen der Kaulquappen, die während des Ablösungsprozesses der Epithelien stark herabgesetzt waren, beginnen nach Beendigung des Prozesses wieder lebhafter zu werden. Die völlig normale Zirkulation im Schwanze läßt sich infolge des Epithelverlustes unter dem Mikroskop noch viel schöner beobachten als bei normalen Kaulquappen. Nach einigen Stunden zeigt sich eine sehr deutliche Größenabnahme, welche schließlich so weit führt, daß das Gewicht der Tiere auf die Hälfte oder noch tiefer sinkt. Diese merkwürdige Erscheinung beruht nach OVERTON darauf, daß die Kaulquappen besonders in manchen Entwicklungsstadien große Mengen Lymphe enthalten, die unter einem gewissen hydrostatischen Druck steht. Diese Lymphe filtriert nun allmählich durch die des Epithels beraubte Haut in die Außenflüssigkeit, was naturgemäß zu einer Schrumpfung der Kaulquappen führen muß.

Bei allzu langer Einwirkung oder zu konzentrierten Saponinlösungen werden die Gewebe des Schwanzes mehr oder weniger stark korrodiert, im häutigen Teil des Schwanzes hört die Zirkulation in einem Teil der Kapillaren auf. Später treten resorptive Wirkungen des Saponins auf, Herz und Zentralnervensystem werden beeinflußt, es treten Muskelzuckungen auf, und zuletzt verschwindet die Querstreifung des Muskels in den Schwanzmetameren vollständig.

Wenn man Kaulquappen, die in einer salzhaltigen Saponinlösung ihre Haut- und Kiemenepithelien eingebüßt haben, in eine saponinfreie RINGER-Lösung überführt und in dieser Lösung z. B. so viel KCl auflöst, bis die Lösung 0,06% KCl enthält, so steigt auch der Gehalt des Blutplasmas an KCl rasch auf 0,06% an. Man kann durch Anwendung dieser Methode die genaue Konzentration im Blutplasma ermitteln, die eben ausreicht, um das Herz zum Stillstand zu bringen, und in analoger Weise die Konzentration von anderen schwer resorbierbaren Salzen, Glykosiden usw. im Blutplasma bestimmen, die zur Hervorrufung einer bestimmten Giftwirkung erforderlich ist. Intakte und „cyclaminisierte“ Kaulquappen zeigen nämlich einen enormen Unterschied in der Durchlässigkeit ihrer Haut- und Kiemenepithelien für lipoidunlösliche Substanzen.

Für die Versuche über die Resorption und relative Stärke von Salzen und Herzgiften unterwarf OVERTON die Kaulquappen folgender Vorbehandlung: Eine größere Anzahl Kaulquappen (zirka 50) von Rana fusca werden in eine RINGER-Lösung, die 0,55% NaCl, 0,02% KCl und 0,03% $CaCl_2$ enthält, gesetzt. Nach einigen Minuten wird die Lösung abgegossen und die Kaulquappen in 10 cm³ einer Auflösung von 1:10 000 Cyclamin in RINGER-Lösung (von der oben angegebenen Zusammensetzung) übertragen. Nach zirka 10 Minuten gießt man die Cyclaminlösung ab und wäscht die Kaulquappen durch je zwei Minuten zwei- bis dreimal mit 25 cm³ einer RINGER-Lösung. Hierauf werden die Tiere in flache Glasschalen mit 100 bis 150 cm³ RINGER-Lösung übertragen, wo sie bis zu ihrer Verwendung zu den eigentlichen Versuchen verbleiben. Es ist zweckmäßig, die Cyclaminbehandlung nur

so lange auszudehnen, daß die Hautepithelien nicht in der Cyclaminlösung abgelöst werden oder daß dieser Prozeß hier gerade erst beginnt.
Die vollständige Ablösung sollte erst in den nächsten 10 bis 30 Minuten
in der Spülflüssigkeit erfolgen.

Das Haut- und Kiemenepithel der Kaulquappen bindet eine beträchtliche Menge Saponin, so daß bei Anwendung kleiner Lösungs-
mengen und zahlreicher Kaulquappen der Gehalt der Lösung an Cyclamin
allmählich stark sinkt. OVERTON nimmt an, daß es das in den Epithel-
zellen befindliche Cholesterin ist, welches das Cyclamin bindet. Der
Vorgang ist nach OVERTON ein ähnlicher wie bei der Hämolyse, wofür
auch die gleiche Größenordnung der minimalen schädlichen Konzentrationen spricht.

Nach der Ansicht OVERTONs beruht der Tod von Süßwasser-
fischen in salzfreien Saponinlösungen im wesentlichen auf denselben
Ursachen wie der Tod von Kaulquappen, nur sind es bei den Fischen
in erster Linie die Kiemenepithelien, welche angegriffen werden.

SIEBURG und BACHMANN[1]) verglichen die Toxizität verschiedener
Saponine gegenüber Kaulquappen, wobei sie nicht nur die ursprüngliche
Substanz, sondern jedesmal auch das nach der Barytmethode und mit
Brom behandelte Saponin (siehe S. 71) zum Vergleich heranzogen. Es
wurden drei bis vier Wochen alte Larven von Rana temporaria zu je
fünf Exemplaren in 100 cm³ der Auflösung der Saponine in destilliertem
Wasser gebracht. Nach drei Stunden wurde die äußerste Verdünnung
festgestellt, in der sämtliche Tiere zugrunde gegangen waren. Im
folgenden sind die Verdünnungen zusammengestellt, bei denen dieser
Effekt eintrat.

Tabelle 10 (nach SIEBURG und BACHMANN)

Substanz	Behandelt mit	Konzentration
Cyclamin	—	450 000
,,	Baryt	400 000
,,	Brom	5 000
Digitonin	—	400 000
,,	Baryt	800 000
,,	Brom	200 000
Quillajasaponin	—	100 000
,,	Baryt	7 500
,,	Brom	20 000
Saponin MERCK	—	100 000
,,　　,,	Baryt	5 000
,,　　,,	Brom	1 500
Guajaksaponin	—	400
,,	Baryt	7 500
,,	Brom	500

[1]) E. SIEBURG u. BACHMANN, Biochem. Zeitschr. **126**, 130 (1921/22).

23. Hämolysewirkung

Die Fähigkeit der Saponine, noch in großer Verdünnung Hämolyse hervorzurufen, ist neben dem Schaumvermögen wohl ihre bekannteste Eigenschaft. Die Saponinhämolyse wurde seit ihrer Entdeckung durch KOBERT[1]) zum Gegenstand sehr zahlreicher Untersuchungen gemacht. Diese Arbeiten entsprangen zum Teil der Absicht, aus der Saponinhämolyse durch Vergleich mit anderen Hämolyseformen (Seife, Hypotonie, thermische Einflüsse usw.) Einblick in das Wesen der Hämolyse zu erhalten. Zum Teil dienten diese Arbeiten zur Charakterisierung, zum Nachweis und zur quantitativen Bestimmung der Saponine in Drogen, Genußmitteln usw.

Bei der Besprechung der Hämolysewirkung der Saponine kann es nicht meine Absicht sein, eine erschöpfende Darstellung der Hämolyse überhaupt und aller Erklärungsversuche ihres Mechanismus zu geben. Es sollen lediglich die wichtigsten Tatsachen und Ansichten über die Saponinhämolyse zusammengefaßt werden und allgemeine Betrachtungen über Hämolyse nur so weit eingeschoben werden, als zum Verständnis notwendig erscheint.

Das Blut ist bekanntlich eine Aufschwemmung mehrerer Zellarten und Zellfragmente in einer wässerigen Lösung anorganischer und organischer Stoffe, dem Plasma. Läßt man frisch entnommenes Blut in einem Gefäß stehen, so gerinnt es unter Ausscheidung eines Eiweißstoffes, des Fibrins. Durch Schlagen mit einem Holzstäbchen oder Schütteln mit Glaskugeln kann die Ausscheidung des Fibrins in Form einer netzfaserigen Masse rasch bewerkstelligt werden. Zentrifugiert man das vom Fibrin befreite (defibrinierte) Blut, so trennen sich die Blutzellen von einer gelblichen Flüssigkeit, dem Serum. Die Hauptmasse der Blutzellen stellen die roten Blutkörperchen oder Erythrozyten dar. Sie machen das Blut rot und undurchsichtig, „deckfarben“. Als Hämolyse bezeichnet man den Austritt des Blutfarbstoffes, des Hämoglobins, in die umgebende Flüssigkeit. Das Blut wird durch diesen Vorgang durchsichtig, „lackfarben“, und nimmt das Aussehen einer roten Farbstofflösung an.

Hämolyse kann durch verschiedene Einflüsse hervorgerufen werden. Schütteln einer Blut- oder Blutkörperchenaufschwemmung mit feinen Pulvern, wie Kaolin, Bolus, Tierkohle, Kieselgur usw., kann durch mechanische Einwirkung zur Hämolyse führen. Erwärmen auf mehr als 60° oder wiederholtes Gefrieren und Wiederauftauen wirkt hämolytisch. Bekannt ist die Hämolyse durch Arsenwasserstoff selbst in großen Verdünnungen. Schwermetallsalze rufen teils Hämolyse, teils Fixierung und teils Agglutination der Blutkörperchen hervor, je nach

---

[1]) R. KOBERT, Arch. f. exp. Pathol. u. Pharmakol. **23**, 259 (1887).

der Konzentration ihrer Lösungen und je nach der Art des Kations. Bringt man eine 1%ige Rinderblutkörperchen-Suspension in 0,9%iger Kochsalzlösung mit einer etwa 0,00025%igen Sublimatlösung zusammen, so erfolgt Hämolyse. Erhöht man die Sublimatkonzentration auf 0,0675 bis 0,135%, so ist äußerlich an den Blutkörperchen nichts zu bemerken. Zentrifugiert man diese dann aber ab und bringt sie in destilliertes Wasser, so erweisen sie sich als völlig resistent; die Blutkörperchen haben eine Fixierung erlitten, die auf einer Fällung des Hämoglobins beruht. Ferner wirken eine Reihe von organischen Verbindungen noch in verhältnismäßig großen Verdünnungen hämolytisch. Hieher gehören aliphatische Alkohole, Äther, Ester der Ameisen-, Essig-, Propion- und Buttersäure, Säureamide, Amine, Ketone und Kampfer der Terpenreihe, chlorierte Kohlenwasserstoffe der Methanreihe usw. Man versucht, die Hämolyse durch diese Substanzen aus ihrer Lipoidlöslichkeit zu erklären. Ein viel untersuchtes Hämolytikum ist Seife, und zwar vor allem die Salze der Ölsäure.

Von tierischen Hämolysinen sind die Gallensäuren, ferner die Gifte der Schlangen, Amphibien, Fische, Arthropoden und Würmer zu nennen. Zahlreiche pathogene Bakterien erzeugen ebenfalls Hämolysine.

Einige der genannten Stoffe, wie aliphatische Alkohole, Ester, Äther, Amine, namentlich aber die Alkohole und Ketone der Terpenreihe, finden sich auch im pflanzlichen Organismus in Form der ätherischen Öle. Man hat sogar versucht, die Hämolyse zur quantitativen Bestimmung der ätherischen Öle heranzuziehen (DAFERT und KWIZDA[1]). Allerdings sind von den ätherischen Ölen verhältnismäßig hohe Konzentrationen zur Hämolyse erforderlich. Viel stärker wirksam sind einige Hämolytika aus Pilzen, das Phallin des Knollenblätterschwammes, die Helvellasäure aus der Lorchel und die Agaricinsäure aus dem Lärchenschwamm. Die bekanntesten und am weitesten verbreiteten pflanzlichen Hämolysine sind die Saponine.

Wie erwähnt, sind die Blutkörperchen gegen Hypotonie empfindlich. Alle für Hämolyseversuche bestimmten Lösungen müssen daher mit blutisotonischen Flüssigkeiten hergestellt werden. In der Regel wird sogenannte physiologische, das heißt eine 0,8- bis 0,9%ige Kochsalzlösung verwendet. Eine geringe Hypotonie wird von den Blutkörperchen noch vertragen, ohne daß Hämolyse eintritt. Die „Resistenz gegen Hypotonie" oder die „osmotische Minimumresistenz" ist bei den einzelnen Warmblütern etwas verschieden, sie beträgt für die Blutkörperchen vom Pferd 0,62%, Rind 0,6%, Kaninchen 0,53%

---

[1] O. DAFERT u. R. KWIZDA, Heil- u. Gewürzpflanzen, 8, 129 (1926).

und Mensch 0,48% Kochsalz (Hamburger[1]). Unterhalb dieser Konzentrationen hämolysieren die Blutkörperchen.

Einen **Hämolyseversuch mit Saponin** kann man in folgender Weise durchführen: Defibriniertes Blut wird mit physiologischer Kochsalzlösung 1:50 verdünnt. 5 cm³ dieser 2%igen Blutaufschwemmung werden in einer Eprouvette mit 5 cm³ einer 1%igen Lösung von Saponin in physiologischer Kochsalzlösung versetzt. Daneben stellt man zum Vergleich eine Eprouvette mit je 5 cm³ 2%iger Blutaufschwemmung und physiologischer Kochsalzlösung. In der Saponineprouvette wird das Blut sofort klar und durchsichtig (lackfarben), so daß man eine dahinter gestellte Schrift lesen kann. Betrachtet man nach mehreren Stunden, so ist die Saponineprouvette unverändert geblieben, die Vergleichseprouvette dagegen ist klar und farblos geworden und zeigt nur am Boden ein rotes Häufchen von unveränderten Blutkörperchen. Schüttelt man die Vergleichseprouvette auf, so entsteht wieder die gleichmäßige trübe Blutaufschwemmung wie zu Beginn des Versuches. Bei der Saponineprouvette verursacht Aufschütteln keine Trübung, man sieht höchstens vom Boden einen kaum sichtbaren Schleier aufsteigen. Bei Verwendung einer verdünnten Saponinlösung, z. B. 0,1%ig, tritt die Hämolyse nicht sofort ein, sondern erst allmählich im Verlaufe mehrerer Stunden. Die übrigen Erscheinungen bleiben aber gleich.

Der Mechanismus der Saponinhämolyse wird seit der oben erwähnten Entdeckung Ransoms[2]) (siehe S. 57) als **Einwirkung des Saponins auf die Lipoide der Erythrozyten** erklärt. Im einzelnen gehen die Deutungsversuche jedoch auseinander, und zwar namentlich in zwei Punkten. Erstens wird teils dem Cholesterin, teils dem Lecithin eine größere Bedeutung als Angriffspunkt des Saponins zugeschrieben. Zweitens wird von vielen Autoren eine den Erythrozyten einhüllende Membran angenommen; diese Membran wird dann unter dem Einfluß des Saponins abnorm durchlässig für Substanzen, die sich in der umgebenden Flüssigkeit finden und nun eindringen können, und für das Hämoglobin, welches aus dem Blutkörperchen austreten kann. Andere Autoren anerkennen das Vorhandensein einer Membran der Erythrozyten nicht und verlegen den Angriffspunkt der Saponine und mancher anderer Hämolysine in das Innere der Erythrozyten. Durch chemische oder physikalische Verbindung des Saponins mit dem Cholesterin oder Lecithin wird die Struktur des Erythrozyten zerstört; eine Folge dieser Zerstörung ist die Auslaugung des Hämoglobins.

---

[1]) H. T. Hamburger in Handbuch d. biolog. Arbeitsmethoden, Hrggb. von Abderhalden, Abt. IV, Teil 3, S. 263 (1923).
[2]) F. Ransom, Dtsch. med. Wochschr. 1901, 194.

Eine abgeschlossene befriedigende Vorstellung vom Ablauf der Saponinhämolyse läßt sich daher heute noch nicht gewinnen. Die Widersprüche in den diesbezüglichen Arbeiten sind vor allem auf die verschiedene Auffassung vom Bau des Erythrozyten zurückzuführen. Außerdem erschwert die Fülle des in der Literatur niedergelegten Tatsachenmaterials die Übersicht. Viele Untersuchungen über Hämolyse durch Saponin und andere Stoffe verfolgten gerade das Ziel, Einblick in den Bau der Erythrozyten zu erhalten. Daher wurden in diesen Arbeiten in der Regel mehrere Hämolytika verschiedenen Ursprungs miteinander verglichen. Wie kompliziert und schwer verständlich der Vorgang der Hämolyse ist, ergibt sich vor allem aus jenen Untersuchungen, welche sich mit dem Einfluß verschiedener Faktoren, wie Wasserstoffionenkonzentration, Zusatz von Elektrolyten und Nichtelektrolyten, auf die Hämolyse beschäftigen.

Im folgenden sind die wichtigsten Arbeiten zusammengestellt, welche Angaben über die Saponinhämolyse bringen.

PASCUCCI[1]) konstruierte ein Modell des Hämolyseversuches. Er imprägnierte Seide mit Lecithin und Cholesterin. Die so gewonnenen Häute dienten zur Trennung von Hämoglobinlösung und Lösungen von Saponin. Dabei zeigte sich, daß die Membranen allmählich für den Farbstoff durchlässig wurden. Ganz wie die Blutkörperchen in RANSOMS Versuchen ließen sich die Membranen schützen, indem man die Saponinlösungen mit Cholesterin schüttelte. Die Cholesterinhäute werden vom Saponin langsamer angegriffen als die Lecithinhäute, daher sind Membranen aus einem Gemisch von Cholesterin und Lecithin um so resistenter, je mehr Cholesterin im Gemisch vorhanden ist.

SUZUE[2]) nimmt für die Saponin- ebenso wie für die Alkoholhämolyse eine Auflösung der Erythrozytenmembran an. Dem gegenüber sieht LEPESCHKIN[3]) die Ursache in einer Zersetzung der Verbindung von Hämoglobin und Lipoiden im Protoplasma der Erythrozyten, während die Membran die Exosmose des Hämoglobins nur sehr unbedeutend hindere und somit keine Bedeutuug für die Hämolyse habe.

K. MEYER[4]) betrachtet als den wesentlichen Vorgang der Saponinhämolyse die Auflösung des Erythrozytenlecithins im Saponin. Das vorhandene Cholesterin schützt das Lecithin vor dem Angriff des Saponins, daher soll eine Blutkörperchenart um so resistenter gegen Saponin-

[1]) O. PASCUCCI, HOFMEISTERS Beitr. zur chem. Phys. u. Pathol. 6, 543 (1905).

[2]) M. SUZUE, Gent. meet. physiol. soc. Tokyo 6, 11 (1923). Zit. nach Ber. ü. d. ges. Physiol. 33, 123 (1926).

[3]) W. W. LEPESCHKIN, Medd. Kgl. Vetenskaps. akad. Nobelinst. 6 Nr. 11, 1 bis 26. Zit. nach Chem. Zentralbl. 1924, II. 1940.

[4]) K. MEYER, Beitr. z. chem. Phys. z. Pathol. 11, 247 (1908).

hämolyse sein, je mehr Cholesterin im Verhältnis zum Lecithin sie enthält (KAGAN[1]). Es kommt also auch innerhalb der Erythrozyten dem Cholesterin eine Schutzwirkung zu. Schon vor MEYER hatte KOBERT[2] (1904) den Hämolysevorgang als ein Auflösen des Stromalecithins erklärt. KOBERT stellt eine Berechnung an, der zufolge Hämolyse eintritt, wenn das Saponin knapp die Hälfte des Stromalecithins gebunden hat.

Auf Grund ultramikroskopischer Untersuchungen betrachtet BECHOLD[3]) die Hämolyse als Folge der Entmischung der drei in der Blutkörperchenhülle vereinigten Bestandteile: des Proteingerüstes, des Lecithins und Cholesterins. Unter dem Ultramikroskop sieht man nämlich bei Zusatz höherer Saponinkonzentrationen (1:5000) zu einem Lipoidgemisch eine Fällung eintreten, die viel Ähnlichkeit mit der Koagulation von Eiweiß hat. Bei niedrigen Saponinkonzentrationen (1:50 000) erfolgt Entmischung von Lecithin und Cholesterin (HATTORI[4]). Die nach dem Hämoglobinaustritt zurückbleibenden Blutschatten zeigen sich unter dem Ultramikroskop meist deformiert, was offenbar der Koagulation entspricht. Bei einer Saponinkonzentration von 1:32 000 läßt sich nach BECHOLD im Ultramikroskop das langsame Auflösen der Schatten in einzelne Tröpfchen verfolgen, bis zum Schluß das ganze Gesichtsfeld mit Tröpfchen übersät ist.

MOND[5]) betrachtet die Saponinhämolyse als Wirkung auf die Plasmahaut, die als semipermeable Grenzschicht die Blutkörperchen gegen die Außenflüssigkeit abschließt. Die Hämolysine müssen daher zunächst an der Plasmahaut angreifen und in irgendeiner Weise die normale Permeabilität für Hämoglobin mehr oder weniger aufheben. Der weitere Verlauf der Hämolyse hängt vom Lösungszustand des Blutfarbstoffes ab, dessen Stabilität als Eiweißkörper durch eine Reihe von Substanzen leicht beeinflußbar ist, ferner vom Gleichgewichtszustand zwischen dem gelösten und dem an die Kolloide des Stromagerüstes gebundenen Hämoglobin. Die Permeabilitätsänderungen der Plasmahaut bei der Hämolyse kommen durch Störungen der normalen Struktur der Kolloide zustande. Verschiebungen der Wasserstoffionenkonzentration der umgebenden Flüssigkeit beeinflussen die Permeabilität der Plasmahaut für Hämoglobin in ganz bestimmter Weise. Annäherung an den isoelektrischen Punkt der Plasmahautkolloide, der je nach der Salzkonzentration, die die Blutkörperchen umspült, zwischen $p_H = 5{,}5$ und $p_H = 3{,}0$ liegt, führt zur Dispersitätsvergröberung

[1]) KAGAN, Fol. haematolog. **17** Arch. 240 (1919).

[2]) R. KOBERT, Beitr., S. 48.

[3]) H. BECHOLD, Münch. med. Wochenschr. **68**, 127 (1921).

[4]) K. HATTORI, Biochem. Zeitschr. **119**, 45 (1921).

[5]) R. MOND, PFLÜGERS Arch. f. d. ges. Phys. **208**, 574 (1925), u. **209** 499 (1925).

und schließlich zur Flockung, so daß Lücken entstehen, durch die das
Hämoglobin austreten kann. Bei weiterer Entfernung vom isoelektrischen
Punkt hingegen quellen die Kolloide mehr und mehr, bis schließlich
Lösung eintritt, wodurch die Membran so weit verletzt wird, daß sie
für Hämoglobin durchlässig wird. Zur Erklärung der Hämolyse durch
Saponin nimmt MOND ebenso wie viele seiner Vorgänger eine Struktur-
veränderung der Blutkörperchenmembran durch Bindung des Saponins
an die Kolloide an. Zur genauen Erklärung des Vorganges zieht er den
Einfluß der Wasserstoffionenkonzentration und der Gegenwart verschiedener Ionen heran (siehe S. 142).

Geringe Mengen von Sapotoxin wirken auf normale Blutkörperchen
von Kaninchen volumvergrößernd ein (FUJIMORI[1]). Dieser Effekt
läßt sich noch deutlicher an durch Phenylhydrazinbehandlung pachy-
dermisch gemachten Erythrozyten erkennen. Die Volumzunahme betrifft
den Stromateil des Blutkörperchens. Im Gegensatz zum Sapotoxin
wirken Äther und Alkohol volumverringernd.

Der **Einfluß der Temperatur** auf die Saponinhämolyse ist verhältnismäßig gering. Zwischen 10^0 und $35,5^0$ ist kaum ein Unterschied wahrnehmbar (RYWOSCH[2]).

Cholesterin vermag **Saponinlösungen zu entgiften.** Diese von RANSOM[3]
entdeckte Tatsache war der Ausgangspunkt für die schon früher besprochenen Untersuchungen über die Saponincholesterinverbindungen
(siehe S. 57). Saponinlösungen verlieren durch Behandlung mit Cholesterin oder cholesterinhaltigen Flüssigkeiten ihre hämolytische Wirkung.
PORT[4]) und besonders JAHNSON-BLOHM[5]) nehmen an, daß der hemmende
Einfluß des Cholesterins auf die Saponinhämolyse zum Teil auf einer
Reaktion zwischen dem Cholesterin und dem Saponin beruht, zum Teil
aber auf einer solchen zwischen dem Cholesterin und den Erythrozyten.
Es kommt ein irreversibler Prozeß zwischen den Erythrozyten und dem
Cholesterin zustande, der um so intensiver ist, je länger die Zeitdauer
der Einwirkung war. Das Cholesterin bzw. Serum muß längere Zeit,
ein bis zwei Stunden, auf das Saponin einwirken, um seine volle hämolyse-
hemmende Kraft zu entfalten. Durch höhere Temperaturen läßt sich
die Zeit der Einwirkung auf etwa die Hälfte abkürzen (JAHNSON-BLOHM).

Mit **Lecithin** gehen die Saponine ebenfalls Verbindungen ein, doch
ist die **Natur** dieser Bindung wenig geklärt (siehe S. 62). Eine Entgiftung

---

[1]) YUHEI FUJIMORI, Mitt. a. d. med. Fak. d. kais. Univ. Tokyo, **29,**
221 (1922). Zit. nach Ber. ü. d. ges. Physiol. **16,** 533 (1923).

[2]) D. RYWOSCH, PFLÜGERS Arch. f. d. ges. Physiol. **116,** 239 (1907).

[3]) F. RANSOM, Dtsch. med. Wochenschr. **27,** 194 (1901).

[4]) Fr. PORT, Dtsch. Arch. f. klin. Med. **99,** 259 (1910).

[5]) G. JAHNSON-BLOHM, Zeitschr. f. physiol. Chemie **85,** 59 (1913).

von Saponin durch Lecithin tritt nach KOBERT[1]) nicht ein. Nach BERNARD[2]) dagegen hemmt Lecithin die Saponinhämolyse. Diese und andere widersprechende Angaben lassen sich vielleicht durch die Beobachtungen von LUGER, WEIS-OSTBORN und EHRENTEIL[3]) erklären, wonach wässerige Lecithinemulsionen die Saponinhämolyse in hohen Konzentrationen hemmen, in mittleren Verdünnungen fördern und in niedrigsten Konzentrationen ohne Einfluß sind.

Eine Aufschwemmung von gewaschenen, also serumfreien Blutkörperchen in physiologischer Kochsalzlösung ist empfindlicher gegen Saponinhämolyse als eine Aufschwemmung von Blut in derselben Konzentration. Je mehr **Serum** vorhanden ist, desto größer ist die **Schutzwirkung.** Aber selbst in 1%iger Blutaufschwemmung ist der hämolytische Index eines bestimmten Saponins niedriger als in einer 1%igen Aufschwemmung von serumfreien, roten Blutkörperchen.

Eine **direkte Proportionalität** zwischen den Wirkungen der verschiedenen Mengen von Saponin und dem hemmenden Serum **besteht** nach FREI[4]) **nicht.** Aus seinen Versuchen folgert er als allgemeine Gesetzmäßigkeit, daß bei Verdoppelung der Saponindosis die neutralisierende Dosis des Serums in grober Annäherung verdreifacht werden muß, um dasselbe Resultat zu ergeben. Diese Gesetzmäßigkeit gilt jedoch nach FREI bei sehr kleinen und sehr großen Dosen nicht mehr. Zu ähnlichen Resultaten kam PONDER[5]), der ebenfalls feststellte, daß zur Neutralisation einer doppelten Saponinmenge mehr als die doppelte Serummenge erforderlich ist; jedoch ist die Differenz nicht so groß wie bei FREI. Sehr kleine Serummengen besitzen nach PONDER ein relativ größeres Neutralisationsvermögen. Die Erklärung des Unterschiedes zwischen dem Verhalten größerer und kleinerer Serummengen kann man nach PONDER darin suchen, daß die zwischen dem Saponin und dem Serum entstehende Adsorptionsverbindung die Reaktion zwischen dem Saponin und den Erythrozyten beeinflußt. Das relativ größere Neutralisationsvermögen kleiner Serummengen könnte meiner Meinung nach aber auch in der Pufferwirkung des Serums begründet sein, was eine Verschiebung der sauren Reaktion der Saponinlösung nach der alkalischen Seite und dadurch eine Verringerung der Hämolysewirkung zur Folge hat (siehe S. 139, KOFLER und LÁZÁR[6]).

---

[1]) R. KOBERT, Beitr., S. 47.
[2]) S. BERNARD, Cpt. rend. des séances de la soc. de biol. **89,** 225 (1923).
[3]) A. LUGER, W. WEIS-OSTBORN u. O. EHRENTEIL, Zeitschr. f. Immunitätsforsch. u. exp. Ther. **36,** I, 17 (1923).
[4]) W. FREI, Inaug.-Diss. Berlin, 1907, S. 41.
[5]) E. PONDER, Proc. of the roy. soc. of London, Serie B **95,** 42 (1923).
[6]) L. KOFLER u. Z. LÁZÁR, Arch. d. Pharmazie u. Ber. d. Dtsch. pharmazeut. Ges. (Im Druck.)

In. sehr großen Verdünnungen (1:1280 bis 1:5120) wirkt Serumzusatz fördernd auf die Hämolyse, was nach EHRENTEIL und WEISOSTBORN[1]) auf den Lecithingehalt des Serums zurückzuführen ist. ABDERHALDEN[2]) gibt sogar an, daß für das Zustandekommen der Saponinhämolyse (ebenso wie der Kobra- und Tetanustoxinhämolyse) die Anwesenheit von Serum bzw. Lecithin notwendig ist.

Das Serum verschiedener Tiere und sogar desselben Individuums unter verschiedenen physiologischen oder pathologischen Verhältnissen zeigt ein verschieden hohes Hemmungsvermögen gegenüber der Saponinhämolyse. So wirkt das Serum von Pferden mit infektiöser Anämie wesentlich stärker hemmend auf die Saponinhämolyse als das Serum normaler Pferde (ABDERHALDEN und FREI[3]) sowie ABDERHALDEN und BUCHAL[4]). Die stärkste Hemmung entfaltet das Serum unmittelbar vor dem Tode der Tiere (WIRTH[5]). Bei manchen Anämieformen des Menschen, besonders bei solchen mit hämolytischem Charakter oder mit krankhaften Leber- und Milzveränderungen, ist die Schutzwirkung des Serums vermindert (ZICK, CLARK und EVANS[6]). Sera karzinomkranker Menschen hemmen die Saponinhämolyse weniger als Normalsera oder Sera der meisten anderen Erkrankungen. Nach LUGER, WEIS-OSTBORN und EHRENTEIL[7]) geht diese geringe Hemmung des Karzinomserums mit dem verringerten Cholesteringehalt parallel. Das Serum Schwangerer besitzt in vielen Fällen eine stärker hemmende Wirkung als Normalserum, in anderen Fällen aber fehlt diese stärkere Hemmung trotz erhöhtem Cholesteringehalt. Es scheint in diesen Fällen die hemmende Wirkung des Cholesterins durch andere Faktoren zum Teil aufgehoben zu sein. LUGER, EHRENTEIL und WEIS-OSTBORN sahen nämlich beim Zusatz von Albumin, Globulin, Stärkekleister und Mastixemulsion die Hemmung der Saponinhämolyse durch Cholesterin teilweise verhindert. Es handelt sich dabei wahrscheinlich um eine Schutzkolloidwirkung, wodurch das Saponin vor der Einwirkung des Cholesterins geschützt wird und seine volle Wirkung entfalten kann. Neben dem Cholesterin

---

[1]) O. EHRENTEIL u. W. WEIS-OSTBORN, Zeitschr. f. Immunitätsforsch. u. exp. Ther. **36**, I, 356 (1923).

[2]) E. ABDERHALDEN, Lehrb. d. physiol. Chemie 1904, S. 125.

[3]) E. ABDERHALDEN u. W. FREI, Arch f. wissensch. u. prakt. Tierheilkunde **36**, 423 (1910).

[4]) E. ABDERHALDEN u. BUCHAL, Arch. f. wissensch. u. prakt. Tierheilkunde **37**, 390 (1910).

[5]) WIRTH, Monatshefte f. prakt. Tierheilkunde, **29**, Heft 3/4.

[6]) R. M. ZICK, H. M. CLARK u. F. H. EVANS, Bull. of the John Hopkin's Hosp. **33**, 16 (1922).

[7]) A. LUGER, W. WEIS-OSTBORN u. O. EHRENTEIL, Zeitschr. f. Immunitätsforschung **36**, I, 17 (1923).

wirken aber auch noch andere Serumbestandteile hemmend auf die Saponinhämolyse.

Die Schutzkraft des Serums und die Resistenz der Erythrozyten gehen nach PORT[1]) ziemlich parallel. Dagegen fanden ABDERHALDEN und FREI bei Pferden, die an infektiöser Anämie litten, die Schutzkraft des Serums gegen Saponinhämolyse um so größer, je empfindlicher die Erythrozyten waren.

Der mit gewaschenen Blutkörperchen bestimmte hämolytische Index eines Saponins ist nach dem Gesagten naturgemäß höher als bei Verwendung von serumhaltigen Blutkörperchen. Beim Vergleich von hämolytischen Indizes, die mit gewaschenen und ungewaschenen Blutkörperchen derselben Blutprobe gewonnen waren, fanden KOFLER und LÁZÁR[2]), daß der Unterschied von Saponin zu Saponin sehr verschieden ist. Beim Digitonin ist der hämolytische Index mit gewaschenen Blutkörperchen um 11%, beim Gypsophilasaponin dagegen um 452% höher als der mit ungewaschenen. Die Werte für die anderen Saponine liegen dazwischen. Der Vergleich wurde stets mit derselben Probe Rinderblut und einem Phosphatpuffer von $p_H = 7{,}4$ angestellt.

Eingehende neuere Untersuchungen über die hämolysehemmende Wirkung des Serums wurden von PONDER[3]) angestellt. Zur Bestimmung des Hämolysegrades verwendet PONDER einen eigens konstruierten Apparat und eine neue Methode, deren Prinzip auf der Messung der die Blutkörperchensuspension passierenden Lichtmenge beruht. Je mehr Blutkörperchen hämolysiert sind, um so mehr Licht wird von der Flüssigkeit durchgelassen. PONDER prüfte die hemmende Wirkung des Serums von Menschen und Tieren gegenüber der Saponin- und Gallensalzhämolyse. Zur Verwendung gelangten in allen Versuchen 5%ige Aufschwemmungen gewaschener menschlicher Erythrozyten. Als Saponin wurde in den meisten Fällen „MERCKs pure saponin", daneben aber auch Saponine anderer Herkunft in Verdünnungen von 1:10 000 bis 1:70 000 benützt. Die Zeit-Verdünnungs-Kurve mit dem Serum von zwanzig Normalpersonen zeigte eine gute Übereinstimmung. Im Durchschnitt wurden 0,0534 mg Saponin von 0,1 cm³ einer 10%igen Serumverdünnung gehemmt. Das Serum der untersuchten Tiere (Katze, Kaninchen, Schwein, Ratte, Pferd, Maus) hindert im allgemeinen weniger als das menschliche. Das von derselben Serummenge gehemmte Saponin schwankte bei den Tieren zwischen 0,02 bis 0,05 mg. Im Serum hindern die Proteine die Hämolyse durch Saponin und Galle; außerdem hindert

---

[1]) Fr. PORT, Dtsch. Arch. f. klinische Medizin 99, 259 (1910).

[2]) L. KOFLER u. Z. LÁZÁR, Arch d. Pharmaz. u. Ber. d. Dtsch. pharmaz. Ges. (Im Druck.)

[3]) E. PONDER, Proc. of the roy. soc. of London, Serie B 95, 42 u. 382 (1923) u. 98, 484 (1925).

das Cholesterin die Wirkung des Saponins, das Lecithin die Wirkung
der gallensauren Salze. Die hemmende Wirkung der Lipoide ist im
Vergleich zu der der Proteine sehr klein, da letztere in großer Menge
vorhanden sind. Beim Trocknen des Serums geht ein Teil der hämolyse-
hemmenden Kraft verloren. PONDER fand eine einfache Beziehung
zwischen der Menge des auf die Erythrozyten wirkenden (c_2) und des
durch die hemmende Substanz unwirksam (x) gemachten Hämolytikums

$$x = A \cdot c_2^{\frac{1}{n}}$$

wobei A und n Konstanten bedeuten. Bei obiger Versuchsanordnung
ist der Wert für A 0,5 und für n 2,66. Bei Änderung der Versuchsanordnung variiert der Wert der Konstanten, besonders gilt dies bei
Verdünnung des angewandten Serums. Wenn m die angewandte Serum-
menge bedeutet, so ist $\frac{x}{m} = A \cdot c_2^{\frac{1}{n}}$. PONDER nimmt die Entstehung
von losem Adsorptionsverbindungen zwischen den Proteinen des Serums
und dem Hämolytikum an. Die Resultate und die Formel PONDERs
wurden von KENNEDY[1]) bestätigt.

Hämoglobin übt ebenfalls einen hemmenden Einfluß auf die Saponinhämolyse aus (FREI[2]). Besonders stark ist die Hemmung, wenn das
Hämoglobin vor dem Blutkörperchenzusatz mit dem Saponin gemischt
wird. FREI hält es für fraglich, ob das im Beginn des Hämolysevorganges
frei gewordene Hämoglobin auf den weiteren Verlauf der Hämolyse
auch hemmend einwirkt; jedenfalls ist die Wirkung nach FREI eine ganz
geringe. Nach PONDER[3]) läßt sich ein solcher Einfluß tatsächlich nachweisen. Trägt man nämlich den zeitlichen Verlauf der NaOH-Hämolyse
auf ein Ordinatensystem auf, so verläuft die erhaltene Kurve S-förmig
und fast symmetrisch. Daraus folgert PONDER, daß die Resistenz der
Blutkörperchen gleichmäßig verteilt ist, und die Reaktionsgeschwindigkeit
ebenfalls gleichmäßig ist. Bei der Saponinhämolyse ist nun die Kurve
asymmetrisch, und zwar verläuft die Hämolyse im ersten Zeitabschnitt
rascher als im zweiten Abschnitt. Die Ursache dafür liegt nach PONDER
in der sich immer mehr geltendmachenden Wirkung des ausgetretenen
Hämoglobins und möglicherweise auch anderer Serumbestandteile.
Daß bei der Auflösung der Erythrozyten Stoffe in Freiheit gesetzt werden,
welche als solche die Hämolyse hemmen, nahm auch schon MEYER-
STEIN[4]) an.

Säuren und Basen wirken, wie erwähnt, hämolytisch. Innerhalb einer
gewissen Breite vertragen aber die Erythrozyten Verschiebungen der Wasserstoffionenkonzentration, ohne daß Hämolyse eintritt. Von $p_H = 5{,}16$ an,

---

[1]) W. PH. KENNEDY, Biochem. journ. **19**, 318 (1926).
[2]) W. FREI, Inaug.-Diss. Berlin 1907, S. 33.
[3]) E. PONDER, l. c.
[4]) W. MEYERSTEIN, Arch. f. exp. Pathol. u. Pharmakol. **62**, 152 (1910).

zum mindesten aber von $p_H = 5{,}4$ aufwärts tritt praktisch bei frischen Blutkörperchen verschiedener Tierarten keine Hämolyse mehr ein. Die Hämolyse der Blutkörperchen in isotonischen Medien ist nach MICHAELIS und D. TAKAHASHI[1]) an ein bestimmtes elektrisches Verhalten der Stromasubstanz gebunden. Solange diese elektrisch negativ ist, gibt sie das Hämoglobin trotz isotonischer Beschaffenheit der Suspensionsflüssigkeit ab, und es tritt Hämolyse ein. Für die Alkaliwirkung (Natronlauge) gibt WALBUM[2]) als kleinste p_H, bei der eben schwache Hämolyse bemerkbar ist, an: für Kaninchenblut 8,16, Hammel 8,42, Pferd, 8,33, Rind 8,54. Vollständige Hämolyse tritt natürlich erst bei Reaktionen ein, die weiter vom Neutralpunkt entfernt liegen. Totale Säurehämolyse tritt bei verschiedenen Blutarten sicher bei $p_H = 4{,}5$ und Laugenhämolyse bei $p_H = 11{,}0$ ein.

Bei Untersuchungen über die gleichzeitige Wirkung zweier Hämolysine fand ARRHENIUS[3]), daß Saponin und Natronlauge oder Ammoniak sich in ihrer hämolytischen Wirkung auf Pferdeblutkörperchen verstärken. WALBUM verfolgte die **Bedeutung der Wasserstoffionenkonzentration** für die Hämolyse durch verschiedene Substanzen (Epeiralysin, Staphylolysin, Vibriolysin, Bienengifthämolysin, Wespenhämolysin, Natriumglykocholat, Natriumoleat) an mehreren Blutarten. Dabei zeigten sich zwei Typen: Beim Typus A ruft eine Zunahme sowohl der Wasserstoffionen- wie der Hydroxylionenkonzentration eine Herabsetzung der Wirkung des zugesetzten Hämolysins hervor. Beim Typus B liegen die Verhältnisse umgekehrt. Das untersuchte Saponin, dessen Herkunft WALBUM leider nicht angibt, gehört zum Typus B. Die geringste Hämolysewirkung entfaltete das Saponin bei schwach alkalischer Reaktion; bei Verschiebung der Reaktion nach der sauren oder alkalischen Seite zu steigt die Hämolysewirkung an (siehe Kurve Biochem. Zeitschr. 63, 249, 1914), um schließlich in die Säure- bzw. Laugenhämolyse überzugehen. Für Kaninchen- und Rinderblut liegt das Maximum der Resistenz, also der Punkt der schwächsten Saponin-Hämolysewirkung, bei $p_H = 7{,}7$, für Hammelblut bei $p_H = 7{,}5$. Der Versuch mit Pferdeblutkörperchen zeigt einen etwas anderen Verlauf, indem die Wirkung von $p_H =$ zirka 6,5 bis $p_H =$ zirka 8,5 dieselbe ist; die Wasserstoffionenkonzentration ist also hier innerhalb eines verhältnismäßig breiten Spielraumes ohne Einfluß.

Zu einem anderen Verlauf der Kurve kommt MOND, der angibt, die Wirkung des Saponins auf die Blutkörperchen steige proportional mit der Abnahme des p_H an. Das Resistenzmaximum liegt bei $p_H = 10{,}0$,

---

[1]) L. MICHAELIS u. D. TAKAHASHI, Biochem. Zeitschr. **29**, 439 (1910).

[2]) L. E. WALBUM, Biochem. Zeitschr. **63**, 221 (1914).

[3]) S. ARRHENIUS, Meded. fr. k. Vetenskapsakad. Nobelinstitut 1 N. 10. Zit. nach C. WALBUM.

der Aufstieg nach beiden Seiten erfolgt geradlinig. MOND[1]) sagt: „Das scheinbare Resistenzmaximum bei $p_H = 10{,}0$ fällt mit derselben Reaktion zusammen, bei der auch sonst durch Einwirkung der Natronlauge nach einundeinhalb Stunden Hämolyse einsetzt, und ist also nicht etwa so zu verstehen, als ob die hämolysierende Wirkung des Saponins wieder plötzlich anstiege." Abgesehen davon, daß das Resistenzmaximum nach MOND viel weiter nach der alkalischen Seite verschoben ist als bei WALBUM, besteht noch der wesentliche Unterschied, daß WALBUM im Gegensatz zu MOND vor dem Beginn der Laugenhämolyse eine Zone der Verstärkung der Saponinhämolyse bei zunehmender Alkalität fand.

Tabelle 11

p_H	Saponin pur. albiss.	Saponin pur. albiss. electrod.	Digitonin	Smilacin	Cyclamin	Roß-kastanien-saponin
4,5	Säure-hämolyse	Säure-hämolyse	Säure-hämolyse	Säure-hämolyse	Säure-hämolyse	Säure-hämolyse
5,6	40 000	35 000	350 000	200 000	400 000	24 600
6,8	26 600	20 200	333 300	166 700	363 300	22 000
8,0	22 200	16 000	240 000	142 900	350 000	16 000
8,7	21 000	14 000	222 200	105 000	333 300	10 000
9,6	22 200	16 000	250 000	114 000	350 000	8 000
9,82	22 200	16 000	285 000	125 000	350 000	8 900
10,26	23 500	18 000	310 000	153 000	363 300	10 000
10,32	23 500	20 000	333 300	166 700	363 300	10 000
10,48	26 000	24 000	363 000	181 800	380 000	11 400
11,0	Laugen-hämolyse	Laugen-hämolyse	Laugen-hämolyse	Laugen-hämolyse	Laugen-hämolyse	Laugen-hämolyse

p_H	Primula-säure	Elatior-saponin	Elatior-saponin (Roh-produkt)	Acid. quilla-jinic	Gypsophi-lasaponin	Gypsophi-lasaponin electro-dialys.
4,5	Säure-hämolyse	Säure-hämolyse	Säure-hämolyse	Säure-hämolyse	Säure-hämolyse	Säure-hämolyse
5,6	57 100	72 000	30 000	44 400	80 000	222 200
6,8	40 000	66 700	26 000	38 000	55 000	200 000
8,0	33 300	60 000	20 000	38 000	50 000	181 800
8,7	30 800	50 000	18 100	33 300	44 400	166 700
9,6	44 400	60 000	20 000	30 800	50 000	181 850
9,82	50 000	60 000	20 000	33 300	50 000	200 000
10,26	57 100	66 700	22 800	33 300	66 700	222 200
10,32	62 000	66 700	25 000	35 000	80 000	240 000
10,48	72 000	75 000	30 000	38 000	90 000	265 000
11,0	Laugen-hämolyse	Laugen-hämolyse	Laugen-hämolyse	Laugen-hämolyse	Laugen-hämolyse	Laugen-hämolyse

---

[1]) R. MOND, PFLÜGERS Arch. f. d. ges. Physiol. **208**, 574 (1925) u. **209**, 499 (1925).

Tabelle 12

p_H	Saponin gereinigt KAHLBAUM	Senegin MERCK	Senegasaponin KALMANN	Sapindus-saponin
4,5	Säure-hämolyse	Säure-hämolyse	Säure-hämolyse	Säure-hämolyse
5,6	14 300	16 500	220 000	285 700
6,8	11 400	12 500	110 000	250 000
8,0	10 000	4 000	20 000	66 070
8,7	8 000	800	8 000	2 200
9,6	5 700	500	3 000	1 000
9,82	5 700	400	$< 1\,000$	730
10,26	5 000	145	$< 1\,000$	670
10,32	4 400	100	$< 1\,000$	500
10,48	4 400	85	$< 1\,000$	440
11,0	Laugen-hämolyse	Laugen-hämolyse	Laugen-hämolyse	Laugen-hämolyse

WALBUM gibt den Namen des verwendeten Saponins nicht an, MOND verwendete ein solches der Firma KAHLBAUM und betont, daß es notwendig sei, immer mit demselben Präparat zu arbeiten, um vergleichbare Resultate zu erzielen.

Die Versuche von KOFLER und LÁZÁR[1]) ergaben, daß beide Kurven richtig sind, und daß es nur darauf ankomme, welches Saponin heranzogen wird. Die Autoren untersuchten unter Verwendung von gewaschenen Rinderblutkörperchen eine größere Anzahl von Saponinen in Phosphatpuffern. Die verwendeten Saponine waren zum Teil Handelspräparate, zum Teil nach verschiedenen Methoden selbst hergestellte Saponine verschiedenen Reinheitsgrades. Es wurde darauf Gewicht gelegt, wenigstens einen Teil der Saponine in möglichst reinem Zustand zu verwenden. Als Puffer wurden m/15 Phosphatgemische nach den Angaben von JARISCH[2]) benützt, wodurch es möglich war, den notwendigen Bereich von $p_H = 4{,}5$ bis 11,0 zu umspannen. Für eine größere Anzahl von Werten für p_H zwischen 4,5 und 11,0 wurde von sechzehn Saponinpräparaten mit gewaschenem Rinderblutkörperchen der hämolytische Index bestimmt, das heißt die Verdünnung der Saponinlösung, die in einer 1%igen Blutkörperchenaufschwemmung eben noch totale Hämolyse hervorruft.

Die Ergebnisse der Versuche mit sechzehn Saponinsubstanzen sind in Tabelle 11 und 12 zusammengestellt.

---

[1]) L. KOFLER und Z. LÁZÁR, Arch. d. Pharmaz. u. Ber. d. Dtsch. pharmaz. Ges. (Im Druck.)

[2]) A. JARISCH, PFLÜGERS Arch. f. d. ges. Physiol. **134**, 163 (1922).

Die Saponine in Tabelle 12 zeigen alle denselben Typus, der in Abb. 2 durch eine Kurve am Beispiel von Saponin pur. albiss. MERCK und Elatiorsaponin (Rohprodukt) wiedergegeben ist. Bei schwach alkalischer Reaktion entfalten diese Saponine die geringste Hämolysewirkung, bei Verschiebung der Reaktion nach der sauren oder alkalischen Seite nimmt die Hämolysewirkung zuerst langsamer, dann rascher zu, um beim Überschreiten von $p_H = 5{,}6$ und 10,48 in die Säure- bzw.

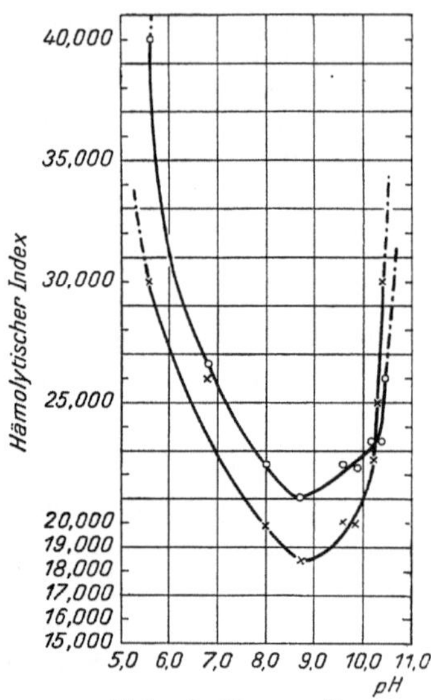

Abb. 2. Typus I

○ Saponin pur. albiss. MERCK
× Elatiorsaponin (Rohprodukt)

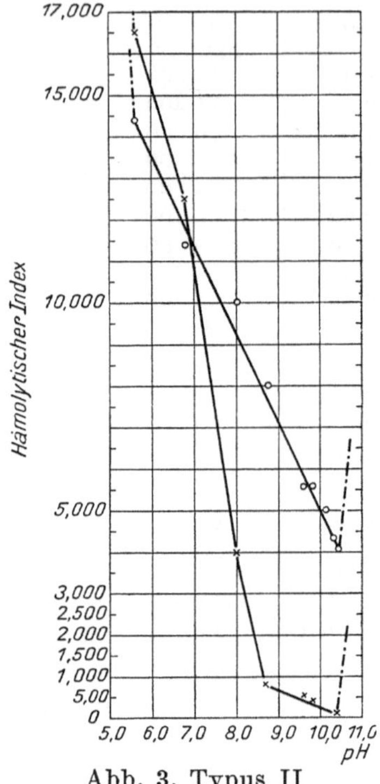

Abb. 3. Typus II

○ Saponin gereinigt KAHLBAUM
× Senegin MERCK

Laugenhämolyse überzugehen. Das Resistenzmaximum der Erythrozyten liegt bei den Saponinsubstanzen der Tabelle 12 bei $p_H = 8{,}7$; eine Ausnahme bildet nur Roßkastaniensaponin und Acidum quillajinicum mit einem Resistenzmaximum bei $p_H = 9{,}6$. In dem Aufstieg der Hämolysewirkung nach der sauren oder alkalischen Seite zu stimmen alle diese Saponine überein. Unterschiede bestehen aber in der Höhe des linken und rechten Schenkels der Kurve. Bei einigen Saponinen, wie bei den beiden Elatiorsaponinen und dem Digitonin, sind die beiden Schenkel der Kurve (Abb. 2) gleich hoch, das heißt die Hämolysewirkung steigt auf der sauren und alkalischen Seite auf die gleiche Höhe an, bevor der Übergang in die Säure- bzw. Laugenhämolyse erfolgt. Bei anderen Saponinen erreicht die Hämolyse auf der sauren, bei wieder anderen auf der alkalischen Seite einen höheren Wert. Immer aber folgt auf das Resistenzmaximum vor dem Eintritt der Säure- und Laugenhämolyse eine zweifellose Zone der Verstärkung der Hämolyse durch die saure bzw. alkalische Reaktion.

Ein ganz anderes Verhalten zeigen die in Tabelle 12 zusammengestellten vier Saponinsubstanzen: Saponin gereinigt KAHLBAUM, Senegin MERCK, Senegasaponin KALMANN und Sapindussaponin. Mit der Zunahme des Wertes für p_H nimmt die Hämolysewirkung dieser Saponine rasch ab. Auf den Punkt der größten Resistenz der Erythrozyten folgt ohne Übergang sofort Laugenhämolyse. Beim Saponin gereinigt KAHLBAUM sinkt die hämolytische Kraft bei $p_H = 10{,}48$ auf 4000, also weniger als ein Drittel des Wertes bei $p_H = 5{,}6$. Die Kurve (Abb. 3) verläuft hier geradlinig bis zum tiefsten Punkt, der plötzliche Anstieg nach $p_H = 10{,}48$ ist auf Rechnung der Laugenhämolyse zu setzen. Noch ausgesprochener ist dieser Typus bei den drei anderen Saponinen der Tabelle 12, wo die Hämolysewirkung schon bei $p_H = 9{,}82$ fast ganz verschwunden ist. Beim Senegin MERCK sinkt der hämolytische Index von 16 500 auf 85, beim Sapindussaponin von 285 000 auf 440, beim Senegasaponin KAHLMANN von 220 000 auf < 1000. Eine Verstärkung der Saponinhämolyse durch die alkalische Reaktion vor dem Beginn der Laugenhämolyse tritt hier nicht ein.

Wir sehen also deutlich **zwei Typen von Saponinen** vor uns: **Typus I** (Abb. 2) mit schwächerer Hämolysewirkung zwischen $p_H = 8{,}7$ und 9,6 und beiderseitigem Aufstieg der Wirkung nach der sauren und alkalischen Seite und **Typus II** (Abb. 3) mit sehr geringer, fast verschwundener Hämolysewirkung bei $p_H = 10{,}48$ unmittelbar vor Beginn der Laugenhämolyse und sehr raschem Anstieg nach der sauren Seite. Die hervorgehobenen Abweichungen in den Angaben von WALBUM[1]) und MOND[2]) sind darauf zurückzuführen, daß WALBUM ein Saponin vom Typus I und MOND vom Typus II in Händen hatte. MOND benützte ein Saponin der Firma KAHLBAUM, vermutlich dasselbe Präparat, das wir unter dem Namen „Saponin gereinigt KAHLBAUM" aus dem Handel bezogen. MOND hatte damit ein Saponin in Händen, das den Typus II zwar deutlich, aber nicht in so extremer Weise zeigt wie die anderen Saponine aus der Tabelle 12. Für das „Saponin gereinigt KAHLBAUM" trifft die Angabe von MOND zu: „Offenbar steigt die Wirkung des Saponins in gerader Linie mit der Abnahme des p_H an." Für die anderen Saponine aus Tabelle 12 erfolgt der Anstieg der Hämolysewirkung nicht geradlinig. WALBUMS nicht näher bezeichnetes Saponin folgt dem Typus I, nur liegt das Maximum der Erythrozytenresistenz auch beim Rinderblut näher dem Neutralpunkt als in den Versuchen von KOFLER und LÁZÁR.

---

[1]) L. E. WALBUM, l. c.
[2]) R. MOND, l. c.

Es muß ausdrücklich betont werden, daß die zwei Typen von KOFLER
und LÁZÁR vorläufig nur für gewaschene Rinderblutkörperchen
Geltung besitzen. Eine Verallgemeinerung auf andere Blutarten ist erst nach
diesbezüglichen Untersuchungen statthaft. Bei den Versuchen WALBUMS
zeigten Kaninchen-, Rinder- und Hammelblutkörperchen einen übereinstimmenden Verlauf der p_H-Hämolysekurve, bei den Pferdeblutkörperchen dagegen war die Hämolysewirkung von $p_H = 6{,}5$ bis $p_H = 8{,}5$
unverändert. Allerdings war dies unter den zahlreichen von WALBUM
geprüften Hämolysin-Blutkombinationen die einzige, bei deren Wirkung
die Wasserstoffionenkonzentrationen anscheinend keine hervorragende
Rolle spielte.

Es war naheliegend, zur Erklärung für das abweichende Verhalten
des Typus I und II an einen Einfluß der Reaktion auf die **Oberflächenaktivität** der Saponinlösungen zu denken. Daß ein Parallelismus zwischen
der Oberflächenaktivität und der Hämolysewirkung der einzelnen
Saponine nicht besteht, wurde schon früher erörtert (S. 47). Desgleichen
wurden auch schon die Messungen der Oberflächenspannungen von
Saponinlösungen bei verschiedener Reaktion durch BERCZELLER[1]) und
WASTL[2]) besprochen. Die Bestimmungen von WASTL lassen sich aber
mit den Hämolyseversuchen deshalb schwer vergleichen, weil sie die
stalagmometrischen Bestimmungen in verhältnismäßig stark sauren
bzw. alkalischen Saponinlösungen vornahm, die schon im Bereiche
der Säure- und Laugenhämolyse lagen. KOFLER und LÁZÁR[3]) bestimmten
die Oberflächenspannung ihrer Saponinpräparate in Pufferlösungen
bei den für die Hämolyseversuche in Betracht kommenden Werten
für p_H. Es zeigte sich auch hier kein Parallelismus zwischen Oberflächenaktivität und Hämolysewirkung. Der Einfluß der Reaktion auf die
Oberflächenaktivität war bei den meisten Saponinen geringfügig, aber
auch diese kleinen Änderungen verliefen bei vielen Saponinen gerade
in entgegengesetzter Richtung wie die Hämolyse. Senegin und Sapindussaponin weisen eine verhältnismäßig große Zunahme der Oberflächenaktivität von der sauren zur alkalischen Seite auf, während die Hämolyse
entsprechend dem Typus II in derselben Richtung stark abnimmt.
Da aber das „Saponin gereinigt KAHLBAUM" nahezu unverändert bleibt,
scheint die Zunahme der Oberflächenaktivität nach der sauren Reaktion
zu keine allgemeine Regel für die Saponine vom Typus II zu bilden.
Dementsprechend hebt auch schon MOND[4]) hervor, daß die bei seinen
Saponinlösungen (Saponin KAHLBAUM) beobachteten Unterschiede in

---

[1]) L. BERCZELLER, Biochem. Zeitschr. **66**, 223 (1914).
[2]) H. WASTL, Biochem. Zeitschr. **146**, 376 (1924).
[3]) KOFLER u. LÁZÁR, Arch. d. Pharmaz. u. Ber. d. Dtsch. pharmaz. Ges.
(Im Druck.)
[4]) R. MOND, PFLÜGERS Arch. f. d. ges. Physiol. **209**, 499 (1925).

der Oberflächenspannung bei Änderung der Wasserstoffionenkonzentration zu gering sind, um die außerordentlich verschiedene Wirksamkeit im Sauren und im Alkalischen zu erklären.

Im Zusammenhang mit diesen Versuchen erörtern KOFLER und LÁZÁR eine Möglichkeit, die sich zwar vorläufig noch nicht beweisen läßt, die aber doch eine gewisse Wahrscheinlichkeit für sich hat. Beim Senegin- und Sapindussaponin verschwindet auf der alkalischen Seite die Hämolyse fast vollständig, gleichzeitig ist die Oberflächenaktivität auf der alkalischen Seite größer als auf der sauren. Letztere Erscheinung braucht nicht die Ursache der ersteren zu sein, wohl aber können beide Erscheinungen Folgen desselben Vorganges darstellen. Es wäre denkbar, daß das Senegin- und Sapindus-Saponinmolekül in alkalischer Reaktion eine Umlagerung erfährt, welche die Ursache für das Verschwinden der Hämolysewirkung und die Erhöhung der Oberflächenaktivität ist. Um eine tiefgreifende Änderung im Saponinmolekül kann es sich dabei nicht handeln, denn die inaktive alkalische Senegin- oder Sapindussaponinlösung läßt sich durch Ansäuern jederzeit wieder hämolytisch wirksam machen. Trifft diese Vermutung zu, so wäre die Ursache für das Verhalten des Typus II nicht im Hämolysevorgang selbst zu suchen, sondern im chemischen Bau der hierhergehörigen Saponine.

Der Unterschied in der Hämolysewirkung eines bestimmten Saponins gegenüber gewaschenen und serumhaltigen Blutkörperchen ist bei Verwendung von gepufferten Lösungen geringer als in nicht gepufferten Lösungen. Die Ursache für diesen Unterschied fanden KOFLER und LÁZÁR in der **sauren Reaktion der ursprünglichen Saponinlösungen.** Die meisten Saponinlösungen reagieren nämlich in den Konzentrationen, wie sie für die Hämolyse zur Verwendung gelangen, schwach sauer. Saponin pur. albiss. MERCK zeigte $p_H = 6{,}2$, Cyclamin $p_H = 6{,}7$, die anderen untersuchten Saponine zeigten dazwischenliegende Werte.

Nun enthält das Blut im Serum bekanntlich Puffer alkalischer Reaktion, und beim Zusammenbringen einer Aufschwemmung von defibriniertem Blut mit einer Saponinlösung wird die saure Reaktion der Saponinlösung mehr nach der alkalischen Seite hin verschoben. In einer Aufschwemmung von gewaschenen Blutkörperchen dagegen sind diese Puffer nicht vorhanden, es wird also die saure Reaktion der Saponinlösung weniger stark nach der alkalischen Seite verschoben. Das Saponin-Blutkörperchen-System ist daher bei Verwendung gewaschener Blutkörperchen mehr sauer, bei ungewaschenen mehr alkalisch. Dies übt aber auf die Höhe des hämolytischen Index einen deutlichen Einfluß aus.

Die Größe der Hämolysehemmung durch die Serumbestandteile wurde bisher durch Vergleich eines Hämolyseversuches mit gewaschenen und

serumhaltigen Erythrozyten ermittelt. Kofler und Lázár weisen darauf
hin, daß dieser Vorgang nicht ganz richtig ist, weil zwei Hämolysewerte
verglichen werden, die bei verschiedener Wasserstoffionenkonzentration
bestimmt wurden. Besser berechtigt ist der Vergleich, den man zwischen
gewaschenen und ungewaschenen Blutkörperchen bei derselben Wasserstoffionenkonzentration zieht. Beim Senegin ist beispielsweise im ersten
Fall die Differenz 60%, im zweiten 33%. Es ist also beim Arbeiten
ohne Pufferlösungen beim Senegin nahezu die Hälfte der Hämolysehemmung des Serums auf seine Pufferung zurückzuführen.

Die **Gegenwart verschiedener Elektrolyte und Nichtelektrolyte** im System
übt einen nicht unwesentlichen Einfluß auf den Ablauf der Hämolyse aus.

Läßt man ein Saponin auf Blutkörperchen in isotonischen Lösungen
von Nichtelektrolyten einwirken, z. B. in Rohrzuckerlösung, so
wirkt das Saponin schwächer hämolytisch als in Salzlösungen (Kagan[1]),
Handowsky[2]). Die Steigerung der Hämolyse in Lösungen, die gleichzeitig Rohrzucker und Salz enthalten, nimmt mit steigender Salzkonzentration zu. Rohrzucker vermindert den Dispersitätsgrad des Protoplasmas und macht es so für das oberflächenaktive Gift weniger empfindlich. Salze erhöhen den Dispersitätsgrad des Protoplasmas wieder
und machen es damit empfindlicher (Handowsky). Nach den Untersuchungen von Kennedy[3]), Ponder[4]), Ponder und Kennedy[5]) wirken
auch alle anderen Zuckerarten hemmend auf die Saponinhämolyse:
Mannose, Lactose, Trehalose, Maltose, Raffinose, Arabinose, Xylose und
Rhamnose. Dies gilt bei Verwendung von menschlichen Blutkörperchen.
Bei Hammelblutkörperchen findet durch Xylose und Arabinose keine
Hemmung statt. In bezug auf die hemmende Wirkung der anderen
Zuckerarten bestehen zwischen Menschen- und Hammelblutkörperchen
quantitative Unterschiede. Nach Fujimori[6]) hemmt 0,4 bis 0,6%
Traubenzucker zwar Hämolyse durch Sapotoxin bei zahlreichen Blut-
arten, z. B. von Ziegen; nicht aber von Mensch und Hund.

Bezüglich der **Wirkung der Neutralsalze** fand Miculicich[7]) bei
alleiniger Verwendung von Rinderblutkörperchen, daß in der Anionen-
reihe das Sulfation die Saponinhämolyse am meisten, das Jod- und
Rhodanion am wenigsten fördert und daß auch die Kationenreihe umgekehrt wird.

[1]) A. Kagan, Fol. haematolog. 17, A, 211 (1913).
[2]) H. Handowsky, Pflügers Arch. f. d. ges. Physiol. 190, 173 (1921).
[3]) W. Ph. Kennedy, Biochem. journ. 19, 318 (1925).
[4]) E. Ponder, Proc. of the roy. soc. of London Serie B 99, 461 (1926).
[5]) E. Ponder u. W. Ph. Kennedy, Biochem. journ. 20, 237 (1926).
[6]) F. Yuhei Fujimori, Mitt. d. med. Fak. d. kais. Univ. Tokio 29,
421 (1922). Zit. nach Ber. ü. d. ges. Physiol. 30, 280 (1925).
[7]) M. Miculicich, Zentralbl. f. Physiol. 24, 523 (1910).

Höber und Nast[1]) stellten ähnliche Versuche, aber unter Heranziehung verschiedener Tierarten mit Saponin pur. albiss. Merck und Sapotoxin an. Dabei ordneten sich die Alkalionen je nach der Tierart verschieden in Reihe und Gegenreihe.

Saponinhämolyse:

Pferd	Li $<$ Na $<$ Rb $<$ K
Schwein	Na $<$ Li $<$ Rb $<$ K
Kaninchen	Na $<$ Li $<$ Rb $<$ K
Meerschweinchen	Li $<$ Na $<$ Rb $<$ K
Hund	Li $<$ Na $<$ K $<$ Rb und Li $<$ K $<$ Na $\leqq$ Rb
Katze	Li $=$ Na $=$ Rb $=$ K
Ziege	Li $>$ Na $>$ Rb $>$ K
Mensch	Li $>$ Na $>$ Rb $>$ K
Rind	Li $>$ Na $>$ Rb $>$ K
Hammel	Li $>$ Na $>$ Rb $>$ K

Es lassen sich also zwei Gruppen von Tieren unterscheiden, die einander gegenüberstehen: die eine bestehend aus Pferd, Schwein, Kaninchen, Meerschweinchen, die andere bestehend aus Ziege, Mensch, Rind und Hammel; ihnen gegenüber bilden die Kationen Reihe und Gegenreihe. Zwischen beiden Gruppen stehen die Blutkörperchen von Hund und Katze, bei ihnen sind die Kationen als Übergangsreihe wirksam, oder es beeinflussen alle gleich stark die Hämolyse. Vergleicht man den Gehalt der Blutkörperchen der verschiedenen Tiere bezüglich ihres Gehaltes an Phosphorsäure, Kalium und Natrium, so stehen wieder Pferd, Schwein und Kaninchen in einer, Rind, Hammel und Ziege in einer anderen Gruppe, während Hund und Katze eine Zwischenstellung einnehmen. Höber und Nast sehen daher den Grund der verschiedenen Resistenz der einzelnen Erythrozytenarten nicht so sehr im Lipoidgehalt, sondern in der Zusammensetzung der Binnensalze. Mit Rücksicht auf die Änderung der Resistenzreihen je nach der Natur des verwendeten Saponins wäre es notwendig, die Versuche von Höber und Nast auch mit einer größeren Anzahl anderer Saponine durchzuführen.

Zu Ergebnissen, die in vollständigem Widerspruch zu denen von Höber und Nast stehen, kam Kennedy[2]) bei ähnlichen Untersuchungen unter Verwendung einer anderen Versuchsanordnung. Zur Messung des Hämolyseverlaufes wurde die Methode von Ponder (siehe S. 131) benützt. Es wurde jedesmal ein Versuch durchgeführt, bei dem in der Lösung nur NaCl vorhanden war, und ein zweiter Versuch, bei dem das NaCl teilweise durch gleiche molekulare Mengen anderer Salze vertreten

---

[1]) R. Höber u. O. Nast, Biochem. Zeitschr. **60**, 131 (1914).
[2]) W. Ph. Kennedy, Biochem. journ. **20**, 243 (1926).

war. Die Salze $MgCl_2$, KCl, $CaCl_2$, RbCl, $SrCl_2$ und $BaCl_2$ wirkten bei
Schaf-, Katzen-, und Menschenblut verglichen mit NaCl beschleunigend
auf die Hämolyse. LiCl dagegen wirkt nur bei Schafblut beschleunigend
auf die Hämolyse, bei Katzen- und Menschenblut hemmend. Beträchtliche
Abweichungen von den andern Blutarten fand KENNEDY beim Kaninchenblut, bei welchem LiCl, KCl, RbCl und $BaCl_2$ keinen Unterschied gegenüber NaCl zeigen, $MgCl_2$ und $SrCl_2$ beschleunigend, $CaCl_2$ hemmend
auf die Hämolyse wirkt. KENNEDY hebt hervor, daß augenscheinlich
der Einfluß der Ionen in keinem Zusammenhang mit ihrem Molekulargewicht stehe.

MOND[1]) fand als gemeinsame Erscheinung in der Einwirkung der
Salze auf den Hämolyseablauf mit und ohne Saponin, daß jedes Ion
die Geschwindigkeit des Hämoglobinaustrittes in charak-
teristischer Weise beeinflußt, und daß die Kurven, die daraus
resultieren, sich teilweise überschneiden und so zur Umkehr der Ionenwirkung mit der Zeit führen. Die Salze KCl, NaCl und NaBr beeinflussen
den Hämolyseverlauf bei Gegenwart von Saponin prinzipiell in quali-
tativer Beziehung nicht viel anders als ohne Saponin, insbesondere
steigert KCl sowohl bei saurer wie bei alkalischer Reaktion den Farbstoff-
austritt. Abweichend ist das Verhalten von $Ca^{··}$ und SO_4'', welche
in allen Versuchen entgegengesetzt wirken. Bei Abwesenheit von Saponin
zeigt SO_4'' in saurer Reaktion die stärkste Hemmung, $Ca^{··}$ eine schwache
Steigerung. Bei der Saponinhämolyse dagegen steigert SO_4'' in der
Nähe des isoelektrischen Punktes besonders im Anfang sehr stark,
während die $Ca^{··}$ viel schwächer wirken.

Nach MOND hemmt bei alkalischer Reaktion Saponin in kleinen
Konzentrationen in Lösungen von NaCl, NaBr, KCl und Na_2SO_4
deutlich den Hämoglobinaustritt, in $CaCl_2$-Lösung ist dies aber nicht
der Fall. Wird die Saponinkonzentration erhöht, so fällt die hemmende
Wirkung fort und die Hämolysegeschwindigkeit übersteigt schnell
diejenige in den gewöhnlichen Blutkörperchensuspensionen. Anschließend
an diese Ergebnisse versucht MOND die von ihm beobachtete Steigerung
der Saponinhämolyse mit zunehmender Wasserstoffionenkonzentration
als Summation der Fällung der Membrankolloide durch die $H^·$ und
das Saponin zu deuten. Der lösenden Wirkung der OH' würde sich
die schwach fällende des gering konzentrierten Giftes entgegensetzen,
so daß auf diese Weise die Zerstörung der Membran verzögert wird.
Die Konzentration des Saponins muß dann aber so gering sein, daß
seine Fällungskraft nicht ausreicht, um an sich schon die Durchlässigkeit
wesentlich zu verstärken, da andernfalls die für den Zustand der Membran

---

[1]) R. MOND, PFLÜGERS Arch. f. d. ges. Physiol. **208**, 574 (1925) u
209, 499 (1925).

günstige Ausgleichung zwischen Saponin- und OH-Wirkung nicht erfolgen kann.

Außer den schon genannten Substanzen **beeinflussen noch viele andere Stoffe die Resistenz der Erythrozyten** bzw. den Verlauf der Saponinhämolyse. Substanzen, welche eine Agglutination oder Fixierung herbeiführen, vermögen in geeigneten Konzentrationen die Erythrozyten mehr oder weniger vollkommen unempfindlich gegen Saponine zu machen. Hieher gehört Formalin, kolloidales Quecksilber (IKATURO TAKAGI[1]), ferner die Hemmung der Saponinhämolyse durch Gegenwart von Gerbstoff, die bei der Untersuchung von Saponinpflanzen auch praktisch von Bedeutung ist (HANDOWSKY und MASAKI[2]), GAISBÖCK[3]), LUFT[4]). Dagegen wurde in den Versuchen von HALBERKANN[5]) Blutkörperchen, die durch Bohnengift agglutiniert waren, das Hämoglobin durch Assamin entzogen. Cerchlorid bewirkt eine vollkommene Hemmung der Saponinhämolyse beim Meerschweinchenblut in Verdünnung von 1 : 3000 bis 1 : 7000, bei Rinderblut noch in einer Verdünnung von 1 : 20 000 (HARA[6]).

Während RUSZNYAK[7]) durch Chinin eine Verstärkung der Saponin- und Hypotoniehämolyse sah, zeigten nach LUGER[8]) mit Chinin vorbehandelte Erythrozyten bei Gegenwart von Kochsalz eine Herabsetzung der Resistenz gegen Wasser, aber eine Steigerung der Resistenz gegen Saponin. Dikaliumwismuttartrat (Bismoluol) erhöht in geringer Konzentration die Resistenz der roten Blutkörperchen gegen Hämolyse durch Hypotonie und Saponin. Höhere Konzentrationen wirken resistenzvermindernd, noch höhere hämolytisch (SIMON[9]).

Eine besondere Form der Hemmung zeigen Narkotika (Alkohol, Äther, Amylenhydrat, Urethan) und Ölseife. Sie hemmen in kleinen, selbst nicht lösenden Dosen, die Hämolyse, was den Endeffekt anbelangt (ARRHENIUS[10]). Der Eintritt der Wirkung bei hohen Saponinkonzentrationen ist beschleunigt. Daher erscheint die hämolytische Wirkung des Saponins bei Gegenwart der genannten Stoffe zu Beginn des Versuches

---

[1]) IKATURO TAKAGI, Biochem. Zeitschr. **172**, 483 (1926).
[2]) H. HANDOWSKY u. T. MASAKI, Klin. Wochenschr. 2, 1838 (1923).
[3]) F. GAISBÖCK, Klin. Wochenschr. 3, 474 (1924).
[4]) G. LUFT, Sitzungsber. d. Akad. d. Wiss., Wien, Mathem.-naturwiss. Klasse I, **135**, 259 (1926).
[5]) J. HALBERKANN, Biochem. Zeitschr. 19, 310 (1909).
[6]) S. HARA, Arch. f. exp. Pathol. und Pharmakol. **100**, 215 (1923).
[7]) ST. RUSZNYAK, Biochem. Zeitschr. **104**, 9 (1920).
[8]) A. LUGER, Biochem. Zeitschr. 117, 145 (1921).
[9]) A. SIMON, Biochem. Zeitschr. **159**, 424 (1925).
[10]) S. ARRHENIUS, Meddelanden f. h. Vetenkapsakademiens Nobelinstitut. 1, Nr. 10 (1908).

gefördert, während die Hemmung erst am Ende des Versuches deutlich wird (JARISCH[1]).

Altes Blut ist gegen Saponin weniger widerstandsfähig, in gleicher Weise Blut, das kurze Zeit auf 55^0 erwärmt wurde (JARISCH). Es handelt sich dabei um eine unspezifische Resistenzvermehrung, denn sie besteht allen Hämolyticis gegenüber.

RYWOSCH[2]) teilte im Jahre 1907 Versuche über die **Resistenz des Blutes verschiedener Säugetiere** gegen hämolytische Agenzien (Azeton, Chloroform, Säuren, Laugen, Saponin und Wasser) mit und gab dadurch Veranlassung für eine Reihe von Erklärungsversuchen des Hämolysevorganges. RYWOSCH ordnete in einer Tabelle die Tiere nach der Stärke ihrer Resistenz gegen jedes einzelne Hämolytikum und sah, daß es deutlich ausgesprochene schwache bzw. starke Blutarten im Verhältnis zu allen geprüften hämolytischen Agenzien nicht gibt. Dem einen Hämolytikum gegenüber zeigt eine bestimmte Blutart eine verhältnismäßig hohe Resistenz, einem anderen Hämolytikum gegenüber geringe Resistenz. Nur in einem Punkt ließ sich eine Gesetzmäßigkeit erkennen. Es zeigte sich nämlich, daß zwischen der Saponinhämolyse und der Hämolyse durch Hypotonie ein deutlicher Antagonismus besteht: Je resistenter eine Blutkörperchensorte gegen Saponin ist, desto empfindlicher ist sie gegen Hypotonie und umgekehrt. Für die Saponinhämolyse lautete die RYWOSCH-**Reihe**, beginnend mit der widerstandsfähigsten Blutart: Hammel, Ziege, Rind, Katze, graue Maus, Schwein, graue Ratte, Hund, weiße Ratte, Kaninchen, Meerschweinchen. Für die Hämolyse durch Hypotonie verläuft die Reihe umgekehrt, nur die Stellung des Kaninchenblutes ist etwas verschoben. Einige Jahre später teilte RYWOSCH[3]) mit, daß zwischen dem Verhalten der Blutkörperchen gegen Saponin und Wärme ein Parallelismus besteht. Die gegen Saponin resistenteren Blutarten waren auch resistenter gegen Wärme.

Diese Erscheinung von Reihe und Gegenreihe veranlaßte mehrere Erklärungsversuche. RYWOSCH selbst macht darauf aufmerksam, daß diejenigen Blutarten am resistentesten gegen Saponin sind, deren Stroma reicher an Cholesterin ist. Als weiterer Beweis für diese Ansicht führt RYWOSCH später dann noch die Beobachtung an, daß durch Cholesterinfütterung bei Ratten die Resistenz der Erythrozyten gegen Saponin vermehrt, gegen Wasser dagegen herabgesetzt wird. Denselben Standpunkt nahmen K. MEYER[4]) und andere ein. BEZNÁK[5]) dagegen fand

---

[1]) A. JARISCH, PFLÜGERS Arch. f. d. ges. Physiol. **186**, 299 (1921).
[2]) D. RYWOSCH, PFLÜGERS Arch. f. d. ges. Physiol. **116**, 229 (1907).
[3]) D. RYWOSCH, PFLÜGERS Arch. f. d. ges. Physiol. **196**, 643 (1922) u. Zentralbl. f. Physiol. **25**, 348 (1911).
[4]) K. MEYER, Beitr. z. chem. Physiol. u. Pathol. **11**, 257 (1908).
[5]) A. BEZNÁK, PFLÜGERS Arch. f. d. ges. Physiol. **212**, 246 (1926).

bei beri-berikranken Tauben die Resistenz der Erythrozyten gegen Saponinhämolyse verringert, obwohl der Cholesteringehalt der Erythrozyten über die Norm vermehrt ist.

Port[1]) schreibt ebenfalls dem Cholesteringehalt der Blutkörperchen eine Rolle zu, zieht aber noch eine weitere Erklärungsmöglichkeit heran. Wenn man nämlich die Tiere nach dem Phosphorsäuregehalt ihrer Erythrozyten (nach den Analysen von Abderhalden) ordnet, so stimmt die Reihenfolge mit der Saponinresistenzreihe überein und verläuft der Hypotonieresistenzreihe entgegengesetzt. Die Blutkörperchen sind nach Port also um so widerstandsfähiger gegen Saponin, je weniger Phosphorsäure, um so widerstandsfähiger gegen Hypotonie, je mehr Phosphorsäure sie enthalten. Die Beobachtung von Rywosch und der Hinweis von Port gab Höber[2]) und Nast[3]) Veranlassung zu Versuchen über die physiologische Bedeutung der Binnensalze. Neuerdings wurde die Richtigkeit der Rywosch-Reihe von Ponder[4]) bestätigt.

Rywosch verwendete für seine Versuche nur das Saponin pur. albiss. Merck, übertrug aber seine Resultate ohne weiteres auf die Saponinhämolyse überhaupt. Hierin folgten ihm alle späteren Autoren, die sich mit der Saponinhämolyse und der „Rywosch-Reihe" beschäftigten. Untersuchungen von Kofler[5]) und Lázár[6]) ergaben jedoch, daß die Rywosch-Reihe nicht allgemein als Ausdruck der Resistenz der Blutarten gegen Saponinhämolyse bezeichnet werden darf, sondern nur für das von Rywosch verwendete Saponin pur. albiss. Merck gilt. Prüft man nämlich die Resistenz der Blutarten gegenüber anderen Saponinen, so erhält man andere Reihen.

In Tabelle 13 ist der hämolytische Index von neun Saponinpräparaten mit neun Blutarten zusammengestellt. An Stelle der üblichen Schreibweise z. B. 1:20 000 wurde der Kürze halber nur 20 000 angegeben. Es ergibt sich für jedes der untersuchten Saponine eine andere Resistenzreihe. Diese Reihen sind in Tabelle 14 zusammengestellt. Die Reihe des Saponin pur. albiss. Merck stimmt bis auf eine kleine Verschiebung zwischen Schwein und Hund mit der Rywosch-Reihe, die, wie erwähnt, mit diesem Saponin gewonnen wurde, überein. Die

---

[1]) F. Port, Dtsch. Arch. f. klin. Med. **99**, 259 (1910).

[2]) R. Höber, Physik. Chemie der Zelle und der Gewebe, 5. Aufl. Leipzig und Berlin, Engelmann 1924, S. 593.

[3]) R. Höber u. O. Nast, Biochem. Zeitschr. **60**, 131 (1914).

[4]) E. Ponder, Biochem. journ. **20**, 507 (1926).

[5]) L. Kofler, Vortrag Versammlg. Dtsch. Naturforscher u. Ärzte. Pharmaz. Monatshefte Nov. 1926.

[6]) L. Kofler u. Z. Lázár, Wien. klin. Wochenschr. 1927, Nr. 1.

ziemlich große Übereinstimmung des Sapotoxins und des Gypsophila-
saponins mit dem Saponin pur. albiss. MERCK hängt wohl damit zusammen, daß diese drei Saponine aus derselben oder ähnlichen Drogen
gewonnen sind.

Die anderen Saponine zeigen aber ganz abweichende Reihen und
lassen keine Gesetzmäßigkeit erkennen. Die bisherige Annahme, daß
im Vergleich zu andern Blutarten Hammelblut besonders resistent
und Meerschweinchenblut besonders empfindlich gegen Saponinhämolyse
sei, trifft nicht allgemein zu. Dem Digitonin und Smilacin gegenüber
ist das Hammelblut sogar empfindlicher als Meerschweinchenblut.

Tabelle 13 (nach KOFLER und LÁZÁR)

Hämolytischer Index mehrerer Saponine gegenüber verschiedenen Blutarten

Nr.	Name des Saponins	Hammel	Rind	Pferd	Mensch	Hund
1	Saponin pur. albiss.	13 000	14 000	19 000	23 000	24 000
2	Sapotoxin	14 000	14 000	27 000	27 000	26 000
3	Digotonin	290 000	300 000	174 000	168 000	167 000
4	Smilacin	105 000	107 000	107 000	51 000	73 000
5	Cyclamin	253 000	225 000	536 000	260 000	400 000
6	Helleborein.......	700	660	920	520	550
7	Senegin	7 000	9 000	14 000	6 000	11 000
8	Roßkastanien-saponin	5 000	7 000	14 000	8 000	8 000
9	Gypsophila-saponin	12 000	17 000	14 000	39 000	25 000

Nr.	Name des Saponins	Schwein	Ratte	Kaninchen	Meer-schweinchen
1	Saponin pur. albiss.	25 000	26 000	33 000	38 000
2	Sapotoxin	24 000	27 000	33 000	45 000
3	Digitonin	244 000	144 000	182 000	211 000
4	Smilacin	67 000	52 000	72 000	80 000
5	Cyclamin	318 000	400 000	363 000	550 000
6	Helleborein.......	700	765	1 300	1 300
7	Senegin	12 000	8 900	10 000	9 000
8	Roßkastanien-saponin	12 000	11 000	12 000	10 000
9	Gypsophila-saponin	55 000	48 000	45 000	73 000

Tabelle 14 (nach KOFLER und LÁZÁR)

Resistenzreihen des Blutes mehrerer Tiere gegen verschiedene Saponine

Nr.	Saponin pur. albiss.	Sapotoxin	Digitonin	Smilacin	Cyclamin
1	Hammel	Hammel	Ratte	Mensch	Rind
2	Rind	Rind	Hund	Ratte	Hammel
3	Pferd	Schwein	Mensch	Schwein	Mensch
4	Mensch	Hund	Pferd	Kaninchen	Schwein
5	Hund	Pferd	Kaninchen	Hund	Kaninchen
6	Schwein	Mensch	Meerschweinchen	Meerschweinchen	Ratte
7	Ratte	Ratte	Schwein	Hammel	Hund
8	Kaninchen	Kaninchen	Hammel	Pferd	Pferd
9	Meerschweinchen	Meerschweinchen	Rind	Rind	Meerschweinchen

Nr.	Helleborein	Senegin	Roßkastaniensaponin	Gypsophilasaponin
1	Mensch	Mensch	Hammel	Hammel
2	Hund	Hammel	Rind	Pferd
3	Rind	Ratte	Mensch	Rind
4	Hammel	Meerschweinchen	Hund	Hund
5	Schwein	Rind	Meerschweinchen	Mensch
6	Ratte	Kaninchen	Ratte	Kaninchen
7	Pferd	Hund	Kaninchen	Ratte
8	Meerschweinchen	Schwein	Schwein	Schwein
9	Kaninchen	Pferd	Pferd	Meerschweinchen

Bei den Wirbellosen verhalten sich nach SOLLMANN[1]) die roten Blutkörperchen bei einigen Tierarten genau so wie bei den Vertebraten, bei anderen dagegen, wie z. B. Phascolosoma, sind sie sehr resistent gegen Saponin und Hitze.

Nach den Untersuchungen von NEILSON und WHEELON[2]) scheinen die Erythrozyten normaler Versuchspersonen (es wurden 185 untersucht) eine große Konstanz in ihrer Resistenz gegen Saponinhämolyse zu zeigen.

---

[1]) T. SOLLMANN, Amer. Journ. of Physiol. **12**, 99 (1905).
[2]) CH. H. NEILSON u. H. WHEELON, Journ. of laborat. a. chim. med. **6**, 454 (1921).

24. Wertbestimmung von Saponindrogen mit Hilfe der Hämolyse

KOBERT[1]) schlug vor, die Hämolyse zur Gehaltsbestimmung von Saponindrogen heranzuziehen. Das Wesen der KOBERTschen Methode besteht in der Ermittlung des schon wiederholt erwähnten **hämolytischen Index,** das heißt der Verdünnung, in der die zu untersuchende Droge eben noch totale Hämolyse hervorzubringen vermag.

Zur Bestimmung des hämolytischen Index wird defibriniertes Blut mit der 50fachen Menge 0,9%iger Kochsalzlösung verdünnt. Von dieser Blutaufschwemmung gibt man gleiche Mengen in eine Reihe von Reagenzgläsern und fügt in steigenden Mengen Saponinlösung und so viel 0,9%ige Kochsalzlösung zu, daß in allen Gläsern sich gleich viel Flüssigkeit befindet. KOBERT gab in jedes Reagenzglas 5 cm³ Blutaufschwemmung und von der Saponin- und Kochsalzlösung zusammen ebenfalls 5 cm³, so daß jedes Reagenzglas 10 cm³ Flüssigkeit enthielt. Es hat sich als zweckmäßig erwiesen, die Flüssigkeitsmengen auf $^1/_5$ herabzusetzen, um dadurch auch bei größeren Versuchsreihen mit einer geringen Blutmenge das Auslangen zu finden. Nach spätestens 24 Stunden wird das Resultat abgelesen und als Endtiter jenes Reagenzglas gewertet, in welchem gerade noch vollständige Hämolyse eingetreten ist. Die Verdünnung, in der sich die Droge in diesem Reagenzglas befindet, ist ihr hämolytischer Index.

Die Herstellung der Dekokte aus der zu untersuchenden Probe erfolgt nach KOBERT nach den Regeln des Arzneibuches, nur wird an Stelle von Wasser physiologische Kochsalzlösung verwendet. Ferner wird nach je fünf Minuten langem Kochen mittels Lackmuspapier die Reaktion geprüft, und falls diese sauer ist, tropfenweise 1%ige Soda-lösung zugesetzt. Das verdampfte Wasser wird zeitweise nachgefüllt. Nach einer halben Stunde wird filtriert und das Filtrat mit destilliertem Wasser auf 100 cm³ gebracht.

Die **Neutralisation mit Alkali** hat nach KOBERT den Zweck, auch eventuell vorhandene saure Saponine besser in Lösung zu bringen. KOBERT empfahl daher den Zusatz von Alkali auch bei Herstellung von Dekokten aus Saponindrogen für therapeutische Zwecke. BRANDT[2]) hingegen hält den Zusatz von Natriumkarbonat nicht für nötig, sondern eher für schädlich. Aus den Untersuchungen von KARSMARK und KOFLER[3]) KOFLER[4]) und LÁZÁR[5]) geht hervor, daß der niedrigere hämolytische

[1]) R. KOBERT, Ber. d. Dtsch. pharmaz. Ges. **22,** 203 (1912).

[2]) W. BRANDT, Pharmaz. Zeitschr. 1924, Nr. 19.

[3]) K. A. KARSMARK u. L. KOFLER, Pharmaz. Zentralh. **66,** 717 (1925).

[4]) L. KOFLER, Vortrag Vers. Dtsch. Naturforsch. u. Ärzte, Düsseldorf 1926, Pharmaz. Monatshefte 1926.

[5]) L. KOFLER u. Z. LÁZÁR, Arch. d. Pharmaz. u. Ber. d. Dtsch. pharmaz. Ges. (Im Druck.)

Index, den man bei Zusatz von Natriumkarbonat tatsächlich in manchen Fällen erhält, nicht darauf beruht, daß die betreffenden neutralisierten Dekokte etwa weniger Saponine enthalten als die Dekokte ohne Natriumkarbonat, sondern darauf, daß die durch das Natriumkarbonat erzeugte neutrale oder schwach alkalische Reaktion die Hämolysewirkung herabsetzt. Dabei handelt es sich namentlich um Saponine des Typus II (siehe S. 137). Bei manchen Drogen mit ausgesprochen saurem Charakter der Saponine läßt sich aber durch Extraktion unter Zusatz von Natriumkarbonat ein beträchtlich höherer hämolytischer Index erhalten als ohne Natriumkarbonat (GAISBÖCK[1]), KOFLER[2]). Aber auch bei den Drogen, bei welchen der hämolytische Index eines mit Natriumkarbonatzusatz hergestellten Dekoktes niedriger ist als der eines natriumkarbonatfreien Dekoktes, wird in den meisten Fällen durch Neutralisation mehr Saponin aus der Droge herausgelöst (KOFLER und ADAM[3]).

Eine Neutralisation der Dekokte erscheint bei Bestimmung des hämolytischen Index aber noch aus einem anderen, viel wichtigeren Grund geboten, nämlich zur Erzielung gleichmäßiger Resultate. Da die Wasserstoffionenkonzentration auf die Höhe des hämolytischen Index einen beträchtlichen Einfluß ausübt, ist es nicht gleichgültig, ob die Hämolyseversuche bei saurer, neutraler oder alkalischer Reaktion durchgeführt werden. Versuche, die untereinander vergleichbar sein sollen, müssen daher bei derselben Wasserstoffionenkonzentration angestellt werden. Beim Zusetzen einer 1%igen Natriumkarbonatlösung und Kontrolle der Reaktion mit Lackmuspapier läßt sich naturgemäß keine genaue Einstellung erreichen. Ich bin daher in den gemeinsam mit ADAM durchgeführten Versuchen dazu übergegangen, **für die Bestimmung des hämolytischen Index gepufferte Lösungen** zu verwenden mit $p_H = 7{,}4$. Dabei haben sich vorläufig m/15-Phosphatgemische als zweckmäßig erwiesen. Für alle Lösungen, Extraktionen usw. verwenden wir stets nur 0,9%ige Kochsalzlösungen, welche m/15-Phosphatpuffergemische enthalten. Dadurch haben wir die Gewähr, daß das hämolytische System stets dieselbe Wasserstoffionenkonzentration aufweist.

Neuerdings wurde von BRANDT[4]) ein Verfahren vorgeschlagen, bei dem die Droge mit verdünntem Methylalkohol extrahiert wird. Die

---

[1]) S. GAISBÖCK, Klin. Wochenschr. **3**, 474 (1924).

[2]) L. KOFLER, Arch. d. Pharmaz. u. Ber. d. Dtsch. pharmaz. Ges. **262**, 318 (1924).

[3]) L. KOFLER u. A. PH. ADAM, Arch. d. Pharmaz. u. Ber. d. Dtsch. pharmaz. Ges. (Im Druck.)

[4]) W. BRANDT, Arch. d. Pharmaz. u. Ber. d. Dtsch. pharmaz. Ges. **264**, 662 (1926).

Methode bietet keine Vorteile, sondern führt im Gegenteil zu neuen Fehlerquellen. Der Einfluß der Wasserstoffionenkonzentration auf die Löslichkeit der Saponine und auf die Hämolyse wird von BRANDT dabei nicht berücksichtigt.

Ein weiterer wichtiger Punkt, dem früher wenig Beachtung geschenkt wurde, ist der **Feinheitsgrad** der zu extrahierenden Droge. KARSMARK[1]) wies auf den großen Unterschied im hämolytischen Index einer zerschnittenen und einer gepulverten Senegadroge hin. Ich fand in den gemeinsam mit ADAM durchgeführten Versuchen bei allen geprüften Drogen einen beträchtlich höheren hämolytischen Index, wenn gepulverte Droge verwendet wurde.

Die **Temperatur** bei Herstellung der Dekokte verdient ebenfalls Beachtung. Kocht man über freier Flamme, so erhält man bei vielen Drogen einen niedrigeren Index als bei Herstellung der Drogenauszüge auf dem kochenden Wasserbad. Bei einzelnen Drogen, namentlich bei Sarsaparilla, ist sogar die Wasserbadtemperatur von Nachteil. Um ein gleichmäßiges Vorgehen zu gewährleisten, extrahieren wir mit Ausnahme der Sarsaparilla stets eine halbe Stunde auf dem kochenden Wasserbad. Bei Aufstellung des Hämolyseversuches spielen kleinere Schwankungen der Temperatur nur eine untergeordnete Rolle. Die Versuche können daher bei Zimmertemperatur angestellt werden.

Wie aus den Ausführungen des vorigen Kapitels hervorgeht, besitzen die Blutkörperchen der einzelnen Tierarten, ja unter Umständen sogar verschiedener Individuen derselben Tierspezies eine verschiedene Empfindlichkeit gegen Saponinhämolyse. Es sind also streng genommen nur die mit derselben Blutprobe gewonnenen Werte untereinander vergleichbar. Ist man aber gezwungen, mit verschiedenen Blutproben derselben Tierspezies gewonnene Werte zu vergleichen, so empfiehlt sich die Heranziehung eines bestimmten Saponins als **Testobjekt** zur Eichung der Blutprobe. Es mußte allerdings zuerst nachgewiesen werden daß dieser Vorgang Berechtigung besitzt, daß also z. B. zwei Proben Rinderblut, deren Resistenz gegen Digitonin verschieden ist, auch den entsprechenden Resistenzunterschied gegenüber Cyclamin zeigen, usw. Für Rinderblut haben KOFLER und LÁZÁR[2]) nachgewiesen, daß die tatsächlich der Fall ist. Die mit verschiedenen Proben Rinderblut wechselnder Resistenz durch Korrektur mit einem Testobjekt erhaltenen Werte für den hämolytischen Index von Saponinen und Saponindrogen sind daher untereinander vergleichbar. Als Testobjekt schlug WASICKY[3] Saponin pur. albiss. MERCK vor, dessen hämolytischer Index bei de

---

[1]) K. A. KARSMARK, Pharmaz. Zentralh. **66**, 353 (1924).

[2]) L. KOFLER, Vortrag Vers. Dtsch. Naturf. u. Ärzte, Düsseldorf 1926 Pharmazeut. Monatshefte 1926.

[3]) R. WASICKY, Pharmaz. Post **46**, 989 (1913).

unten zu besprechenden Versuchsanordnung mit Rinderblut durchschnittlich zwischen 1:10 000 und 1:18 000 schwankt. Den Index von 25 000 setze ich willkürlich als normal fest. Ist nun der betreffenden Blutprobe gegenüber der Index des Saponin pur. albiss. Merck beispielsweise 12 500, so werden alle am gleichen Tage mit diesem Blute gewonnenen Werte anderer Saponine oder Saponindrogen mit dem Faktor 2 multipliziert. Es werden dann also nicht die an verschiedenen Tagen wirklich abgelesenen Werte untereinander verglichen, sondern die durch Multiplikation mit dem entsprechenden Faktor korrigierten Werte.

An Stelle von Rinderblut läßt sich auch jedes andere Blut verwenden. Kobert benutzte meistens menschliches Plazentablut. Für die Auswahl der Blutart spielen vorwiegend technische Gründe eine Rolle. Vergleichbar sind, was hier nochmals betont werden soll, auch bei Verwendung eines Testobjektes nur Werte, die mit dem Blut derselben Tierspezies gewonnen wurden.

Unter Berücksichtigung der besprochenen Faktoren ist für die Wertbestimmung von Saponindrogen folgendes erforderlich:

a) Eine 0,9%ige Kochsalzlösung mit m/15-Phosphatpuffergemisch von $p_H = 7,4$.

b) Eine mit a) hergestellte 2%ige Aufschwemmung von defibriniertem Blut.

c) Eine höchstens einige Tage alte 0,02%ige Lösung von Saponin pur. albiss. Merck in a).

Für die **Herstellung des Drogenauszuges** wird Pulver von einem bestimmten, stets gleichen Feinheitsgrad verwendet. Eine gewogene Menge Drogenpulver wird mit 100 cm³ der Lösung a) auf dem kochenden Wasserbade unter öfterem Umrühren eine halbe Stunde digeriert. Hierauf wird heiß filtriert und das Filtrat mit destilliertem Wasser auf 100 cm³ gebracht. Die Menge des verwendeten Drogenpulvers richtet sich nach der Stärke der Hämolysewirkung der betreffenden Droge und wird durchschnittlich zwischen 0,2 und 2,0 g auf 100 cm³ Flüssigkeit betragen. Bei Versuchen mit verschiedenen Proben einer und derselben Droge, die miteinander verglichen werden sollen, muß naturgemäß stets dieselbe Drogenmenge extrahiert werden.

Zur **Durchführung der Bestimmung** wird in mehrere kleinere Reagenzgläser je 1 cm³ Blutaufschwemmung b) eingefüllt. Jedes Reagenzglas wird dann mit steigenden Mengen (0,10, 0,15, 0,20......0,90, 0,95, 1 cm³) Drogenauszug und mit so viel von Lösung a) versetzt, daß die Gesamtflüssigkeitsmenge in jedem Reagenzglas 2 cm³ beträgt. So enthält dann z. B. ein Reagenzglas 1 cm³ Blutaufschwemmung, 0,8 cm³ Drogenauszug und 0,2 cm³ gepufferte Kochsalzlösung; das folgende Reagenzglas 1 cm³ Blutaufschwemmung, 0,85 cm³ Drogenauszug und 0,15 cm³ Kochsalzlösung. Die Verdünnung des Blutes ist in allen Gläsern 1:100. Die Zugabe erfolgt in der Reihenfolge: Blut, Kochsalzlösung, Drogenauszug. Unmittelbar nach dem Zusammenbringen der Flüssigkeiten und dann 15 Minuten später werden die Reagenzgläser zur Durchmischung leicht aufgeschüttelt.

Gleichzeitig mit diesem Versuch wird genau in derselben Weise eine Reihe Reagenzgläser mit der 0,02%igen Saponinlösung c) angesetzt.

Beide Hämolysereihen bleiben bei Zimmertemperatur ruhig stehen. Tritt schon nach wenigen Minuten in allen Röhrchen einer Reihe eine Klärung der Blutaufschwemmung ein, so war der Drogenauszug, bzw. die Saponinlösung zu stark, und es muß ein neuer Versuch mit einer verdünnteren Lösung angestellt werden. Die endgültige **Ablesung** erfolgt am besten nach 12 bis 20 Stunden. Das Bild ist dann beispielsweise folgendes: In den Reagenzgläsern mit geringen Mengen Saponinlösung ist die Flüssigkeit klar und nahezu farblos, die intakten Blutkörperchen finden sich am Boden des Reagenzglases und können durch Schütteln wieder gleichmäßig verteilt werden. Das zweite und dritte Reagenzglas bietet dasselbe Bild. Im vierten Glas ist die Blutaufschwemmung rot gefärbt, am Boden finden sich aber noch unveränderte Blutkörperchen, die die Flüssigkeit beim Schütteln trüben; es ist hier partielle Hämolyse eingetreten. Im fünften und in den folgenden Gläsern ist die Flüssigkeit intensiv rot gefärbt und besitzt keinen merklichen Bodensatz; es ist totale Hämolyse eingetreten. Das Reagenzglas mit der geringsten Menge Saponinlösung, bei dem totale Hämolyse eingetreten ist, wird für die Berechnung des hämolytischen Index verwendet. Man berechnet die Verdünnung, in der sich das Saponin oder die Saponindroge in dem betreffenden Reagenzglas befindet. Handelt es sich beispielsweise um das Reagenzglas, dem 0,8 cm³ 0,2%iger Drogenauszug zugesetzt wurden, so ist der hämolytische Index der betreffenden Droge 1:1250. Gleichzeitig wird der hämolytische Index des Saponin pur. albiss. MERCK berechnet und dann der hämolytische Index der Droge mit dem entsprechenden Faktor korrigiert.

Es ist vorteilhaft und bei einiger Übung nicht schwierig, die Konzentration der Drogenauszüge und Saponinlösungen so zu wählen, daß die totale Hämolyse in jenen Reagenzgläsern auftritt, die größere Mengen Saponinlösung (0,6 bis 1,0 cm³) enthalten. Es sind dabei die Intervalle zwischen den einzelnen Gläsern geringere. Ich benütze für diese Zwecke häufig eine Tabelle zur Berechnung des hämolytischen Index, die von Herrn Dr. O. DAFERT, Wien, zusammengestellt wurde und hier mit seiner gütigen Erlaubnis zum Abdruck gelangt. Die Tabelle ist besonders wertvoll zur raschen Orientierung über die zu wählende Konzentration der Saponinlösungen und die zu verwendenden Flüssig-

Tabelle 15 a (nach DAFERT)
Zur Berechnung des hämolytischen Index

Anzahl der cm³ Saponinlösung	Konzentration der Saponinlösung				
	0,001 %	0,002 %	0,005 %	0,01 %	0,02 %
0,05	4 000 000	2 000 000	800 000	400 000	200 000
0,1	2 000 000	1 000 000	400 000	200 000	100 000
0,15	1 333 000	667 000	266 600	133 300	66 700
0,2	1 000 000	500 000	200 000	100 000	50 000
0,25	800 000	400 000	160 000	80 000	40 000
0,3	667 000	333 300	133 300	66 700	33 300
0,35	571 000	285 700	114 300	57 100	28 600
0,4	500 000	250 000	100 000	50 000	25 000
0,45	444 400	222 200	88 900	44 400	22 200
0,5	400 000	200 000	80 000	40 000	20 000
0,55	363 600	181 800	72 700	36 400	18 100
0,6	333 300	166 700	66 700	33 300	16 700
0,65	307 700	153 800	61 500	30 800	15 400
0,7	285 700	142 900	57 100	28 600	14 300
0,75	275 700	133 300	53 300	26 700	13 300
0,8	250 000	125 000	50 000	25 000	12 500
0,85	235 300	117 600	47 000	23 500	11 800
0,9	222 200	111 100	44 400	22 200	11 100
0,95	210 500	105 200	42 100	21 000	10 500
1,0	200 000	100 000	40 000	20 000	10 000

Tabelle 15 b (nach DAFERT)

Anzahl der cm³ Saponinlösung	Konzentration der Saponinlösung				
	0,05 %	0,1 %	0,2 %	0,5 %	1,0 %
0,05	80 000	40 000	20 000	8 000	4 000
0,1	40 000	20 000	10 000	4 000	2 000
0,15	26 700	13 300	6 700	3 300	1 700
0,2	20 000	10 000	5 000	2 000	1 000
0,25	16 000	8 000	4 000	1 600	800
0,3	13 000	6 700	3 300	1 400	670
0,35	11 400	5 700	2 900	1 100	570
0,4	10 000	5 000	2 500	1 000	500
0,45	8 900	4 400	2 200	890	440
0,5	8 000	4 000	2 000	800	400
0,55	7 300	3 600	1 800	730	360
0,6	6 700	3 300	1 700	670	330
0,65	6 200	3 100	1 600	620	310
0,7	5 700	2 900	1 400	570	290
0,75	5 300	2 700	1 300	530	270
0,8	5 000	2 500	1 250	500	250
0,85	4 700	2 300	1 170	470	235
0,9	4 400	2 200	1 100	440	220
0,95	4 200	2 100	1 050	420	210
1,0	4 000	2 000	1 000	400	200

keiten, wenn man schon im voraus weiß, in welcher Höhe der gesuchte hämolytische Index ungefähr liegt. Die oberste horizontale Reihe gibt die Konzentration der Saponinlösungen an, die linke Vertikalreihe die in jedem Reagenzglas vorhandene Menge der Saponinlösung in Kubikzentimetern, z. B. 0,8 cm³, wobei das betreffende Reagenzglas dann außerdem noch 1 cm³ Blutaufschwemmung und 0,2 cm³ Kochsalzlösung enthält. Wurde für diesen Versuch ein 0,2%iger Drogenauszug verwendet, so ergibt sich nach der Tabelle 15a ein hämolytischer Index von 1:1250.

Wenn man den Saponingehalt einer Droge bestimmen will, so muß man berücksichtigen, daß die Drogen in der Regel mehrere Saponine enthalten. Eine Droge mit einem einzigen Saponin, das in reiner unveränderter Form aus der Droge gewonnen werden kann, ist sehr selten. Nur in diesem Fall wäre es möglich, durch Vergleich des hämolytischen Index der Droge und des reinen Saponins Schlüsse auf den perzentuellen Gehalt der Droge zu ziehen. Zu ganz falschen Resultaten kann es naturgemäß führen, wenn, wie dies nicht selten geschieht, der Saponingehalt einer Droge durch Vergleich mit dem hämolytischen Index irgendeines beliebigen Saponins errechnet wird.

Was wir vom Hämolyseversuch erwarten können, ist der Vergleich verschiedener Proben einer Droge, z. B. Radix *Senegae* oder *Sarsaparillae*. Dadurch lassen sich annähernde Wertbestimmungen durchführen und minderwertige, saponinarme Proben von den vollwertigen unterscheiden. Für diese Zwecke ist die Bestimmung des hämolytischen Index den chemischen Methoden überlegen. Man muß sich dabei aber bewußt bleiben, daß sich einige Fehlerquellen auch bei sorgfältigstem Arbeiten nicht ausschalten lassen. Es sei hier nur an die zahlreichen, im vorigen Kapitel erwähnten Substanzen erinnert, die durch ihre Gegenwart hemmend oder fördernd auf die Hämolyse einwirken. Manche der oben aufgezählten Stoffe können auch in den Drogenauszügen vorkommen und die Hämolyse beeinflussen. So Kohlenhydrate, Gerbstoffe, Alkali- und Erdalkalisalze.

Auf **Fehler,** die beim Hämolyseversuch durch gleichzeitig in der Droge vorhandenen Gerbstoffe entstehen können, wies GAISBÖCK[1]) hin. Ein 2%iges Dekokt von Radix *Primulae* rief keine Hämolyse, sondern Agglutination der roten Blutkörperchen hervor. Wurde das Dekokt aber zur Hälfte verdünnt, so trat sogleich Hämolyse und keine Agglutination ein. Im unverdünnten Dekokt überwog die agglutinierende Wirkung des Gerbstoffes die hämolytische Wirkung des Saponins. Nach meinen eigenen Erfahrungen mit zahlreichen Proben von Radix *Primulae* ist der Gerbstoff der Droge nur in vereinzelten Fällen so groß, daß er die Hämolyse ir

---

[1]) F. GAISBÖCK, Klin. Wochenschr. **3,** 474 (1924).

konzentrierten Dekokten zu hindern vermag. In den offizinellen
Saponindrogen der Arzneibücher ist aber kein oder nur wenig Gerbstoff
vorhanden. Bei Untersuchung mancher anderer Saponinpflanzen ist
jedoch auf diese Fehlerquelle zu achten.

25. Andere Wirkungen auf Blut

Cyclamin in geringer Menge nativem Blut verschiedener Tiere
zugesetzt, besitzt die Eigenschaft, die **Gerinnung** hochgradig zu fördern,
während größere Mengen die Gerinnung verzögern (TUFANOW[1]). Dieselbe
Wirkung äußert das Cyclamin auch bei vollständiger Abwesenheit roter
Blutkörperchen in filtriertem Pferdeblutplasma. Quillajasäure dagegen
hat auf die Fibringerinnungsvorgänge im Blut keinen Einfluß. Der
gerinnungshemmende Einfluß großer Dosen eines Saponins, dessen
Herkunft nicht angegeben ist, wurde von ZAK[2] bestätigt. ZAK erklärte
die hemmende Wirkung durch eine Beeinflussung der Thrombokinase
durch das Saponin und betrachtet dies als einen deutlichen Hinweis
auf die lipoide Natur der Thrombokinase.

In vitro wirkt Saponin lösend auf die **Blutplättchen,** es sind
aber ziemlich hohe Konzentrationen erforderlich. Von 0,5% an bewirkt
Saponin in vitro eine deutliche Verminderung der Zahl der Blutplättchen,
die dann mit wachsender Konzentration bis 2% sich bis zum völligen
Verschwinden in zwölf Stunden steigert (BESKOW[3]). Über die Wirkung
von Saponin auf die Blutplättchen in vivo siehe S. 188.

Leukozyten von Warmblütern sterben in Saponinlösungen in kurzer
Zeit ab und werden aufgelöst. Ebenso werden nach KOBERT[4] die weißen
Blutkörperchen der Cephalopoden, Schnecken und Krebse und Gephyreen
durch verschiedene Saponine in entsprechender Konzentration aufgelöst. Nach NEUFELD und PROWAZEK[5] werden Leukozyten bei Zusatz
von Sapotoxin sogleich unbeweglich, bleiben aber als durchsichtige
glasige Gebilde mit deutlich hervortretendem Kern bestehen.

Die **Luesflockungsreaktionen** und die Flockungsreaktion zum
Nachweis heterogenetischer Antikörper werden durch Saponinzusatz
gehemmt (NIEDERHOFF[6]). Wird zu einem Reaktionsgemisch nach

---

[1]) N. TUFANOW, Arbeit. d. Pharmakol. Inst. zu Dorpat I, 1888, S. 126.
[2]) E. ZAK, Arch. f. exp. Pathol. u. Pharmakol. **70,** 40 (1912).
[3]) A. BESKOW, Cpt. rend. séances de la soc. de biol. **91,** 1092 (1924).
[4]) R. KOBERT, Beitr. S. 91.
[5]) F. NEUFELD u. S. v. PROWAZEK, Arbeit. a. d. kais. Gesundheitsamte
Berlin **25,** 502 (1907).
[6]) P. NIEDERHOFF, Münch. med. Wochenschr. **69,** 929 (1922).

Sachs-Georgi 0,5 cm³ einer 1- oder 2%igen Saponinlösung in physiologischer Kochsalzlösung zugesetzt, so unterbleibt in den positiven Fällen die charakteristische Flockenbildung. Eine positive Reaktion wird also negativ. Auch im Liquor erfährt die Sachs-Georgi-Reaktion durch Saponin eine Aufhebung (Takenomata[1]). Das beim Zusammenwirken von Organextrakt und Luesserum bereits entstandene Präzipitat wird durch nachträglichen Zusatz von Saponin wieder aufgelöst. Es bedarf aber dazu eines gewissen Zeitraumes, und es sind größere Saponinmengen erforderlich als zur Hemmung der erst im Entstehen begriffenen Flockung (Takenomata). Ein „Meinicke-Reaktions-Gemisch" wird in seinem positiven Ablauf nicht so vollständig durch Saponin aufgehoben. Es zeigt sich vielmehr nur eine hochgradige Abschwächung, die allerdings bisweilen auch zu einer vollständigen Aufhebung der positiven Reaktion führen kann. Hiebei macht sich ein kleiner Unterschied bemerkbar, je nachdem ob die zugesetzte Saponinlösung mit destilliertem Wasser oder mit Kochsalzlösung hergestellt war. Erstere Lösung hat eine stärker abschwächende Wirkung auf die Flockenbildung zur Folge.

Ganz ähnlich ist nach Niederhoff die Einwirkung von Saponin auf die **Flockungsreaktion zum Nachweis heterogenetischer Antikörper nach** Sachs-Guth. Durch Zusatz einer 1- bis 2%igen Saponinlösung wird die Flockenbildung fast vollständig aufgehoben. Dies gilt nach Takenomata jedoch nur für die angegebenen relativ großen Saponinmengen. Geringere Saponinmengen hingegen verstärken den Flockungsgrad und sind bei fehlender Flockung imstande, selbst eine Flockung herbeizuführen. Hinreichend große Saponinmengen vermögen auch hier die bereits eingetretene Flockung wieder aufzulösen (Takenomata).

Auf die **Präzipitinreaktion nach** Uhlenhuth übt Saponin nach den Versuchen von Niederhoff keinen Einfluß aus. Takenomata sah aber, daß es sehr von den quantitativen Bedingungen abhängt, ob eine durch das Saponin bedingte Hemmung der spezifischen Präzipitation nachweisbar ist oder nicht. Am deutlichsten tritt die auflösende Saponinwirkung bei relativem Antigenüberschuß und geringen Antiserummengen hervor.

Nach Takenomata erstreckt sich der hemmende Einfluß des Saponins auch auf die **Komplementbindungsvorgänge,** und zwar sowohl auf die Wassermann-Reaktion und die heterogenetische Antigen-Antikörper-Reaktion als auch auf die durch spezifische Eiweiß-Antigen-Antikörper-Reaktion bedingte Komplementablenkung.

Leider geben Niederhoff und Takenomata den Namen des verwendeten Saponins nicht an.

---

[1] N. Takenomata, Zeitschr. f. Immunitätsforschung u. exper. Ther., Tl. 1, Orig. Bd. 39, 254 (1924).

26. Wirkung auf isolierte Körperzellen

Hämoglobinfreie Leberzellen vom Schwein werden nach Halber-kann[1]) durch Assamin aufgelöst. Die Löslichkeit ist beträchtlich, da sie noch bei 10 mg Saponin + 20 cm³ Zellgemisch (mit ungefähr ½ cm³ Zellen) deutlich nachweisbar ist. Daß eine Lösung erfolgte, schloß Halberkann daraus, daß erstens der Bodensatz einer mit dem Saponin versetzten Zellsuspension kleiner war als der einer saponinfreien Suspension, und daß zweitens die saponinhaltigen Filtrate eiweißreicher waren als die saponinfreien. Mit Formaldehyd gehärtete Leberzellen wurden vom Saponin nicht beeinflußt.

Zu entgegengesetzten Resultaten kam Schreuder[2]) mit isolierten Körperzellen verschiedener Art, wie Thymus, Leukozyten, Eiterzellen, Schleimhautzellen des Dünndarms, Milz-, Leber-, Nieren-, Gehirn- und Plazentarzellen.

Schreuder verglich z. B. eine Suspension von gewaschenen Hirnzellen des Kaninchens in physiologischer Kochsalzlösung mit einer solchen in physiologischer Kochsalzlösung + Saponin. 0,5 g Sapindussaponin, in Form einer 1%igen Lösung zu Hirnzellenbrei zugesetzt, hatte folgende Wirkung: Die Auslaugung von Eiweiß aus den Hirnzellen war in der saponinhaltigen und der saponinfreien Suspension gleich groß. Dagegen wurde durch den Saponinzusatz das Volumen des sich allmählich bildenden Bodensatzes um das Doppelte vermehrt. Übereinstimmende Resultate erhielt Schreuder mit allen genannten Körperzellen und mit allen untersuchten Saponinen. Es waren dies außer dem Sapindussaponin, Saponin Sthamer, Saponalbin („Saponin purissimum Merck"), Assamin und Senegin.

Die Volumvermehrung ist nach Schreuder auf eine „Verankerung" des Saponins an die Körperzellen zurückzuführen. Diese Verankerung ist so fest, daß die Saponine durch Waschen mit physiologischer Kochsalzlösung dem Zellbrei nicht entzogen werden können. Nicht einmal durch verdünnte Salzsäure ist eine Zerlegung der Verbindung zwischen der Zelle und dem Saponin möglich. Wohl aber macht Behandeln der Zellen mit Kochsalzlösung, welche Natriumkarbonat enthält, das Saponin wieder frei. Mit dem so gewonnenen und dann neutralisierten Filtrate kann man starke Hämolysewirkung hervorrufen, und zwar nicht nur mit dem ersten Filtrat, sondern auch mit den folgenden. Daraus schließt Schreuder, daß nicht nur Spuren, sondern merkliche Mengen von Saponin gebunden waren und dann in Lösung gingen. Frische und mit Formalin gehärtete Zellen zeigen keinen Unterschied in ihrem Verhalten gegen Saponin.

---

[1]) J. Halberkann, Biochem. Zeitschr. 19, 395 (1909).
[2]) A. Schreuder, Biochem. Zeitschr. 88, 363 (1918).

27. Örtliche Wirkung auf höhere Tiere

Auf Schleimhäute gebracht, wirken Saponine in jeder Form stark reizend. Eine kleine Menge Saponin, in Pulverform verstäubt, **reizt zu heftigem Niesen.** Das Stoßen und Pulverisieren von Quillajarinde und Seifenwurzel in Drogenhäusern und Apotheken ist eine gefürchtete Arbeit. Werden dabei keine besonderen Schutzmaßregeln eingehalten, so erkranken die Arbeiter dabei sehr bald an heftigem Schnupfen, Husten, Heiserkeit und Konjunktivitis.

Bringt man nach KOBERT[1]) eine Spur Quillajasäure in Staubform oder einen Tropfen einer 2- bis 3%igen Lösung auf die **Konjunktiva** eines Menschen oder eines Tieres, so entsteht sofort ein heftiger brennender Schmerz, so daß die Lider zugekniffen werden. Unter reichlichem Tränenfluß entsteht innerhalb von zwei Stunden eine ödematöse Schwellung der Lider. Wischt man die ektropionierten Lider ab, so bildet sich auf ihnen rasch von neuem ein Belag von schleimig-eitrigem Sekret. Die Kornea büßt etwas ihre Durchsichtigkeit ein, eine Erscheinung, die erst nach Tagen gänzlich verschwindet, während die übrigen Reizerscheinungen nach etwa fünf Stunden langsam wieder abnehmen. Bisweilen kommt es zur Bildung wirklicher Leukome. Manche Saponine wirken noch in sehr verdünnten Lösungen reizend auf das Auge, andere sind nur schwach wirksam. KOFLER und SCHRUTKA[2]) stellten vergleichende Versuche an Kaninchen an und ermittelten jene Verdünnung der wässerigen Saponinlösung, von der ein Tropfen in den Bindehautsack gebracht, eine nach 24 Stunden deutlich erkennbare Entzündung hervorruft. Die Verdünnungen, bei denen diese Wirkung eintritt, sind in der folgenden Tabelle zusammengestellt.

Name des Saponins:	Wirksame Verdünnung am Kaninchenauge:
Digitonin	230 000
Primulasäure	110 000
Sapindussaponin	3 500
Sapotoxin	2 500
Saponin pur. albiss.	1 500
Senegin	1 000
Powdered-Saponin	1 000
Roßkastaniensaponin	1 000
Guajaksaponin	1 000
Saponin STHAMER	900
Gypsophilasaponin	900

Die Wirkungsstärke aufs Auge zeigt eine verhältnismäßig gute Übereinstimmung mit dem Fischindex (siehe S. 119). Digitonin ist auch

---

[1]) R. KOBERT, Arch. f. exper. Pathol. u. Pharmakol. **23**, 257 (1887).
[2]) L. KOFLER u. W. SCHRUTKA, Biochem. Zeitschr. **159**, 327 (1925).

hier wieder am stärksten wirksam. Auffallend ist die schwache Wirkung des Gypsophilasaponins auf Fische und die Augenschleimhaut, da dieses Saponin stark hämolytisch wirkt und bei intravenöser Injektion ebenso giftig ist wie Primulasäure. Vielleicht hängt dies damit zusammen, daß Gypsophilasaponin überhaupt nicht oder wenigstens viel langsamer dialysiert als die meisten anderen Saponine (siehe S. 44).

Stückchen vom **Flimmerepithel** aus dem Rachen des Frosches zeigen in der feuchten Kammer nach dem Betupfen mit 1%iger Lösung des Natriumsalzes der Quillajasäure die Flimmerbewegung viel weniger lange und weniger schön als Stückchen ohne Saponinbehandlung (KOBERT).

Der **kratzende Geschmack** der Saponine ist eine ihrer bekanntesten Eigenschaften. Als kurzer Ausdruck ist das Wort kratzend die am besten zutreffende Bezeichnung. In Form von Pulver oder konzentrierten Lösungen ist der Geschmack anfangs brennend. Charakteristisch ist das lange Nachhalten des Geschmackes, der zu ständigem Räuspern zwingt. Der kratzende Geschmack läßt sich bei vielen Saponinen noch in sehr großen Verdünnungen erkennen. Im folgenden ist nach KOFLER und SCHRUTKA für einige Saponine die Verdünnung der wässerigen Lösungen angegeben, in denen der Geschmack der Saponine eben noch erkennbar ist.

Name des Saponins:	Geschmacksgrenze:
Digitonin	380 000
Saponin pur. albiss.	300 000
Primulasäure	250 000
Senegin	250 000
Guajaksaponin	200 000
Roßkastaniensaponin	200 000
Sapindussaponin	130 000
Saponin STHAMER	100 000
Powdered-Saponin	100 000
Gypsophilasaponin	80 000
Sapotoxin	80 000

Abgesehen von dem starken Geschmack des Digitonins, läßt sich keinerlei Übereinstimmung zwischen der Geschmacksintensität der untersuchten Saponine und ihren anderen physiologischen Wirkungen erkennen.

Glycyrrhizin und das ihm nahestehende Eupatorin und Rebaudin besitzen einen intensiv süßen Geschmack. Das primäre Kaliumsalz der Glycyrrhizinsäure schmeckt noch in 20 000facher Verdünnung rein und nachhaltig süß. Eupatorin schmeckt 150mal und

Rebaudin 180mal süßer als Zucker (KOBERT[1]). Dabei ist allerdings zu berücksichtigen, daß diese Substanzen auch in vielen anderen Eigenschaften weitgehend von den Saponinen abweichen, so daß ihre Zugehörigkeit zur Gruppe der Saponinsubstanzen zweifelhaft ist.

Auf der **intakten äußeren Haut** bringen selbst konzentrierte Saponinlösungen bei mehrstündiger Applikation keine morphologisch erkennbare Wirkung hervor. Erst bei öfterem Bepinseln der Haut mit einer Lösung des Natriumsalzes der Quillajasäure oder einer Salbe aus Lanolin und dem Saponin beobachtete KOBERT[2] deutliche Rötung der Haut, Jucken und Brennen und bei fortdauernder Einreibung einen schmerzenden Pustelausschlag. PACHORUKOW[3] rieb im Selbstversuch konzentrierte Sapotoxinlösungen lange in die Haut ein und beobachtete keine Wirkung. Ebenso rief Cyclamin auf der intakten Haut keine Veränderungen hervor (TUFANOW[4]).

An der **Schwimmhaut des Frosches** beobachtete JACOBI[5] eine **Erhöhung der Permeabilität** unter der Einwirkung von Saponin. Aufträufeln einer Adrenalinlösung von 1 : 20 000 ist ohne Wirkung auf die Gefäße der Froschschwimmhaut. Wenn JACOBI jedoch zuerst eine 0,8%ige Lösung eines nicht näher bezeichneten Saponins auftropfte, so wurden häufig die Gefäße erweitert und der Kreislauf verstärkt. Wurde nun nach Abspülen der Saponinlösung eine Adrenalinlösung 1 : 20 000 aufgetragen, so kam es schon nach einer Minute zu einer starken Kontraktion der Arterien und nach fünf Minuten zu einem fast völligen Stillstande des Kreislaufes. Eine ähnliche Steigerung der Durchlässigkeit der Schwimmhaut konnte JACOBI auch durch Lösungen von Veronalnatrium, Natriumhydroxyd und Natriumkarbonat hervorrufen, was er vorwiegend auf eine gesteigerte Dispersion der Kolloidmoleküle unter dem Einflusse dissoziierender Hydroxylionen zurückführt. Die Permeabilitätsteigerung unter der Einwirkung der Saponinlösung erklärt JACOBI durch „chemische Veränderung der Lipoidmasse" des Epithels.

Subkutane Einspritzung von Saponin ist sehr schmerzhaft und ruf bei Warmblütern hochgradige Entzündungserscheinungen und ausgedehnte Ödembildung hervor. Wenn das Tier nicht an den resorptiven Erscheinungen zugrunde geht, kommt es an der Injektionsstelle häufi zu Eiterung und Nekrose und schließlich zur Ausheilung der Wunde

---

[1]) R. KOBERT, Ber. d. Dtsch. pharmaz. Ges. **25**, 162 (1915).
[2]) R. KOBERT, Arch. f. exper. Pathol. u. Pharmakol. **23**, 257 (1887
[3]) D. PACHORUKOW, Arbeit. d. Pharmakol. Inst. zu Dorpat 1888, S. 23.
[4]) N. TUFANOW, Arbeit. d. Pharmakol. Inst. zu Dorpat 1888, I, S. 13!
[5]) W. JACOBI, Arch. f. exper. Pathol. u. Pharmakol. 88, 333 (1920

Nach subkutaner Injektion von Agrostemma-Sapotoxin bei Hunden, Meerschweinchen und Kaninchen fanden BRANDL[1]) und NEUMAYER[2]) eine sulzige Infiltration des Unterhautbindegewebes. Zweifellos bewirkt das subkutan injizierte Saponin bei entsprechender Dosierung auch allgemeine Vergiftungserscheinungen. Das Bild der resorptiven Wirkung wird durch das der lokalen Erscheinungen und durch die große Schmerzhaftigkeit getrübt. BRANDL konnte bei seinen Versuchen deutliche Symptome einer allgemeinen Saponinvergiftung feststellen und sah nach subkutaner Vergiftung im wesentlichen denselben Sektionsbefund wie nach intravenöser Injektion. HALBERKANN[3]) beobachtete nach subkutaner Einspritzung von Assamin bei Katzen, Hunden und Kaninchen Albuminurie und Zylinderbildung. Für Cyclamin hebt TUFANOW ausdrücklich hervor, daß nach subkutaner Applikation bei Tauben und anderen Tieren eine Wirkung auf den Gesamtorganismus nicht feststellbar war. Die letalen Dosen bei subkutaner Einverleibung stehen im allgemeinen zwischen den intravenös und den per os tödlich wirkenden Mengen. Nur bei dreien von den untersuchten Saponinen (Senegin, Guajak- und Sapindussaponin) lag die subkutan tödliche Dosis etwas unter der intravenösen (KOFLER und SCHRUTKA, siehe S. 200).

Vor mehreren Jahrzehnten wurde von PELIKAN[4]), KÖHLER[5]) und anderen Saponin als Lokalanästhetikum empfohlen. Zur Erprobung dieser Wirkung injizierte sich KEPPLER[6]) am Oberschenkel subkutan 0,1 g Saponin in 1 cm³ Wasser gelöst. Das verwendete Saponin war von hellbrauner Farbe und stammte von MERCK, eine genauere Angabe über die Art des Saponins fehlt leider. Der Versuch hätte KEPPLER beinahe das Leben gekostet. Schon während der Injektion entstand an der Einspritzungsstelle ein fast unerträglicher brennender Schmerz. Fünfzehn Minuten nach der Einspritzung ließ sich eine etwa fünfzehn Minuten anhaltende Unempfindlichkeit gegen Nadelstiche feststellen, aber nur soweit die von der Injektionsflüssigkeit gebildete Blase reichte. Der von der Injektion herrührende Schmerz hielt dabei aber mit unverminderter Heftigkeit an. Die Entzündungserscheinungen erreichten nach 24 Stunden ihren Höhepunkt, blieben etwa 24 Stunden auf der Höhe und fielen dann relativ schnell wieder ab. Noch ein Jahr nach dem Versuche fand sich an der Injektionsstelle im Unterhautzellgewebe eine harte Schwiele von beträchtlicher Ausdehnung. Die Unbrauchbarkeit von Saponin als Lokalanästhetikum war durch den Versuch

---

[1]) J. BRANDL, Arch. f. exper. Pathol. u. Pharmakol. **54**, 273 (1906).
[2]) L. NEUMAYER, Arch. f. exper. Pathol. u. Pharmakol. **59**, 311 (1908).
[3]) J. HALBERKANN, Biochem. Zeitschr. **19**, 355 (1909).
[4]) E. PELIKAN, Berl. klin. Wochenschr. **4**, 375 (1867).
[5]) H. KÖHLER, Die lokale Anästhesierung durch Saponin. Halle 1873.
[6]) F. KEPPLER, Berl. klin. Wochenschr. **15**, 475, 493 u. 511 (1878).

von KEPPLER bewiesen, und es wurde in der Folgezeit nie mehr ein derartiger Versuch am Menschen unternommen.

KEPPLERS Mitteilung enthält aber in der ausführlichen Beschreibung des Versuchsverlaufes eine Reihe interessanter Angaben. Er hebt selbst hervor, daß die heftigen Allgemeinerscheinungen (zeitweilige Bewußtlosigkeit, Schlaflosigkeit, Kopf- und Augenschmerzen, Sehstörungen usw.) zum Teil auf den lokalen Schmerz an der Injektionsstelle und die Entzündung zurückzuführen waren, zum Teil aber zweifellos Wirkungen des resorbierten und in den Kreislauf gelangten Saponins waren, so daß also eine akute Saponinvergiftung vorlag. Über die Symptome der akuten Saponinvergiftung siehe S. 173.

28. Wirkung auf Muskeln und Nerven

Gelegentliche Angaben über die **Wirkung von Saponinen auf Muskeln** finden sich in den Arbeiten von KOBERT[1]) und seinen Schülern PACHORUKOW[2]), ATLASS[3]), TUFANOW[4]) und anderen, ferner bei BRANDL[5]) und NEUMAYER[6]). Eingehende neuere Untersuchungen stammen von OVERTON[7]) und SANTESSON[8]).

Nach OVERTON verändern Saponine schon in sehr schwachen Konzentrationen das Aussehen und die Durchlässigkeit quergestreifter Muskeln für Wasser und wasserlösliche Stoffe. Frisch präparierte Froschsartorien nehmen beim Eintauchen in saponinhaltige RINGER-Lösung bald ein mehr oder weniger körniges, kreideartiges Aussehen an, was auf das Absterben der äußersten Schichten zurückzuführen ist. Der Inhalt der peripher gelegenen Muskelfasern zerfällt, wie die mikroskopische Betrachtung zeigt, in zahlreiche kurze, etwas unregelmäßige Segmente. Diese Erscheinung tritt häufig zu einer Zeit ein, wo die Erregbarkeitsverhältnisse des Muskels noch fast unverändert sind. Dies rührt daher, daß bei Anwendung nicht allzu hoher Konzentrationen die äußersten Muskelfasern abgetötet werden, bevor eine Schädigung der innersten axialen Muskelfasern stattgefunden hat. Die Saponine töten die Muskeln Schicht für Schicht, so daß die

---

[1]) R. KOBERT, Arch f. exper. Pathol. u. Pharmakol. **23**, 258 (1887).
[2]) D. PACHORUKOW, Arbeit. d. Pharmakol. Inst. zu Dorpat I, 1888, S. 25.
[3]) J. ATLASS, Arbeit. d. Pharmakol. Inst. zu Dorpat I, 1888, S. 74.
[4]) N. TUFANOW, Arbeit. d. Pharmakol. Inst. zu Dorpat I, 1888. S. 136 u. S. 127.
[5]) J. BRANDL, Arch. f. exper. Pathol. u. Pharmakol. **54**, 269 (1906).
[6]) L. NEUMAYER, Arch. f. exper. Pathol. u. Pharmakol. **59**, 316 (1908).
[7]) E. OVERTON, Lund Universitets Arsskrift. N. F. Abt. 2, **9**, 11 (1913).
[8]) C. G. SANTESSON, Skandin. Arch. f. Physiol. **47**, 78 (1925).

äußersten Schichten schon nach wenigen Minuten oder Stunden getötet werden, während die innersten selbst in einem so dünnen Muskel wie dem Froschsartorius ein bis drei Tage am Leben bleiben können, wenn die Saponinlösungen die minimale tödliche Konzentration nicht zu weit überschreiten. Die abgestorbenen Muskelschichten nehmen aus der Lösung Wasser und Kochsalz auf, so daß schon eine beträchtliche Gewichtszunahme eintritt, bevor die Erregbarkeitsverhältnisse des Muskels stärkere Störungen zeigen. Im allgemeinen üben nach OVERTON die Saponine (Cyclamin, Digitonin, Smilacin) eine schädigende Wirkung in noch etwas geringeren Konzentrationen aus, als zur Hämolyse erforderlich sind. Die relative Wirksamkeit der verschiedenen Saponine auf Muskeln und rote Blutkörperchen ist annähernd dieselbe. Senegin aber wirkt auf Muskeln relativ stärker als auf Blutkörperchen.

Solanin wirkt nach OVERTON schwächer als die meisten Saponine. Es werden zwar auch die äußersten Muskelfasern zuerst angegriffen, doch wirkt das Solanin gleichmäßiger auf den ganzen Muskel als die Saponine, weil es, wie OVERTON annimmt, rascher durch die Gewebsflüssigkeit des Muskels diffundiert.

Aus Froschmuskeln frisch dargestelltes Myosin wird in seiner Gerinnung durch kleine Dosen Cyclamin begünstigt, durch große verlangsamt. Dies steht in Übereinstimmung mit dem Einfluß von Saponinen auf die Gerinnung des Blutes (TUFANOW) (siehe S. 155).

Versenkt man einen Froschsartorius in eine Saponinlösung von geeigneter Konzentration, so erfolgt in der Regel rasch eine Spontankontraktur des Muskels, die durch elektrische Einzelreize noch mehr gesteigert wird. SANTESSON verwendete 10%ige Dekokte von Herba *Polygalae amarae*, ferner Lösungen von Quillajasäure und Solanin. Der Muskel wurde vor der Vergiftung einige Male mit Einzelinduktionsschlägen direkt gereizt und diese Normalzuckungen aufgezeichnet. Dann wurde der Muskel in einen Glastrog mit der Saponinlösung versenkt. Zuweilen entstand dabei sofort (ohne elektrische Reizung) eine spontane Kontraktur. Bei unmittelbar nachher vorgenommener Reizung des Muskels mit einzelnen Induktionsschlägen wurde die Kontraktur sofort bedeutend höher und der Muskel führte dazu noch kräftige Zuckungen aus, so daß die Gesamtverkürzung desselben zwei- bis dreimal größer wurde als vor der Vergiftung. Der Muskel blieb dann verkürzt und seine Kontraktionsfähigkeit für elektrische Reize hörte auch nach vorsichtiger mechanischer Dehnung bald auf. Kokain und in geringem Grade auch Novokain setzen die Kontrakturwirkung der Quillajasäure sehr stark herab, während die Solaninkontraktur durch Kokain nur wenig gehemmt wird.

Die geschilderten Erscheinungen fand SANTESSON bei 10%igen Dekokten der genannten Drogen; bei der Quillajasäure und dem Solanin ist der Ausfall der Versuche wesentlich von der Konzentration der Lösungen abhängig. Am besten eigneten sich bei der Quillajasäure 0,25%ige Lösungen, während 0,03%ige Lösungen ohne Einfluß waren. In einer Konzentration von 0,063% rief die Quillajasäure keine spontane Kontraktur hervor, bei elektrischer Reizung entstand aber eine mäßige Kontraktur, und die darauf superponierten Zuckungen waren recht bedeutend. Mit einer Lösung von 0,5% Quillajasäure traten bedeutende initiale Spontankontrakturen auf, die bei Reizung wenig oder gar nicht gesteigert wurden. Senegin bringt nach ATLASS die Erregbarkeit des Muskels noch in 0,10%iger Lösung in zehn Minuten zum Erlöschen.

SANTESSON versucht seine Beobachtungen mit den Ansichten von HILL, MEYERHOF und anderen über die Vorgänge bei der normalen Muskelkontraktion in Einklang zu bringen. Bekanntlich findet nach den Arbeiten der genannten Autoren bei der Muskelkontraktion eine sehr rasche Bildung von Milchsäure statt. Kurz nachher erfolgt eine Bindung des größeren Teiles dieser Säure unter Rückbildung von Glykogen, während der Rest der Milchsäure vollständig verbrannt wird. Mit diesem Verschwinden der Milchsäure hängt die normale Erschlaffung des Muskels sowie seine Fähigkeit zu neuerlichen Zuckungen zusammen. OVERTON nimmt nun an, daß die in die Muskelfasern eingedrungenen Saponine die Hervorrufung einer sehr reichlichen Säurebildung begünstigen und stark übertreiben. Wird der Muskel kurz nachher elektrisch gereizt, so steigt die Kontrakturkurve rasch noch höher und auf dieser werden überdies anfangs Zuckungen superponiert, die eine Verkürzung des Muskels herbeiführen, die größer ist als die vor der Vergiftung hervorgebrachten maximalen Zuckungen. Hier setzt SANTESSON eine noch ausgiebigere Säurebildung voraus. Da das Sarkolemma unter dem Einfluß des Saponins leichter durchgängig geworden ist, diffundiert der Überschuß der Milchsäure ziemlich rasch aus dem dünnen, bandförmigen Muskel (Sartorius) in die Flüssigkeit heraus. Daher kann derselbe später wieder zucken, ohne sofort in Kontraktur zu verfallen. Denn der Vorrat an Glykogen ist durch die anfängliche gar zu verschwenderische Säurebildung so stark angegriffen worden, daß später nur noch an Höhe abnehmende Einzelzuckungen, aber keine Kontraktur mehr hervorgebracht werden kann. Die schließliche Lähmung des Muskels ist weniger durch eine Verzehrung des Glykogenvorrates, sondern vielmehr durch die auch mikroskopisch nachweisbare Schädigung (siehe oben) der Struktur der Muskelfasern bedingt.

Motorische und sensible Nerven, und zwar sowohl die Endigungen als auch die Stämme, werden durch unmittelbaren Kontakt mit Saponin geschädigt und schließlich abgetötet (PACHORUKOW, ATLASS, TUFANOW, KRUSKAL[1]), BRANDL, NEUMAYER, FIEGER[2]).

Die Wirkung auf **motorische Nerven** läßt sich an folgendem Versuch zeigen: Man präpariert den Nervus ischiadicus eines Frosches und den Musculus gastrocnemius so heraus, daß er mit dem Unterschenkel und dem Fuß in Zusammenhang bleibt, und legt den Nerv in Saponin-Kochsalz-Lösung, den Muskel in Kochsalzlösung ein. Es zeigen sich je nach der Konzentration der Saponinlösung länger oder kürzer dauernde Bewegungen der Zehen. Auf dieses Stadium der Erregung folgt eine gegen das Muskelende allmählich fortschreitende Lähmung. Bei Anwendung einer 1%igen Lösung von Agrostemma-Sapotoxin rufen die stärksten faradischen Ströme nach 50 Minuten keine Muskelzuckung mehr hervor. Bei einer 0,5%igen Lösung tritt die Giftwirkung erst nach eineinhalb Stunden ein. Jene Nervenabschnitte, welche mit dem Saponin nicht in Berührung waren, sind noch lange nachher durch ganz schwache Induktionsströme erregbar (KRUSKAL, BRANDL). Senegin wirkt nach ATLASS in ähnlichen Konzentrationen. In einer 1%igen Saponinlösung bleibt der Nerv zwanzig Minuten und endlich in einer 0,05%igen Lösung vier Stunden lang lebensfähig. Andere Saponine wirken in ungefähr denselben Konzentrationen.

Zur mikroskopischen Untersuchung der sich bei diesen Schädigungen abspielenden Vorgänge legte NEUMAYER Nerven, sowohl von Warm- wie Kaltblütern isoliert im Zusammenhang mit dem Muskel in Agrostemma-Sapotoxin-Kochsalzlösungen von 0,51 und 2% verschieden lange ein und zur Kontrolle Präparate für die gleiche Zeitdauer in physiologische Kochsalzlösung. Die mikroskopische Untersuchung ergab auch nach längerer Versuchsdauer keine absolut eindeutigen Resultate. In den ersten Stunden war kein Unterschied zwischen den mit Sapotoxin behandelten, frisch gezupften Nerven und den Kontrollpräparaten wahrzunehmen. Erst nach etwa vier- bis fünfstündiger Einwirkung einer 1%igen Sapotoxinlösung schien das Myelin in seinen oberflächlichen Schichten eine körnige, der Formation der Myelinkugeln ähnliche Struktur aufzuweisen. Ein Verschwinden oder auch nur eine Verschmälerung der Markscheiden war durch Färbungen nicht feststellbar. Damit ist wohl auch die im Vergleich zu den Muskelfasern größere Resistenz der Nervenfasern gegen die Saponinvergiftung in Zusammenhang zu bringen.

Ebenso wie die motorischen werden auch die **sensiblen Nerven** durch Saponine gelähmt und abgetötet. Spritzt man eine Saponinlösung unter die Haut des Unterschenkels eines Frosches, so werden

---

[1]) N. KRUSKAL, Arbeit. d. Pharmakol. Inst. zu Dorpat VI. 1891.
[2]) J. FIEGER, Biochem. Zeitschr. **86**, 254 (1918).

die sensiblen Nerven rasch gelähmt, während die Motilität etwas später und weniger intensiv geschädigt wird. FIEGER wies dies in folgender Weise nach: Die beiden unteren Extremitäten eines geköpften Frosches wurden in 1%ige Salzsäure getaucht. Unter die Haut des einen Unterschenkels wurde dann die Saponinlösung injiziert und nun die Erregbarkeit der beiden Extremitäten verglichen. Für Frösche mittlerer Größe waren mindestens 5 mg Sapindussaponin nötig, um nach einer Einwirkung von zehn Minuten eben eine Herabsetzung der Erregbarkeit durch die Salzsäure herbeizuführen. Auf schwache elektrische Ströme dagegen reagierte das Bein selbst nach Stunden noch prompt. Dosen von 10 bis 15 mg setzten nach zehn Minuten die Erregbarkeit so herab, daß beim Eintauchen der Beine in die Salzsäure bei dem vergifteten Bein nach etwa einer halben Minute überhaupt keine Zuckung mehr auftrat. Schwache und nach einigen Stunden auch starke elektrische Ströme rufen keine Bewegungen mehr hervor.

Die Einspritzung unter die Haut des Unterschenkels des Frosches und die Beobachtung der danach eintretenden Lähmung wurde früher, vor Einführung des Hämolyseversuches, zum Nachweis von Saponinen empfohlen.

29. Wirkung auf das isolierte Herz

Das überlebende Warm- und Kaltblüterherz steht bei Speisung mit saponinhaltigen Nährlösungen in Systole still und stirbt ab. Da die Wirkung bei ganglienhaltigen (Frosch, Zitterrochen) und ganglienfreien (Aplysia limacina) Herzen in gleicher Weise auftritt, faßte schon KOBERT[1]) die Wirkung als eine muskuläre auf.

Das Froschherz wird nach KAKOWSKI[2]) im WILLIAMschen Apparat beim Durchströmen mit einer RINGER-Lösung, welche quillajasaures Natrium in einer Konzentration von 1:50000 enthält, binnen wenigen Minuten abgetötet. Bei einer Konzentration von 1:150000 trat nach zehn Minuten ebenfalls Abschwächung der Leistungsfähigkeit und daran anschließend völlige Lähmung ein. Wurde aber sofort mit saponinfreier RINGER-Lösung ausgespült, so erholte sich das Herz wieder einigermaßen. Bei einer Konzentration von 1:500000 übte das quillajasaure Natrium höchstens einen die Leistungsfähigkeit des Herzens vermehrenden Reiz aus.

Das **Herz des Zitterrochens** (Torpedo ocellata) wurde nach KOBERT in STRAUBscher Versuchsanordnung von 1 mg quillajasaurem Natrium oder Sapotoxin in wenigen Augenblicken getötet. Wurde nur 0,1 mg Saponin zugesetzt, so erfolgten zunächst einige kräftige Kontraktionen,

---

[1]) R. KOBERT, Beitr., S. 54.
[2]) KAKOWSKI, zit. nach KOBERT, Beitr., S. 54.

dann kam es ebenfalls, nur nicht so plötzlich, zu systolischem Herzstillstand und Absterben des Herzmuskels. Ein vorheriger Zusatz von
Atropin oder Veratrin zum Herzen änderte am Ablauf der Erscheinungen nichts.

Die mikroskopische Untersuchung von mit Saponin vergifteten
Froschherzen zeigte nach Tufanow[1]) eine vollständige Zerstörung
der feineren Struktur des Herzmuskels, von der Querstreifung war
nichts mehr zu sehen.

Kobert setzte einem **Herzen von Aplysia limacina,** welches längere
Zeit in Straubscher Versuchsanordnung eine Normalkurve geschrieben
hatte, 1 mg quillajasaures Natrium, gelöst in 0,1 cm³ Wasser, zu und

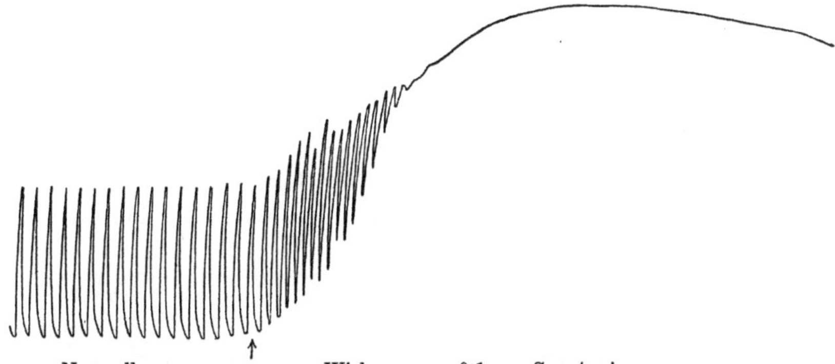

Abb. 4. Herz einer Aplysia (nach Kobert)

sah sofort stärkste systolische Kontraktion. Dasselbe zeigte sich nach
Einführung von 0,1 mg quillajasaurem Natrium, welche Dosis eine
Beschleunigung der Herzkontraktionen und eine zunehmende Er-
schwerung der Diastole bewirkte (siehe Abb. 4). Die Kurvenlinie erhebt
sich weit über das Maximum der normalen Systolen hinaus und
verläuft weiter in dieser Höhe. Wurde bei dieser Dosis das Gift durch
Auswaschen mit viel Nährflüssigkeit entfernt, so löste sich die maximale
Dauerkontraktur, und es gelang wieder, Serien von Schlägen auszulösen.

Ganz ähnlich war in den Versuchen von de Boer und Fröhlich[2])
die Wirkung von Sapotoxin Merck auf das **Froschherz.** Von einer
1%igen Sapotoxinlösung versetzten drei bis fünf Tropfen das nach Straub
arbeitende Eskulentenherz in Kontraktur (Abb. 5), die durch mehrfaches
Auswaschen mit reiner Ringer-Lösung wieder behoben werden konnte.
Nach Ausbildung der Sapotoxinkontraktur zeigte das vom Ventrikel ab-

¹) N. Tufanow, Arbeit. d. Pharmakol. Inst. zu Dorpat I, 1888, S. 134.
²) S. de Boer u. A. Fröhlich, Arch. f. exper. Pathol. u. Pharmakol.
84, 278 (1919).

geleitete Elektrogramm eine völlig ruhige Galvanometersaite (Abb. 6 a und b). Die Ableitung von dem in der STRAUBschen Trichterkanüle arbeitenden Herzen zum Saitengalvanometer erfolgte mittels zweier unpolarisierbarer Elektroden, von denen die eine der Kammerbasis, die andere der Herzspitze anlag. Zugleich wurde durch einen leichten, mit der Herzspitze verbundenen Hebel an einem Kymographion das Mechanogramm der Herzkontraktionen aufgezeichnet. Im Verlauf der zunehmenden Vergiftung ließ das Elektrogramm zunächst noch starke Schwankungen erkennen zu einer Zeit, wo das Mechanogramm schon in maximaler Systole ruhig zu verlaufen schien. Genaue Beobachtung

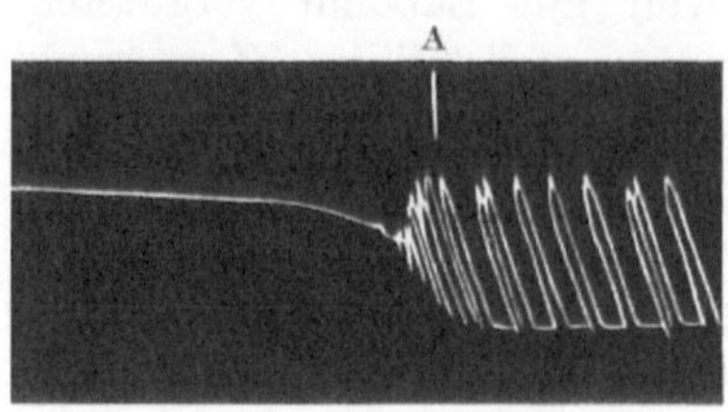

Abb. 5. (Nach BOER und FRÖHLICH) Eskulentenherz.

Die Kurve ist von rechts nach links zu lesen. Bei A Zusatz von 3 Tropfen 1%/₀iger Sapotoxinlösung in RINGER

zeigte aber, daß in dieser Phase der Ventrikel noch nicht völlig zur Ruhe gekommen war. Erst wenn die Ausschläge der Saite allmählich schwächer wurden und schließlich ganz verschwanden, ließ der Ventrikel auch die

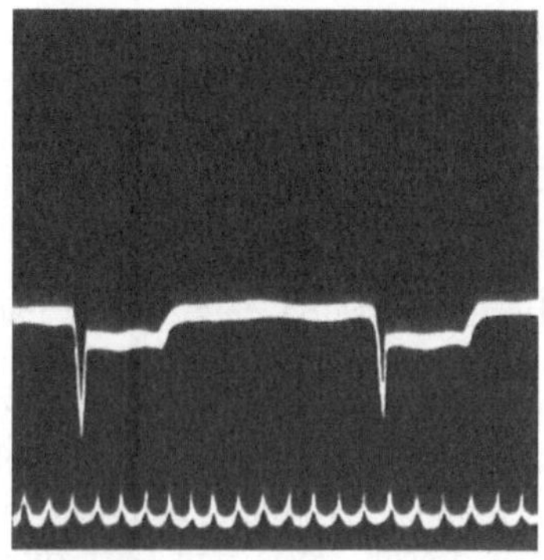
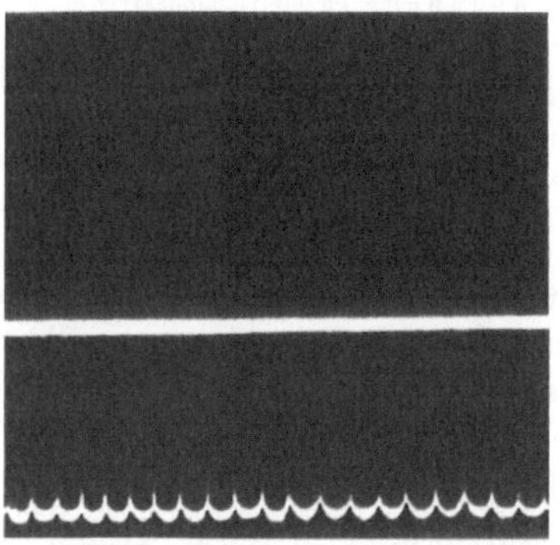

a) Vor der Vergiftung mit Sapotoxin   b) Während der vollausgebildeten Kontraktur

Abb. 6. (Nach BOER und FRÖHLICH)

kleinsten Bewegungserscheinungen vermissen. Ebenso wie Sapotoxin wirkten Kalziumchlorid und Chloralhydrat, ähnlich, aber langsamer Ammoniak und Baryumchlorid.

Eine Verlangsamung der Herzschläge wie durch die Substanzen der Digitalisgruppe wird durch die Saponine im allgemeinen nicht hervorgerufen. Dagegen wirken nach KAKOWSKI und WEINBERG[1] ebenso wie bei den Digitalissubstanzen kleine Saponindosen steigernd auf die

---

[1] F. WEINBERG, Zeitschr. f. exper. Pathol. u. Ther. **20**, 153 (1918).

Arbeitsleistung des überlebenden Kalt- und Warmblüterherzens. WEIN-
BERG prüfte die Wirkung einer größeren Anzahl verschiedener Saponine
und zugehöriger Sapogenine auf das Froschherz im WILLIAMschen
Apparat. Die Wirkung war bei fast allen Präparaten eine ziemlich
gleichsinnige, jedoch bestanden in bezug auf die Konzentration weitgehende Unterschiede. Mit Ausnahme von Eupatorin und dem neutralen Sapogenin des Spinatsamens übten alle eine Wirkung aus. Die
meisten anderen Saponine töteten in bestimmten Konzentrationen das
Herz ab. Geringere Konzentrationen bewirkten in allen Fällen nur
eine Schwächung der Herzarbeit, während weitere Verdünnungen der
Saponinlösungen zumeist eine Steigerung der Herztätigkeit zur Folge
hatten. Die Sapogenine wirkten quantitativ gleich, zeigten aber
fast immer eine viel schwächere Wirkung. Nur das neutrale Saponin
der *Polygala amara* und sein Sapogenin wirkten gleich stark, während
das Rebaudinsapogenin und das Sapogenin des neutralen Senegasaponins stärker wirkten als ihre Muttersubstanzen. Die folgende Zu-
sammenfassung enthält die Versuchsergebnisse WEINBERGs.

Tabelle 16 (nach WEINBERG)

Wirkung von Saponinen und Sapogeninen auf das isolierte Froschherz

	Giftig	Schwächend	Steigernd
	Konzentration		
Digitonin KILIANI	50 000	—	500 000
Anfangssapogenin von Digitonin KILIANI	—	12 500 (Beginn)	—
Digitonin cryst. MERCK	50 000	250 000 (Beginn)	500 000
Sapogenin des Digitonin cryst. MERCK	—	8 333	25 000
Gitonin (WINDAUS)	—	500 000	1 250 000
Cyclamin	100 000	250 000	500 000
Sapogenin aus Cyclamin	—	2 500	10 000
Saponalbin	50 000	250 000	(500 000 ohne Wirkung)
Sapogenin des Saponalbins	—	33 000	100 000
Smilacinum cryst. MERCK	10 000	50 000	100 000
Sapogenin des Smilacinum cryst. MERCK	—	5 000	10 000
Sapindussaponin	58 000	294 000	588 000
Sapogenin des Sapindussaponin	—	25 000	50 000
Saponin STHAMER	50 000	250 000	500 000
Sapogenin des Saponin STHAMER	2 500	2 333	5 000 bis 10 000
Herniariasaponin	5 000	25 000	50 000 „ 100 000
Herniariasapogenin	—	33 333	100 000

	Giftig	Schwächend	Steigernd
		Konzentration	
Herniaria-Dekokt (neutrales Sapogenin in Methylalkohol löslich)	25 000	125 000	(250 000 ohne Wirkung)
Herniaria-Dekokt (neutrales Sapogenin in Essigester löslich)	—	125 000	500 000
Senegin	—	2 500	5 000
Sapogenin des Senegins	—	25 000	(33 333 ohne Wirkung)
Neutrales Saponin der *Polygala amara*	5 000	25 000	50 000
Sapogenin aus neutralem Saponin der *Polygala amara*	5 000	25 000	50 000
Saures Saponin der *Polygala amara*	5 000	33 333	50 000 bis 100 000
Sapogenin aus saurem Saponin der *Polygala amara*	—	1 250	—
Eupatorin		ohne Wirkung	
Rebaudin	—	2 500	5 000
Rebaudin-Sapogenin	5 000	25 000	50 000
Crocus (saures Saponin)	—	14 000	20 000
Spinatsamen (neutrales Saponin)	—	8 : 1000	8 : 1000
		(einmal!)	
„ („ Sapogenin)		kaum besondere Wirkung	
Büchsenspinat (saures Saponin)	—	5 000	—
„ („ Sapogenin)	—	5	10
„ (neutrales Sapogenin)	—	500	1 000
Glycyrrhizinsäure RIEDEL	5 000	12 500	25 000
„ zerkocht	50 000	—	100 000
Zuckerrübenfrüchte (saures Saponin)	500	1 667	5 000
Glukoronoid der Zuckerrüben	250 000	833 333	1 250 000
Futterrüben-Saponin	—	50 000	—
„ „ (saures, neutralisiert)	—	31 250	—
Futterrübenknollen (Sapogenin des sauren Saponins)	—	57 000	—
Rübenharzsäure (Sapogenin des sauren Futterrübenknollen-Saponins)	—	—	250 000
Saures Saponin der roten Gartenerde	in hohen Verdünnungen ohne Einfluß		

Die Herzwirkung der Saponine zeigt zweifellos viel **Ähnlichkeit mit der Wirkung der eigentlichen Herzglykoside** der Digitalis, Strophanthus usw. Im einzelnen lassen sich aber eine Reihe von Unterschieden im Wirkungsmechanismus erkennen. Einen derartigen Unterschied fand TRENDELENBURG, als er quantitativ die Wirkung verschiedener Herzgifte durch Reihenbeobachtungen am STRAUBschen Herzen verglich. Aus dem Verhalten des Strophanthins schloß

TRENDELENBURG[1]) auf eine Zweiphasigkeit des Wirkungsmechanismus. Das in das Herz gebrachte Gift bleibt während der ersten Phase latent und entfaltet erst nach einer gewissen Inkubationszeit seine spezifische Wirkung. Eine rapide Herzvergiftung durch Strophanthin ist daher auch bei Anwendung großer Dosen unmöglich. „Saponin album purissimum MERCK" und Helleborein BOEHRINGER zeigen keine derartige Inkubationszeit, denn stärkere Konzentrationen bringen das Herz sehr rasch zum systolischen Stillstand. Dabei sind beim MERCKschen Saponin und Helleborein zehn- bis fünfzehnmal höhere Konzentrationen zur Hervorrufung einer Wirkung erforderlich als beim Strophanthin. Die wirksamen Grenzkonzentrationen für MERCKsches Saponin und Helleborein liegen nach TRENDELENBURG zwischen 1/5000 mol. und 1/10 000 mol. unter Zugrundelegung eines Molekulargewichtes von 418 für MERCKsches Saponin und 788 für Helleborein. Vergleiche die Ausführungen über Saponin pur. albiss. MERCK auf S. 256.

PICO[2]) schloß auf einen Unterschied im Wirkungsmechanismus zwischen den Digitaliskörpern und den Saponinen aus folgender Beobachtung: Beim Vergleich der Wirkung von Digitalisglykosiden, Digitalisinfus, Strophanthin, Spartein usw. und Saponin (MERCK) auf das isolierte Herz von Leptodactylus ocellatus zeigte sich dieses gegen alle untersuchten Substanzen etwa hundertmal weniger empfindlich als das Herz europäischer Frösche. Nur gegen Saponin war das Herz von Leptodactylus ocellatus ebenso empfindlich wie das europäischer Frösche.

Der Herzmuskel vermag beträchtliche Mengen von Saponin zu binden. WEIZSÄCKER[3]) zeigte mit der von STRAUB herrührenden Methode der Herzpassagen, daß „Saponin MERCK (Quillajasäure)", ferner die wasserlösliche (= Saponin-) Fraktion des Digitalin germ. MERCK, ebenso wie Gitalin (KRAFT), Digitalin (KILIANI) und Erythrophloein entgiftet werden, daß somit merkliche Mengen dieser Substanzen ans Herz gebunden und in den Zellen angereichert werden. Im Gegensatz dazu findet nach WEIZSÄCKER eine solche Anreicherung beim Strophanthin nicht und bei der Chloroformfraktion des Digitalinum germ. MERCK nur in sehr geringem Grade statt.

Auf das Froschherz in STRAUBscher Versuchsanordnung entfaltet eine Mischung von Digitoxin und Quillajasaponin (MERCK) eine größere Toxizität, als jedem der beiden Komponenten zusteht (POSTOJEFF[4]). Digitoxindosen von 0,025 mg und darüber in RINGER-Lösung aufge-

---

[1]) P. TRENDELENBURG, Arch. f. exper. Pathol. u. Pharmakol. **61**, 256 (1909).

[2]) O. M. PICO, Cpt. rend. des séances de la soc. de biol. Bd. **87**, 568 (1922).

[3]) K. v. WEIZSÄCKER, Arch. f. exper. Pathol. u. Pharmakol. **81**, 247 (1917).

[4]) J. POSTOJEFF, Biochem. Zeitschr. **36**, 335 (1911).

schwemmt bewirkten in der Regel innerhalb einer halben Stunde systolischen Herzstillstand. Wurde einer Digitoxindosis von 0,02 mg eine an sich nicht toxische Saponinmenge zugesetzt, so wurde die Toxizität dieses Gemisches so gesteigert, daß z. B. bei 0,02 mg Digitoxin und 0,02 mg Saponin in der Regel innerhalb einer halben Stunde Ventrikelstillstand eintrat. In diesem Zusammenhang sei darauf hingewiesen, daß früher unter der Annahme einer vorwiegend nervösen Herzwirkung der Saponine ein weitgehender Antagonismus zwischen Saponin und den Digitalisglykosiden behauptet wurde (KÖHLER[1]).

Ein Unterschied zwischen den eigentlichen Herzglykosiden und den Saponinen zeigt sich auch im Verhalten gegen Cholesterin. Während die therapeutisch bewährten Herzglykoside durch Cholesterin nicht entgiftet werden, geschah dies in den Versuchen von KARAULOW[2]) beim „Quillajasaponin MERCK" und Digitonin quantitativ, beim Helleborein teilweise. Aus diesem Verhalten sind auch die Ergebnisse von HOLSTE[3]) zu erklären, der angibt, daß am WILLIAMschen Froschherzpräparat Digitalisglykoside mehr oder weniger stark wirksam waren, Digitonin dagegen wirkungslos. Nun arbeitete HOLSTE mit einer Nährflüssigkeit, bestehend aus einer Mischung von einem Teil Rinderblut und zwei Teilen physiologischer Kochsalzlösung. Offenbar wirkte dabei das Cholesterin des Serums entgiftend auf das Digitonin, nicht aber auf die eigentlichen Herzglykoside.

Die Herzwirkung der Saponine macht sich auch in kalziumfreier RINGER-Lösung geltend. Das Saponin stimmt darin mit Strophanthin, Adrenalin, Agaricin, Coffein und Veratrin überein (RANSOM[4]). Die Versuche wurden am Froschherzen in situ durchgeführt, wobei die Durchspülung von der Cava inferior aus erfolgte. Wenn nach WEIZSÄCKER bei Versuchen am isolierten Froschherzen die RINGER-Lösung statt $0,02\%$ $CaCl_2$ nur $0,005\%$ oder $0,0025\%$ $CaCl_2$ enthielt, so konnte außer durch Strophanthin auch durch Gitalin und Saponin MERCK eine Wiederherstellung oder wenigstens deutliche Steigerung der Herzarbeit bewirkt werden. Setzt man der RINGER-Lösung an Stelle von Kalziumsalzen Natriumzitrat oder Natriumoxalat zu, so entfalten die Stoffe der Digitalisgruppe und Saponin ihren vollen Effekt (MC CARTNEY und RANSOM[5]). Die Gegenwart von Natriumzitrat oder Natriumoxalat wirkte rascher störend auf das Froschherz als die Abwesenheit von Kalzium allein. Bei Gegenwart von $0,01\%$ Saponin in Zitrat-RINGER-Lösung ($0,02\%$ Zitrat) wurde zuerst die depressive Wirkung der Zitrat-

---

[1]) H. KÖHLER, Arch. f. exper. Pathol. u. Pharmakol. 1, 138 (1873).

[2]) TH. KARAULOW, Biochem. Zeitschr. 32, 145 (1911).

[3]) A. HOLSTE, Zeitschr. f. exper. Pathol. u. Ther. 15, 385 (1914).

[4]) F. RANSOM, Journ. of Physiolog. 41, 176 (1917).

[5]) E. MC CARTNEY and F. RANSOM, Journ. of Physiology 41, 287 (1917).

Ionen sichtbar, dann folgte die therapeutische und dann die Giftwirkung des Saponins (Abb. 7). Ebenso wie Digitalis wirkte Saponin langsamer als die Ionen, so daß zuerst die Ionenwirkung sichtbar wurde. Im Gegensatz

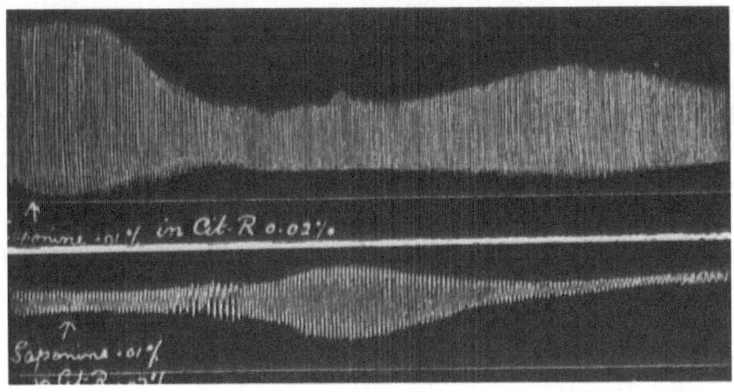

Abb. 7. (Nach CARTNEY und RANSOM)

hiezu entfaltete bei dieser Versuchsanordnung weder Adrenalin, noch Agaricin und Veratrin eine Wirkung, während Coffein einen vollständigen Antagonismus zur Zitrat- oder Oxalatwirkung zeigte.

30. Wirkung bei intravenöser Injektion

Ausführliche übereinstimmende Angaben über die Wirkung einer einmaligen intravenösen Saponininjektion an Hunden, Kaninchen, Katzen und Schweinen stammen von KOBERT[1]), PACHORUKOW[2]), KRUS-KAL[3]) und anderen KOBERT-Schülern, ferner von BRANDL[4]). Bei diesen Versuchen gelangten Quillajasäure, Sapotoxin, Agrostemma-Sapotoxin, Sapindussaponin und Senegin zur Verwendung und zeigten im großen und ganzen dieselben Symptone, nur waren die wirksamen Dosen verschieden groß.

Bei **sehr hohen Dosen** (0,1 g bei einer Katze oder 0,04 g bei einem Kaninchen) erfolgte der Tod nach ein oder zwei Minuten. Vorher kam es zu Krämpfen, die Atmung sistierte, während das Herz noch einige Zeit weiterschlug. Die Sektion ergab keine grob anatomischen Organveränderungen, sondern nur Zeichen der Erstickung, namentlich Überfüllung des rechten Herzens, Ekchymosen im Endokard und in den Lungen. Der Tod war zweifellos infolge Atemlähmung eingetreten.

[1]) R. KOBERT, Arch. f. exper. Pathol. u. Pharmakol. **23**, 260 (1887).
[2]) D. PACHORUKOW, Arbeit. d. Pharmakol. Inst. zu Dorpat 1, 16 (1888).
[3]) N. KRUSKAL, Arbeit. d. Pharmakol. Inst. zu Dorpat 6, 128 (1891).
[4]) J. BRANDL, Arch. f. exper. Pathol. u. Pharmakol. **54**, 244 (1906).

In anderen Fällen, wo **die Dosis kleiner, aber noch verhältnismäßig groß** war (z. B. 0,008 g Sapotoxin bei einem Kater von 2520 g oder 0,024 g Sapotoxin bei einem 12 320 g schweren Hund oder 0,03 g Quillajasäure bei einem Kaninchen von 1400 g) blieben die Tiere mehrere Stunden am Leben und ließen folgende Erscheinungen erkennen: Gleich nach der Injektion zeigten die Tiere nichts Auffallendes, höchstens waren sie etwas ruhiger als vor der Injektion. Später verloren sie die Freßlust, hatten aber großen Durst. In der Regel trat nach einigen Stunden Brechdurchfall auf. Der Kot war anfänglich dünnbreiig, später dünnflüssig und blutig.

Der Gang wurde allmählich schwankend, wobei besonders eine Schwäche der Hinterbeine bemerkbar war. Allmählich nahm die Schwäche in den Extremitäten so zu, daß die Tiere auf die Beine gestellt, umfielen. Die Tiere lagen apathisch im Käfig und reagierten auf Anruf und Berührung nur schwach. In manchen Fällen trat schließlich vollständige Lähmung und Reaktionslosigkeit ein.

Die Atmung war anfangs normal oder etwas beschleunigt, später wurde sie unregelmäßig, oft längere Zeit aussetzend, angestrengt und erlosch dann vollkommen.

Der Puls war im ersten Stadium der Vergiftung unverändert oder erfuhr eine Zunahme, beim Beginn des Komas nahm die Frequenz ab, der Puls wurde unregelmäßig, endlich fadenförmig und kaum fühlbar. Das Herz schlug nach dem Respirationsstillstand noch kurze Zeit fort.

Unmittelbar vor dem Tode traten einige kurz dauernde Streckkrämpfe auf.

Die Sektion ergab in solchen Fällen außer den Zeichen der Erstickung Veränderungen vorwiegend im Gebiet des Verdauungstraktes und des Herzens.

Vom Verdauungstrakt ist am schwersten das obere und das untere Ende des Dünndarmes, bei etwas größeren Dosen aber auch das mittlere Stück des Dünndarmes, der Dickdarm und der Fundusteil des Magens betroffen. Es lassen sich mehrere Stadien unterscheiden. Im Beginn zeigt sich eine hochgradige Blutüberfüllung, die zunächst in Flecken oder Streifen auftritt und namentlich die Höhe der Falten betrifft. Die Schleimhaut nimmt dabei oft das Vier- bis Fünffache an Dicke zu. Die Farbe der Schleimhaut ist infolge der enormen Blutüberfüllung der Kapillaren dunkelrot, ohne daß es in diesem ersten Stadium zu Blutaustritten kommt. Dies geschieht erst im zweiten Stadium, das mit anfangs sehr kleinen Blutaustritten im Gewebe und an der Oberfläche der Mukosa beginnt. Etwas später ist die Schleimhautoberfläche mit einer gleichmäßigen grauroten Schicht bedeckt. Die Mukosa selbst ist gelockert und läßt sich mit dem Messer abstreifen. Der Inhalt der Gefäße ist zum großen Teil nicht mehr flüssig. Im dritten Stadium des Prozesses findet man hochgradiges Ödem der gesamten Darmwand bis zur Subserosa und nekrotische Abstoßung der Schleimhautoberfläche in Fetzen und hyalin erscheinenden Schollen. Die Follikel im Dickdarm sind meist von linsengroßen und noch größeren dunkelroten Höfen umgeben. Die mit dem Kot entleerten Massen enthalten reichlich weiße Blutkörperchen, Epithelreste, Mucin und Hämoglobin. Die mesenterialen Lymphknoten sind meist stark vergrößert und hyperämisch.

KOBERT[1]) schloß aus diesen Veränderungen, daß vom Blute aus eine Ausscheidung der in überletalen Dosen eingespritzten Saponine durch die Darmschleimhaut stattfindet. Tatsächlich gelang es ihm auch, in der abgeschabten entzündeten Darmschleimhaut Sapogenine abzuscheiden.

Die Magenschleimhaut zeigt in der Fundusportion, zuweilen auch in der Pylorusgegend, eine scharlachrote, teilweise schwarzrote Färbung.

In anderen Organen treten nur ausnahmsweise Veränderungen auf. So fand KOBERT in seltenen Fällen Harnblase und Nierenbecken ebenfalls entzündet und ebenso verändert wie den Darm. Ebenso selten zeigte die Leber makroskopisch erkennbare Veränderungen.

Das Herz ist überfüllt mit dunklem flüssigen Blute, dabei ist das rechte Herz blutreicher als das linke. Am Peri- und Endokard finden sich häufig Ekchymosen verschiedener Größe. An den Herzklappen fanden KOBERT und seine Schüler in vielen Fällen Zeichen einer frischen fibrinösen Endokarditis, eine Angabe, die allerdings nicht von allen Autoren bestätigt wird.

Anders ist das Bild nach einmaliger Injektion **der kleinsten tödlichen Saponindosis.** Die Tiere bleiben stets mehrere Tage (bis sechs) am Leben und zeigen in den ersten Tagen nichts Auffallendes. Vom zweiten oder dritten Tage an werden die Tiere traurig und apathisch, verlieren die Freßlust, zeigen aber großen Durst. Die Augen werden trübe und eitern mitunter. Die Tiere werden immer schwächer, bis endlich der Tod unter Kollapserscheinungen eintritt. Bei der Injektion der kleinsten tödlichen Dosis verschiedener Saponine in die Schwanzvene von Mäusen stellte sich nach einiger Zeit eine Augenentzündung mit so starker Schwellung der Lider ein, daß die Tiere die Augen nicht öffnen konnten (KOFLER und SCHRUTKA[2]). Die Tiere zeigten großen Durst. Bei subletalen Dosen traten diese Erscheinungen nur in schwächerem Grade auf und gingen rascher wieder zurück. Die Augenentzündung war eine so regelmäßige Erscheinung, daß aus ihrem Auftreten oder Ausbleiben bei einem Versuch schon im Anfang Schlüsse auf die starke oder schwache Wirksamkeit der angewendeten Dosis gezogen werden konnten. Ganz

---

[1]) R. KOBERT, in HEFFTERS Handbuch, l. c., S. 1512.
[2]) L. KOFLER u. W. SCHRUTKA, Biochem. Zeitschr. **159**, 327 (1925).

ähnliche Vergiftungserscheinungen zeigen Tiere, die mehrere Injektionen subletaler Dosen in größeren Abständen erhielten.

Die Sektion der Tiere, die durch die kleinsten letalen Saponindosen
getötet wurden, zeigt keine makroskopisch erkennbaren Veränderungen.

Aus der langen Zeitdauer bis zum Eintritt des Todes und dem Fehlen
anatomischer Veränderungen schloß KOBERT auf eine Schädigung
und Lähmung des Zentralnervensystems als unmittelbare
Todesursache. Ein Beweis für diese Ansicht konnte aber bisher noch
nicht erbracht werden.

Im Laufe der Jahre wurde eine große Anzahl von Untersuchungen
über die Erscheinungen bei der langsam verlaufenden Vergiftung nach
intravenöser Zufuhr kleiner Saponinmengen durchgeführt. Dabei
wurde eine Reihe von Beobachtungen zutage gefördert, die nicht nur
für das Verständnis der Saponinwirkungen, sondern auch allgemein
für die Pathologie von großem Werte sind. Trotzdem läßt sich ein zusammenfassendes Bild und eine Erklärung des Mechanismus der chronischen Saponinvergiftung noch nicht gewinnen. Abgesehen von der
Schwierigkeit der Materie selbst, sind es zwei Gründe, welche eine Beurteilung der in der Literatur niedergelegten Befunde weitgehend erschweren. Erstens nehmen, worauf KOLLERT und REZEK[1]) hinweisen,
viele Autoren zu den in der Literatur bereits niedergelegten Tatsachen
häufig nicht Stellung, so daß es nicht immer mit Sicherheit feststellbar
ist, ob tatsächlich differente Bilder beschrieben werden, oder ob die
verschiedenen Autoren nur auf einzelne Veränderungen besonderes Gewicht gelegt haben. Zweitens zeigen die einzelnen Saponine
bei der chronischen Vergiftung teilweise bedeutende Wirkungsunterschiede, indem z. B. bei manchen die Veränderungen des Knochenmarks,
bei anderen die Nieren- oder Leberschädigungen im Vordergrund stehen.
Auf die Verschiedenheit der Saponine nahm erst KOLLERT und seine
Mitarbeiter die entsprechende Rücksicht.

Aus diesen Bemerkungen ergeben sich die Schwierigkeiten, welche
der in den folgenden Kapiteln unternommenen Darstellung der Erscheinungen bei chronischer Saponinvergiftung entgegenstehen.

31. Einfluß auf die Verteilung des Cholesterins, auf das Körpergewicht und den Fibrinogengehalt des Serums

Intravenöse Zufuhr kleiner Mengen Saponin verursacht eine
beträchtliche Steigerung des Cholesterin- und Fibrinogengehaltes des Serums, begleitet von einer Abnahme des
Körpergewichtes.

---

1) V. KOLLERT u. PH. REZEK, VIRCHOWS Arch. f. pathol. Anat. u
Physiol. **262**, 837 (1926).

Schon bevor es möglich war, Cholesterinbestimmungen im Blut durchzuführen, wurde eine Vermehrung des Serumcholesterins vermutet aus der Beobachtung, daß nach Injektion von Saponin die **hämolyse-hemmende Kraft des Serums vermehrt** ist. POHL[1]) gibt an, daß nach wiederholter subkutaner Injektion von 0,01 g Solaninum hydrochloricum bei Kaninchen die antihämolytische Wirkung des Serums mindestens auf das Zehnfache anstieg. In einer zweiten Mitteilung gibt POHL eine Erhöhung der Schutzkraft des Serums nur um das Drei- bis Vierfache an. Daß tatsächlich eine Vermehrung der Schutzkraft des Serums gegen Saponinhämolyse durch Behandlung der Tiere mit kleinen Saponin-dosen hervorgerufen werden kann, wurde später von mehreren Autoren bestätigt. So hochgradig wie bei POHL war aber die Erhöhung der Schutz-kraft bei den anderen Autoren nicht. Daher trat auch schon BASHFORD[2]) den Angaben POHLS, namentlich aber seinen Schlußfolgerungen ent-gegen. KOBERT[3]) konnte durch Injektion von Quillajasäure und Sapo-toxin eine größere Resistenz des Kaninchenblutes hervorrufen, macht aber keine genaueren Angaben über seine Versuche. HUECK[4]), ferner WACKER und HUECK[5]) konnten bei Katzen durch intravenöse Digitonininjektion die Schutzkraft des Serums auf das Doppelte und Dreifache vermehren.

Allerdings trat unter anderen Bedingungen eine Abnahme der Schutz-kraft ein. Die zuletzt genannten Autoren injizierten Katzen „Saponin MERCK" in Dosen von 0,0017 bis 0,005 g und beobachteten dabei fol-gendes: Kurze Zeit nach einer Saponininjektion sank die Schutzkraft des Serums gegen Saponinhämolyse ab. Die Autoren deuten dies als Verringerung des freien Cholesterins infolge Bindung an Saponin. Eine Veränderung in den Nebennieren ließ sich um diese Zeit noch nicht feststellen. War die Dosis noch nicht tödlich, so kehrte die Schutzkraft des Serums nach zwei bis drei Tagen wieder zur Norm zurück und ließ einigemal eine leichte Erhöhung erkennen.

Injektion einer Dosis, die das Tier in einigen Tagen tötet, bewirkte ein starkes Abfallen der hemmenden Kraft. Die Nebenniere zeigte gleichzeitig eine deutliche Verminderung der Cholesterinester bis zu einer mitunter fast völligen „Entleerung".

Kleinere Dosen, in größeren Zwischenräumen injiziert, bewirkten dagegen eine Erhöhung der Schutzkraft des Serums auf das Doppelte

---

[1]) J. POHL, Arch. intern. de Pharmacodyn. et de Ther. 7, 1 (1900) u. 8, 437 (1901), 9, 505 (1901).

[2]) E. F. BASHFORD, Arch. intern. de Pharmacodyn. et de Ther. 8, 101 (1901).

[3]) R. KOBERT, Beitr. S. 53.

[4]) W. HUECK, Verhandl. d. Dtsch. pathol. Ges., 15. Tagg., S. 251, 1912.

[5]) L. WACKER u. W. HUECK, Arch. f. exper. Pathol. u. Pharmakol. 71, 373 (1913).

bis Dreifache. Gleichzeitig damit geht eine sehr starke Vermehrung der Cholesterinester in der Nebennierenrinde einher.

Auf Grund dieser Versuche spricht HUECK von einem Parallelismus zwischen dem Gehalt des Blutserums an freiem Cholesterin und dem Gehalt der Nebennierenrinde an Cholesterinestern. WACKER und HUECK betonen aber selbst die Notwendigkeit von chemischen Untersuchungen, wobei besonders der Gehalt des Serums an freiem Cholesterin und Cholesterinestern gesondert zu bestimmen wäre. Die hämolysehemmende Wirkung des Serums ist nicht nur vom Gehalt an freiem Cholesterin abhängig (siehe S. 123).

Nach Injektion von Saponin pur. albis. MERCK sah LASCH[1]) bei Kaninchen eine Steigerung des Serumcholesterins bis zu 200%.

Ausgedehnte Versuche wurden von KOLLERT, KOFLER und SUSANI[2]) mit der kristallisierten Primulasäure in Form ihres Natriumsalzes angestellt. Einzelne kleine Gaben dieses Saponins riefen keine Hypercholesterinämie hervor. Wurden solche minimale Dosen aber in rascher Reihenfolge hintereinander injiziert, so stieg der Cholesterinspiegel des Serums an und sank nach einiger Zeit wieder ab. Dasselbe Ergebnis zeitigten einzelne größere Saponinmengen. Bei tödlichen Gaben kam es zu einer **sehr beträchtlichen Cholesterinvermehrung im Serum.** Die höchste gefundene Steigerung bei Kaninchen betrug 354% des Anfangswertes. Unter 12 verwertbaren Versuchen an Kaninchen, von welchen 9 zum Tode der Tiere führten, nahm das Cholesterin fünfmal zwischen 100 und 200%, sechsmal um über 200% des Ausgangswertes zu. Ein Hund wies eine Steigerung um etwa 160% auf. Bei Dosen unter 1 mg Primulasäure pro 1 kg Kaninchen ließ sich bei keinem Versuch eine Cholesterinvermehrung feststellen. Die kleinste tödliche Dosis für Kaninchen lag zwischen 3 und 4 mg pro 1 kg.

Der Mensch scheint auf intravenöse Zufuhr von Primulasäure ebenso zu reagieren wie die Tiere. Eine Dosis von 0,1 mg pro 1 kg war ohne Wirkung, dagegen riefen 0,302 mg eine Steigerung des Serumcholesterins um 18,1% und 0,16 bis 0,24 mg (Pause zwischen den beiden Injektionen fünf Tage) eine Steigerung um 58% hervor.

Auf die Periode der Cholesterinvermehrung scheint eine **Periode mit vermindertem Cholesteringehalt** des Serums zu folgen. Dies wurde für Elatiorsaponin von KOLLERT und GRILL[3]) nachgewiesen. Nach intravenöser Zufuhr von 6 bzw. 8 mg Elatiorsaponin pro 1 kg Kaninchen trat eine Hypercholesterinämie auf, die acht bis zwölf Tage anhielt.

---

[1]) F. LASCH, Zeitschr. f. d. ges. exper. Med. **42**, 548 (1924).

[2]) V. KOLLERT, L. KOFLER u. O. SUSANI, Zeitschr. f. d. ges. exper. Med. **45**, 682 (1925).

[3]) V. KOLLERT u. H. GRILL, Zeitschr. f. d. ges. exper. Med. **49**, 522 (1926).

Darauf folgte regelmäßig eine Periode mit vermindertem Cholesteringehalt des Serums. Bei andern Saponinen wurde auf diese Erscheinung bisher nicht geachtet.

Die obigen Angaben beziehen sich auf das Gesamtcholesterin des Serums. Ein Unterschied zwischen freiem und gebundenem Cholesterin wurde bei den zitierten Untersuchungen in der Regel nicht gemacht. Bei einem Versuch mit Digitonin sahen WACKER und HUECK[1] bei einem Kaninchen den Gehalt des Serums an freiem Cholesterin von 0,020 auf 0,0386, an gebundenem von 0,0335 auf 0,0576 ansteigen. In einem Kaninchenversuch von KOLLERT, KOFLER und SUSANI[2] betrug der Gehalt an freiem Cholesterin im Serum vor der Injektion 0,7545 g% nachher 0,223 g%, an gebundenem Cholesterin vorher 0,047 g%, nachher 1,808 g%. Außer diesen beiden einander widersprechenden Versuchen finden sich in der Literatur keine weiteren Angaben über das Verhältnis zwischen freiem und gebundenem Cholesterin nach Saponininjektionen.

Ein großer Teil des im Serum **vermehrt auftretenden Cholesterins** scheint nach den Versuchen von HANDOVSKY und TROSSEL[3] **aus dem Skelettmuskel zu stammen.** Bei chronischer Vergiftung mit täglichen kleinen Dosen ,,Saponin purissimum albissimum MERCK" verlor bei Kaninchen der Skelettmuskel 31% seines Cholesterins (auf das feuchte Organ berechnet). Die feuchte Leber wies einen Cholesterinverlust von 10%, das Gehirn eine Zunahme von 8% auf. Bei der histologischen Untersuchung der Nebennieren fanden HANDOVSKY und TROSSEL stets einen geringeren Cholesteringehalt als beim Normalen. Dies steht zum Teil im Gegensatz zu den oben erwähnten Beobachtungen von WACKER, HUECK und KÖHLER[4].

In Kaninchenversuchen beobachtete KOHNO[5] zur Zeit der Hypercholesterinämie nach Saponinzufuhr eine **vermehrte Cholesterinausschwemmung durch die Galle.** In der Periode des verminderten Cholesteringehaltes im Serum nahm auch die Cholesterinmenge in der Galle wieder ab.

Das Körpergewicht der injizierten Tiere weist gesetzmäßige Schwankungen auf, die einen feinen Indikator für die gesetzte Schädigung darstellen (KOLLERT, KOFLER und SUSANI[6]). Ganz kleine Dosen Primula-

---

[1] L. WACKER u. W. HUECK, Arch. f. exper. Pathol. u. Pharmakol. 74, 416 (1913).

[2] V. KOLLERT, L. KOFLER u. O. SUSANI, l. c.

[3] H. HANDOVSKY u. J. v. TROSSEL, Arch. f. exper. Pathol. u. Pharmakol. 117, 347 (1926).

[4] O. KÖHLER, Arch. f. exper. Pathol. u. Pharmakol. 71, 386 (1913).

[5] S. N. KOHNO, zit. nach KOLLERT u. GRILL, l. c.

[6] V. KOLLERT, L. KOFLER u. O. SUSANI, Zeitschr. f. d. ges. exper. Med. 45, 682 (1925).

säure oder Elatiorsaponin (KOLLERT und GRILL[1]) führten zu keiner Abmagerung, größere dagegen bewirkten einen **Gewichtssturz**, der nach wenigen Tagen wieder ausgeglichen wurde. Mehrere aufeinanderfolgende mittelstarke Gaben addierten sich in ihrer Wirkung auf das Gewicht, namentlich dann, wenn die folgenden Dosen noch in der Phase der negativen Gewichtsschwankung verabreicht worden waren. Am größten war der Gewichtsverlust bei eben tödlichen Dosen, die erst nach mehreren Tagen zum Tode führten, der Gewichtsverlust betrug dabei in manchen Fällen 40% des Ausgangsgewichtes. Derartige Tiere zeigten bei der Sektion einen nahezu völligen Schwund des subkutanen und mesenterialen Fettes. Durch die Verfolgung des Gewichtes der Tiere im Anschluß an die Saponininjektionen war es möglich, festzustellen, ob eine Gabe das Tier geschädigt hatte oder nicht. Der beste Zeitpunkt für die Erkennung einer reaktiven Hypercholesterinämie dürfte mit dem Tiefstand des Gewichtes zusammenfallen.

Diese Gewichtsverluste sind zweifellos größtenteils auf die durch das Saponin gesetzte Schädigung zurückzuführen. Teilweise erklären sie sich auch daraus, daß die kranken Tiere weniger fressen als die gesunden, doch dürfte dieser Faktor nicht ausschlaggebend sein, da im Magen der meisten verendeten Kaninchen reichlich Inhalt zu finden war. Außerdem wäre zu überlegen, ob nicht auch eine vermehrte Harnausscheidung zu den Gewichtsverlusten etwas beiträgt (KOLLERT, KOFLER und SUSANI[2]).

Eine weitere Gesetzmäßigkeit betrifft den **Fibrinogengehalt des Serums**, der nach der Injektion von Primulasäure und Elatiorsaponin beträchtlich zunimmt (KOLLERT, KOFLER und SUSANI). Die Bestimmungen wurden nach den Angaben von STARLINGER und HARTL[3]) durchgeführt. Es fiel aber schon bei der Spontangerinnung des durch Herzpunktion gewonnenen Blutes auf, daß der Gerinnungsvorgang und die Menge des über dem Blutkuchen sich absetzenden Fibrins in den Proben vor und nach der Injektion wesentlich verschieden war. Die Gerinnung des Naturplasmas der vergifteten Tiere erfolgt nach KOLLERT, KOFLER und SUSANI fraktioniert. Wurde nämlich das Plasma steril in einem Kaliglas bei Zimmertemperatur aufbewahrt und das gebildete Fibrinnetz mit steriler Nadel entfernt, so erfolgte nach einiger Zeit (mehrfach erst nach Tagen) noch eine Nachgerinnung. Nach Injektionen von Primulasäure, die zu deutlicher Hypercholesterin-

---

[1]) V. KOLLERT u. H. GRILL, Zeitschr. f. d. ges. exper. Med. **49**, 522 (1926).

[2]) V. KOLLERT, L. KOFLER u. O. SUSANI, Zeitschr. f. d. ges. exper. Med. **45**, 692 (1925).

[3]) W. STARLINGER u. K. HARTL, zit. nach KOLLERT, KOFLER u. SUSANI, l. c.

ämie führten, war die Gerinnungsfähigkeit des Plasmas gelegentlich so verändert, daß überhaupt kein Fibrin ausfiel und die Anwesenheit eines solchen erst mit 28 Vol.-% Ammoniumsulfatsättigung nachgewiesen werden konnte.

Diese Verzögerung der Gerinnbarkeit beobachteten auch HANDOVSKY und TROSSEL[1]) nicht nur im chronischen, sondern auch im akuten Versuch. Letzteres konnten sie in folgender Versuchsanordnung zeigen: Bei einem Kaninchen wurden beide Karotiden frei präpariert. In die eine Karotis wurde eine Kanüle eingebunden und diese durch ein Stück Gummischlauch mit einer Pipette verbunden. Nach Öffnen der Klemme stieg das Blut in der Pipette in die Höhe. Nun wurde die Zeit bestimmt, bis zu der das Blut eben nicht mehr aus der Pipette tropfte. Sie betrug einmal 3 Minuten 5 Sekunden, ein zweites Mal 3 Minuten 45 Sekunden. Hierauf wurden dem Tier 2 mg Saponin in die Ohrvene injiziert und darauf die andere Karotis eingebunden. Die Bestimmung der Gerinnungszeit ergab jetzt 11 Minuten 45 Sekunden. HANDOVSKY und TROSSEL sehen die Ursache für diese hemmende Wirkung des Saponins auf die Blutgerinnung in einer Veränderung des Kolloidgefüges des Blutes. Es ist meines Erachtens aber auch an die Möglichkeit zu denken, daß die Wirkung bei der chronischen Saponinvergiftung und beim akuten Versuch nicht auf dieselbe Ursache zurückzuführen ist. Vielleicht handelt es sich im akuten Versuch um eine Beeinflussung der Thrombokinase, wie sie ZAK für seine Versuche in vitro annimmt (siehe S. 155).

Intravenöse Injektion von Saponin pur. albis. MERCK (LASCH[2]), Primulasäure und Elatiorsaponin (KOLLERT, KOFLER und SUSANI[3]) bewirkt bei Kaninchen eine beträchtliche Vermehrung der Blutkörperchensenkungsgeschwindigkeit. Dies ist sehr wahrscheinlich auf die Erhöhung des Cholesterin- und Fibrinogengehaltes des Serums zurückzuführen. Nach LASCH hatte in vitro Saponin pur. albis. MERCK in nichthämolytischen Dosen keinen Einfluß auf die Senkungsgeschwindigkeit.

Die Hypercholesterinämie, die damit parallel gehende Vermehrung des Fibrinogens im Serum und der Gewichtssturz lassen sich nach KOLLERT, KOFLER und SUSANI am besten als Folge einer allgemeinen Zellschädigung erklären.

32. Wirkung auf den Blutdruck und die Temperatur

Intravenöse Injektionen von Saponindosen, die beträchtlich höher sind als die tödlichen, üben keinen unmittelbaren Einfluß auf den Blutdruck aus, erst kurz vor dem Tode tritt eine Blutdruckerniedrigung

---

[1]) H. HANDOVSKY u. J. v. TROSSEL, l. c.
[2]) F. LASCH, Zeitschr. f. d. ges. exper. Med. **42**, 548 (1924).
[3]) V. KOLLERT, L. KOFLER u. O. SUSANI, l. c.

auf. PACHORUKOW[1]) injizierte einem Hund (4500 g) im Verlaufe von 1 Stunde 8 Minuten in verschiedenen Zwischenräumen zehnmal je 0,03 g Sapotoxin. Eine Blutdrucksenkung zeigte sich erst nach der letzten Einspritzung zu einer Zeit, wo der Puls schon unregelmäßig und kaum mehr fühlbar war. Dasselbe beobachtete KRUSKAL[2]) mit Sapotoxin bei einer Katze und mit Sapindussaponin bei einem Hund.

Ganz anders ist die Wirkung einer chronischen Saponinvergiftung auf den Blutdruck. HANDOVSKY und TROSSEL[3]) sahen bei Kaninchen unter chronischer Saponinwirkung bei einem Teil der Tiere einen gegenüber den Normalversuchen wesentlich erhöhten Blutdruck. Diese Blutdrucksteigerung trat bei allen Tieren auf, die unbehandelt einen niedrigen Blutdruck hatten. Dies traf nur bei den weiblichen Tieren zu, während männliche Tiere keine oder nur eine ganz geringfügige Blutdrucksteigerung zeigten. Die beobachtete Blutdrucksteigerung hielt bis zu 30 Tagen an. Die höchste beobachtete Steigerung betrug 49,4% des Ausgangswertes. Es wurden den Tieren jeden zweiten Tag 1 bis 2 mg Saponin pur. albiss. MERCK in die Ohrvene injiziert.

HANDOVSKY und TROSSEL beobachteten in Übereinstimmung mit früheren Untersuchern (siehe S. 178) eine Steigerung des Serumcholesterins bei den Saponintieren. Ein unmittelbarer Zusammenhang zwischen Blutdrucksteigerung und der Erhöhung des Cholesteringehaltes ließ sich aber nicht feststellen.

Zur Erklärung der Blutdrucksteigerung ziehen HANDOVSKY und TROSSEL zwei weitere Beobachtungen an saponisierten Kaninchen heran. In sechs darauf untersuchten Fällen sahen die Autoren eine Zunahme der Säurebindungsfähigkeit des Blutes. Eine sichere Erklärung für diese Steigerung der Alkalireserve konnten sie nicht geben, doch weisen sie in diesem Zusammenhang auf frühere Beobachtungen von HANDOVSKY hin, wonach die Sauerstoffaufnahme von gewaschenem, zerkleinertem Schweinediaphragma und von „thermostabilem Muskelpulver (HOPKINS)" unter dem Einfluß von Glutathion durch Saponin beschleunigt und vergrößert wird. Das Saponin wirkt also intensivierend auf den durch das Glutathion bewerkstelligten Wassertransport, der ein wesentlicher Bestandteil der Muskelatmung ist.

Ferner sahen HANDOVSKY und TROSSEL bei den meisten Tieren eine **Steigerung der Adrenalinempfindlichkeit**. Es wurde dabei immer die Adrenalinmenge bestimmt, die intravenös injiziert eben eine sichere Blutdruckerhöhung machte, und diese Konzentration durch eine etwas größere und eine etwas kleinere sichergestellt. Aber auch hier ließ sich

---

[1]) D. PACHORUKOW, Arbeit. d. Pharmakol. Inst. zu Dorpat 1, 1 (1888).
[2]) N. KRUSKAL, Arbeit. d. Pharmakol. Inst. zu Dorpat 6, 1 (1891).
[3]) H. HANDOVSKY u. J. v. TROSSEL, l. c.

ein direkter Zusammenhang zwischen dieser Saponinwirkung und der chronischen Blutdrucksteigerung nicht erkennen. HANDOVSKY und TROSSEL glauben nun, daß eine Steigerung der Alkalireserve bei allen saponisierten Tieren zustande kommt, daß aber nicht alle Tiere auf ihr eigenes Adrenalin in diesem Sinne reagieren, sondern nur bestimmte (die weiblichen ?).

HANDOVSKY und TROSSEL konnten weder beim akuten Saponisierungsversuch jemals eine Blutdrucksteigerung beobachten noch sahen sie beim isolierten Gefäßpräparat (Rinderkarotisstreifen, TRENDELENBURGsches Froschpräparat) eine akute Saponinwirkung. Im Gegensatz hiezu verengerte das Cyclamin nach TUFANOW[1]) die Gefäße des Frosches im Durchströmungsversuch sehr hochgradig. Diese Verengerung läßt sich, gleichgültig, ob das Rückenmark zerstört ist oder nicht, beim Durchleiten von Normalflüssigkeit nicht mehr beseitigen. Die gleiche, allerdings nicht so intensive Wirkung übt das Cyclamin auf die Gefäße der Warmblüter aus. Wenn KRUSKAL[2]) 3 bis 4 Tropfen einer 2%igen Cyclaminlösung in der Nähe der **Froschschwimmhaut** subkutan injizierte, zeigte die mikroskopische Betrachtung der Schwimmhaut eine Verengerung der Kapillaren bis zum Stillstand der Zirkulation und auch in den größeren Gefäßen eine Verengerung und eine Verlangsamung der Zirkulation. Ebenso wie Cyclamin wirkte Helleborein im Durchströmungsversuch verengernd auf die Gefäße überlebender Warmblüterorgane (KOBERT[3]). Dagegen erweiterten die anderen bisher in dieser Richtung untersuchten Saponine die Gefäße. So sahen KOBERT und später KRUSKAL beim Durchströmen überlebender Organe mit Blut oder blutfreier Nährlösung auf Zusatz von Saponalbin, Sapindussaponin und Chamälirin Erweiterung der Gefäße, die beim Vertauschen der Durchströmungsflüssigkeit verschwand und bei neuem Saponinzusatz wieder auftrat. JAKOBI[4]) sah nach Aufträufeln einer 0,8%igen Saponinlösung auf die Froschschwimmhaut eine Erweiterung der kleinen Arterien und einen sehr lebhaften Kreislauf. Bei Wiederholung des Versuches trat die Gefäßerweiterung allerdings nicht regelmäßig ein.

Bei der Einspritzung letaler und subletaler Dosen von Saponin pur. albiss. MERCK sahen HANDOVSKY und TROSSEL bei Kaninchen sofort nach der ersten Einspritzung einen **Temperaturanstieg** von 38,8⁰ auf 41,1⁰ oder von 39,1⁰ auf 40,4⁰, in anderen Fällen stieg die Temperatur nur um 0,5⁰. Wurde die Saponinbehandlung längere Zeit fortgesetzt, so blieb die Temperatur während der ganzen Zeit auf derselben Höhe.

---

[1]) N. TUFANOW, Arbeit. d. Pharmakol. Inst. zu Dorpat **1**, 130 (1888).
[2]) N. KRUSKAL, Arbeit. d. Pharmakol. Inst. zu Dorpat **6**, 78 (1891).
[3]) R. KOBERT, Arch. f. exper. Pathol. u. Pharmakol. **22**, 97 (1887).
[4]) W. JAKOBI, Arch. f. exper. Pathol. u. Pharmakol. **88**, 333 (1920.)

33. Wirkung auf die geformten Elemente des Blutes in vivo

Die Frage, ob intravenöse Injektion von Saponin in vivo zur Hämolyse führt, findet in der Literatur keine einheitliche Beantwortung. Kobert[1]) sah nach den meisten Saponinen bei Einspritzung überletaler Dosen keine Hämoglobinurie oder Methämoglobinurie, hält aber eine partielle, rasch eintretende Hämolyse für möglich und wahrscheinlich. Zeichen einer Hämolyse wurden von mehreren Autoren bei Vergiftung mit verschiedenen Saponinen gefunden, so bei Agrostemma-Sapotoxin (Brandl[2]), Digitonin und Saponalbin (Montagnani[3]) und Sapotoxin (Handrick[4]). Dagegen fehlten Anzeichen von Hämolyse bei Injektion von Sapotoxin (Pachorukow[5]), Kunkel[6]), Isaac und Möckel[7]), Saponin pur. albiss. Merck (Wacker und Hueck[8]), Quillajasaponin (Isaac und Möckel, Fieger[9]), Cyclamin und Digitonin (Kruskal[10]), Sapindus- und Guajaksaponin (Fieger).

Der Tod der Tiere bei Einspritzung letaler Saponindosen ist nicht unmittelbar durch Blutveränderungen bedingt. In den Versuchen von Isaac und Möckel war zur Hervorrufung einer Hämolyse im Körper eine sehr große Dosis Saponin notwendig.

Bei chronischer Vergiftung mit Saponin zeigen die geformten Elemente des Blutes charakteristische Veränderungen. Was zunächst die roten Blutkörperchen anlangt, so ist ein stets erhobener Befund eine **Reduktion der Erythrozytenzahl und des Hämoglobingehaltes.** Bei Kaninchen, die durch längere Zeit täglich oder in größeren Abständen 3 bis 5 mg Sapotoxin Merck intravenös erhielten, sahen Isaac und Möckel als niedrigste Werte 1,5 Millionen Erythrozyten und 25 bis 30% Hämoglobin. Der Färbeindex hielt sich meist unter 1, erreichte aber bei stark gesunkener Blutkörperchenzahl Werte bis 1,8. Allerdings ließ sich bei einzelnen Tieren trotz länger dauernder Vergiftung nur eine geringe Reduktion der Erythrozytenzahl erreichen, die sich im weiteren Verlauf der Vergiftung wieder hob. Auch nach stärkerem Sinken der Erythrozytenzahl scheint nach dem Abklingen der Vergiftung

---

[1]) R. Kobert, in Heffters Handbuch, l. c. S. 1518.
[2]) J. Brandl, Arch. f. exper. Pathol. u. Pharmakol. 59, 245 (1908).
[3]) M. Montagnani, Lo sperimentale 78 (1924).
[4]) E. Handrick, Dtsch. Arch. f. klin. Med. 107, 312 (1912).
[5]) D. Pachorukow, l. c.
[6]) H. Kunkel, Fol. haematolog. 14, 1. Teil, 430 (1912).
[7]) S. Jsaac u. K. Möckel, Zeitschr. f. klin. Med. 72, 321 (1911).
[8]) L. Wacker u. W. Hueck, Arch. f. exper. Pathol. u. Pharmakol. 71, 373 (1913).
[9]) J. Fieger, Biochem. Zeitschr. 86, 243 (1918).
[10]) N. Kruskal, l. c.

bald wieder Regeneration der Erythrozyten einzutreten. Dies geht aus einer gelegentlichen Beobachtung von Isaac und Möckel und aus einem Versuch von Backmann, Grahs, Hultgren und Price[1]) hervor, wo bei einem Kaninchen nach intravenöser Injektion von 0,59 mg Sapotoxin pro 1 kg Körpergewicht die Erythrozytenzahl von 6 Millionen auf 3,5 Millionen sank und dann im Verlaufe von acht Tagen wieder auf 6 Millionen anstieg. Bei milzexstirpierten Tieren gelang es Isaac und Möckel trotz großer Saponindosen überhaupt nicht, eine weitgehende Abnahme der Erythrozyten zu bekommen. Damit steht in Übereinstimmung, daß Fukui[2]) die Abnahme der Erythrozytenzahl nach Injektion kleiner Saponinmengen auf eine Reizung der hämatoklastischen Organe, vor allem der Milz, zurückführt (siehe S. 194). Allerdings geben Backmann, Grahs, Hultgren und Price an, daß Milzexstirpation keine Änderung der Reaktion der Kaninchen gegen Sapotoxininjektion bewirke.

Morphologisch zeigten die einzelnen Erythrozyten in den Kaninchenversuchen von Isaac und Möckel nach chronischer Sapotoxinvergiftung Poikilozytose, Megalozytose und Polychromasie. Normoblasten und polychromatische Megaloblasten zeigten sich fast bei allen Tieren, allerdings in wechselnder, gelegentlich in außerordentlich großer Zahl. Dosen von 0,001 bis 0,004 g Saponin Merck erzeugten stets „prompt mit der Zuverlässigkeit eines physikalischen Experimentes" Normoblastose. Die Megaloblasten traten immer schon sehr frühzeitig auf und keineswegs erst dann, wenn bereits eine sehr starke Anämie bestand, worin nach Isaac und Möckel ein Unterschied gegenüber den Anämien durch andere Blutgifte liegt. Ferner deuten die genannten Autoren das frühe Auftreten der Megaloblasten als Reaktion auf die das Knochenmark direkt treffenden Reize.

Senegin in einer Menge von 0,8 mg pro 1 kg Kaninchen bewirkte eine nur geringfügige Verringerung der Erythrozytenzahl, dagegen verursachte es ebenso wie Sapotoxin Normablastose, Poikilozytose, Megalozytose und Polychromasie (Backmann, Grahs, Hultgren und Price). Das Auftreten von Megaloblasten wird von Pappenheim und Szécsi[3]) bestritten.

Mit Saponin pur. albiss. Merck erhielten Gaisböck und Bayer[4]) nach intravenöser Injektion bei Kaninchen im wesentlichen dieselben Blutveränderungen im Gebiete der Roten wie die bisher zitierten

---

[1]) E. L. Backmann, E. Grahs, G. Hultgren et H. Price, Compt. rend. des séances de la soc. de biol. **94**, 933, 936, 939 (1926).

[2]) T. Fukui, Biochem. Zeitschr. **147**, 146 (1926).

[3]) A. Pappenheim u. Szécsi, Fol. haematol. **13**, Arch. 25 (1912).

[4]) F. Gaisböck u. G. Bayer, Wien. klin. Wochenschr. 1924, Nr. 39.

Autoren mit Sapotoxin. Schon wenige Stunden nach der Injektion traten verschiedene Entwicklungsformen von kernhaltigen Erythrozyten auf, gelegentlich waren Vorgänge einer Entkernung unter dem Bilde einer Totalausstoßung feststellbar. Nach Aussetzen der Saponinzufuhr nahm die Zahl der kernhaltigen Roten ab, während gleichzeitig zahlreiche punktierte Rote (auch kernhaltige konnten punktiert erscheinen) sowie Anisozytose (Makro- und Mikro-) dem Blutbild ein neues Gepräge gaben. Drei Wochen nach der letzten Saponinzufuhr war eine Restitutio ad integrum eingetreten mit Ausnahme des Hämoglobins, das auf einem niedrigen Stand blieb.

Cyclamin und Digitonin üben nach PAPPENHEIM und SZÉCSI im Gegensatz zu den anderen untersuchten Saponinen fast gar keine Wirkung auf die Erythrozyten bzw. den Erythroblastenapparat aus.

Bei Hühnern bewirkte nach KASARINOFF[1]) Injektion von ,,Saponinum purissimum'' sehr rasch stärkere Anämien und erwies sich in vivo und in corpore als starkes Leukozytengift. Gleichzeitige Injektion von Saponin und Rizin rief vor allem leukämoide Myeloblastose hervor, während die Anämie nur unmittelbar typische Jugendformen der Erythrozyten zeigte, aber keine pathologisch atypischen vergrößerten oder verkleinerten orthochromatischen Formen.

JSAAC und MÖCKEL erklären die beobachteten Veränderungen des Blutbildes nicht durch Zerstörung fertiger roter Blutkörperchen, sondern durch direkte Giftwirkung auf den medullären und extramedullären hämatopoetischen Apparat, eine Ansicht, die auch PAPPENHEIM und SZÉCSI, KAGAN[2]), ferner GAISBÖCK und BAYER vertraten.

Blutuntersuchungen nach Saponininjektionen wurden fast durchwegs nur bei Kaninchen vorgenommen. Es scheinen sich nun aber nicht alle Tiere in diesem Punkte gleich zu verhalten. KOFLER und SCHRUTKA[3]) injizierten Mäusen in die Schwanzvene in einer Versuchsreihe die kleinste tödliche Dosis und in einer anderen Versuchsreihe 75% der tödlichen Dosis verschiedener Saponine und untersuchten das Blut nach 24 Stunden und, soweit die Tiere noch am Leben waren, nach 48 und 72 Stunden. In keinem einzigen Falle konnten Normoblasten gefunden werden. Die verwendeten Saponine waren Digitonin, Primulasäure, Gypsophilasaponin, Sapotoxin, Saponin STHAMER, Senegin, Saponin pur. albiss., Powdered-Saponin, Guajaksaponin, Roßkastaniensaponin, Sapindussaponin.

Außer der Wirkung auf den erythropoetischen Zentralapparat nehmen GAISBÖCK und BAYER nach intravenöser Saponininjektion

---

1) KASARINOFF, Fol. haematol. **10**, Arch. 391 (1910).
2) A. KAGAN, Fol. haematol. **17**, Arch. 211 (1913).
3) L. KOFLER u. W. SCHRUTKA, Biochem. Zeitschr. **159**, 327 (1925).

noch eine erste Phase der Giftwirkung an. Diese erste Phase muß sich am Orte der Einspritzung abspielen, weil hier die Bedingungen zu einer sozusagen **lokalen Hämolyse** dadurch gegeben sind, daß einer konzentrierten Saponinlösung eine verhältnismäßig geringe Plasmamenge gegenübersteht. Die genannten Autoren beobachteten nämlich meistens sofort nach der Injektion eine beträchtliche Verminderung der Erythrozyten. Diese intravasale hämolytische Wirkung des Saponins spielt aber für die Entstehung der Erythroblastose keine Rolle. GAISBÖCK und BAYER konnten dies durch Vergleich des Effektes von intravenöser Injektion von Saponin und destilliertem Wasser feststellen. Beide verursachten eine beträchtliche Verminderung der roten Blutkörperchen, eine Ausschwemmung von Normoblasten dagegen wurde nur durch Saponin, nicht aber durch destilliertes Wasser hervorgerufen. Die einfache Zerstörung von Erythrozyten durch destilliertes Wasser löst also keine sich im Blute morphologisch dokumentierende Wirkung auf das Knochenmark aus, soweit dies durch kernhaltige Rote erkennbar wäre.

Die **Resistenz der Erythrozyten** von Kaninchen, welche intravenös mehrere kleine Dosen (1 bis 1,5 mg) erhalten hatten, war in den Versuchen von HANDRICK[1]) verändert. Die minimale Resistenz war beträchtlich vermindert, während sich die maximale Resistenz in normalen Grenzen bewegte oder nur wenig vermehrt war. Dies wurde von KAGAN[2]) bestätigt. MONTAGNANI[3]) sah bei Kaninchen nach Injektion von Digitonin und Saponalbin eine nur geringe Abnahme der Erythrozytenresistenz. FIRKET und CAMPOS[4]) fanden nach intravenöser Saponininjektion keine Änderung der Erythrozytenresistenz gegen Saponin. Bei entmilzten Kaninchen waren die Erythrozyten gegen hypotonische Salzlösungen widerstandsfähiger, nicht aber gegen Saponin.

In den Versuchen von ISAAC und MÖCKEL[5]) bewegte sich bei den mit Sapotoxin chronisch vergifteten Kaninchen die Gesamtzahl der **Leukozyten** innerhalb der normalen Breite, stieg aber bei zwei entmilzten Tieren beträchtlich an. Die Menge der Lymphozyten war stets vermehrt, während die Myelozyten nur bei vier Tieren besonders zahlreich waren. Als „Lymphoidzellen" beschreiben ISAAC und MÖCKEL in großer Menge vorhandene Elemente: große mononukleäre Zellen mit stark basophilem Protoplasma mit großem Kern von oft bizarrer Form. PAPPENHEIM und SZĚCSI[6]) nehmen an, daß diese Zellen auf besondere Reize hin, in

---

[1]) HANDRICK, Dtsch. Arch. f. klin. Med. **107**, 312 (1912).
[2]) A. KAGAN, l. c.
[3]) M. MONTAGNANI, Lo sperimentale **78** (1924).
[4]) J. FIRKET u. E. S. CAMPOS, Bull. of the John Hopkin's hosp. **33**, 271 (1922). Zit. nach Ber. ü. d. ges. Phys. **16**, 242 (1923).
[5]) S. JSAAC u. K. MÖCKEL, l. c.
[6]) A. PAPPENHEIM u. SZÉCSI, l. c.

diesem Falle durch das Saponin gebildet und in die Blutbahn abgestoßen werden.

Die Zahl der weißen Blutkörperchen stieg in den Versuchen von BACKMAN, GRAHS, HULTGREN und PRICE nach der Injektion rasch an und erreichte 23 Stunden nach der Injektion die höchste Steigerung von 190%. Die beträchtliche Leukozytose bestand im Anfang im wesentlichen aus einer starken Vermehrung der pseudoeosinophilen Zellen (234%), während die Lymphozyten nur um 51% vermehrt waren. Am Tage nach der Injektion verminderte sich indessen die Zahl der Pseudoeosinophilen, während die Zahl der Lymphozyten sich um 200% über den normalen Wert vermehrte. Am vierten Tage nach der Injektion war die Zahl der Lymphozyten wieder ungefähr zur Norm zurückgekehrt und die Zahl der Pseudoeosinophilen unter die Norm gefallen. Aus diesen Beobachtungen geht hervor, daß das Blutbild als Folge einer Saponininjektion je nach der Zeit der Untersuchung ein ganz verschiedenes Aussehen aufweisen kann. Im wesentlichen die gleiche Wirkung erzeugt Senegin und Sapotoxin.

Im Gegensatz zu ISAAC und MÖCKEL sahen BACKMAN und seine Mitarbeiter und ebenso MAS Y MAGRO[1]) zwischen normalen und entmilzten Kaninchen keinen Unterschied in der Reaktion auf Saponininjektion.

Intravenöse Saponininjektion bewirkt bei Kaninchen eine Abnahme der Blutplättchen (BUNTING[2]), FIRKET[3]) und SVEND[4]). Nach intravenöser Injektion von 0,59 mg Sapotoxin pro 1 kg Kaninchen sahen BACKMAN, GRAHS, HULTGREN und PRICE[5]) zuerst eine rasch auftretende Thrombopenie. Die **Thrombozytenzahl** war sechs Stunden nach der Injektion um 33%, nach 20 Stunden um 70% des Ausgangswertes gesunken. In den nächsten Tagen folgte eine allmähliche Steigerung der Thrombozytenzahl zuerst bis zur Norm, dann darüber hinaus. Am achten Tage nach der Injektion zeigte sich eine Thrombozytose von 87% des Ausgangswertes. FIRKET betrachtete die Thrombopenie als Folge einer direkten Auflösung von Thrombozyten durch das Saponin. Dagegen wies BESKOW[6]) darauf hin, daß die Saponindosis, welche in vitro Thrombozytolyse hervorruft, ungefähr 1000mal höher ist als jene, welche in vivo Thrombopenie hervorruft.

---

[1]) F. MAS Y MAGRO, Arch. de cardiol. y hematol. 4, 225 (1923). Zit. nach Ber. ü. d. ges. Physiol. 23, 241 (1924).

[2]) BUNTING, Journ. of exp. Med. 1909, II, 541.

[3]) J. FIRKET, Cpt. rend. des séances de la soc. de biol. 85, 727 (1921).

[4]) P. SVEND, Acta pathol. et microbiol. scandinav. 2, 23 (1925). Zit. nach Ber. ü. d. ges. Physiol. 35, 100 (1926).

[5]) E. L. BACKMAN, E. GRAHS, G. HULTGREN et H. PRICE, l. c.

[6]) A. BESKOW, Compt. rend. des séances de la soc. de biol. 91, 1092 (1924).

34. Histologische Organveränderungen bei chronischer Saponinvergiftung

Nach intravenöser Injektion der kleinsten tödlichen Saponindosis gehen die Tiere, wie erwähnt, erst nach mehreren Tagen zugrunde, ohne daß sich bei der Obduktion irgendwelche charakteristische Organveränderungen erkennen ließen. Dasselbe gilt von Tieren, die durch wiederholte Injektion kleinerer Saponindosen vergiftet wurden. In der Literatur finden sich zahlreiche gelegentliche Angaben über histologische Befunde bei Saponinvergiftung und ferner mehrere Arbeiten, die sich eingehender mit der Histologie saponinvergifteter Tiere befassen. Trotz dieser Untersuchungen läßt sich aber noch kein ganz befriedigendes Bild der chronisch verlaufenden Saponinvergiftung gewinnen.

Eine ausführliche Zusammenstellung der ganzen diesbezüglichen Literatur findet sich bei Kollert und Rezek[1]).

Die Übersicht über die bisher vorliegenden Untersuchungsergebnisse wird dadurch wesentlich erschwert, daß die einzelnen Autoren nicht selten verschiedene Saponine verwendeten und die mit einem Saponin gewonnenen Resultate ausdrücklich oder stillschweigend auf alle Saponinsubstanzen ausdehnten. Kollert und Rezek konnten zeigen, daß selbst die Saponine aus nahe verwandten Pflanzen, wie aus der *Primula veris* und *Primula elatior* beträchtliche Unterschiede im histologischen Vergiftungsbild hervorriefen.

Gemeinsam scheint nach Kollert und Rezek allen Saponinvergiftungen das Auftreten degenerativer Veränderungen in den parenchymatösen Organen zu sein. Die beiden genannten Autoren erwarten erst auf Grund vergleichender Untersuchungen mit vielen Saponinen die Möglichkeit der Feststellung, ob die gemeinsamen oder die abweichenden Züge der verschiedenen histologischen Bilder überwiegen.

Angaben über histologische Veränderungen nach Saponinvergiftung finden sich bei Kobert[2]), Pachorukow[3]), Kruskal[4]), Stier[5]), Kunkel[6]), Bunting[7]), Bacon[8]), Brandl[9]), Neumayer[10]), Wacker[11]),

[1]) V. Kollert u. Ph. Rezek, Virchows Arch. f. pathol. Anatom. u. Physiol. **262**, 837 (1926).

[2]) R. Kobert, Arch. f. exper. Pathol. u. Pharmakol. **23**, 233 (1888).

[3]) D. Pachorukow, Arbeit. d. Pharmakol. Inst. zu Dorpat, 1, 1 (1888).

[4]) N. Kruskal, Arbeit. d. Pharmakol. Inst. zu Dorpat **6**, 1 (1891).

[5]) Stier, Berlin. tierärztl. Wochenschr. 1893. Zit. nach Kollert u. Rezek, l. c.

[6]) H. Kunkel, Fol. haematol. **14**, I. Teil 430 (1912).

[7]) Bunting, l. c.

[8]) Ph. Bacon, Journ. of science 1906. Zit. nach Kollert u. Rezek, l. c.

[9]) J. Brandl, Arch. f. exper. Pathol. u. Pharmakol. **59**, 245 (1908).

[10]) L. Neumayer, Arch. f. exper. Pathol. u. Pharmakol. **59**, 311 (1908).

[11]) L. Wacker, Biochem. Zeitschr. **12**, 8 (1908).

HALBERKANN[1]), KASARINOFF[2]), WACKER, HUECK und KÖHLER[3]) und FOÁ[4]).

Seit den Untersuchungen von ISAAC und MÖCKEL werden die **Knochenmarksveränderungen** als im Mittelpunkt der Saponinvergiftung stehend betrachtet. Erst KOLLERT und REZEK zeigten, daß bei manchen Saponinen die Knochenmarksveränderungen sehr geringfügig sind, dagegen Schädigungen anderer Organe im Vordergrund des Vergiftungsbildes stehen.

ISAAC und MÖCKEL[5]) injizierten mit verschiedenen Zwischenräumen Kaninchen intravenös 2 bis 5 mg Sapotoxin und sahen neben den schon beschriebenen Blutbildern weitgehende Veränderungen im Knochenmark. Es kam zu einer myeloblastischen Wucherung, die schließlich zum Untergang des Gewebes führte. Die normale lockere Anordnung war verschwunden, an seine Stelle trat ein tumorartiger Aufbau, der durch breite Zellverbände bewirkt wurde. Es fanden sich große Zellen mit großen, häufig doppelten Kernen und verschiedenen Formen der Degeneration. Außerdem traten Riesenzellen mit Kernschädigungen, ferner Blutungen und Nekrosen auf. In der Milz zeigte sich der Aufbau verwischt, stets myeloide Reaktion, keine Riesenzellen. In der Leber traten stellenweise kleine Nekrosen auf, die Leberzellen waren geschwollen und teilweise verfettet. Die Kapillaren führten zahlreiche einkernige Zellen von der Art der in der Milzpulpa vorhandenen, außerdem granulierte, lymphoide Zellen. Weder in der Milz noch in der Leber waren Zeichen eines vermehrten Blutzerfalles wahrnehmbar, auch die Siderosereaktion war negativ.

Nach Sapotoxininjektion sah HANDRICK[6]) in der Milz einen totalen Umbau mit nur spärlichen Follikelresten. Die Leber war kaum verändert, zeigte nur eine minimale Verfettung. Im Knochenmark fand sich eine um das Zwei- bis Dreifache vergrößerte kompakte Masse und keine Spur von Fettlücken.

In der Nebenniere von Kaninchen fanden WACKER, HUECK und KÖHLER nach Injektion von Saponin pur. albiss. MERCK eine Verminderung des Cholesteringehaltes, dagegen nach vielfachen kleinen Dosen eine Anreicherung der Cholesterinester.

---

[1]) J. HALBERKANN, Biochem. Zeitschr. **19**, 310 (1909).
[2]) KASARINOFF, Fol. haematol. **10**, 391 (1910).
[3]) L. WACKER, W. HUECK u. O. KÖHLER, Arch. f. exper. Pathol. u. Pharmakol. **71**, 373 (1913).
[4]) FOÁ, Trattato di anatom. patol. Torino 1920. Zit. nach KOLLERT u. REZEK, l. c.
[5]) S. ISAAC u. K. MÖCKEL, l. c.
[6]) E. HANDRICK, Dtsch. Arch. f. klin. Med. **107**, 312 (1912).

Firket[1]) und Firket und Campos[2]) fanden beim Kaninchen nach Saponininjektion (Saponin der Heyl-Laboratorien Chicago) eine Hypoplasie des Knochenmarks und gleichzeitig Hämorrhagien, aber keine echte Aplasie. Die Milz zeigte myeloide Umwandlung mit Bildung zahlreicher Megakaryozyten, letztere waren auch in den Lymphdrüsen bei entmilzten Kaninchen zu sehen.

Nach Injektion von Digitonin und Saponalbin sah Montagnani[3]) bei Kaninchen in der Milz den Blutgehalt stark erhöht, Erythrophagen teils frei, teils im Retikulum; Endothelium vermehrt mit schlecht färbbaren Kernen, auch nekrotisch, viele in körnchenartigen Detritus verwandelt. In der Leber prinzipiell die gleichen, aber quantitativ geringeren Veränderungen. Die Leberzellen sind unter Zunahme des Volumens teils granuliert, teils vakuolisiert und enthalten vielfach unregelmäßige grünliche Massen. Die Kupfferschen Zellen waren vergrößert. Bei Injektion der Saponine in die Vena portae zeigte sich in der Leber außer den genannten Veränderungen Karyolyse in den Leberzellen und Auflösung des Protoplasmas. Dabei waren die Kapillaren blutreich und erweitert.

Die ausführlichsten histologischen Untersuchungen der Organe chronisch mit Saponin vergifteter Kaninchen wurden in letzter Zeit von Kollert und Rezek[4]) durchgeführt. Als Saponine benützten sie reine kristallisierte Primulasäure und Elatiorsaponin. Die Tiere erhielten in die Ohrvene eine einmalige tödliche Dosis (Primulasäure 3 bis 4 mg, Elatiorsaponin 8 mg pro 1 kg Kaninchen) oder eine oder mehrere kleinere Dosen.

Die **Primulasäure** rief folgende Veränderungen hervor. **Leber:** Die einzelnen Präparate zeigen verschieden starke Veränderungen der Leberzellen. An manchen Stellen ist das Aussehen und die Größe der Zellen normal, an anderen sind die Zellen mehr oder weniger vergrößert, und das Protoplasma zeigt schwere Veränderungen im Sinne tropfiger Entmischung mit Vakuolenbildung von wabigem Aufbau. Die Kerne sehen häufig blasig gebläht aus, ihre äußere Grenzschicht ist deutlicher als normal, die Kernkörperchen sind an die Peripherie der Kerne gerückt. An einzelnen Stellen findet man zwischen mehr oder weniger geschädigtem Leberparenchym nekrotische Balken, ja selbst nekrotische Leberzellhaufen, in deren Bereich der Aufbau des Organs kaum mehr erkennbar ist. Die Blutkapillaren sind stellenweise erweitert und enthalten außer Erythrozyten oft nicht identifizierbare krümelige Massen sowie Gallenpigment. Die Kupfferschen Zellen sind sogar im Bereiche der erwähnten nekrotischen Partien gut erhalten. Die periportalen Felder zeigen eine geringe Infiltration mit Rundzellen, aber keine Bindegewebswucherung. Das interstitielle Bindegewebe ist nicht vermehrt.

---

1) J. Firket, l. c.
2) J. Firket u. E. S. Campos, l. c.
3) M. Montagnani, l. c.
4) V. Kollert u. Ph. Rezek, Virchows Arch. f. pathol. Anatomie u. Physiol. **262**, 837 (1926).

Nieren: Die schwersten Veränderungen erleiden die Tubuli contorti, die größtenteils vollkommen nekrotisch sind. An vielen Stellen, an welchen die Schädigung nicht bis zur Nekrose fortgeschritten ist, sind die Zellen vergrößert, gegen das Lumen unscharf begrenzt, das Protoplasma ist körnig, schollig, jedoch ohne daß sich im Hämalaun-Eosin-Präparat leuchtend rote oder im GIEMSA-Präparat gelbe Körnchen nachweisen ließen. Die PFISTERsche Färbung zeigt keine blauen Granula. Die Zellkerne sind vielfach schlecht färbbar. Im Bereiche der HENLEschen Schleifen und der Sammelröhren sieht man vorwiegend parenchymatöse Degeneration, während die Nekrosen ganz zurücktreten. Die Glomeruli zeigen keine wesentliche Vergrößerung und sind nur wenig verändert. Blutungen sieht man im Bereich der Rinde, stärker ausgeprägt als im Mark.

Im gelben **Knochenmark** der langen Röhrenknochen wurden keine deutlichen Veränderungen gefunden.

Milz: Kapsel und Trabekeln sind intakt und die Follikel normal angeordnet. In vielen Sinus sieht man große Zellen mit schlecht färbbarem Protoplasma — anscheinend Makrophagen — angehäuft, meist mit Rhexis ihrer Kerne. Die Zellzahl zeigt keine Abweichung von der Norm, doch findet man Kernuntergang häufiger als bei den Kontrollpräparaten. Die Phagozytose scheint, wie namentlich in ausgeschüttelten Präparaten deutlich zu sehen ist, vermehrt zu sein. Während in Kontrollpräparaten sich reichlich gelbliches und grünliches Pigment findet, konnte bei den Primulasäuretieren nur das erstere, und zwar anscheinend in geringerer Menge als in der Norm, gefunden werden. Die Eisenreaktion war überall negativ.

Nebennieren und Herzmuskel waren ohne Befund.

Die mit **Elatiorsaponin** vergifteten Kaninchen zeigten folgende Veränderungen. **Leber:** Im Leberparenchym fällt ein hochgradiger Umbau mit Nekrosenbildung und ausgedehnter Bindegewebsproliferation auf. Normal gebaute Acini sind nur spärlich zu finden. Die Pseudoacini sind von wechselnder Größe und werden durch verschieden dicke Bindegewebszüge voneinander getrennt. Die Leberzellen zeigen schwere Veränderungen. An den Kernen erkennt man Blähung, Formveränderungen, Verdichtung der Grenzschichte mit Verlagerung der Kernkörperchen, Pyknose, schlechte Färbbarkeit und Karyorhexis. Auch das Protoplasma der Zellen ist schwer verändert: oft bedeutende Vergrößerung, Vakuolenbildung, in extremen Fällen Auftreten von Siegelringformen. An vielen Stellen sind die Zellen nekrotisch. Verfettung findet sich häufig an der Grenze zwischen Leberzellhaufen und Bindegewebszügen sowie am Rande von Nekroseherden. Die KUPFFERschen Zellen zeigen deutliche Veränderungen: Auftreibung der Kerne, Verdichtung der Struktur. In den nekrotischen Leberpartien sind die KUPFFERschen Zellen nur äußerst selten mit Sicherheit zu erkennen. Die Zentralvenen erscheinen, soweit sie noch erkennbar sind, erweitert, in ihrem Lumen sieht man vielfach Kerntrümmer und polymorphe Kerne in mäßiger Zahl. Megakaryozyten sind zwar gelegentlich vorhanden, aber nirgends in auffälliger Weise vermehrt. Die Gallengangskapillaren sind stellenweise erweitert, gelegentlich ausgebuchtet. Nirgends Gallenthromben. Am Rande der Nekrosen und in den Nekroseherden selbst diffuse Aussaat von teils fein-, teils grobkörnigem Gallenpigment. Die Gitterfasern sind an nekrotischen Stellen manchmal gerade noch erkennbar, häufig aber völlig geschwunden. Die Eisenreaktion ist stets negativ. Die WEIGERTsche Färbung ist bei den Nekroseherden negativ.

Niere: Bei Betrachtung von Übersichtsbildern fällt die deutliche parenchymatöse Degeneration der Tubuli contorti auf. Die Zellen sind wesentlich vergrößert mit undeutlichen Grenzen. Auch die Abgrenzung gegen das Lumen ist häufig undeutlich, ja das Lumen ist durch Zellenschwellung ausgefüllt. In der Mehrzahl der Zellen der Hauptstücke sieht man reichliches grünliches Pigment. Das Lumen der Tubuli weist vielfach geronnene homogene Massen auf. Die Kerne der Tubuli contorti sind mancherorts schlecht färbbar, seltener sieht man auch karyorhektische Trümmer. Die Glomeruli sind in Größe, Abgrenzbarkeit der Schlingen unverändert und zeigen auch sonst keine sehr weitgehenden Veränderungen. In vielen Glomerulis sieht man mehr oder weniger feinkörniges, grünlichgelbes amorphes Pigment, vorwiegend zwischen den Kapillaren. Etwa über die Hälfte der Zellen zeigt dunkle runde Kerne; weiters finden sich reichlich helle, blasige Kerne, nur äußerst selten Zeichen von Kernuntergang. Die Tubuli recti und die Sammelröhren zeigen nur relativ wenig Veränderungen. Blutungen finden sich sehr spärlich in der Rinde, etwas häufiger im Mark. Das interstitielle Bindegewebe zeigt stellenweise kleine Rundzelleninfiltrate, eine wesentliche Bindegewebsvermehrung konnte nirgends festgestellt werden.

Das **Knochenmark** der langen Röhrenknochen zeigte ebenso wie bei Primulasäurevergiftung nur minimale Veränderungen.

Milz: Kapsel, Trabekel, Follikel mit Einschluß der Zentralarterie sind ohne Befund. An manchen Stellen sieht man im Lumen der Sinus entweder feinste krümelige oder homogene, sich schlecht färbende Massen, die oft mehrfache Leukozytengröße haben und deren Genese unklar ist. Da in der Masse gelegentlich Erythrozyten eingeschlossen sind, könnte es sich vielleicht um zugrunde gegangene Makrophagen handeln. Die Phagozytose ist mäßig vermehrt. Die bei der Primulasäurevergiftung in der Milzpulpa beobachteten geblähten Kerne sind hier noch zahlreicher vorhanden. Grünliches und gelbliches Pigment, sowohl phagozytiert als auch freiliegend, findet sich reichlicher als in den Kontrollpräparaten. Die Eisenreaktion ist überall negativ. **Nebenniere** und **Herzmuskel** sind ohne Befund.

KOLLERT und REZEK präzisieren die nach Injektion von Primulasäure bzw. Elatiorsaponin beim Kaninchen gefundenen Veränderungen folgendermaßen: „Die Primulasäure ist vorwiegend ein Nierengift und erzeugt das Bild einer nekrotisierenden Nephropathie (Nephrose). Das Elatiorsaponin greift vorzüglich an der Leber an und schädigt das Organ in ähnlicher Weise, wie wir dies bei der sogenannten gelben Leberatrophie sehen. Mit diesen Veränderungen ist jedoch die Wirkung der Stoffe noch nicht erschöpft: Die Primulasäure bewirkt außerdem degenerative Leberveränderungen — wenn auch weniger markant — das Elatiorsaponin daneben Nierenschädigungen — wenn auch geringeren Grades. Beide Stoffe alterieren wenig Milz und Knochenmark.“

Während die Nierenschädigung durch die Primulasäure als nekrotisierende Nephropathie zu bezeichnen ist, zeigt sich nach Elatiorsaponinvergiftung nur das Bild einer parenchymatösen Degeneration. Bei der Primulasäurevergiftung war im Harn Eiweiß, Blut und reichlich

Urobilinogen nachweisbar. Da bereits früher von mehreren Autoren im Anschluß an Vergiftung mit einzelnen anderen Saponinen das Auftreten von Gallenfarbstoff im Harn beobachtet wurde, liegt der Schluß nahe, daß auch andere als die Primelsaponine ähnliche Veränderungen wie die oben beschriebenen hervorrufen.

Bei gemeinsamer Betrachtung der chemischen und histologischen Veränderungen stellen Kollert und Rezek das gleichzeitige Auftreten von vier charakteristischen nephrotischen Symptomen fest: Hypercholesterinämie, Fibrinogenvermehrung, Albuminurie, tubuläre Schädigung.

Die tubuläre Schädigung bei Primulasäurevergiftung ist eine nekrotisierende, entspricht also im histologischen Bild am ehesten der Sublimat- bzw. Wismutnephrose des Menschen.

Bei Vergiftung mit Elatiorsaponin ist die Schädigung des Leberparenchyms eine maximale. Es kommt zu schwerer degenerativer Verfettung, ausgedehnten Nekrosen und völligem Umbau des Organs, der in zwei Fällen schon äußerlich durch eine Granulierung der Oberfläche auffiel. Die histologischen Leberveränderungen ähnelten denen nach Phosphorvergiftung. Die durch Primulasäurevergiftung bedingten Leberveränderungen sind weit weniger schwer als die nach Elatiorsaponin.

Zwischen der Stärke der Leberzellschädigung und der Menge der Ablagerungen von Gallenpigment in Niere und Milz nehmen Kollert und Rezek einen engen Zusammenhang an. Dafür spricht, daß bei den Elatior-Tieren in beiden Organen reichlich Pigment zu finden ist, bei den Primulasäure-Tieren nur in der Milz und auch hier nur in geringeren Quantitäten. Nun ist, wie oben beschrieben, bei der ersteren Vergiftungsform die Leberschädigung bedeutend mehr im Vordergrund als bei der zweiten. Auch innerhalb der Elatior-Reihe entsprachen den stärksten Leberveränderungen die intensivsten Einlagerungen in der Niere.

Der histologische Befund der Nebennieren weist nach Vergiftung mit den Primelsaponinen keine wesentlichen Veränderungen auf, trotzdem der Cholesterinstoffwechsel der vergifteten Tiere weitgehende Störungen zeigte*).

Der Milz kommt nach den Untersuchungen von Fukui[1]) eine größere Bedeutung für die Abnahme der Erythrozytenzahl nach Saponininjektion zu als allen anderen Organen. Die Verminderung der Erythrozytenzahl ist nach Fukui durch eine **Reizwirkung der Saponine auf die**

---

*) Anmerkung bei der Korrektur: A. Fabris [Haematologica 7, Heft 3 (1926) und 8, Heft 1 (1927)] berichtet über myeloide Heterotopien bei Saponinvergiftungen („Saponalbina Erba").

[1]) T. Fukui, Biochem. Zeitschr. 147, 146 (1926).

hämoklastischen Organe, vor allem auf die Milz zu erklären. Injektion nichtletaler Saponindosen hatte immer eine Zerstörung von Erythrozyten zur Folge. Diese Wirkung war bei kleinen Dosen und bei Saponinen, die in vitro schwächere hämolytische Fähigkeiten hatten („Saponin albissimum, Sapotoxin (MERCK) und Sapotoxin aus Radix *Saponariae*") größer als bei dem stark wirksamen „Quillajatoxin". Zur Erklärung dieser Beobachtung nimmt FUKUI an, daß geringe Mengen bzw. schwach wirksame Saponine auf die blutzerstörenden Organe reizend einwirken; deshalb nimmt durch ihre Einwirkung der Hämoglobingehalt des Blutes ab, der Eisengehalt von Milz bzw. Leber zu. Bei stärkerer Saponinvergiftung aber wird die Milz so schwer geschädigt, daß auch ihre Funktion als blutzerstörendes Organ leidet. In diesem Falle zeigt sich daher keine wesentliche Abnahme des Hämoglobins im Blute und keine perzentuelle Zunahme des Eisengehaltes der Milz.

Nach Saponindosen, die starke Zerstörung von Erythrozyten zur Folge hatten, wurde nie ein Milztumor beobachtet. Nur nach größeren Dosen konnte FUKUI eine mäßige Milzvergrößerung feststellen.

Als Eisenspeicher für das aus den Erythrozyten freigewordene Eisen fungiert die Milz. Nach Milzexstirpation tritt anscheinend die Leber an ihre Stelle. Die Hauptmenge aber des verfügbar gewordenen Eisens wird ins Darmlumen hinein ausgeschieden, so daß die Eisenausscheidung durch den Kot nach Saponininjektion bedeutend gesteigert war. Die Eisenmenge im Harn war nicht wesentlich beeinflußt. Die vermehrte Eisenausscheidung durch den Darm führt FUKUI aber nicht lediglich auf den erhöhten Blutzerfall, sondern auch auf den Abbau anderer Körpergewebe zurück.

Die Ansicht FUKUIS, daß die Abnahme der Erythrozytenzahl vorwiegend auf eine erhöhte Milztätigkeit zurückzuführen sei, stimmt gut überein mit der schon erwähnten Angabe von ISAAC und MÖCKEL[1]), daß es bei milzexstirpierten Tieren nicht gelang, eine weitgehende Abnahme der Erythrozyten zu bekommen. Allerdings konnten ISAAC und MÖCKEL, wie erwähnt, histologisch weder in der Milz noch in der Leber Zeichen eines vermehrten Blutzerfalles wahrnehmen, auch die Siderosereaktion war negativ. Desgleichen erhielten KOLLERT und REZEK nach Injektion von Primulasäure und Elatiorsaponin in der Milz histologisch niemals eine positive Eisenreaktion.

Die Knochenmarkswirkung der verschiedenen Saponine geht nicht parallel der Hämolyse in vitro (GAISBÖCK und BAYER[2]). Vorausgehende Entgiftung der Saponine durch Bindung an Cholesterin verhindert die Knochenmarkswirkung nicht. ISAAC und MÖCKEL[1]) injizierten

---

[1]) S. ISAAC u. K. MÖCKEL, Zeitschr. f. klin. Med. **72**, 321 (1911).
[2]) F. GAISBÖCK u. G. BAYER, Wien. klin. Wochenschr. 1924, Nr. 39.

ein Gemisch von Eidotter und Saponinlösung, das in vitro keine Hämolyse hervorrief, und sahen die typischen, mit freien Saponinen beobachteten Wirkungen auf das Blutbild, Knochenmark usw.; sie nehmen daher an, daß im Körper eine Spaltung der Cholesterin-Saponin-Verbindung stattfindet. Zu demselben Resultat kamen GAISBÖCK und BAYER[1]), die mit Cholesterin in vitro für Erythrozyten inaktivierte Saponinlösungen injizierten.

35. Harnbefunde bei parenteraler Saponinzufuhr

Im Harn von Tieren, denen parenteral Saponin eingeführt worden war, suchte man einerseits ausgeschiedenes Saponin oder Sapogenin, anderseits pathologische Bestandteile, wie Blut, Gallenfarbstoffe, Eiweiß usw., nachzuweisen.

Die Frage, ob nach parenteraler Zufuhr Saponin oder Spaltungsprodukte im Harn nachweisbar sind, wird in der Literatur nicht einheitlich beantwortet.

FRIEBOES[2]) injizierte einem Hund von 6 kg intravenös 1 g neutrales Guajakrindensaponin und konnte im Harn das Saponin und wenig Eiweiß nachweisen.

Nach SIEBURG[3]) erscheint bei Hunden nach parenteraler Zufuhr das Helleborein sicher zum allergrößten Teil unverändert im Harn.

Im Gegensatz hiezu stehen die Befunde von GAISBÖCK und BAYER[1]). Die beiden Autoren injizierten Kaninchen intravenös mehrere Tage hindurch in möglichst großen Dosen ein Saponin, dessen Namen sie nicht ausdrücklich angeben, das aber wahrscheinlich Saponin pur. albiss. MERCK war. Um akute Saponinschädigungen zu vermeiden, fügten sie den zur Injektion bestimmten Saponinlösungen vorher die zur Aufhebung der hämolytischen Wirksamkeit erforderlichen Mengen Cholesterin zu. Bei diesen Versuchen gelang es niemals, im Harn Saponin nachzuweisen. Selbst wenn die Niere vorher durch Injektion von Urannitrat schwer geschädigt worden war, so daß schwere Albuminurie und Zylindrurie bestand, trat intravenös injiziertes Saponin nicht in den Harn über. GAISBÖCK und BAYER ziehen aus ihren Versuchen den Schluß, daß die Niere des Kaninchens für Saponin undurchlässig sei. Die Versuche von BAYER und GAISBÖCK unterscheiden sich durch den Cholesterinzusatz von den Versuchen der oben genannten Autoren. Es ist aber nicht wahrscheinlich, daß das Cholesterin das abweichende Resultat verursachte, da derartig mit Cholesterin vorbehandeltes

---

[1]) F. GAISBÖCK u. G. BAYER, l. c.

[2]) W. FRIEBOES, Beiträge zur Kenntnis d. *Guajak*-Präparate, Stuttgart 1903, S. 71.

[3]) E. SIEBURG, Arch. d. Pharmaz. **251**, 182 (1913).

Saponin, wie andere Versuche zeigten, bei intravenöser Injektion seine volle Giftwirkung entfaltet.

Faust[1]) verabreichte einem Hund 54 Tage hindurch 0,2 bis 1,25 g Roh-Agrostemma-Sapotoxin per os und dann 254 Tage 1 bis 22 mg Rein-Agrostemma-Sapotoxin subkutan. Der Harn des Tieres war stets eiweißfrei.

Bei der Injektion von 5 bis 6 mg Cyclamin pro 1 kg Hund sah Kruskal[2]) als erstes Symptom der Vergiftung nach sieben bis zehn Stunden das Auftreten einer Hämoglobinurie bzw. Methämoglobinurie. Der Harn war violettrot. Im Sediment fanden sich farblose Blutkörperchen, Epithelien und feinkörniger Detritus. Eiweiß war im Harn nur wenig vorhanden, Zucker fehlte.

Nach intravenöser Einspritzung von Primulasäure war im Harn von Kaninchen Eiweiß, Blut und reichlich Urobilinogen nachweisbar (Kollert und Rezek, siehe S. 193).

36. Immunisierung
gegen intravenös zugeführtes Saponin

Bezüglich der Frage einer allmählichen Gewöhnung an oral zugeführtes Saponin sei auf S. 203 verwiesen. Hier soll nur die Frage untersucht werden, ob durch intravenöse Injektion eine Immunisierung gegen neuerliche intravenöse Saponingaben erreichbar ist.

Kobert[3]) beantwortet die Frage im bejahenden Sinne und stützt sich dabei auf die Untersuchungen von Hueck[4]), Wacker und Hueck[5]), Köhler[6]), eigene Versuche und die Angaben von Pohl[7]). Die Versuche von Pohl beziehen sich aber, wie erwähnt (siehe S. 177), nur auf Zunahme der Schutzkraft des Serums gegen Saponinhämolyse in vitro. Er betont dies selbst ausdrücklich in seiner Auseinandersetzung mit Bashford[8]). In den eigenen Versuchen mit Quillajasäure und Sapotoxin sah Kobert ein Unempfindlicherwerden der Kaninchen. Er teilt die Versuche aber nicht genauer mit und stellt Versuche an reicherem Tiermaterial über längere Zeit in Aussicht. Eine diesbezügliche spätere Mitteilung ist aber meines Wissens nicht erfolgt. Was nun die von Kobert zitierten Arbeiten von Hueck, Wacker und Köhler anlangt, so sind dort keine Angaben über eine erfolgte Immunisierung zu finden.

---

1) E. St. Faust, Sitzungsber. d. physik.-med. Ges. zu Würzburg 1915, S. 51.
2) N. Kruskal, Arbeit. d. Pharmakol. Inst. zu Dorpat 1, 100 (1888).
3) R. Kobert, in Heffters Handbuch, l. c., S. 1517.
4) W. Hueck, Verhandl. d. Dtsch. pathol. Ges., 15. Tag. 1912, S. 251.
5) L. Wacker u. W. Hueck, Arch. f. exper. Pathol. u. Pharmakol. 71, 313 (1913).
6) O. Köhler, Arch. f. exper. Pathol. u. Pharmakol. 71, 386 (1913).
7) J. Pohl, Arch. intern. de Pharmacodyn. et de Ther. 7, 1 (1900), 8, 437 (1901) u. 9, 505 (1901).
8) E. F. Bashford, Arch. intern. de Pharmacodyn. et de Ther. 8, 101 (1901).

Nach Kobert ist die relative Unempfindlichkeit vorbehandelter Tiere gegen weiteres eingespritztes Saponin durch eine Anreicherung des Blutplasmas mit Cholesterin bedingt. Diese Erklärung erscheint im Anfang einleuchtend, stößt aber doch auf Schwierigkeiten. Von Kollert und Grill[1]) (siehe S. 178) wurde nachgewiesen, daß auf die der Saponininjektion unmittelbar folgende Periode der Hypercholesterinämie eine Periode mit vermindertem Cholesteringehalt des Serums folgt. Es müßte daher erst untersucht werden, wie die Immunität sich in dieser negativen Phase verhält. Eine sehr weitgehende, auf Cholesterinvermehrung zurückzuführende Immunität ist schon deshalb nicht zu erwarten, weil der Cholesteringehalt des Serums nicht allzuhoch steigen kann. Die höchste Cholesterinsteigerung, die Kollert, Kofler und Susani[2]) bei Kaninchen beobachteten, betrug 354% des Ausgangswertes. Derartige hochgradige Steigerungen waren aber der Ausdruck einer weitgehenden Schädigung der Tiere und führten regelmäßig zum Tode. Obwohl in den Versuchen mit Primulasäure und Elatiorsaponin sorgfältig auf diesen Punkt geachtet wurde, ließ sich niemals ein Anhaltspunkt für ein Unempfindlicherwerden der Kaninchen durch wiederholte Saponininjektion feststellen.

In ähnliche Richtung weisen auch die Befunde von Gaisböck und Bayer[3]), wonach mit Cholesterin in vitro (gegen rote Blutkörperchen) inaktiviertes Saponin nach intravenöser Injektion seine volle Giftwirkung entfaltete. Die Autoren kommen daher zu dem Schluß, daß eine Entgiftung der Saponine hinsichtlich der Wirkung auf das Nervensystem und Knochenmark durch Bestandteile des Plasmas nicht zustande kommt.

Faust[4]) gelang es durch langdauernde (25 bis 308 Tage) Behandlung von Ziegen und Hunden mit „Saponaria-Sapotoxin" und Agrostemma-Sapotoxin eine Immunisierung gegen Kobragift zu erzielen. Das Serum der Tiere zeigte antitoxische Wirkung gegen Kobragift, und zwar sowohl in vivo als auch in vitro. Die antitoxische Kraft des Immunserums wurde geprüft entweder durch Mischen von Antitoxin und Kobragiftlösung im Reagenzglas und intravenöse Injektion der Mischung an Kaninchen oder gleichzeitige Injektion einer letalen Dosis Kobragift in eine Ohrvene und antitoxisches Serum in die Randvene des anderen Ohres. Leider macht Faust keine Angaben, aus denen ersichtlich ist, ob seine Tiere im Laufe der Saponinbehandlung eine größere Resistenz gegen höhere Saponindosen erlangten.

---

1) V. Kollert u. H. Grill, Zeitschr. f. d. ges. exper. Med. 44, 682 (1925.)
2) V. Kollert, L. Kofler und O. Susani, Zeitschr. f. d. ges. exper. Med. 49, 522 (1923).
3) F. Gaisböck u. G. Bayer, Wien. klin. Wochenschr. 1924, Nr. 39.
4) E. St. Faust, l. c.

Nach den vorliegenden Literaturangaben scheint daher eine durch wiederholte Saponininjektionen erzielte Immunisierung gegen größere Saponindosen nicht mit Sicherheit erwiesen.

37. Letale Dosen bei intravenöser Injektion

Will man die einzelnen Saponine in bezug auf ihre „Toxizität" vergleichen, so kann man den hämolytischen und den Fischindex, die Reizwirkung auf Schleimhäute und verschiedene andere Wirkungen heranziehen. Man erhält stets andere Werte für das relative Verhältnis der einzelnen Saponine, je nach dem zur Bestimmung der Toxizität herangezogenen Kriterium. Für die vergleichende Untersuchung der Toxizität auf höhere Tiere erhält man bei subkutaner und peroraler Verabreichung auch bei ein und demselben Saponin infolge der unsicheren Resorptionsverhältnisse recht schwankende Werte. Besser übereinstimmende Resultate ergibt die intravenöse Einspritzung.

Soweit die bisher vorliegenden Untersuchungen erkennen lassen, ist auch unter den Säugetieren die Empfindlichkeit gegen Saponine von Tierart zu Tierart weitgehend verschieden, Kaninchen und wohl auch andere Pflanzenfresser sind widerstandsfähiger als Hunde und Katzen. Dies gilt nicht nur bei peroraler Einführung, sondern auch bei intravenöser Injektion. Man ist geneigt, die größere Resistenz der Pflanzenfresser auf Gewöhnung durch saponinhaltige Pflanzennahrung zurückzuführen. Ein direkter Beweis für diese Ansicht konnte allerdings nicht erbracht werden.

Für **Katzen** stellte KOBERT[1]) aus den Arbeiten seiner Schüler folgende Werte zusammen:

Tabelle 17 (nach KOBERT)

Kleinste letale Dosen bei intravenöser Einführung an Katzen

Name des Saponins	mg pro 1 kg	Zeitdauer bis zum Tode	Beobachter
Quillaja-Sapotoxin	0,5	4 Tage	PACHORUKOW
Quillajasäure als Na-Salz	1	2 „	KOBERT
Agrostemma-Sapotoxin	1	43 Stunden	KRUSKAL
Saponalbin	2	23 „	KRUSKAL
Saporubin	2	16 „	V. SCHULZ
Cyclamin	2	4 bis 6 Tage	TUFANOW
Senegin	4,5	60 Stunden	ATLASS
Sapindussapotoxin	45	48 „	KRUSKAL
Sarsaponin	40 bis 50	30 „	V. SCHULZ
Parillin	120 „ 150	12 bis 16 Stunden	V. SCHULZ
Smilasaponin	165 „ 230	6 Tage	V. SCHULZ

[1]) R. KOBERT, in HEFFTERS Handbuch, l. c., S. 1516.

Für **Hunde** gelten ähnliche Dosen. Die kleinste tödliche Dosis Cyclamin für Hunde ist 2,3 mg pro 1 kg (Tufanow[1]).

Mäuse sind wesentlich widerstandsfähiger als Katzen, und soweit sich aus dem dürftigen Material Vergleiche ziehen lassen, sogar widerstandsfähiger als Kaninchen.

Tabelle 18 (nach Kofler und Schrutka[2])

Kleinste letale Dosis bei intravenöser Einführung an Mäusen

Name des Saponins	mg pro 1 g	Tage bis zum Tode
Digitonin (Merck)	0,01	2
Primulasäure (Kofler)	0,015	4
Gypsophilasaponin (Kofler und Dafert)	0,015	3
Sapotoxin (Merck)	0,02	1
Saponin Sthamer	0,02	1
Senegin (Merck)	0,045	2
Saponin pur. albiss. (Merck)	0,06	3
Powdered-Saponin	0,1	4
Guajaksaponin (Merck)	0,8	2
Roßkastaniensaponin (Merck)	0,9	1
Sapindussaponin (Hoffmann-La Roche)	1	1

Für **Kaninchen** beträgt pro 1 kg Körpergewicht die kleinste tödliche Dosis 3 bis 4 mg Primulasäure und 8 mg Elatiorsaponin (Kollert, Kofler und Susani[3]), Kollert und Grill[4]). Aus praktischen Gründen ist es bedauerlich, daß gerade beim Kaninchen nur so spärliche Angaben über die letalen Dosen verschiedener Saponine vorliegen. Zur Orientierung kann man von den für Katzen angegebenen Werten ausgehen und annehmen, daß Kaninchen im allgemeinen ein Vielfaches davon vertragen. Nach Brandl[5]) starb ein Hund nach 2,5 mg Agrostemma-Sapotoxin pro 1 kg Körpergewicht schon nach fünfzehn Stunden, während bei Kaninchen tödliche Vergiftungen erst nach 15 mg pro 1 kg Körpergewicht erfolgten. Vom Sapogenin des Agrostemma-Sapotoxins betrug die tödliche Dosis für Kaninchen 60 mg pro 1 kg (Brandl). In den Versuchen von Handovsky und Trossel[6]) starben Kaninchen, denen

---

[1]) N. Tufanow, Arbeit. d. Pharmakol. Inst. zu Dorpat **1**, 100 (1888).

[2]) L. Kofler u. W. Schrutka, Biochem. Zeitschr. **159**, 327 (1925).

[3]) V. Kollert, L. Kofler u. O. Susani, Zeitschr. f. d. ges. exper. Med. **45**, 682 (1925).

[4]) V. Kollert u. H. Grill, Zeitschr. f. d. ges. exper. Med. **49**, 522 (1926).

[5]) J. Brandl, Arch. f. exper. Pathol. u. Pharmakol. **59**, 245 (1908).

[6]) H. Handovsky u. J. v. Trossel, Arch. f. exper. Pathol. u. Pharmakol. **117**, 347 (1926).

jeden zweiten Tag mehr als 0,8 mg Saponin pur. albiss. MERCK eingespritzt wurde.

Aus den Tabellen ergibt sich, daß die letalen Dosen für dieselbe Tierart bei den einzelnen Saponinen sehr verschieden hoch liegen. Das Sapindussaponin ist etwa 100mal schwächer wirksam als Quillaja-Sapotoxin (Katzen) oder Digitonin (Mäuse), obwohl die Unterschiede in der Hämolysewirkung längst nicht so weitgehende sind. Noch weniger giftig wirken intravenös Parillin und Smilasaponin. Ein weiteres Beispiel für diese Divergenz der Wirkung bringen GAISBÖCK und BAYER[1]). Sie verglichen hinsichtlich ihrer hämolytischen Wirkung gleichwertige Mengen Guajaksaponin (0,96 g) und Quillajasaponin (0,0065 g) auf ihre Giftwirkung nach intravenöser Injektion. Hiebei ergab sich, daß das Guajaksaponin das Kaninchen schon nach zweieinhalb Stunden tötete, während das gleich schwere Quillaja-Tier erst am zweiten Tage einging. Das hämolytisch so schwach wirkende Guajak-Rindensaponin ist also in gleich starker hämolytischer Dosis giftiger als das stark hämolytisch wirkende Quillajasaponin.

Aus diesem Versuch von GAISBÖCK und BAYER, wo ein Kaninchen durch 0,96 g **Guajaksaponin** schon nach zweieinhalb Stunden getötet wurde, ergibt sich, daß die in der Literatur immer wiederkehrende Angabe, das Guajaksaponin sei auch bei intravenöser Injektion nahezu ungiftig, nicht berechtigt ist. Dies geht auch aus der Zusammenstellung von KOFLER und SCHRUTKA hervor (Tabelle 18), wonach intravenös an Mäusen das Guajaksaponin sogar stärker wirkte als Roßkastanien- und Sapindussaponin.

Damit soll nicht die Möglichkeit der Existenz von auch intravenös ungiftigen Saponinen, etwa in Nahrungs- und Futtermitteln, geleugnet werden. Allerdings fehlen bisher die entsprechenden Versuche. Denn aus der völligen Ungiftigkeit eines Saponins bei oraler Einverleibung können noch keine Schlüsse auf die Ungiftigkeit bei intravenöser Injektion gezogen werden, da die Ungiftigkeit vom Darme aus auch durch die Nichtresobierbarkeit bedingt sein kann (siehe S. 214).

38. Wirkungen bei Einführung per os

Bei innerlicher Applikation von Saponin fällt vor allem die im Vergleich zur intravenösen Einspritzung sehr geringe Giftigkeit auf. Man kann Tieren von vielen Saponinen per os das Hundertfache und mehr jener Dosis verabreichen, die intravenös tödlich wirken würde, ohne Vergiftungssymptome zu sehen. Die Magen-Darm-Wand ist offenbar in hohem Grade für Saponine undurchlässig.

---

[1]) F. GAISBÖCK u. G. BAYER, Wien. klin. Wochenschr. 1924, Nr. 39.

Diese Undurchlässigkeit für Saponine besteht aber nur bei der intakten Darmwand. Ist dagegen der Darm durch Gifte oder sehr hohe Saponindosen lokal geschädigt, so kann es zur Resorption von Saponin kommen und zu denselben Vergiftungserscheinungen wie nach intravenöser Zufuhr.

Während die Augen- und Nasenschleimhaut gegen lokale Saponinwirkung sehr empfindlich sind, ist die Widerstandsfähigkeit der Schleimhäute des Verdauungstraktes gegen die Reizwirkung der Saponine verhältnismäßig groß.

Beim Verschlucken von Saponin, Trinken von Saponinlösungen oder Gurgeln, macht sich der **kratzende, unangenehme Geschmack** bemerkbar (siehe S. 159). Man empfindet das Bedürfnis, häufig zu schlucken oder Flüssigkeit nachzutrinken. Gleichzeitig tritt verstärkte Speichelsekretion ein. Bei einem Selbstversuch, wo auf einmal der wässerige Auszug von 15 g Gypsophila-Wurzel (zirka 2 g reines Saponin) getrunken wurde, waren noch nach Stunden Kratzen im Halse und Schlingbeschwerden wahrnehmbar, die Stimme war heiser und der Kopf gerötet. Im Magen war ein Gefühl des Brennens wahrnehmbar. Etwa zwei Stunden lang währte heftiger Brechreiz, ohne daß es jedoch zum Erbrechen kam. Nach mehreren Stunden waren alle Symptome verschwunden.

Gelegentlich einer ergebnislos verlaufenen Untersuchung über die Brauchbarkeit von Saponinen als Bandwurmmittel verabreichten KOLLERT, KOFLER und HAUPTMANN[1]) mehreren Patienten innerhalb einer Stunde morgens auf nüchternen Magen ein starkes Dekokt aus Gypsophila-Wurzel. Die Erscheinungen waren ähnliche wie bei dem Selbstversuch. Einzelne Kranke erbrachen das Dekokt, andere klagten über Brechreiz und Übelkeiten. Schädigungen konnten bei keinem einzigen Fall festgestellt werden. Heiserkeit nach großen Saponindosen beobachtete auch STIER[2]) bei Schweinen, die mit Kornradesamen vergiftet waren, und KOFLER[3]) bei Hunden nach Zufuhr von Primulasäure.

Brechreiz und **Erbrechen** sind beim Menschen und bei brechfähigen Tieren eines der bekanntesten Symptome nach oraler Verabreichung großer Saponinmengen. Die dem Erbrechen vorangehende und bei kleineren Dosen einzig und allein eintretende Nausea wird vielfach

---

[1]) F. KOLLERT, L. KOFLER u. W. HAUPTMANN, Wien. klin. Wochenschr. 1924, Nr. 23.

[2]) STIER, Berlin. Tierärztl. Wochenschr. 1893, Nr. 51, zit. nach E. FRÖHNER, Lehrbuch der Toxikologie f. Tierärzte, 4. Aufl., Stuttgart, Enke 1919, S. 218.

[3]) L. KOFLER, Arch. d. Pharmaz. u. Ber. d. Dtsch. pharmaz. Ges. **262,** 318 (1924).

mit zur Erklärung der expektorierenden Wirkung der Saponine herangezogen (siehe S. 229).

Die **Peristaltik des Magens und Darmes** wird angeregt. Daraus
und aus der Reizung der Darmschleimhaut sind die bei Tieren nach
größeren Gaben beobachteten Durchfälle zu erklären. Bei den therapeutisch beim Menschen angewendeten Saponindosen wird eine Abführwirkung aber selten beobachtet. Auch bei dem erwähnten Selbstversuch
und anderen ähnlichen Versuchen am Menschen mit großen Saponindosen trat keine deutliche Abführwirkung ein.

Die **Magensaftsekretion** erfährt eine beträchtliche Steigerung, wie
WACKER[1]) an zwei PAWLOWSCHEN Magenblindsackhunden nachweisen
konnte. Die Tiere erhielten zunächst je 150 cm³ Wasser, um dessen
Einfluß auf die Magensaftsekretion festzustellen. Sobald die Sekretion
wieder zum Stillstand gekommen war, wurden 0,5 g Saponin in 100 cm³
Wasser mittels des Magenschlauches eingeführt. Ohne Saponin wurden
9,0 bzw. 0,8 cm³ Magensaft abgesondert, mit Saponin 25,4 bzw. 5,7 cm³.
Auch die **Pankreassaftsekretion** wird angeregt, jedoch lange nicht
in dem Maßstabe wie die Magensaftabsonderung.

Die einzelnen Saponine scheinen im Vergiftungsbild nach peroraler
Verabreichung nur quantitative Unterschiede aufzuweisen. Die meisten
Beobachtungen stammen von Vergiftungen mit Kornradesamen bei
Haustieren, wozu sich bei zufälligen Vergiftungen oder bei Experimenten
zur Feststellung der Giftigkeit der Kornradesamen häufig Gelegenheit
bot. Die Befunde bei anderen Saponinen stimmen mit denen bei der
Kornrade im wesentlichen überein.

Der schon bei der intravenösen Saponinvergiftung hervorgehobene
Unterschied in der Empfindlichkeit der einzelnen Tierspezies gegen Saponinvergiftung tritt hier noch deutlicher in Erscheinung. Manche
Pflanzenfresser, vor allem Schafe, Ziegen und Nagetiere (Kaninchen
und Mäuse), scheinen gegen peroral eingeführtes Saponin nahezu immun
zu sein. Ebenso sind erwachsene Rinder fast ganz unempfindlich. Relativ
am empfindlichsten sind Hunde, Pferde, Schweine und Hühner.

Junge Tiere sind empfindlicher als alte. Ferner wird in der Literatur
immer wieder angeführt, daß sich Tiere durch langsam steigende Mengen
Saponin im Futter an **große Gaben** gewöhnen lassen, so daß sie
dann höhere Dosen vertragen als nicht vorbehandelte Tiere. Diese Steigerung der Dosis läßt sich nach BRANDL[2]) nur bis zu einer gewissen Höhe
treiben, ein Überschreiten dieser Grenze führt zu einer akuten Vergiftung.

Die **Vergiftungserscheinungen** bestehen in Speichelfluß, Erbrechen, Taumeln, Durchfällen, Appetitlosigkeit, Mattigkeit und

---

[1]) L. WACKER, Biochem. Zeitschr. **12**, 8 (1908).
[2]) J. BRANDL, Arch f. exper. Pathol. u. Pharmakol. **59**, 263 u. 299 (1908).

Lähmungserscheinungen. Abgesehen von dem stärkeren Hervortreten der lokalen Symptome, ist das Vergiftungsbild bei peroraler Zufuhr ähnlich dem nach intravenöser Injektion. Bis zum Eintritt des Todes verstreichen bei nicht allzu hohen Dosen in der Regel mehrere Tage.

39. Letale und subletale Dosen bei oraler Verabreichung

Bei oraler Verabreichung lassen sich die kleinsten letalen Saponindosen naturgemäß viel schwerer ermitteln als bei intravenöser Einspritzung. Es hängt dabei viel von der Art der Einführung ab, ob in fester Form, in konzentrierter oder verdünnter Lösung, ob auf vollen oder leeren Magen usw. Denn von allen diesen Faktoren ist die lokale Schädigung der Darmschleimhaut abhängig und dies scheint die Voraussetzung für die Resorption und die Vergiftung zu sein. Die diesbezüglichen Literaturangaben führen daher in der Regel eine bestimmte Dosis eines einzelnen Saponins an, bei der ein Tier zugrunde ging, und eine andere, meist viel kleinere Dosis, die vertragen wurde.

Bei **Mäusen** bestimmten KOFLER und SCHRUTKA[1]) unter denselben Versuchsbedingungen die kleinste innerlich letal wirkende Dosis mehrerer Saponine. Die Substanzen wurden in Lösung durch einen dünnen Gummischlauch in den Magen der seit zwölf Stunden nicht gefütterten Tiere eingespritzt. Die Konzentration der Saponinlösungen war so gewählt, daß die eingeführte Flüssigkeitsmenge 0,5 cm³ nicht überschritt. In Tabelle 19 sind nach KOFLER und WOLKENBERG[2]) die intravenös und per os kleinsten tödlichen Dosen für Mäuse zusammengestellt und außerdem ein Vergleich zwischen diesen beiden Dosen gezogen. Daraus ergibt sich, daß die orale Dosis naturgemäß immer

Tabelle 19 (nach KOFLER und WOLKENBERG)

Name des Saponins	Tödliche Dosis in mg pro 1 g Maus		Die orale Dosis ist ..... mal höher als die intravenöse
	intravenös	per os	
Digitonin (MERCK)	0,010	0,09	9
Primulasäure (KOFLER)	0,015	0,20	13
Gypsophilasaponin (KOFLER und DAFERT)	0,015	2,00	130
Sapotoxin (MERCK)	0,020	1,00	50
Saponin STHAMER	0,020	6,00	300
Senegin (MERCK)	0,045	1,00	22
Saponin pur. albiss. (MERCK)	0,060	4,00	66
Powdered-Saponin	0,100	1,50	15
Roßkastaniensaponin (MERCK)	0,900	3,00	3

[1]) L. KOFLER u. W. SCHRUTKA, Biochem. Zeitschr. **159**, 327 (1925).
[2]) L. KOFLER u. A. WOLKENBERG, Biochem. Zeitschr. **160**, 398 (1925).

ein Vielfaches der intravenösen beträgt, daß aber die Verhältniszahl der einzelnen Saponine sehr verschieden ist. Die perorale
Dosis liegt beim Roßkastaniensaponin nur dreimal, beim Saponin
STHAMER aber dreihundertmal höher als die intravenöse. Diese Unterschiede stehen wohl mit der Schleimhautschädigung und Resorbierbarkeit
im Zusammenhang.

Wir können annehmen, daß das Roßkastaniensaponin stärker
schädigend auf die Darmschleimhaut wirkt und leichter resorbiert wird
als das STHAMER-Saponin. Es lag ferner der Gedanke nahe, daß auch
das mehr oder weniger große Dialysiervermögen beim Durchtritt durch
die Darmwand eine Rolle spielen könnte. Wie der Vergleich mit den
Ergebnissen der Dialysierversuche (Tabelle 1, S. 45) ergibt, läßt sich
dies als allgemeine Regel nicht erkennen. Immerhin sind aber gewisse
Zusammenhänge zwischen Dialysiervermögen und Resorbierbarkeit
ersichtlich: Die drei am leichtesten dialysierbaren Saponine Digitonin,
Primulasäure und Roßkastaniensaponin, haben die niedrigsten Verhältniszahlen. Interessant ist ferner der Vergleich zwischen Primulasäure und Gypsophilasaponin. Beide haben bei der intravenösen Anwendung dieselbe tödliche Dosis, per os dagegen wirkt die verhältnismäßig
leicht dialysable Primulasäure zehnmal stärker als das nichtdialysable
Gypsophilasaponin. Zweifellos sind die Verhältnisse unter anderem
noch dadurch kompliziert, daß im Verdauungstrakt ein teilweiser Abbau
der Saponine erfolgt, der bei den einzelnen Saponinen verschieden weitgehend sein kann.

Die zahlreichsten Versuche wurden mit *Agrostemma*-Samen und
Agrostemma-Saponinen bei verschiedenen Tieren durchgeführt. Die
diesbezügliche Literatur ist im Lehrbuch von FRÖHNER[1]) zusammengestellt. FRÖHNER gibt für *Agrostemma*-Samen einen Saponingehalt
von 6 bis 7% an, ein Wert, der dem Durchschnitt der Analysen von
LEHMANN und MORI[2]) und KRUSKAL[3]) entspricht.

Bei **Hähnen** wirkten in Versuchen von KRUSKAL 21 bis 37 g Kornrademehl, welchem nach der Berechnung 1,26 bis 2,22 g Sapotoxin entsprach,
bei oraler Applikation tödlich, selbst dann, wenn die Verabreichung in kleinen
Portionen im Verlauf von zwei Tagen vorgenommen wurde. Der Sektionsbefund ergab eine starke entzündliche Reizung der Schleimhäute des Verdauungstraktes. Am weitestgehenden waren die Veränderungen des
Kropfes, dessen Wandungen schon von außen zahlreiche Blutaustritte
zeigten. Das Gewebe war ödematös, die Schleimhaut nekrotisch und in
Fetzen abgelöst. Bei einem an Agrostemma-Sapotoxin zugrunde gegangenen

---

[1]) E. FRÖHNER, Lehrbuch der Toxikologie für Tierärzte, 4. Aufl.,
Stuttgart, Enke, 1919, S. 217.
[2]) K. B. LEHMANN u. R. MORI, Arch. f. Hygiene 9, 257 (1889).
[3]) N. KRUSKAL, Arbeit. d. Pharmakol. Inst. zu Dorpat 6, 129 (1891).

Huhne sah NEUMAYER[1]) das ganze im Bereiche des Kropfes gelegene Gewebe zu einer glasig sulzigen Gallerte verquollen. Die kollagenen Bindegewebsfasern waren stark aufgequollen und dementsprechend die von demselben gebildeten Maschenräume verengert. Bei Hühnern wirkten nach BRANDL[2]) 0,5 g Agrostemmasäure oder Agrostemmasapotoxin pro 1 kg Tier noch nicht tödlich, es traten aber Erbrechen und andere Vergiftungssymptome auf. Nach Applikation von 0,6 g pro 1 kg Tier erfolgte der Tod sicher in zwölf Stunden. Tauben starben nach 0,6 g Saponingemisch pro 1 kg innerhalb zwölf Stunden, nach größeren Dosen innerhalb vier Stunden. Gänse sterben, wenn der fünfte Teil des Tagesfutters aus Kornrademehl besteht (DEGEN[3]).

Ein **Kaninchen** von 1600 g vertrug zehn Tage hindurch je 15 g Kornrademehl, ein anderes Kaninchen (1700 g) 0,3 g levantinisches Sapotoxin, ein Kaninchen (1500 g) 0,632 g Sapindussapotoxin und ein Kaninchen (2600 g) 2,5 g Chamälirin ohne irgendwelche Krankheitserscheinungen (KRUSKAL[4]). Nach KOBERT[5]) blieb ein Kaninchen nach einmaliger Verabreichung von 1 g Quillajasäure per os am Leben und zeigte nur zwei Tage Durchfälle. KOBERT kommt zu dem Schluß, daß bei der Quillajasäure selbst die 500fache Dosis von der, die vom Blut aus tötet, vom Darmkanal aus vertragen wird. LASCH und BRÜGEL[6]) konnten Kaninchen pro 1 kg 0,5 g Saponin pur. albiss. MERCK ohne irgendwelche Vergiftungssymptome verabreichen. LOHMANN[7]) verfütterte Saponin STHAMER in steigenden Dosen an zwei Kaninchen bis zu einer Menge von 6 g pro Tag und beobachtete weder Gesundheitsstörungen noch nach Tötung des einen Tieres Organveränderungen. In den Versuchen von BAYER und GAISBÖCK[8]) vertrug ein 2000 g schweres Kaninchen durch acht Tage je 1 g „Saponin MERCK", durch weitere neun Tage je 2 g, einen Tag 4 g. Aber auch junge, bis dahin nur mit Milch gefütterte Kaninchen vertrugen große Saponindosen, so ein Tier von 600 g eine einmalige Gabe von 4 g „Saponin albissimum purissimum MERCK".

Bei **Katzen** war eine Vergiftung mit Kornrade nur dadurch möglich, daß zur Verhinderung des Erbrechens nach Einführung des Giftes die Speiseröhre abgebunden wurde. Bei dieser Versuchsanordnung genügte 0,16 g Sapotoxin zum Töten der Tiere (KRUSKAL).

Kleinere **Hunde** nahmen nach BRANDL[9]) 20 mg Agrostemma-Sapotoxin in Wurstbrei verrührt anstandslos auf; erhöhte man aber die Gabe auf 50 bis 80 mg, so verweigerten die Tiere auch in größtem Hunger die Aufnahme. Absichtlich beigebrachte Mengen von 50 mg bewirkten in der Regel schon nach zehn bis zwanzig Minuten Erbrechen, zuweilen trat aber auch nach Gaben von 80 mg Erbrechen erst nach ein bis zwei Stunden auf und folgten

---

[1]) L. NEUMAYER, Arch. f. exper. Pathol. u. Pharmakol. **59**, 317 (1908).
[2]) J. BRANDL, Arch. f. exper. Pathol. u. Pharmakol. **59**, 259 (1908).
[3]) DEGEN, D. T. W. 1118, Zit. nach E. FRÖHNER, l. c.
[4]) N. KRUSKAL, Arbeit. d. Pharmakol. Inst. zu Dorpat **6**, 1 (1891).
[5]) R. KOBERT, Arch. f. exper. Pathol. u. Pharmakol. **23**, 233 (1887).
[6]) F. LASCH u. S. BRÜGEL, Arch. f. exper. Pathol. u. Pharmakol. **116**, 7 (1926).
[7]) W. LOHMANN, Zeitschr. f. öffentl. Chemie **9**, 320 (1903).
[8]) G. BAYER u. F. GAISBÖCK, Wien. med. Wochenschr. 1924, Nr. 39.
[9]) J. BRANDL, Arch. f. exper. Pathol. u. Pharmakol. **59**, 259 (1908).

dann leichte Durchfälle. In den Versuchen von KOFLER[1]) verweigerten Hunde Futter, das etwas größere Mengen von Primulasäure enthielt. Das Saponin mußte daher mit Hilfe des Magenschlauches beigebracht werden. Auf einmalige Verabreichung von 0,1 g Primulasäure pro 1 kg ging kein einziges Tier zugrunde. Es erfolgte heftiges Erbrechen und häufig schon nach zehn Minuten Entleerung wässeriger Stühle. Nach einigen Stunden waren alle Erscheinungen verschwunden. Ein Hund von 3 kg erhielt an drei Tagen mit je eintägigen Zwischenräumen je 0,2 g Primulasäure und endlich an einem Tag 0,4 g. Am Tage nach der letzten Eingabe war das Tier tot. Dünn- und Dickdarm waren stark blutig injiziert, im Dickdarm fanden sich Blutmassen. Die Blase war leer und ebenso wie Niere und Herz ohne Befund. Bei allen diesen Versuchen ließ sich naturgemäß nicht feststellen, wieviel von dem Saponin erbrochen wurde und wieviel in den Darm gelangte. Nach vorheriger Einführung von Anästhesin gelang es, Hunden eine einmalige Tagesdosis von 0,5 g Primulasäure pro 1 kg beizubringen, ohne daß Erbrechen erfolgte. Störungen des Allgemeinbefindens konnten dabei nicht beobachtet werden. Von Cyclamin vertrugen Hunde noch weit größere Mengen. TUFANOW[2]) gab einem Hunde von 8500 g mehrmals täglich 0,02 und 0,03 g Cyclamin, an den folgenden Tagen je eine einmalige Menge von 0,2, 0,4 und 0,8 g. Bei den kleineren Dosen erfolgte erst nach der vierten und fünften Gabe Erbrechen. Nach den großen einmaligen Dosen trat einige Minuten nach der Einführung mehrmaliges Erbrechen ein. Der Hund wurde darauf etwas ruhiger, jedoch nach einer halben Stunde fraß er wieder und war ebenso munter wie vorher.

WACKER[3]) fütterte zwei Hunde von je zirka 7 kg Körpergewicht während eines Zeitraumes von sechs Wochen täglich mit Ausnahme der Feiertage mit je 0,5 g Saponin STHAMER. Diese Menge wurde im allgemeinen gut vertragen, während größere Quantitäten Erbrechen verursachten. Ein nachteiliger Einfluß auf das Allgemeinbefinden der Tiere konnte nicht beobachtet werden, die Tiere nahmen sogar während der Saponinfütterung an Gewicht zu. Im Harn war Eiweiß und vereinzelte Erythro- und Leukozyten nachweisbar. Bei der Obduktion nach beendeter Fütterungszeit fanden sich in den Nieren reichliche Fetteinlagerungen und besonders bei einem Hunde Epithelnekrosen und Ausgüsse in einzelnen Harnkanälchen. WACKER hält aber die Frage, wieweit diese Nierenschädigungen dem Saponingenuß zuzuschreiben sind, für schwer entscheidbar, da derartige Befunde an Hundenieren häufiger zu erheben sind. Er spricht aber doch den Verdacht aus, daß eine bestehende oder latente Nephritis in manchen Fällen durch Saponinzufuhr verschlimmert werden könnte.

Ziegen waren nach ALBRECHT[4]) gegen Kornradesamen widerstandsfähig. Eine trächtige Ziege erhielt wochenlang täglich 100 bis 150 g geschrotete Radesamen, ohne daß eine Erkrankung oder ein Abortus eintrat. Auch die gleichzeitige Verabreichung von Abführmitteln oder mechanisch die Darmwand reizendem Stroh führte zu keiner Vergiftung. Nach ULRICH[5]) starb

---

[1]) L. KOFLER, Arch. d. Pharmaz. u. Ber. d. Dtsch. Pharmaz. Ges. **262**, 318 (1924).

[2]) N. TUFANOW, Arbeit. des Pharmakol. Inst. zu Dorpat 1, 119 (1888).

[3]) L. WACKER, Biochem. Zeitschr. **12**, 8 (1908).

[4]) ALBRECHT, Woch. f. T. 1907 u. 1908. Zit. nach FRÖHNER, l. c.

[5]) ULRICH, Bad. Mitt. 1882. Zit. nach FRÖHNER, l. c.

eine Ziege nach dreiwöchiger täglicher Verfütterung von 300 bis 500 g
Kornrade neben Heu.

Schweine erkrankten nach 7 bis 9 g Kornrade pro 1 kg Körpergewicht
(BRANDL[1]). Nach MIESSNER[2]) waren täglich 100 g Kornrade für Schweine
ungiftig. Ein 19 Pfund schweres Schwein starb nach täglicher Fütterung
von 20 bis 100 g Kornrade neben anderem Futter nach vierzehn Tagen.
Ein anderes 25 Pfund schweres Schwein verzehrte allmählich 250 g Kornrade und blieb dabei gesund (ULRICH). Ein sechs Wochen altes Schwein
erhielt in zwanzig Tagen 5420 g Kornrade.

Es ist nach TUFANOW[3]) eine uralte Erfahrung, daß Schweine *Cyclamen*-
knollen mit Vorliebe fressen und dabei ganz gesund bleiben. Deshalb heißt
Cyclamin auch S a u b r o t, italienisch p a m p o r c i n o, spanisch p a n   p u e r c o,
französisch p a i n   d e   p o u r c e a u, englisch s o w b r a e d, ceylanisch u r u r u
(von uru = Schwein). TUFANOW sagt, das Cyclamin scheine wie ein
Gewürz die Magenschleimhaut schwach zu reizen. Über die resorptionsfördernde Wirkung der Saponine und ihre Anwendung bei der Schweine-
mast siehe S. 221.

Bei **Mastochsen** traten Vergiftungserscheinungen nach täglich 5 kg
80%igen Rademehls auf (PERUSSEL[4]). Nach PUSCH[5]) blieb ein erwachsenes
Rind, das innerhalb fünf Tagen 8640 g Kornrade erhielt, gesund. Dagegen
starb ein dreizehn Tage altes Kalb nach Verfütterung von 400 g Kornrade
an einem Tag.

Über **Pferde** teilt PUSCH mehrere Beobachtungen mit. Zwei Pferde
wurden mit 1130 und 4400 g Kornrade gefüttert, die im Jahre 1888 geerntet
war. Die Tiere zeigten keinerlei Krankheitserscheinungen. Ein anderes
Pferd erkrankte dagegen schon nach 325 g 1889er Kornrade an Stomatitis.
Ein viertes Pferd erhielt $6^1/_2$ kg Kornrade in. neun Tagen und zeigte verschiedene akute Vergiftungssymptome, ebenso eine Stute nach Verfütterung
von 12 kg Kornrade in zwölf Tagen. Bei diesen Tieren sah PUSCH jedoch
niemals eine chronische Erkrankung oder Lähmungserscheinungen. Dagegen
sah LUDEWIG[6]) bei Pferden nach täglicher Fütterung von 300 g Kornradesamen neben Kolikerscheinungen Lähmung des Sehnerven.

Nach CORNEVIN[7]) sind, um Vergiftungen hervorzurufen, folgende
Mengen von Kornrademehl pro 1 kg Tier notwendig:

> für das Kalb . . . . .2,5 g
>
> „   „ Schwein . . . . .1,0 „
>
> „ den Hund. .0,9 „
>
> „ das Huhn. .1,5 „

---

[1]) J. BRANDL, l. c.

[2]) MIESSNER, D. T. W. 1916, zit. nach FRÖHNER, l. c.

[3]) N. TUFANOW, Arbeit. d. Pharmakol. Inst. zu Dorpat 1, 108 u. 121 (1888).

[4]) PERUSSEL J. de Lyon 1895. Zit. nach FRÖHNER, l. c.

[5]) PUSCH, Dtsch. Zeitschr. f. Tiermed. 1890. Zit. nach FRÖHNER, l. c.

[6]) LUDEWIG, Diätetik des Truppenpferdes 1904. Zit. nach FRÖHNER, l. c.

[7]) CORNEVIN, Des plantes vénéneuses. Paris 1887, S. 253. Zit. nach
KRUSKAL, l. c., S. 143.

Eine Zusammenstellung von BRANDL[1]) bringt teilweise weit abweichende Werte:

	Kornrademengen in Gramm pro 1 kg		Sapotoxinmengen in Gramm pro 1 kg	
	krankmachend	tödlich wirkend	krankmachend	tödlich wirkend
Tauben	5	10	—	0,6
Hühner	4	15 bis 16	0,3	0,6
Hunde	—	—	0,02 bis 0,05	—
Schweine (junge)	7 bis 9	—	0,3	0,5
Kaninchen	12	14 bis 15	0,04 bis 0,05	0,56 bis 0,62

Zur Erklärung für die widersprechenden Angaben über die Giftigkeit oder Ungiftigkeit einer und derselben Kornrademenge wurde schon wiederholt die Vermutung ausgesprochen, daß der Gehalt der Samen an Saponin weitgehenden Schwankungen unterworfen sei. Ein Beweis für diesen naheliegenden Erklärungsversuch wurde bisher nicht erbracht.

Wenn schon die Angaben über toxische und wirkungslose Kornrade- und Saponindosen so weitgehende Unterschiede zeigen, so weichen die Autoren noch mehr bezüglich der Schädlichkeit kornradehaltiger Futtermittel voneinander ab. Im allgemeinen gelten in der Literatur auch schon verhältnismäßig kleine Beimengungen von Kornrade zu Futtermitteln als schädlich. Dem gegenüber wurde aber von einzelnen Autoren schon vor Jahren hervorgehoben, daß auch die regelmäßige **Beimengung kleiner Kornrademengen zum Futter nicht schädlich sei.** KORNAUTH[2]) weist darauf hin, daß in Österreich und namentlich in Ungarn die Kornrade einen gutgehenden Handelsfutterartikel bildet, und daß Schweine und Schafe mit großen Mengen von Kornrade gefüttert werden, ohne daß eine schädliche Wirkung zu konstatieren wäre. KOBERT[3]), der seinerzeit den Angaben KORNAUTHs und der Landwirte über Unschädlichkeit, ja sogar Nützlichkeit kleiner Mengen Kornrade entgegentrat, schrieb später selbst: „Ich habe es früher nicht glauben wollen, habe mich im Laufe der Zeit aber von der Richtigkeit der Anschauung der Landwirte überzeugt." Diese Änderung in der Stellungnahme KOBERTS ist zum Teil auf seine Entdeckung von Saponinen in der Futter- und Zuckerrübe zurückzuführen. Da die saponinhaltigen Blätter und Wurzeln dieser Pflanzen eines der

---

[1]) J. BRANDL, Arch. f. exper. Pathol. u. Pharmakol. **59,** 299 (1908).
[2]) C. KORNAUTH, Pharmaz. Post 1893, S. 4 des Separatums.
[3]) R. KOBERT, Heil- und Gewürzpflanzen **1,** Heft 6 bis 8, 1917/18.

wichtigsten Futtermittel darstellen, mußte die früher allzustrenge
Auffassung von der Giftigkeit der Saponine fallen.

„Alles dies zusammengenommen, zwingt uns zu dem Schluß, daß
für das Schwein, für das Wild und die pflanzenfressenden
Haustiere eine Anzahl saponinreicher Pflanzenteile bei
verständiger Darreichung sich als sehr nützliche Futtermittel jahraus jahrein erwiesen haben" (KOBERT).

An **Menschen** sind tödliche Vergiftungen mit Saponinen niemals
mit Sicherheit nachgewiesen worden. TARDIEU, CHEVALLIER und
LASSAIGNE[1]) führten den Tod einer 35jährigen Frau und ihres siebzehn
Monate alten Kindes auf den Genuß von stark kornradehaltigem Brot
zurück, da sich bei der Sektion im Magen und Darm große Mengen
von Kornrade vorfanden. BELLAUD[2]) berichtet einen zweiten Fall,
wo in einem Dorfe fünf Personen unter Unbehagen, Kopfschmerz,
Schwindel, Erbrechen und frequentem Puls erkrankten und zwei der
Patienten schließlich komatös wurden. Da eine andere Krankheits-
ursache nicht festgestellt werden konnte, wurde als Ursache die reichliche
Menge Kornrade in dem genossenen Getreide angenommen. Beide
Fälle können wohl nicht als einwandfrei erwiesene Saponinvergiftungen
gewertet werden.

Einen Fall von Vergiftung eines Menschen mit Infusum Quillajae
berichtet LESSELLIER[3]). Die Symptome bestanden in Frostschauern,
Druck im Epigastrium, kaltem Schweiß, Zittern, kleinem Puls, feuchter
Haut, fortwährendem Erbrechen, Präkordialangst, starkem Drängen
in der Blase und Vermehrung der Harnsekretion. Nach drei Tagen waren
alle Erscheinungen verschwunden.

Neuerdings berichtete ESSER[4]) über eine tödliche Vergiftung mit
Oleum Chenopodii und sagt: „Die anatomischen Veränderungen deuten
auf ein reines Parenchymgift hin, was mit der chemischen Zusammensetzung des Oleum Chenopodii (ätherisches saponinhaltiges Öl) gut
übereinstimmt." Dieser Fall hat jedoch mit Saponinvergiftung nichts
zu tun, da das Oleum Chenopodii kein Saponin enthält. In der Stammpflanze des Öles, in *Chenopodium ambrosioides var. anthelminthicum* konnte
KOBERT[5]) zwar Saponin nachweisen, doch geht dieses bei der Destillation
nicht in das Öl über.

---

[1]) TARDIEU, CHEVALLIER u. LASSAIGNE, Annales d'hygiene, 1852,
S. 350. Zit. nach KRUSKAL, l. c., S. 144.

[2]) BELLAUD, zit. nach KRUSKAL, l. c.

[3]) LESSELIER, Bullet. gén. de thérap. 1884, S. 330. Zit. nach KOBERT
Arch. f. exper. Pathol. u. Pharmakol. **23**, 233 (1887).

[4]) A. ESSER, Klin. Wochenschr. **5**, Nr. 12, 1926.

[5]) R. KOBERT, Sitzungsber. u. Abhand. Naturforsch. Ges. Rostock 5
6 (1914).

Nach Lewin[1]) rufen 30 g Radepulver beim Menschen toxische Erscheinungen hervor. Von der kaiserlich russischen Regierung war es der Militärintendatur gestattet, für das Heer Mehl und Brot mit einem Gehalt von 0,5% Kornrade zu kaufen. Bei einer täglichen Brotration von 1200 g erhielt ein Mann pro Tag also 6 g Kornrade. Nach Lehmann und Mori[2]) dagegen wirken 2 bis 3 g Radepulver in einer Brotportion nicht schädlich, 3 bis 5 g des Pulvers rufen aber schon leichte Vergiftungssymptome hervor. Von gerösteten Samen wurde die zehnfache Menge ohne die geringste Störung vertragen. Lehmann und Mori schlagen daher vor, das Kornradepulver in eisernen Pfannen unter fleißigem Umrühren einem gelinden Röstprozesse zu unterziehen, um es für Mensch und Tier völlig unschädlich zu machen. In dem gerösteten Rademehl war kein Saponin mehr vorhanden.

Kollert, Kofler und Grill[3]) sahen niemals die geringsten Symptome, wenn sie vier Tage hindurch dreimal täglich 1 g feingepulverte Radesamen in Oblatenkapseln verabreichten. Ebensowenig verursachten dreimal täglich 0,1 g Gypsophilasaponin durch vier Tage und dreimal täglich 0,15 g Saponin Sthamer und dreimal täglich 0,15 g Saponin pur. albiss. Merck durch drei Tage Vergiftungssymptome. Lasch und Brügel[4]) verabreichten an ihre Versuchspersonen auf nüchternen Magen 0,5 g Saponin pur. albiss. Merck und fanden diese Dosis vollkommen unschädlich und konnten niemals ein Zeichen von Intoxikation feststellen. In einem Selbstversuch nahm Lohmann[5]) durch zehn Tage steigende Dosen von Saponin Sthamer bis zu einer Tagesmenge von 1 g, ohne Störungen zu empfinden.

Aus allen diesen Versuchen geht unzweifelhaft hervor, daß die Toxizität der Saponine bei oraler Verabreichung bei Tieren und Menschen mit intakter Darmwand eine geringe ist.

40. Das Schicksal von oral verabreichten Saponinen

Die Hauptmenge von innerlich eingegebenem und nicht erbrochenem Saponin verfällt im Verdauungstrakt einer mehr oder weniger weitgehenden fermentativen Spaltung. Kobert und seinen Schülern und ferner Brandl gelang der Nachweis von Sapogeninen und Sapo-

---

[1]) Lewin, Lehrbuch der Toxikologie, Wien 1885, S. 368. Zit. nach Kruskal, l. c.

[2]) K. B. Lehmann u. R. Mori, Arch. f. Hygiene 9, 257 (1889).

[3]) L. Kofler, F. Kollert u. H. Grill, Wien. klin. Wochenschr. 1925, Nr. 13.

[4]) F. Lasch u. S. Brügel, Arch. f. exper. Pathol. u. Pharmakol. 120, 144 (1927).

[5]) W. Lohmann, Zeitschr. f. öffent. Chem. 9, 320 (1903).

geninabbauprodukten im Kot von Tieren, die innerlich größere Mengen von Saponin erhalten hatten (siehe S. 106).

Bei zwölftägiger Verabreichung von je 10 g Fluidextrakt aus Radix *Ononidis* konnte BULKOWSTEIN[1]) aus der Gesamtmenge des Kotes 2,1 g Sapogenin isolieren, was einer Saponinmenge von 3,0 bis 3,5 g Saponin entspricht und die Hauptmenge des zugeführten Saponins ausmacht. BLANCHARD[2]) konnte im Kot eines Kaninchens und einer Kuh, die lange Zeit mit reichlichen Mengen Futterrüben gefüttert worden waren, Sapogenin nachweisen. Der größte Teil der Futterrübensaponine scheint jedoch im Darm vollständig zerstört worden zu sein. An diesem Abbau der Saponine sind die Darmfermente und im Dickdarm wahrscheinlich auch die normale Darmflora beteiligt.

Der Nachweis von unverändertem Saponin im Kot gelang bisher in keinem einzigen Fall.

Die Frage, ob und in welcher Form **Saponine durch den Harn** ausgeschieden werden, wurde mehrfach untersucht, aber nicht einheitlich beantwortet. Diese Frage interessiert vor allem aus dem Grunde, weil man damit Einblick in die Resorptionsverhältnisse der Saponine nach oraler Verabreichung zu erlangen hoffte. Wichtig wäre zuerst die Entscheidung der Frage, ob parenteral eingeführte Saponine in den Harn übergehen. Die vorliegenden Literaturangaben geben leider widersprechende Antworten, da manche Autoren von einem Übergang von Saponin in den Harn berichten, andere die Niere für undurchlässig für Saponin halten (siehe S. 196).

Von KOBERT und seinen Schülern stammen eine Reihe von Mitteilungen, die vom Nachweis von Saponin oder Sapogenin im Harn nach oraler Verabreichung von Saponinen bei Menschen und Tieren berichten.

FRIEBOES[3]) konnte in einem Selbstversuch nach Einnahme von 1 g neutralem Guajak-Rindensaponin schon nach wenigen Minuten Saponin nachweisen. Derselbe Nachweis gelang FIEGER[4]) bei Hunden, denen er mehrere Tage je 1 g Guajak-Rindensaponin bzw. Sapindussaponin von HOFFMANN-LA ROCHE verabreichte. Nach Eingabe von Saponin STHAMER dagegen konnte im Harn der Hunde weder Saponin noch Sapogenin nachgewiesen werden. Nach allen drei Saponinen gelang es FIEGER, im Harn der Hunde eine merkliche Ausscheidung von Gallenfarbstoff nachzuweisen, was er ebenfalls als Beweis für eine erfolgte Resorption von Saponin betrachtet.

---

[1]) J. BULKOWSTEIN, in KOBERT, Neue Beitr. I, S. 52.

[2]) O. BLANCHARD, in KOBERT, l. c., S. 156.

[3]) W. FRIEBOES, Beiträge zur Kenntnis der Guajak-Präparate, Stuttgai 1903, S. 72.

[4]) J. FIEGER, Biochem. Zeitschr. **86**, 243 (1918).

In den oben erwähnten Versuchen mit täglicher Verabreichung von Fluidextrakt aus *Ononis* war nach BULKOWSTEIN Sapogenin nachweisbar. Bei einem Hunde gelang dieser Nachweis schon nach fünfzehn Stunden, bei einem anderen erst nach drei Tagen. Aus dem Harn fiel nach Zusatz von verdünnter Salz- oder Schwefelsäure nach langem Stehen in der Kälte neben Kynurensäure in minimalen Mengen eine Substanz aus, die BULKOWSTEIN für ein Sapogenin hielt. Nach Aussetzen der *Ononis*-Fütterung hielt diese Ausscheidung bei beiden Hunden noch über acht Tage an.

DAEBLER[1]) verabreichte zwei Hunden täglich den eingeengten Extrakt aus je 10 g Herba *Herniariae* und wies im Harn zum Teil unverändertes Saponin, zum Teil Sapogenin nach. Die Ausscheidung des Saponins und Sapogenins war während der Versuchsdauer nicht regelmäßig, sondern an Menge recht wechselnd und dauerte nach dem Aussetzen der *Herniara*-Zufuhr noch einige Zeit an.

Bei vierzehntägiger Fütterung eines Kaninchens ausschließlich mit Futterrüben konnte BLANCHARD[2]) am zehnten Tage aus dem Harn nach Zusatz von Salzsäure eine kleine Menge Sapogenin abspalten, welches in alkalischer Kochsalzlösung neutral gelöst hämolytisch wirkte.

Im Gegensatz zu KOBERT, FRIEBOES, FIEGER, BULKOWSTEIN, DAEBLER und BLANCHARD konnten GAISBÖCK[3]), ferner KOLLERT, KOFLER und HAUPTMANN[4]) und BAYER und GAISBÖCK[5]) nach oraler Verabreichung bei intakter Darmwand weder beim Menschen noch bei Tieren im Harn Saponin oder Sapogenin nachweisen.

Abgesehen von dem schon erwähnten Versuch, wonach intravenös zugeführtes Saponin nicht im Harn erscheint, zeigten GAISBÖCK, BAYER und GAISBÖCK auch an Fütterungsversuchen, daß im Harn kein Saponin erscheint. Ein 2000 g schweres Kaninchen erhielt im Verlauf von achtzehn Tagen 30 g Saponin pur. albiss. MERCK; junge, bisher nur mit Milch gefütterte Kaninchen von 600 bis 680 g erhielten teils mehrere Tage hindurch kleinere, teils eine einmalige große (4 g) Saponindosis. In keinem von diesen Versuchen konnte im Harne mit Hilfe der Hämolyse Saponin nachgewiesen werden.

KOLLERT, KOFLER und HAUPTMANN verabreichten beim Menschen in Form von Dekokten tägliche Mengen bis 35 g Radix *Ononidis*, 20 g Radix *Senegeae*, 20 g Herba *Herniariae*, 30 g Radix *Sarsaparillae*, 10 g Radix *Gypsophilae* und 4 g Radix *Primulae* und konnten im Harn in keinem

---

[1]) F. DAEBLER, in KOBERT, Neue Beiträge I, S. 88.
[2]) O. BLANCHARD, l. c.
[3]) F. GAISBÖCK, Klin. Wochenschr. **3**, 474 (1924).
[4]) V. KOLLERT, L. KOFLER u. W. HAUPTMANN, Wien. klin. Wochenschr. 1924, Nr. 39.
[5]) G. BAYER u. F. GAISBÖCK, Wien. med. Wochenschr. 1924, Nr. 39.

einzigen Falle mit Hilfe der Hämolyse Saponine nachweisen, selbst dann, wenn der Harn eingeengt worden war. Um nämlich eventuell vorhandene geringe Mengen von Saponin oder Sapogenin im Harn anzureichern, verfuhren die Autoren in folgender Weise: 40 cm³ Harn wurden durch 6 bis 10 Stunden im Apparat von PAULI der Elektrodialyse unterworfen, wobei das spezifische Gewicht auf 1003 bis 1004 herabging. Dann wurden die 40 cm³ Flüssigkeit auf 8 cm³ eingedampft, mit 0,07 g Kochsalz versetzt, wenn nötig mit Natriumkarbonat neutralisiert und auf hämolytische Wirkung geprüft. Auch nach dieser Vorbehandlung wurde in keinem einzigen Fall Hämolyse beobachtet.

In mehreren Fällen behandelten KOLLERT, KOFLER und HAUPTMANN die Harne in derselben Weise wie DAEBLER mit Schwefelsäure und untersuchten den entstandenen Niederschlag. Aber auch auf diesem Wege konnte kein Saponin oder Sapogenin nachgewiesen werden.

Die Betrachtung der kleinsten intravenös letalen Dosen (siehe S. 199) läßt den direkten Nachweis von Saponinen im Harn wenigstens für die empfindlicheren Fleischfresser als schwer möglich erscheinen. Da die Tiere in den Versuchen von KOBERT und seinen Schülern am Leben blieben, konnten also selbst bei größeren Tieren im günstigsten Falle nur ein oder ganz wenige Milligramme des Saponins auf einmal im Blute kreisen und in die Tagesmenge des Harns übergehen.

Aus dem bisher Gesagten ergibt sich, daß der von KOBERT und seinen Schülern angenommene Übergang von oral verabreichtem Saponin in den Harn nicht als endgültig bewiesen angesehen werden kann, daß im Gegenteil neuere Versuche gegen einen solchen Übergang von Saponinen in den Harn sprechen. Im folgenden Kapitel ergibt sich Gelegenheit, noch über weitere Versuche zu berichten, welche gegen eine Resorption von Saponinen bei intakter Darmwand sprechen.

Nach SCHULZ[1]) wird nach peroraler Verabreichung von Sarsaparilla ein Teil des Saponins durch die **Speicheldrüsen** ausgeschieden. Hingegen konnte GAISBÖCK[2]) bei der Primulamedikation im Speichel niemals Saponin nachweisen.

41. Über die Resorption kleiner Saponinmengen

Daß sehr große Saponindosen namentlich bei wiederholter Darreichung zu schweren und tödlichen Vergiftungen führen können, denen offenbar eine Resorption aus dem Darm vorausgegangen sein muß, wurde oben (siehe S. 202) besprochen. Derartige Versuche mit so großen Saponinmengen konnten naturgemäß nur bei Tieren durchgeführt werden. Es wurde oben aber auch eine Anzahl von Beobachtungen

---

[1]) W. v. SCHULZ, Arbeit. d. Pharmakol. Inst. zu Dorpat 14, 75 (1896).
[2]) F. GAISBÖCK, Klin. Wochenschr. 3, 474 (1924).

am Menschen mitgeteilt, nach welchen bei verhältnismäßig großen Saponinmengen von über 1 g keine resorptiven Vergiftungserscheinungen auftraten und auch durch Untersuchung des Harnes kein sicherer Anhaltspunkt für eine erfolgte Resorption zu gewinnen war. Noch viel weniger war es daher durch klinische Beobachtung oder durch Untersuchung des Harnes möglich, etwas über die Resorptionsverhältnisse kleiner therapeutisch verwendeter oder etwa mit Limonaden aufgenommener Saponinmengen zu erfahren. Im folgendem sollen nun neuere Untersuchungen besprochen werden, welche auf anderem Wege Einblick in die Frage der Resorption kleiner Saponinmengen zu gewinnen trachteten.

KOLLERT, KOFLER und GRILL[1]) stellten Versuche an, um den Nachweis kleinster Saponinmengen direkt im Blut zu führen. In Vorversuchen wurde dem Blute in vitro Saponin zugesetzt und hernach eine Isolierung nach den verschiedensten Methoden versucht. Dabei mußten jedoch, um einen einwandfreien Nachweis zu führen, so große Mengen hinzugefügt werden, wie sie in Wirklichkeit sicherlich niemals im Blute eines lebenden Tieres vorkommen können.

Da der direkte Nachweis im Blute sich als unmöglich erwies, versuchten KOFLER, KOLLERT und GRILL, den Nachweis von resorbiertem Saponin auf indirektem Wege zu führen. Schon vorher hatten BAYER und GAISBÖCK[2]) versucht, auf einem anderen, ebenfalls indirekten Wege die Frage zu lösen. Beide Untersuchungsreihen führten zu dem Ergebnis, daß sich auch auf indirektem Wege die Resorption von Saponin durch die intakte Darmwand nicht nachweisen läßt. Diese Untersuchungen ergaben, daß von oral zugeführten Saponinen entweder nichts oder höchstens eine Menge resorbiert wird, die unter einem bestimmten berechenbaren sehr kleinen Wert liegt.

BAYER und GAISBÖCK[2]) gingen von der Überlegung aus, daß eine Erythroblastose auch dann auftreten müßte, wenn Saponin nicht durch intravenöse Injektion, sondern durch Resorption vom Darm aus in die Gesamtzirkulation gelange. Sie machten daher wochenlange Fütterungsversuche, besonders an jungen, bisher nur mit Milch gefütterten Kaninchen. Dabei wurden Saponine verschiedener Provenienz zum Teil in sehr großen Dosen eingeführt (bis zu 4 g). Das Blut wurde dauernd auf das Vorhandensein von kernhaltigen Erythroblasten untersucht, die Befunde waren aber stets negativ. BAYER und GAISBÖCK wiesen außerdem nach, daß das Saponin nicht in der Leber abgefangen wird, da eine Injektion von Saponin in die

---

[1]) L. KOFLER, V. KOLLERT u. H. GRILL, Wien. klin. Wochenschr. 1925, Nr. 13.
[2]) G. BAYER u. F. GAISBÖCK, Wien. med. Wochenschr. 1924, Nr. 39.

Vena portae die gleiche Reizwirkung auf das Knochenmark entfaltet wie Injektion derselben Menge in die Ohrvene oder die Jugularis. BAYER und GAISBÖCK kommen auf Grund ihrer Versuche zu dem Schluß, daß nach peroraler Einverleibung von selbst sehr großen Dosen verschiedener Saponine auch bei ganz jungen Kaninchen eine Resorption aus dem gesunden Darmkanal nicht stattfindet.

KOFLER, KOLLERT und GRILL[1] betrachteten das Verhalten des Serumcholesterins als Indikator für die erfolgte Resorption von Saponin aus dem Darm. Ein Steigen des Serumcholesterins hätte unter bestimmten Vorsichtsmaßregeln als Beweis für eine Saponinresorption dienen können. In Versuchen an Menschen, wo mehrere Tage hindurch verhältnismäßig große Mengen von Saponindrogen in Form von Dekokten oder Pulver und auch reine Saponine gereicht wurden, konnte jedoch niemals eine einwandfreie Cholesterinsteigerung im Serum nachgewiesen werden. Die verwendeten Drogen waren Herba *Herniariae*, Radix *Ononidis*, Cortex *Quillajae*, Radix *Senegae*, Radix *Primulae* und Kornradesamen. Die mit diesen Drogen im Verlaufe von drei oder vier Tagen per os aufgenommenen Saponine betrugen ein Mehrfaches jener Dosis, die in die Blutbahn gebracht, tödlich wirken müßte. Da für die anderen Saponine die beim Menschen cholesterinvermehrend wirkende Dosis nicht bekannt ist, ließ sich eine genauere Berechnung nur für die Primulasäure durchführen. Bei einem Menschen von zirka 60 kg, was ungefähr dem Durchschnitt der Versuchspersonen entsprach, war nach den (S. 178) erwähnten Versuchen von KOLLERT, KOFLER und SUSANI[2] intravenöse Einspritzung von 0,018 bis 0,024 g Primulasäure zur Herbeiführung einer Hypercholesterinämie erforderlich. KOFLER, KOLLERT und GRILL verabreichten nun per os 0,32 bis 0,36 g Primulasäure im Verlaufe von vier Tagen. In keinem einzigen Fall konnte eine Steigerung des Serumscholesterins festgestellt werden. Sie folgerten daraus, daß von den 0,36 g Primulasäure sicher nicht mehr als 0,024 g aufgenommen worden war.

Ob nun tatsächlich eine Menge von unter 0,024 g Primulasäure oder überhaupt nichts aufgenommen wird, ließ sich am Menschen nicht weiter verfolgen. Für Tierversuche ergab sich aber ein Weg, der noch einen Schritt weiter führte. Wenn man ein Tier mit Saponin füttert und ihm gleichzeitig Saponin intravenös injiziert, so müßte sich die Wirkung des injizierten und des resorbierten Saponins addieren, es würde daher bei den gefütterten Tieren die Injektion einer sonst vertragenen Dosis Primulasäure schon tödlich wirken. KOFLER, KOLLERT

---

[1] L. KOFLER, V. KOLLERT u. H. GRILL, l. c.
[2] V. KOLLERT, L. KOFLER u. SUSANI, Zeitschr. f. d. ges. exper. Med. 45, 682 (1925).

und GRILL verabreichten einem Kaninchen von 2800 g an drei aufeinanderfolgenden Tagen durch die Schlundsonde je 0,15 g Primulasäure. Am dritten Tage injizierten sie 0,007 g Primulasäure entsprechend 0,0025 g pro 1 kg Kaninchen. Das Tier blieb am Leben und zeigte außer verminderter Freßlust keine Vergiftungserscheinungen. Da die tödliche Primulasäuredosis für Kaninchen zwischen 0,003 und 0,004 g pro 1 kg Körpergewicht liegt, so kann die aus den verfütterten 0,45 g resorbierte Menge nicht größer als 0,004 g gewesen sein.

Für Radix *Sarsaparillae* kamen LASCH und PERUTZ[1]) zu anderen Ergebnissen. Bei Kaninchen wurden die Saponine vom gesunden Darm in kleinen Gaben nicht resorbiert, wohl aber bei Zufuhr größerer Mengen, die anscheinend bereits die Darmschleimhaut beeinflussen. Allerdings konnte makroskopisch am Darm keine Veränderung nachgewiesen werden. Die erfolgte Resorption wurde erschlossen aus einer Steigerung des Serumcholesterins und dem Auftreten einer Erythroblastose. Bei vierzehn Luetikern konnte nach vier- bis fünftägiger Verabreichung von je 50 g Radix *Sarsaparillae* in Form eines eingeengten wässerigen Auszuges in fünf Fällen eine Steigerung des Serumcholesterins um mehr als 15% festgestellt werden, während kernhaltige rote Blutkörperchen niemals gefunden wurden. LASCH und PERUTZ wollen aus der Cholesterinvermehrung beim Menschen vorläufig noch nicht mit Sicherheit auf eine erfolgte ·Saponinresorption schließen, sondern denken noch an eine andere Möglichkeit. ,,Es könnte die Erhöhung des Cholesterinsspiegels nach Verabreichung von Sarsaparilla der Ausdruck einer Steigerung der Immunitätsvorgänge im Organismus sein.''

Während BAYER und GAISBÖCK[2]) nach Verabreichung von Saponin allein niemals eine Resorption feststellen konnten, gelang ihnen dies nach vorausgegangener Reizung der Darmwand mittels Jalappa. Einem Kaninchen wurde mit der Schlundsonde 0,3 g Resina *Jalappae* in Emulsion und gleich darauf 0,5 g Saponin STHAMER eingeführt. Der Saponinlösung war 0,5 g Tinctura Opii beigefügt, um eine zu rasche Entleerung der in den Verdauungskanal eingeführten Substanzen zu verhindern. Nach 48 Stunden fanden sich im Blutausstriche reichliche kernhaltige Erythrozyten. Bei der Obduktion zeigten sich im Verdauungstrakt außer einer ganz geringfügigen stellenweisen Hyperämie keine grobsinnig erkennbaren Veränderungen. Es genügen nach BAYER und GAISBÖCK schon ganz unscheinbare ·Veränderungen der Darmschleimhaut, um sie für Saponin durchlässig zu machen.

Zu ähnlichen Ergebnissen kamen LASCH und PERUTZ mit Jalappa und besonders mit kleinen Mengen Kalomel. Schon kleine Mengen

---

[1]) F. LASCH u. A. PERUTZ, Wien. klin. Wochenschr. 1925, Nr. 15.
[2]) G. BAYER u. F. GAISBÖCK, l. c.

(0,035 g bzw. 0,075 g) bewirkten, daß bei Kaninchen nach Sarsaparilla-
verabreichung eine Vermehrung des Serumcholesterins und eine Ery-
throblastose auftrat, während Sarsaparilla allein ohne Wirkung war.
Dadurch erscheint nach LASCH und PERUTZ auch die Beigabe von kleinen
Mengen Kalomel, wie sie in den alten Vorschriften des Decoctum ZITT-
MANNI enthalten ist, gerechtfertigt.

Wenn auch in manchen Einzelheiten zwischen den hier besprochenen
Arbeiten Widersprüche bestehen, so stimmen sie doch alle darin überein,
daß selbst verhältnismäßig große Dosen der verschiedenen
Saponine (mit Ausnahme der Sarsaparilla) bei Tieren und Menschen
vom intakten Darmkanal aus nicht zur Resorption gelangen.
Nach einer Schädigung der Darmwand durch Jalappa oder
Kalomel kann es bei Kaninchen zu einer Resorption kommen.

42. Die Förderung
der Darmresorption durch Saponine

Saponine sind imstande, einzelne Arzneimittel, Gifte
und Nahrungsmittel vom Darm aus leichter resorbierbar
zu machen.

Diese Tatsache wurde von KOFLER und KAUREK[1]) zuerst für **Strophanthin** und **Digitoxin** festgestellt. Die Autoren fanden im Tierversuch,
daß durch gleichzeitige Verabreichung von Saponinen die Toxizität
von oral zugeführtem Strophanthin und Digitoxin wesentlich gesteigert
wird. Bei diesen Versuchen wurden Fröschen durch einen dünnen
Schlauch Strophanthinlösungen in den Magen eingeführt und die kleinste
auf diesem Wege tödliche Dosis festgestellt. Ebenso wurde die kleinste
tödliche Dosis von Primulasäure ermittelt. Dann wurden beide Substanzen gleichzeitig in Bruchteilen der tödlichen Dosis verabreicht.
Es genügten dabei schon 3% der letalen Strophanthindosis und 0,5%
der letalen Primulasäuredosis zur Herbeiführung eines systolischen
Herzstillstandes. Alle Kombinationen mit größeren Dosen wirkten
ebenfalls tödlich. Bei Versuchen mit Digitoxin genügten sogar 2%
der letalen Dosis, wenn gleichzeitig 1% der letalen Primulasäuredosis
gegeben wurde. Ebenso wie die Primulasäure wirkten auch die anderen
untersuchten Saponine: Saponin pur. albiss. MERCK, Senegin MERCK
und Gypsophilasaponin.

Diese Erhöhung der Toxizität auf das 50- bzw. 33fache ließ sich
in verschiedener Weise deuten. Es könnte eine Resorption des Herz-
glykosides und des Saponins erfolgen und die Wirkung beider Substanzen am Herzen sich potenzieren, oder es könnte das an sich schwer

---

[1]) L. KOFLER u. R. KAUREK, Arch. f. exper. Pathol. u. Pharmakol.
109, 362 (1925).

resorbierbare Strophanthin und Digitoxin durch Saponin leichter resorbierbar gemacht werden. Um dies zu entscheiden, bestimmten KOFLER und KAUREK die tödliche Dosis der Substanzen bei Injektion in den Brustlymphsack des Frosches. Strophanthin wird vom Lymphsack aus bekanntlich viel leichter resorbiert als vom Darm aus. Auch die Primulasäure wurde vom Lymphsack aus leichter resorbiert. Nun wurden in den Lymphsack gleichzeitig 75% der auf diesem Wege tödlichen Strophanthin- und 24% der tödlichen Primulasäuredosis injiziert. Es trat kein Herzstillstand ein. Am isolierten Froschherzen wurde in den oben (siehe S. 171) erwähnten Versuchen von POSTOJEFF[1]) durch Zusatz von Saponin die tödliche Digitoxindosis von 0,025 mg auf 0,020 mg herabgesetzt. Selbst unter der Annahme, daß bei den Versuchen von KOFLER und KAUREK das Saponin bis zum Herzen gelangte, genügt die von POSTOJEFF am isolierten Herzen beobachtete Toxizitätssteigerung nicht zur Erklärung der Versuchsergebnisse.

Diese Versuche und andere, bei denen Strophanthin in den Lymphsack und Primulasäure in den Magen eingeführt wurden, zeigten, daß es sich nicht um eine Potenzierung der Herzwirkung, sondern um eine um das 50- bzw. 33fach gesteigerte Resorption der Herzglykoside handelt.

Bei Mäusen ist ebenfalls ein großer, allerdings nicht so weitgehender Einfluß von Saponin auf die Resorption von Herzglykosiden vorhanden. Die tödliche Dosis von oral verabreichtem Digitoxin wird durch Saponin auf ein Viertel, beim Strophanthin auf die Hälfte herabgesetzt. Bei Kaninchenversuchen mit Strophanthin war der Einfluß des Saponins zweifelhaft.

Ein weiterer Beweis für die Förderung der Darmresorption durch Saponine wurde von KOFLER und FISCHER[2]) durch Versuche mit **Kurare** erbracht. Zur Verwendung gelangte Kuraril der BYK-Gulden-Werke (Berlin). Bei Fröschen genügte zur Herbeiführung von typischen Kurarewirkungen und Tod schon der zehnte Teil einer Dosis, die bei Einführung von Kuraril allein ohne Erscheinungen vertragen wurde. Die hiezu erforderlichen Saponinmengen waren sehr gering und für sich allein ohne sichtbare Wirkungen. Von der Primulasäure und dem Sapotoxin genügt ungefähr der 140. Teil und vom Saponin pur. albiss. MERCK ungefähr der 60. Teil der tödlichen Dosis. Da die Frösche das Bild einer typischen Kurarevergiftung zeigen, können die Versuche wohl nur durch Annahme einer weitgehenden Begünstigung der Resorption unter dem Einfluß der Saponine erklärt werden.

---

[1]) J. POSTOJEFF, Biochem. Zeitschr. **36**, 335 (1911).
[2]) L. KOFLER u. R. FISCHER, Arch. f. exper. Pathol. u. Pharmakol. **116**, 35 (1926).

Bei Mäusen gelang es nicht, durch gleichzeitige Verabreichung von Saponin und Kuraril Lähmungserscheinungen herbeizuführen.

Bei Mäusen und Fröschen konnte durch gleichzeitige orale Verabreichung von **Magnesiumsulfat** und Saponin eine Magnesiumnarkose herbeigeführt werden, während eine gleich große Dosis Magnesiumsulfat allein ohne Wirkung blieb (KOFLER und FISCHER[1]).

Der resorptionsfördernde Einfluß der Saponine erstreckt sich auch auf **Kalziumsalze**. LASCH[2]) stellte fest, daß vom isolierten überlebenden Dünndarm des Meerschweinchens unter gleichen Versuchsbedingungen von einer Kalziumchloridlösung um 70 bis 180% mehr Kalzium verschwindet, das heißt resorbiert wird, wenn der Flüssigkeit Saponin zugesetzt wird. BERGER, TROPPER und FISCHER[3]) wiesen bei zehn darmgesunden Personen nach, daß die enterale Resorption von Calcium lacticum in Mengen von 5 g, die an sich den Serumkalkspiegel nicht erhöhen, durch kleine Beigaben von Saponin derart gefördert werden kann, daß es zu einer mehrstündigen Erhöhung des Serumkalkspiegels auf 41,7% des Ausgangswertes kommt. Die Versuche wurden so durchgeführt, daß an jeder Versuchsperson zuerst ein Kontrollversuch mit 5 g Calcium lacticum ohne Saponin und einige Tage später ein Hauptversuch mit 5 g Calcium lacticum und Saponin vorgenommen wurde. Die Substanzen wurden am Morgen nüchtern in Oblatenkapseln gegeben. Die Versuchspersonen blieben sechs bis acht Stunden nüchtern. Der Kalziumspiegel wurde durch acht bis zwölf Stunden verfolgt. Der Verlauf der Kurve zeigte Verschiedenheiten; in manchen Fällen war ein rascher Anstieg und ein Höhepunkt nach drei Stunden mit einer Einsattelung im Laufe des Tages und einem Neuanstieg nach acht Stunden Dauer zu beobachten. In anderen Fällen setzte erst nach einer dreistündigen Latenzperiode der Anstieg des Kalkspiegels ein.

Am isolierten überlebenden Darm, ferner an Kaninchen, Hunden und Menschen konnten LASCH und BRÜGEL[4]) eine Förderung der Resorption von **Traubenzucker** durch Zugabe von Saponin feststellen. Es wurden in den überlebenden Dünndarm von Meerschweinchen isotonische Traubenzuckerlösungen allein oder mit einem Zusatz von 0,025% Saponin pur. albiss. MERCK eingefüllt. Die Größe der Resorption stand bei einer Versuchsdauer von etwa 100 Minuten im direkten proportionalen Verhältnis zur Versuchsdauer und nahm dann wieder ab. Es verschwanden bei Saponinzusatz um 100 bis 4000%

---

[1]) L. KOFLER u. R. FISCHER, Unveröffentlichte Untersuchungen.

[2]) F. LASCH, Biochem. Zeitschr. **169**, 301 (1926).

[3]) W. BERGER, E. TROPPER u. R. FISCHER, Klin. Wochenschr. **5**, Nr. 51, 1926.

[4]) F. LASCH u. S. BRÜGEL, Biochem. Zeitschr. **172**, 422 (1926) u. Arch f. exper. Pathol. u. Pharmakol. **116**, 7 (1926).

mehr Traubenzucker als ohne Saponin. Lasch und Brügel konnten
diese Versuche auch auf Tiere und den Menschen übertragen. Es wurde
bei allen Versuchen vorerst die Hyperglykämiekurve nach Zuckerauf-
nahme allein bestimmt und dann dieselbe nach Zuckerverabreichung
unter Zusatz von Saponin und endlich neuerlich die Hyperglykämiekurve nur nach Saponin. Die Versuche wurden an Kaninchen, Hunden
und Menschen durchgeführt. Bei den Kaninchen wurden bei jedem
Versuch im ganzen 10 g Traubenzucker und pro 1 kg 0,5 g Saponin
pur. albiss. Merck zugeführt, bei den Hunden 15 bzw. 30 g Traubenzucker und 0,5 bzw. 1,0 g Saponin, beim Menschen 50 g Traubenzucker und 0,5 g Saponin. Die mit und ohne Saponinzusatz gewonnenen
Blutzuckerkurven verliefen vollkommen parallel, ihr höchster Wert
war 30 Minuten nach der Fütterung erreicht und fiel nach drei bis vier
Stunden wieder zum Ausgangswert ab. Beim Hund war die durch 0,5 g
und 1,0 g Saponin bewirkte Resorption des Traubenzuckers nahezu
vollkommen die gleiche. Die Resorption unter dem Einfluß des Saponins
war beim Kaninchen um 46 bis 212%, beim Hund um 76 bis 142%,
beim Menschen um 68 bis 117% höher als ohne Saponin.

Nach oraler Verabreichung von **Aspirin** erscheint im Harn der
Versuchspersonen die Salizylsäure viel früher, wenn gleichzeitig mit
dem Aspirin Saponin eingegeben wird (Kofler und Fischer[1]).

Lasch und Brügel[2] berichteten, daß **Insulin** durch Beigabe von
Saponin pur. albiss. Merck bei oraler Verabreichung bei Kaninchen,
Hunden und Menschen zur Resorption gebracht und ein Absinken des
Blutzuckerspiegels wie bei subkutaner Verabreichung des Insulins
hervorgerufen werden kann. Sie suchen die Ursache für diese Wirkung
des Saponins einerseits in seiner resorptionfördernden, anderseits in
seiner das Insulin vor der Einwirkung von Pepsin und Trypsin
schützenden Eigenschaft. Elzas[3] konnte diese Befunde nicht bestätigen und später berichtete Lasch[4] selbst, daß die orale Verabreichung von Insulin mit Zusatz von Saponin praktisch nicht verwertbar sei.

In Versuchen, die auf meine Veranlassung an verschiedenen Stellen
durchgeführt wurden, bewährte sich **Saponin als Zusatz zum Schweinemastfutter.** Es wurden für diese Versuche eine größere Anzahl von
Schweinen von gleichem Alter und Gewicht in zwei Gruppen geteilt;
die eine Gruppe erhielt ihr normales Futter, die andere Gruppe dasselbe

---

[1]) L. Kofler u. R. Fischer, Unveröffentlichte Untersuchungen.

[2]) F. Lasch u. S. Brügel, Wien. klin. Wochenschr. **39**, Nr. 28 (1926)
u. Arch. f. exper. Pathol. u. Pharmakol. **120**, 144 (1927).

[3]) M. Elzas, Nederl. Tijdschr. Geneeskunde **70**, II, 1650 (1926). Nach
Chem. Zentralbl. 1927, I, 306.

[4]) F. Lasch, Arch. f. exper. Pathol. u. Pharmakol. **122**, 284 (1927).

Futter mit einem kleinen Zusatz von Saponin. Dabei nahmen die Saponin-Tiere rascher an Gewicht zu als die Kontrolltiere. Wahrscheinlich handelt es sich auch hier um eine Förderung der Darmresorption durch das Saponin, wodurch die Nahrung besser ausgenützt wird. Daraus erklären sich manche bisher schwer verständliche und widersprechende Literaturangaben über saponinhaltige Futtermittel. Wie oben (S. 209) erwähnt, gelten im allgemeinen schon verhältnismäßig kleine Beimengungen von Kornrade zu den Futtermitteln als schädlich. Nur vereinzelte Autoren heben hervor, daß kleine Mengen Kornrade nicht schädlich, sondern sogar nützlich sind. Durch die Erkenntnis der resorptionfördernden Wirkung der Saponine ist eine Erklärung für diese Beobachtungen gefunden. Ich glaube, daß der absichtliche Zusatz geeigneter Mengen Saponin oder saponinhaltiger Pflanzen zum Schweinemastfutter sich auch in der Praxis bewähren wird.

Eine **Erklärung für die Förderung der Darmresorption** durch Saponine läßt sich vorläufig nicht geben. KOFLER und KAUREK stellten beim Strophanthin Versuche mit Pfeffer, Paprika und Jalappa an, um festzustellen, ob es sich bei der beobachteten Wirkung der Saponine nur um den Ausdruck einer Reizwirkung ähnlich wie bei den Gewürzen handle. Es vermochten aber selbst sehr konzentrierte Auszüge dieser Drogen bei den Fröschen keine Förderung der Resorption herbeizuführen.

Es lag ferner nahe, die Förderung der Darmresorption in Parallele zu setzen mit den Kaulquappenversuchen von OVERTON[1]) (siehe S. 119), wo die Haut der Tiere durch verdünnte Saponinlösungen für Stoffe der Außenflüssigkeit in hohem Grade durchlässig gemacht wird. OVERTON hebt ausdrücklich hervor, daß die Durchlässigkeit darauf zurückzuführen ist, daß unter der Saponinwirkung das Epithel abgelöst wird, und daß die Tiere auch nach Übertragen in saponinfreie Lösungen und nach wiederholtem Waschen diese Durchlässigkeit ihrer Haut beibehalten. Nun geht aus Versuchen von KOFLER und FISCHER[2]) hervor, daß die Förderung der Darmresorption nicht auf einer derartigen dauernden Schädigung der Darmwand beruht, sondern nur so lange erhalten bleibt, als das Saponin mit der Darmwand in Berührung steht. KOFLER und FISCHER stellten nämlich mit Kuraril eine Reihe von Versuchen an, bei denen sie den Fröschen zuerst das Saponin und erst nach einem größeren oder kleineren Zeitintervall das Kuraril in den Magen einführten. Das Saponin entfaltete dabei seine resorptionsfördernde Wirkung nur dann, wenn das Zeitintervall bis zur Verabreichung des Kuraril nicht größer als 45 Minuten war. Wurde das Kuraril erst 60 oder 75 Minuten nach

---

[1]) E. OVERTON, Lunds Universitetets Arsskrift N. F. Afd. 2. Bd. 9, Nr. 7 (1913) u. N. F. Avd. 2. Bd. 14, Nr. 7 (1918).

[2]) L. KOFLER u. R. FISCHER, l. c.

dem Saponin verabreicht, so trat keine Kurarevergiftung auf. Aus diesen Versuchen geht hervor, daß die **Resorptionsförderung durch Saponine nicht auf einer Schädigung der Darmwand beruht.**

Besser als mit den Versuchen von OVERTON läßt sich die Förderung der Darmresorption mit den Versuchen JACOBIS[1]) an der **Froschschwimmhaut** vergleichen (siehe S. 160). Nach Vorbehandlung der Schwimmhaut mit einer 0,8%igen Saponinlösung kam eine an sich unwirksame Adrenalinlösung zur Wirkung. Ebenso vermochte Veronal in Verbindung mit Natrium und Hydroxylionen die Durchlässigkeit der Froschhaut zu steigern. JACOBI sieht die Ursache der Saponinwirkung in einer chemischen Veränderung der Lipoidmasse.

Ob sich die Förderung der Darmresorption durch Saponine bei Medikamenten, die an sich schwer oder nicht resorbierbar sind, in der Therapie auch praktisch bewähren wird, läßt sich derzeit noch nicht mit Bestimmtheit sagen. Es sind hier noch zahlreiche klinische Versuche notwendig.

In diesem Zusammenhang sei noch auf folgenden Umstand hingewiesen. Digitalis, Strophanthus, Scilla und andere **Herzmittel** enthalten neben den eigentlichen herzwirksamen Glykosiden noch Saponine. Diese Saponine werden bei Beurteilung der Herzdrogen in der Regel vernachlässigt oder als unerwünschte Ballaststoffe bezeichnet. Als Nachteil der Saponine bei intern zu verabreichenden Herzmitteln wird die magen- und darmreizende Wirkung angeführt. Irgendein günstiger Einfluß der Saponine bei der therapeutischen Anwendung von Digitalis, Strophanthus usw. wird heute nicht angenommen. Wenn aber der Mensch ebenso reagiert, wie KOFLER und KAUREK für Frösche und Mäuse nachwiesen, dann ist die Wirkung der oral verabreichten Digitalis- und Strophanthuspräparate nicht nur von der Menge der vorhandenen eigentlichen herzwirksamen Glykoside abhängig, sondern auch von der Anwesenheit von Saponinen. Das Entfernen der in den Herzdrogen vorhandenen Saponine wäre dann nicht nur überflüssig, sondern unzweckmäßig.

Ferner müßten unter obiger Voraussetzung die Saponine auch bei der **biologischen Wertbestimmung der Herzmittel** berücksichtigt werden. Denn bei der üblichen Prüfung von Digitalis- und Strophanthuspräparaten am Frosch oder an der Katze beeinflussen die Saponine die Resorption der Herzglykoside nicht in erkennbarer Weise. Von zwei Präparaten, die sich nach einer dieser Methoden als gleichwertig erwiesen, könnte das eine bei oraler Verabreichung wirksamer sein als das andere, je nach dem Vorhandensein oder Fehlen von Saponin.

---

[1]) W. JACOBI, Arch. f. exper. Pathol. u. Pharmakol. 88, 333 (1920)

Kofler[1]) wies darauf hin, daß in alten Rezepten für Tee-
mischungen saponinhaltige Pflanzen ein häufig wiederkehrender
Bestandteil sind. Die Zweckmäßigkeit dieser Beimengungen versuchte
man häufig aus der schweiß-, harn-, gallentreibenden usw. Wirkung
der Saponine zu erklären, eine Erklärung, die schon in Anbetracht der
unklaren Resorptionsverhältnisse häufig recht unbefriedigend ist. Es
scheint nun nicht unmöglich, daß in diesen Teegemischen die Saponindrogen mitunter einen günstigen Einfluß auf die Löslichkeit und
Resorbierbarkeit der wirksamen Stoffe der anderen vorhandenen Drogen
ausüben.

43. Saponinhaltige Nahrungsmittel

In den letzten Jahren vor seinem Tode veröffentlichte Kobert[2])
eine Reihe eigener und Schülerarbeiten, in denen der Begriff **Nahrungs-
mittelsaponine** aufgestellt wird. Er weist nach, daß manche in Europa
und in anderen Ländern als Nahrungs- und Futtermittel in großer Menge
verwendete Pflanzen Saponine enthalten. Die Saponine sind nach
Kobert in diesen Nahrungsmitteln nicht etwa belanglose Bestandteile,
sondern wirken wie Gewürze, das heißt sie erhöhen die Schmackhaftigkeit
und Bekömmlichkeit dieser Kost, indem sie die Speicheldrüsen, die
Mundschleimhaut, Magen und Darm in angenehmer und nützlicher
Weise anregen.

Die von Kobert den Nahrungsmittelsaponinen zugeschriebene
Wirkung soll nicht bestritten werden, ich möchte aber in diesem Zusammenhang auch auf die resorptionfördernde Wirkung der Saponine
hinweisen. So wie einzelne Arzneimittel und Gifte durch Beigabe von
Saponin leichter resorbierbar werden, so könnten auch Nahrungsstoffe
und für den Organismus wichtige Salze (Kalzium) unter dem Einfluß
von Saponinen leichter resorbiert werden. Die Wirkung der Saponine
wäre dann eine andere, weitergehende als die der Gewürze. Es handelt
sich bei diesem Gedankengange vorläufig um eine bloße Vermutung.
Denn der resorptionfördernde Einfluß einzelner Saponine auf Zucker
und Kalziumsalze ist, wie erwähnt, bereits erwiesen, es fehlt aber noch
der Nachweis, daß auch den Nahrungsmittelsaponinen dieser Einfluß
zukommt. Hieraus ergäbe sich eine neue Möglichkeit zur Erklärung
der Bekömmlichkeit des Spinates und ähnlicher Gemüse.

In der **Zuckerrübe** findet sich nach Kobert ein saures und ein neutrales Saponin. Ersteres ist nach Kobert identisch mit dem von Smo-

---

[1]) L. Kofler, Heil- u. Gewürzpflanzen 8, 169 (1926).
[2]) R. Kobert, Sitzungsber. u. Abhand. d. Naturforsch. Ges. zu Rostock
5, (1913). — Zeitschr. d. Vereins d. Dtsch. Zucker-Industrie 64, 381 (1914). —
Brauers Beiträge z. Klinik d. Tuberkul. 31, 481 (1914). — Heil- und Gewürzpflanzen 1, Heft 6 bis 8, 1917/18.

LENSKI[1]) aus den Abfallprodukten der Petersburger Zuckerfabriken hergestellten „Glykuronoid“, dessen Aglykon mit der Rübenharzsäure von ANDRLÍK und VOTOČEK[2]) übereinstimmt. Das Saponin ist physiologisch stark wirksam, es betäubt und tötet Fische noch bei 160 000- bis 170 000facher Verdünnung, gibt mit den meisten Blutarten einen hämolytischen Index von 1 : 50 000, mit gewaschenen Blutkörperchen 1 : 100 000. Auch die Wirkung auf das isolierte Herz ist eine beträchtliche. Neben dem sauren findet sich in der Zuckerrübe auch ein neutrales Saponin.

Auf die Anwesenheit von Saponinen ist das starke Schäumen beim Einleiten von Kohlensäure in den Zuckerrübensaft zurückzuführen. Ebenso erklärt sich die Schädlichkeit der Zuckerfabrikenabwässer für Fische aus dem Vorhandensein der Saponine. Die Abwässer der Rostocker Zuckerfabrik verursachten an ihrer Einmündungsstelle in die Warnow alljährlich ein Fischsterben, und tatsächlich gelang es KOBERT, hier das saure Rübensaponin nachzuweisen. Nach SCHULZ[3]) kann eine schädliche Konzentration des Rübensaponins im Zuckerfabriksabwasser nur in ganz außergewöhnlichen Fällen vorkommen, nämlich dann, wenn eine große Zuckerrübenfabrik die Abwässer unverdünnt und ohne Vorbehandlung in einen ganz kleinen Bach ablassen würde. Das saure Saponin der Zuckerrübe findet sich im Abwasser der Schnitzelpresse, zum kleinen Teil auch im Diffusionswasser als CaO- oder MgO-Salz kollodial gelöst. Durch schwaches Ansäuern wird es daraus aber bis zur völligen Unschädlichkeit des Wassers gefällt. Das Schnitzelpreßwasser übt erst bei Konzentrationen über 5 bis 10 % eine schädliche Wirkung auf Fische aus. Die Saponine lassen sich aus dem Scheideschlamm durch neutrales und basisches Bleiazetat nicht vollständig entfernen (TRAEGEL[4]).

In der Futterrübe wies BLANCHARD[5]) ein saures und ein neutrales Saponin nach. Das saure Saponin, das in größerer Menge vorkommt, hält er für höchstwahrscheinlich identisch mit dem Glykuronoid der Zuckerrübe. Beide Saponine wirken hämolytisch und das Glykuronoidsaponin auch giftig auf Kaulquappen und Fische. Die Saponine sind in allen Teilen der Pflanze, in den Blättern, Knollen und Früchten, vorhanden.

---

[1]) K. SMOLENSKI, Zeitschr. f. physiol. Chem. **71**, 266 (1911).

[2]) K. ANDRLÍK u. VOTOČEK, Neue Zeitschr. f. Zuckerrüben-Indust. **40**, 39 (1898). Zit. nach Chem. Zentralbl. 1898, I, 621.

[3]) F. SCHULZ, Zeitschr. f. Zuckerindust. Böhmen **41**, 3 (1910). Zit. nach Chem. Zentralbl. 1916, I, 39 u. 829.

[4]) A. TRAEGEL, Zeitschr. Ver. Dtsch. Zuckerindust. **1925**, 14. Zit. nach Chem. Zentralbl. 1925, II, 1102.

[5]) E. BLANCHARD, in KOBERT, Neue Beitr. I, S. 126.

BLANCHARD nimmt an, daß bei der Verfütterung von Futterrüben an pflanzenfressende Tiere die Saponine rasch auf fermentativem Wege zerlegt werden und die Hauptmenge der Sapogenine dann weiter durch die Tätigkeit der Darmflora tiefgehend zerlegt werde. Nach Versuchen an der Kuh und am Kaninchen gelangt nur ein kleiner Teil der Sapogenine als solche im Kot zur Ausscheidung. Beim Kaninchen ließ sich aus dem Harn durch Erhitzen mit verdünnter Mineralsäure eine geringe Menge Saponin ausscheiden (vgl. S. 212).

Auf jeden Fall beweist das Beispiel der Zucker- und Futterrübe, die ja während des Krieges auch unmittelbar für die menschliche Ernährung von Bedeutung waren, daß selbst der regelmäßige Genuß großer Mengen eines physiologisch hochwirksamen Saponins nicht unbedingt Gesundheitsstörungen hervorrufen muß.

KOBERT[1] wies in einer Anzahl von **Gemüsepflanzen,** namentlich in den verschiedenen als Spinat verwendeten Pflanzen, Saponine nach, und zwar: *Spinacia oleracea* (gewöhnlicher Spinat), *Blitum capitatum* und *virgatum* (Erdbeerspinat), *Atriplex hortensis* (wilder Spinat), *Chenopodium Bonus Henricus* (Spargelspinat), *Tetragonia expansa* (neuseeländischer Spinat), *Clytonia cubensis* (kubanischer Spinat), *Basella alba* (Malabarspinat), *Talinum paniculatum* (brasilianischer Spinat), *Phytolacca esculenta* (südamerikanischer Spinat), *Amarantus oleraceus* (chinesischer Spinat) und *Chenopodium Quinoa* (Reismelde).

Die letztgenannte Pflanze, die **Reismelde**, ist eine den europäischen Melden ähnliche, auf den Anden von Südamerika einheimische Pflanze. Die Reismelde wird in Chile und Peru in den höheren Gebirgslagen bis zu 4000 m Meereshöhe angebaut und bildet das Hauptnahrungsmittel für Millionen Menschen. Die Samen werden mit Milch oder Wasser gekocht oder zu Brot verbacken, das Kraut wird als Gemüse gegessen oder als Viehfutter verwendet. Die Samen der Reismelde enthalten 38% Stärke, 9% Dextrin und Zucker, 4,2% Mineralstoffe, darunter viel Kalksalze, 19% Eiweiß und 5% Öl. Außerdem fand KOBERT in den Samen reichliche, in den Blättern geringere Mengen Saponin.

In Rußland werden nach KOBERT die Samen des mit der Reismelde nahe verwandten *Chenopodium album* (weißer Gänsefuß) sehr häufig als Nahrung benützt.

Die süßen Früchte von *Samuela carnerosana*, die in Mexiko wie Datteln oder Feigen gegessen werden, enthalten 10% Saponin (BLACH und KELLY[2]).

---

[1] R. KOBERT, BRAUERS Beitr. z. Klinik d. Tuberkul. **31**, 481 (1914).
[2] O. F. BLACH u. J. W. KELLY, Americ. Journ. Pharm. **94**, 477 (1922). Zit. nach Chem. Zentralbl. 1923, III, 497.

Für die Beurteilung saponinhaltiger Nahrungsmittel von größter Wichtigkeit ist die Mitteilung von HEIDUSCHKA und ZYWNEV[1]) über das Vorkommen von Saponin in der Halwa, dem sogenannten **türkischen Honig**. Die Grundmasse der Halwa ist ein dichter, vollkommener, durch Saponin erzeugter Zuckerschaum. Man unterscheidet eine Weißhalwa, die im guten Zustande von reinweißer Farbe und gewöhnlich mit Nußkernen durchsetzt ist, und eine Tachynhalwa, die zur Hälfte aus Sesammehl besteht.

Die Ausgangsprodukte für die Bereitung der Weißhalwa sind Zucker, wenig Weinsäure und Saponinlösung. Letztere wird meist in der Weise hergestellt, daß man z. B. 1 kg grob geschnittene Seifenwurzel dreimal mit je 15 l kochendem Wasser auszieht, jedesmal die erhaltene Lösung auf 3 l eindampft und dann die drei Auszüge zusammengießt. Die Bereitung der Weißhalwa geschieht nun in folgender Weise: Reiner Rohrzucker, Weinsäure und Wasser werden in einen Kessel eingetragen, aufs Feuer gestellt und ungefähr drei Stunden gelinde gekocht. Von der Weinsäuremenge (0,1 bis 1,5 g Weinsäure auf 1 kg Zucker) und der Kochzeit hängt natürlich der Inversionsgrad des Zuckers ab. Inzwischen hat man in einem anderen Gefäß den *Saponaria*-Auszug zu Schaum geschlagen und setzt nun diesen Schaum nach und nach unter kräftigem Rühren und Schlagen dem dicken Sirup zu. Je nach den verschiedenen Vorschriften bewegt sich die Menge des zugesetzten *Saponaria*-Auszuges zwischen 50 bis 250 cm³ auf 1 kg Zucker. Nach dem Eintragen der Saponinlösung wird das Schlagen so lange fortgesetzt, bis die ganze Masse sich in einen vollständigen Schaum umgewandelt hat. Bei der fabriksmäßigen Herstellung wird die Masse in großen Kesseln durch ein kräftiges Rührwerk bearbeitet. Die Schaumbildung wird dabei erzielt durch Einblasen von Luft durch Düsen der hohlen Rührstange. Ein Karamelisieren des Zuckers durch zu hohe Temperatur muß dabei streng vermieden werden.

Zur Darstellung der Tachynhalwa wird die noch nicht erkaltete Weißhalwa mit der gleichen Menge Tachyn, einer aus Sesamsamen gewonnenen Masse, gemischt.

HEIDUSCHKA und ZYWNEV berechnen nach der Herstellungsvorschrift auf 100 g Zucker 0,05 bis 0,35 g Saponin. Bei Untersuchung einer Weißhalwa fanden sie 0,1%, bei einer Tachynhalwa 0,05% Saponin.

Halwa wird auf dem Balkan, in Südrußland, in der Türkei und im Orient in großen Mengen genossen. In Bulgarien gibt es kein Dorf und kein Stadtviertel, in dem sich nicht mehrere Halwageschäfte finden. Eine bulgarische Handels- und Industriekammer schätzt die Jahresproduktion in Bulgarien auf 10 bis 12 Millionen Kilogramm (siehe darüber auch S. 250).

---

[1]) A. HEIDUSCHKA u. P. ZYWNEV, Zeitschr. f. Unters. d. Nahr- u. Genußm. **45**, 61 (1923).

44. Therapeutische Anwendung von Saponindrogen

Die Beurteilung des therapeutischen Wertes von Saponinen und Saponindrogen muß zum Teil von der Ansicht abhängen, die man sich über die Resorbierbarkeit der Saponine in therapeutisch verwendeten Dosen bei intakter Darmwand gebildet hat. KOBERT[1]), der eine solche Resorption für erwiesen betrachtet, setzt zur Erklärung mancher den Saponinen zugeschriebener therapeutischer Wirkungen eine Resorption aus dem Darm voraus. Hingegen steht ein großer Teil der Pharmakologen auf dem Standpunkte, daß die Saponine infolge ihrer Nichtresorbierbarkeit z. B. als Antisyphilitika vollständig wertlos seien.

Wenn man auch den Standpunkt KOBERTS bezüglich der Resorbierbarkeit nicht teilt, so scheint es doch nicht berechtigt, die Saponine als Heilmittel für vollständig wertlos zu erklären nur deshalb, weil für die Jahrhunderte alte klinische Erfahrung mit diesen Drogen eine tierexperimetellen Begründung fehlt.

Von der in früheren Zeiten sehr ausgedehnten medizinischen Verwendung der Saponindrogen hat sich heute bei den Ärzten nur die als Expektorans in größerem Umfang erhalten. Trotzdem sollen im folgenden auch andere, heute nicht mehr oder nur vereinzelt in Betracht kommende Formen der therapeutischen Anwendung von Saponindrogen besprochen werden.

a) Expektorantia

Von Saponindrogen werden als Expektorantien die Radix *Senegae*, Radix *Primulae*, Cortex *Quillajae*, Radix *Saponariae*, Flores *Verbasci* verwendet. Bei den genannten Drogen sind zweifellos die vorhandenen Saponine an der Wirkung beteiligt, womit nicht gesagt sein soll, daß nicht auch andere Inhaltsstoffe von einer gewissen therapeutischen Bedeutung sind, wie z. B. der Schleim in Flores *Verbasci* und die Methylsalizylsäureester in *Senega* und *Primula*.

Objektiv feststellbar und annähernd quantitativ bestimmbar ist die Vermehrung der Menge des Sputums nach Anwendung saponinhaltiger Expektorantien. JOACHIMOWITZ[2]) sah bei Verordnung von *Primula*-Dekokt exzessive Fälle mit einer Vermehrung der Sputummenge von 50 auf 180 cm³ und von 25 auf 110 cm³. Bei fast allen Versuchen konnte JOACHIMOWITZ neben der Vermehrung eine zunehmende Verflüssigung des Sputums wahrnehmen. Nach JOACHIMOWITZ läßt sich

---

[1]) R. KOBERT, Real-Enzyklopädie d. ges. Heilkunde, herausgegeb. v. A. EULENBERG, Berlin u. Wien, Urban u. Schwarzenberg, 4. Aufl. — Ber. d. Dtsch. pharmazeut. Ges. **22**, 203 (1912). — Heil- u. Gewürzpflanzen **1**, Heft 6 bis 8, 1917/18.

[2]) R. JOACHIMOWITZ, Wien. klin. Wochenschr. 1920, Nr. 28.

die expektorierende Wirkung der Primelwurzel bereits nach halbtägigem Einnehmen klinisch konstatieren, bei fortgesetztem Gebrauch steigert sich die Expektoration in den folgenden zwei Tagen, um etwa am vierten Tage wieder nachzulassen. Ähnliche Beobachtungen machte GAISBÖCK[1]).

Zur Erklärung dieser Sekretionsvermehrung nehmen HENDERSON und TAYLOR[2]) auf Grund von Tierversuchen eine reflektorische Wirkung vom Magen aus im Sinn einer Förderung der Sekretion der Bronchialschleimhaut an. Es handelt sich dabei um eine Teilerscheinung eines Reizzustandes nach Art des Nauseakomplexes, bei welchem bekanntlich beim Menschen eine erhöhte Speichel- und Schleimsekretion an den Mund- und Rachenschleimhäuten beobachtet wird.

Gegen die Erklärung von HENDERSON und TAYLOR macht GAISBÖCK folgenden Einwand: Wenn die Sekretionsvermehrung nach Saponinverabreichung als echte Nausea gelten soll, also auf den Vagus zurückzuführen wäre, so wären nach Einbringung von Saponin in den Magen noch andere Reizeffekte im Bereiche des Vagus zu erwarten. Jedoch sah GAISBÖCK beim Einführen von verhältnismäßig sehr konzentrierten Saponinlösungen in den Magen des Kaninchens keine Zeichen einer reflektorischen Vagusreizung am Puls oder Blutdruck.

Die nächstliegende Erklärung für die Speichelvermehrung läge in der Annahme einer Resorption von Saponinen und einer Ausscheidung durch die Speicheldrüsen, wobei eine Reizung der Drüsen zu erhöhter Tätigkeit erfolgt. Nach SCHULZ[3]) wird bei Katzen intravenös eingeführtes Saponin teilweise durch den Speichel ausgeschieden und auch nach peroraler Verabreichung von *Sarsaparilla* nimmt SCHULZ eine Resorption kleinster Saponinmengen und eine teilweise Ausscheidung derselben durch die Speicheldrüsen an, wobei es zu einer Reizung der Drüsen und vermehrter Tätigkeit kommt. Im Gegensatz hiezu fand aber GAISBÖCK bei wiederholten Untersuchungen des Sputums während und zwei bis drei Tage nach ausgesetzter *Primula*-Medikation niemals Saponin im Speichel. Nach dem, was oben (siehe S. 214) über die perorale Resorption von Saponin mitgeteilt wurde, war auch kein anderes Resultat zu erwarten. In diesem Zusammenhang muß auch die Annahme von SCHULZ zweifelhaft erscheinen, außer wenn man für die *Sarsaparilla* ein von den anderen Saponinen abweichendes Verhalten annimmt, was allerdings mit den Befunden von LASCH und PERUTZ[4]) in Übereinstimmung stünde.

---

[1]) F. GAISBÖCK, Klin. Wochenschr. **3**, 474 (1924).
[2]) v. HENDERSON u. TAYLOR, Journ. of Pharmakol. and exp. Therap. **2**, 152 (1910).
[3]) W. v. SCHULZ, Arbeit. d. Pharmakol. Inst. zu Dorpat **14**, 75 (1896).
[4]) F. LASCH u. A. PERUTZ, Wien. klin. Wochenschr. 1925, Nr. 15.

Nun ist aber die Vermehrung der Sputummenge nicht das einzige, was sich nach Anwendung eines saponinhaltigen „Expektorans" beobachten läßt. Der Kranke verspürt häufig bei Bronchitis und auch bei Katarrhen der oberen Luftwege eine unmittelbare Erleichterung und Besserung seines Zustandes.

Nach Kobert[1]) ist ein Verschlucken der Saponinlösungen gar nicht notwendig, schon Gurgeln mit 1- bis 5%igen *Quillaja*-Dekokten wirkt lösend auf zähen, im Rachen sitzenden Schleim und vermehrt die normale Tätigkeit der Schleimdrüsen des Rachens und der oberen Luftwege.

Mit Rücksicht darauf, daß ein Verschlucken der Saponinlösungen nicht notwendig ist, und daß auch bei Verschlucken höchstens nur ganz minimale Mengen resorbiert werden, lassen sich die Versuche von Calvert[2]) an Katzen hier nicht verwerten. Calvert fand, daß intravenöse Saponininjektion in kleinen Dosen keinen Einfluß auf die Trachealschleimhaut ausübt, in großen Dosen dagegen die Sekretion vermindert.

Da sich eine befriedigende Erklärung und eine tierexperimentelle Begründung für die klinischen Erfahrungen mit Saponindrogen als Expektorantien nicht geben läßt, ist es noch viel weniger möglich, anders als am Kranken zu entscheiden, welcher von den in Betracht kommenden Drogen der Vorzug gebührt. Die oben aufgezählten saponinhaltigen Expektorantien scheinen unter sich, die Verwendung entsprechender Dosen vorausgesetzt, gleichwertig zu sein. Eine gesonderte Stellung nehmen infolge ihres Schleimgehaltes und der geringen Mengen des vorhandenen Saponins die Flores *Verbasci* ein.

Als Expektorans am meisten verwendet wird von den Saponindrogen die **Radix Senegae**, die Wurzel von *Polygala Senega* L. Die Droge enthält neben Saponinen noch Methylsalizylsäureester. Die *Senega*-Wurzel ist nach Tschirch[3]) ein altes Volksmittel eines nordamerikanischen Indianerstammes und wurde als Mittel gegen Schlangenbiß verwendet. In Europa wird die Droge seit der zweiten Hälfte des 18. Jahrhunderts therapeutisch gebraucht. Anfangs war ihre Anwendung eine vielseitige, heute dient sie ausschließlich als Expektorans. Die gebräuchlichste Form der Anwendung ist die als 5- bis 10%iges Dekokt.

Im Handel werden mehrere Sorten der Droge unterschieden, meist als nördliche, südliche und westliche. Alle sind aber nur Standortsvarietäten von *Polygala Senega* (Tschirch). Die anderen *Polygala*-Arten sind als Verfälschungen zu betrachten.

---

[1]) R. Kobert, Ber. d. Dtsch. pharmazeut. Ges. **22**, 203 (1922).

[2]) I. Calvert, Journ. of physiol. **20**, 158 (1896).

[3]) A. Tschirch, Handbuch d. Pharmakognosie, Leipzig, Tauchnitz, Bd. 2, Abt. 2, S. 1536.

Als während des Krieges und in der Nachkriegszeit die Radix *Senegae* in Mitteleuropa schwer beschaffbar und sehr teuer wurde, sah man sich nach Ersatzdrogen um. KOBERT[1]) hatte schon früher zu diesem Zwecke die billige **Cortex Quillajae** empfohlen und trat während des Krieges für die einheimische **Radix Saponariae** ein. Beide Drogen sollen nach KOBERT als 5%iges Dekokt unter Zusatz von 0,5% Natrium-karbonat verwendet werden. Der Alkalizusatz erfolgt zur besseren Herauslösung der sauren Saponine.

In größerem Maßstabe wird als Ersatz für Radix *Senegae* die **Radix Primulae** seit ihrer Empfehlung durch JOACHIMOWITZ[2]) und WASICKY[3]) verwendet. Der Gebrauch der Primeldroge ist nicht neu; sie wurde teils als Expektorans, teils auch für verschiedene andere Zwecke (als Gicht-, Nieren- und Blasenmittel, gegen Lähmungen, als beruhigendes Nervenmittel) schon vor Jahrhunderten von der offiziellen Medizin, mehr aber von der Volksmedizin geschätzt. Es wurde früher häufig das ganze Kraut (Herba paralyseos) oder sogar nur die Blüte (Flores *Primulae*) verwendet. Als Stammpflanze der Droge kommen in Betracht *Primula veris* L. (= *Primula officinalis*), *Primula elatior* (L.) Schreb. und *Primula vulgaris* Huds. (= *Primula acaulis*). Die Droge besteht aus den zur Blütezeit gesammelten, sorgfältig gereinigten Wurzelstöcken und Wurzeln. Die derzeit im Handel befindliche Radix *Primulae* besteht fast ausschließ-lich aus Rhizomen und Wurzeln von *Primula elatior*, selbst dann, wenn sie von den Drogenhäusern als Radix *Primulae veris* (oder auch *verae*) bezeichnet wird (KOFLER und BRAUNER[4]). Die von *Primula elatior* stammende Droge läßt sich aber von der *Primula veris* leicht unter-scheiden (KOFLER[5]). Die Wurzeln von *Primula elatior* besitzen eine mehr braune, die von *Primula veris* eine mehr gelbe oder fast weiße Farbe. Ferner enthalten die Rhizome von *Primula elatior* im Mark und in der primären Rinde einzeln und in größeren Gruppen liegende Steinzellen, bei *Primula veris* fehlen diese Steinzellen. Die Saponine der beiden *Primula*-Arten sind weder chemisch, noch in ihrer physio-logischen Wirkung identisch. Auf die bei intravenösen Kaninchen-versuchen beobachteten Unterschiede in der biologischen Wirksamkeit der Primulasäure aus *Primula veris* und dem Elatiorsaponin wurde schon früher hingewiesen (siehe S. 191). Bei einer von *Primula veris* stammenden Radix *Primulae* fand KOFLER[6]) einen Saponingehalt von

---

[1]) R. KOBERT, Heil- u. Gewürzpflanzen 1, Heft 6 bis 8, 1917/18.

[2]) R. JOACHIMOWITZ, Wien. klin. Wochenschr. 1920, Nr. 28.

[3]) R. WASICKY, Pharmazeut. Post **53**, 202 (1920) u. Heil- u. Gewürz-pflanzen **4**, 49 (1921).

[4]) L. KOFLER u. M. BRAUNER, TSCHIRCH-Festschr. 1926, S. 351.

[5]) L. KOFLER, Pharmazeut. Presse 1922, Heft 2/3.

[6]) L. KOFLER, Arch. d. Pharmazie u. Ber. d. Dtsch. pharmazeut. Ges. 1924, Heft 4.

8,4%. Für die *Primula elatior* fehlt eine genauere quantitative Bestimmung.

Auf Grund von Hämolyseversuchen und Beobachtungen am Kranken bezeichnet JOACHIMOWITZ die Radix *Primulae* als ungefähr fünfmal so stark wie die Radix *Senegae* und empfiehlt infolgedessen die Verordnung eines 1- bis 2%igen Dekoktes. GAISBÖCK[1]) verwendet ein 2- bis 3%iges Dekokt. Beide Autoren kommen auf Grund ihrer klinischen Beobachtungen zu dem Schluß, daß die *Primula*-Droge ein ausgezeichnetes Expektorans darstellt. Leider ist aus beiden Arbeiten nicht ersichtlich, ob die verwendete Droge von *Primula veris* oder *Primula elatior* stammt. Wie weit die in der *Primula* enthaltenen Methylsalizylsäureester und ihre Glykoside an der Wirkung beteiligt sind, ist nicht untersucht.

In unangenehmer Weise macht sich bei Verwendung der *Primula*-Dekokte der unangenehme kratzende Geschmack der Droge bemerkbar. Bei manchen empfindlichen Patienten tritt nach kurzer Zeit ein starker Widerwille gegen das Medikament ein. Verhältnismäßig gut läßt sich der Geschmack mit Extractum *Liquiritiae* korrigieren. Der kratzende Geschmack rührt nicht vom Saponin her, sondern von einem eigenen Stoff, dem Primelkratzstoff, der sich vom Saponin abtrennen läßt (KOFLER und BRAUNER[2]). Wenn man die Droge zuerst mit salzsaurem und dann mit alkalischem Wasser extrahiert, erhält man ein Dekokt, das das Saponin, nicht aber den Kratzstoff, enthält. Der Kratzstoff ist sowohl in der *Primula veris* als auch in der *Primula elatior* enthalten.

Die **Flores Verbasci** der Arzneibücher wurden erst von MATTHEIDES[3]) als saponinhaltig erkannt. KOBERT[4]) vertritt daher den Standpunkt, daß der Zusatz dieser Droge zum Brusttee (Species pectorales), wie ihn manche Arzneibücher vorschreiben, nicht nur den Zweck hat, den Tee durch die gelben Blüten zu verschönern, sondern daß der Droge auch eine expektorierende Wirkung zukommt. Allerdings dürfte auch der Schleimgehalt der Droge von gewisser Bedeutung sein.

Falls das Glycyrrhizin zu den Saponinen gerechnet wird, ist hier auch die Radix *Liquiritiae* zu nennen, die in Teegemischen, als Succus *Liquiritiae* usw. eine vielfache Verwendung als Expektorans findet.

b) Antisyphilitika

Von den pflanzlichen Drogen, welche in erster Linie als Antisyphilitika gebraucht wurden, nahm in Europa bis zum Ende des 16. Jahrhunderts

---

[1]) F. GAISBÖCK, Klin. Wochenschr. **3**, 474 (1924).

[2]) L. KOFLER u. M. BRAUNER, Arch. d. Pharmazie u. Ber. d. Dtsch. pharmazeut. Ges. 1925, Heft 6.

[3]) F. MATTHEIDES, in KOBERT, Neue Beitr. I, S. 98.

[4]) R. KOBERT, l. c.

das *Guajak*-Holz die erste Stelle ein, später gesellten sich hiezu die *China*-Knollen und zuletzt die *Sarsaparilla*. Die drei Drogen wurden teilweise gleichzeitig und mit anderen Zutaten in Form der berühmten **Holztränke** verabreicht. In der Folgezeit verdrängte die *Sarsaparilla* jedoch die beiden anderen Mittel und war dann durch Jahrhunderte hindurch das wichtigste pflanzliche Antisyphilitikum.

Die Droge **Radix Sarsaparillae** besteht aus den Wurzeln mehrerer südamerikanischer und zentralamerikanischer *Smilax*-Arten. Infolge der Unzugänglichkeit der Gegenden, in denen die Droge gesammelt wird, konnten die Stammpflanzen bis heute noch nicht mit Sicherheit festgestellt werden. Der Handel unterscheidet heute nach der Herkunft vorwiegend zwei Sorten, die Honduras- und die Veracruz-*Sarsaparilla*. Die beiden lassen sich makroskopisch, mit Sicherheit aber mikroskopisch unterscheiden (siehe darüber die Lehrbücher der Pharmakognosie). Über die Beurteilung der *Sarsaparilla*-Sorten für medizinische Zwecke soll später noch die Rede sein.

Die Spanier fanden die *Sarsaparilla* bei den Eingeborenen von Süd- und Mittelamerika in arzneilichem Gebrauch und brachten die Droge nach Europa, wo sie sich rasch einbürgerte. In der zweiten Hälfte des 16. Jahrhunderts erscheint sie schon in zahlreichen Arzneitaxen. Die *Sarsaparilla* bildete einen Spezialartikel der Fugger in Ausgsburg (Tschirch[1]). Im Jahre 1803 wurden von Veracruz 250 000 kg exportiert. Über Verbrauchsziffern aus neuerer Zeit siehe weiter unten.

Wie schon aus der Größe des Verbrauches hervorgeht, genoß die *Sarsaparilla* in früheren Jahrhunderten einen großen Ruf als ausgezeichnetes Antisyphilitikum. Matthioli[2] schreibt: „Zarzaparillae decoctum omnium remediorum contra luem veneream valde optimum est." Ähnliche begeisterte Mitteilungen finden sich in der alten Literatur wiederholt.

Die **gebräuchlichste Form der Anwendung** war und ist die als wässerige Abkochung. Zum Teile wurde die Droge auch in Form verschiedener Geheimmittel gebraucht, deren genauere Zusammensetzung oft erst nach langer Zeit bekannt wurde. Die größte Bedeutung unter diesen Mitteln erlangte das von dem Dresdener Militär- und Hofarzt Zittmann in der ersten Hälfte des 17. Jahrhunderts als Geheimmittel angewendete Dekokt, welches dann später nach Bekanntwerden der Zusammensetzung in die meisten Arzneibücher überging. Das Präparat wird in den Arzneibüchern als D e c o c t u m   Z i t t m a n n i oder nach einer etwas anderen Vorschrift als D e c o c t u m   S a r s a p a r i l l a e   c o m p o s i t u m bezeichnet,

---

[1] A. Tschirch, l. c., S. 1515.
[2] Matthioli, zit. nach W. v. Schulz, Arbeit. d. Pharmakol. Inst. zu Dorpat **14**, 1 (1896).

wobei man in der Regel zwei Stärken „fortius" und „mitius" unterscheidet. Die Vorschriften der einzelnen Arzneibücher zeigen untereinander einige Abweichungen.

Im wesentlichen geschieht die Bereitung des Decoctum Sarsaparillae compositum fortius in folgender Weise: Zerkleinerte *Sarsaparilla*-Wurzel wird mit Wasser bei Zimmertemperatur oder etwas erhöhter Temperatur digeriert, dann wird unter Zusatz verschiedener Substanzen gekocht, eventuell eingeengt, koliert und abgepreßt. Als Zusätze, die allerdings nicht in allen Vorschriften genau übereinstimmen, kommen in Betracht: Zucker, Alaun, Folia *Sennae*, Fructus *Anisi* und *Foeniculi* und Radix *Liquiritiae*. Für das Decoctum Sarsaparillae compositum mitius werden die Preßrückstände des Decoctum fortius neben neuer Droge benützt, außerdem erfolgen noch verschiedene Zusätze wie Cortex *Citri* fructus, Semen *Cardamomi*, Radix *Liquiritiae* und Cortex *Cinnamomi*.

Beim eigentlichen Decoctum Zittmanni wird während des Erhitzens in die Flüssigkeit ein leinenes Säckchen hineingehängt mit einem Gemisch von Kalomel und Zinnober (siehe darüber auch weiter unten).

Nach Finger[1]) wird das Dekokt in der Art gereicht, daß der Patient am Morgen bei nüchternem Magen 300 bis 500 cm³ des Decoctum fortius heiß zu sich nimmt und die gleiche Menge des Decoctum mitius am Nachmittag kalt trinkt.

Statt der genannten Dekokte wurde und wird auch ein Decoctum Sarsaparillae inspissatum, ein Decoctum Pollini, ein Syrupus Sarsaparillae compositus, ein Roob antisyphiliticum und viele andere Zusammenstellungen gebraucht.

Von den Pharmakologen und vielen Klinikern wird heute der *Sarsaparilla* jeder therapeutische Effekt abgesprochen. In der Pharmakologie von H. H. Meyer und R. Gottlieb[2]) wird die Droge überhaupt nicht erwähnt. Cushny[3]) negiert die Resorption von Saponin aus dem Darmtrakt und bezeichnet alle Drogen dieser Gruppe für ganz überflüssig. Kobert[4]) stellt noch eine Reihe ähnlicher Aussprüche zusammen, deren Zahl sich beliebig vermehren ließe. In Frankreich erklärte Coulier[5]),

---

[1]) E. Finger, Die Geschlechtskrankheiten, 6. Aufl., Leipzig u. Wien, F. Deuticke 1908, S. 256.

[2]) H. H. Meyer u. R. Gottlieb, Exper. Pharmakologie, 7. Aufl., Berlin u. Wien, Urban u. Schwarzenberg, 1925.

[3]) A. R. Cushny, Text-Book of Pharmacology and Therapeutics. London, 7. Ed., 1918.

[4]) R. Kobert, l. c.

[5]) Coulier, Rec. de mém. de médec. militaire. Août 1869, p. 154, zit. nach v. Schulz, l. c.

es sei eine Verschwendung, wenn der Staat seine Soldaten länger mit *Sarsaparilla* kurieren wolle, denn das Mittel sei ebenso teuer als wertlos. In den französischen Militärspitälern wurden nämlich damals jährlich 4000 kg dieser teueren Droge verbraucht. Schließlich fragte der Kriegsminister bei der Akademie der Wissenschaften an, ob sie sich für den Nutzen des Mittels verbürgen könne, und als die Akademie mit Achselzucken geantwortet hatte, wurde der Massenverbrauch der *Sarsaparilla* untersagt.

Unbekümmert um die ganz absprechende Kritik ist der Verbrauch an *Sarsaparilla* noch ein ganz gewaltiger und war in der Zeit von 1897 bis 1909 in raschem Zunehmen begriffen. Der Import von *Sarsaparilla* über Hamburg betrug nach Tunmann[1]:

im Jahre 1897	....	55 500 kg
,, ,, 1898	....	57 200 ,,
,, ,, 1899	....	93 800 ,,
,, ,, 1900	....	114 200 ,,
,, ,, 1906	....	128 500 ,,
,, ,, 1909	....	151 600 ,,

Die im Jahre 1909 eingeführte *Sarsaparilla* repräsentierte nach Kobert einen Wert von 26,5 Millionen Mark. Diese Mengen werden sicherlich zum geringsten Teil von den Ärzten, sondern zum größten Teil vom Volk und von den Kurpfuschern verwendet.

Ganz anders als die oben angeführten, vollständig abfälligen Urteile äußert sich Finger[2] über das Decoctum Zittmanni: „Dieses schon alte Mittel hat die allerverschiedenste Beurteilung erfahren. Von den einen als Spezifikum gegen Syphilis überhaupt empfohlen, wurde von anderen jeder Effekt desselben überhaupt geleugnet. Die Wahrheit liegt, wie so oft, in der Mitte. Das Decoctum Zittmanni ist im weitesten Sinne des Wortes ein Roborans. Unter der Darreichung desselben wird zunächst der Darmkanal von Fäkalmassen gereinigt, weshalb es in den ersten Tagen stark zu purgieren pflegt. Dann aber tritt unter der fortgesetzten Anwendung desselben eine bedeutende Anregung des Darmes zur Verdauung, zur Resorption ein. Die Assimilierung des Genossenen ist gesteigert, der Appetit bedeutender, der Stoffwechsel ein erhöhter. Aussehen, Kräftezustand, Körpergewicht nehmen oft auffallend zu, wie ich mich durch Vornahme wöchentlicher Wägungen bei zahlreichen mit Decoctum Zittmanni behandelten Patienten überzeugen konnte. Auffallend und praktisch wichtig ist dabei die folgende Tatsache: Litt der Patient, dem wir das Decoctum Zitt-

---

[1] O. Tunmann, zit. nach Kobert, l. c.
[2] E. Finger, l. c.

manni reichten, früher an einer Ulzeration, sei es syphilitischen oder nichtsyphilitischen Ursprunges, die durch ihren torpiden Verlauf, die Tendenz zu Phagedän, serpiginöser Ausbreitung, Gangrän auffiel und allen unseren örtlichen Medikationen widerstand, so wird dieselbe bald nach Darreichung des Decoctum Zittmanni ihren Charakter wesentlich ändern. Sie bekommt ein besseres Aussehen, reinigt sich, granuliert bald und heilt. Und damit haben wir die Indikationen für das Decoctum Zittmanni fixiert. Das Decoctum Zittmanni ist kein Antisyphilitikum, wie etwa Quecksilber, aber es ist ein vorzügliches Mittel, alle Ulzerationen, mögen sie syphilitischer, lupöser, skrofulöser Natur sein oder sich als phagedänischer, serpiginöser Schanker und Bubonen präsentieren, zu heilen, insoferne als der serpiginöse oder torpide Verlauf, Gangrän und Phagedän durch eine geringe Vitalität des Bodens, auf dem sich die Geschwüre entwickelten, bedingt sind.

Außer dieser ganz speziellen Indikation wird sich das Decoctum Zittmanni noch überall dort empfehlen, wo eine besondere Anregung des Stoffwechsels indiziert ist, also auch bei nicht ulzerösen, schweren Syphilisformen, die sich bei torpiden und kachektischen Individuen entwickeln."

Nach diesen aus der alltäglichen Beobachtung geschöpften Feststellungen eines so bedeutenden Klinikers erscheint es doch nicht berechtigt, die *Sarsaparilla* als völlig wertlos zu bezeichnen, hauptsächlich auf Grund der Annahme der Nichtresorbierbarkeit der Saponine und mangels einer pharmakologischen Erklärungsmöglichkeit und tierexperimentellen Begründung. Für einen wirklich begründeten Einspruch gegen die alten klinischen Erfahrungen mit der *Sarsaparilla* ist unser pharmakodynamisches Wissen bezüglich der Saponine viel zu gering. Es erscheint vielmehr berechtigt, die Frage der saponinhaltigen Antiluetika einer erneuten experimentellen Untersuchung zu unterziehen.

Die Kompliziertheit des Decoctum Zittmanni erschwert allerdings die Beurteilung noch mehr. Daß die *Sarsaparilla* den wichtigsten Bestandteil des Mittels darstellt, das ja nur eine besondere Anwendungsform dieser Droge ist, wurde niemals bezweifelt. Für die Abführwirkung ist zweifellos vor allem der *Senna*-Zusatz verantwortlich zu machen. Das alkalische Alumen crudum trägt vielleicht dazu bei, die Saponine leichter in Lösung zu bringen. Sehr viel Widerspruch und auch Spott erregte immer wieder das Kalomel und Zinnober in dem Leinwandsäckchen. Daß von beiden Substanzen unter der Wirkung der Saponine kleine Mengen in Lösung gehen, scheint nicht ganz ausgeschlossen. Siehe darüber weiter unten auch die Angaben von PERUTZ und LASCH. Für die Saponine ist sicherlich das in den meisten Vorschriften geforderte langdauernde Erhitzen und Eindampfen ungünstig, denn gerade die

Sarsaparilla-Saponine sind gegen Erhitzen sehr empfindlich. Die Vorschrift einzelner Arzneibücher, im Wasserbad zu erhitzen, ist daher ohne Zweifel zweckmäßiger als das Erhitzen über freier Flamme.

KOBERT[1]) sieht den Sinn der saponinhaltigen, tassenweiß heiß zu trinkenden Antisyphilitika in einer Anregung der Speicheldrüsen-, Schleim- und Schweißdrüsen-, Nieren- und Darmtätigkeit.

LASCH und PERUTZ[2]) betrachten als greifbares Zeichen des therapeutischen Effektes die nach *Sarsaparilla* beobachtete Steigerung des Serumcholesterins, welche sie als Beweis für eine erfolgte Saponinresorption oder „als Ausdruck einer Steigerung der Immunitätsvorgänge im Organismus" betrachten. Die Beigabe von Kalomel bei der *Sarsaparilla*-Verabreichung verstärkte im Kaninchenversuch die Resorption des Saponins vom Darm aus, weshalb LASCH und PERUTZ die Beigabe von kleinen Mengen Kalomel im Decoctum Zittmanni für berechtigt halten. PERUTZ[3]) sagt: „Die Zittmann-Kur ist die mildeste Form der Protoplasmaaktivierung, die wir dann heranziehen werden, wenn der Organismus nicht mehr befähigt ist, Abwehrstoffe gegen die Lues zu bilden."

Es sei hier nochmals auf zwei Sätze aus dem oben zitierten Absatz über das Decoctum Zittmanni im Lehrbuch von FINGER hingewiesen: „Dann aber tritt unter der fortgesetzten Anwendung desselben eine bedeutende Anregung des Darmes zur Verdauung, zur Resorption ein. Die Assimilierung des Genossenen ist gesteigert, der Appetit bedeutender, der Stoffwechsel ein erhöhter. Aussehen, Kräftezustand, Körpergewicht nehmen oft auffallend zu, wie ich mich durch Vornahme wöchentlicher Wägungen bei zahlreichen mit Decoctum Zittmanni behandelten Patienten überzeugen konnte." Wenn man diese sicherlich ohne irgendein theoretisches Vorurteil (das Wort Saponin konnte ich in dem ganzen Buche nicht finden) mitgeteilten Beobachtungen eines erfahrenen Klinikers mit dem vergleicht, was oben über die Förderung der Darmresorption durch Saponine gesagt wurde, so liegt hier eine Erklärungsmöglichkeit für manche der *Sarsaparilla* zugeschriebenen günstigen therapeutischen Wirkungen im Sinn eines Roborans auf der Hand. So wie Traubenzucker unter dem Einfluß von Saponin besser resorbiert wird, so ist eine „Anregung des Darmes zur Verdauung, zur Resorption" auch in bezug auf andere Nahrungsmittel leicht denkbar. In diesem Sinne wäre dann eine roborierende Wirkung der *Sarsaparilla* möglich, ohne daß eine Resorption der Saponine erfolgt. Die von LASCH und PERUTZ angegebene Cholesterinsteigerung läßt sich dagegen mit der von FINGER beobachteten Gewichts-

---

[1]) R. KOBERT, Heil- u. Gewürzpflanzen 1, Heft 6/8, 1917/18.
[2]) F. LASCH u. A. PERUTZ, Wien. klin. Wochenschr. 1925, Nr. 18.
[3]) A. PERUTZ, Wien. klin. Wochenschr. 40, 95 (1927).

zunahme schwer in Einklang bringen, da eine Vermehrung des Serum-cholesterins nach Saponininjektion stets von einem bedeutenden Gewichts-sturz begleitet ist (siehe S. 180).

Die Radix *Sarsaparillae* des Handels stammt von verschiedenen *Smilax*-Arten, und nicht selten findet man im Handel Drogen, die nicht den Vorschriften entsprechen und als Verfälschungen und Verschlechterung zu betrachten sind. Aber selbst die Ware, welche den Vorschriften der Arzneibücher entspricht, zeigt einen sehr wechselnden Saponin-gehalt, der von Droge zu Droge im Verhältnis 1 : 30 schwanken kann. Es wäre daher dringend notwendig, in die Arzneibücher neben der mor-phologischen und anatomischen Beschreibung der *Sarsaparilla* auch **eine Wert-**, das heißt **Saponinbestimmung** aufzunehmen, andernfalls hat die Weiterführung der Droge im Arzneibuch wenig Zweck. Die Verfälschungen der *Sarsaparilla*, noch mehr aber das häufige Vorkommen saponinarmer Drogen, hat sicherlich viel zu der widersprechenden Beur-teilung des Mittels beigetragen.

Lignum *Guajaci* und Tuber *Chinae* spielten als Antisyphilitika in Europa, wie erwähnt, vor der Verbreitung der *Sarsaparilla* eine große Rolle, wurden aber von letzterer allmählich fast ganz verdrängt.

Das **Guajakholz**, Lignum *Guajaci*, Lignum sanctum, Arbor mirabilis, Spes hominum, ist eines der ältesten Antiluetika. Der Baum *Guajacum officinale*, der die Droge liefert, enthält in allen Teilen Saponine, am meisten in der Rinde, wenig im Kernholz. Gerade das Kernholz allein ist aber heute in den meisten Arzneibüchern als Droge vorgeschrieben. Im Kernholz findet sich eine beträchtliche Menge Harz.

Tuber Chinae oder die Radix Chinae (*nodosae* sive *ponderosae*), Pockenwurzel, Grindwurzel oder Schweißwurzel, hat zur Chinarinde keine Beziehung, sondern stammt von der den Sarsaparillen nahe ver-wandten Pflanze *Smilax China* L., einem in China und Japan heimischen Strauche. Die Droge enthält nach PAULSEN[1]) Saponine, die leicht zer-setzlich und in der nach Europa gelangten Handelsware in der Regel schon verschwunden sind. In Europa ist die Verwendung der Droge nahezu vollständig aufgegeben, während sie die Chinesen als Mittel gegen Lues und Rheumatismus schätzen.

In China wird seit uralter Zeit unter dem Namen **Ginseng** das Rhizom der Araliacee *Panax Ginseng* G. A. MAYER als Heilmittel hochgeschätzt. Auch heute noch verwenden die Chinesen diese Saponindroge bei Syphilis, gegen Fieber und als Mittel zur Verlängerung des Lebens. In Korea gibt der Kaiser hohen Würdenträgern, die sich ins Privatleben zurück-ziehen, einige Unzen *Ginseng*, um damit anzudeuten, daß dies das einzige

---

[1]) G. PAULSEN, in KOBERT, Neue Beitr. I (1916).

ist, was Seine Majestät zur Verlängerung ihres Lebens tun kann (TSCHIRCH[1]). KOBERT[2]) vergleicht das Ginsengsaponin bezüglich seiner geringen Giftigkeit mit dem Guajaksaponin.

c) Diuretika

Eine Reihe von saponinhaltigen Pflanzen werden seit langem allein und in Verbindung mit anderen Drogen als Diuretika verwendet. Die beiden Saponindrogen, die auch heute noch ein gewisses Ansehen als Diuretika besitzen, sind Radix *Ononidis* und Herba *Herniariae*.

Es ist sehr schwer festzustellen, ob eine Droge einen günstigen Einfluß auf den Heilungsverlauf der Syphilis hat, und es ist daher begreiflich, daß die Meinungen über ein und dasselbe Antiluetikum jahrhundertelang geteilt und auch heute noch nicht geeinigt erscheinen. Aber selbst bei der objektiv viel leichter feststellbaren Diuresewirkung der Saponindrogen herrscht trotz mehrerer experimenteller Arbeiten zwischen den Autoren keine Übereinstimmung.

KOBERT[2]) und seine Schüler BULKOWSTEIN[3]), DAEBLER[4]) und BÜLOW[5]) halten die diuretische Wirkung innerlich zugeführter Saponine für erwiesen. Sie beobachteten bei Hunden und gesunden Menschen nach Verabreichung von Saponinen mehrfach eine gewisse Vermehrung der Harnausscheidung. BÜLOW nahm in Selbstversuchen Decoctum Radicis *Ononidis* 30 : 100 oder 2 g Pulvis Radicis *Ononidis* oder Ononin und Ononid. Beim besten Versuchsergebnis BÜLOWS stieg die Harnmenge von 1083 cm³, dem Durchschnitt der Normaltage, auf 1524 cm³, bei BULKOWSTEIN von 1264 auf 1485 cm³. Bei anderen Versuchen war die Vermehrung noch geringfügiger oder überhaupt ausgeblieben. Eine bedeutendere Vermehrung zeigen zwei von GAISBÖCK[6]) für Radix *Primulae* angegebene Beispiele, bei denen bei Verabreichung von 2- bis 3%igen *Primula*-Dekokten die Harnmenge von 1400 auf 2300 cm³, bzw. von 1750 auf 3000 cm³ stieg. Bei der *Primula* hatte auch schon JOACHIMOWITZ[7]) eine diuretische Wirkung gesehen. Auch KOLLERT, KOFLER und HAUPTMANN[8]) sahen nach Verabreichung von Dekokten von *Herniaria, Ononis* und *Primula* bei Kranken ohne klinisch erkennbare Störungen

---

[1]) A. TSCHIRCH, l. c.

[2]) R. KOBERT, in Real-Enzyklopädie d. ges. Heilkunde, 4. Aufl., Berlin u. Wien, Urban u. Schwarzenberg.

[3]) J. BULKOWSTEIN, in KOBERT, Neue Beitr. I, S. 26 (1916).

[4]) F. DAEBLER, in KOBERT, Neue Beitr. I, S. 65 (1916).

[5]) BÜLOW, zit. nach DAEBLER, l. c.

[6]) F. GAISBÖCK, Klin. Wochenschr. 3, 474 (1924).

[7]) R. JOACHIMOWITZ, Wien. klin. Wochenschr. 1920, Nr. 28.

[8]) V. KOLLERT, L. KOFLER u. W. HAUPTMANN, Wien. klin. Wochenschr. 1924, Nr. 23.

des Wasserhaushaltes eine Vermehrung der Harnmenge. Die Steigerung der Diurese war jedoch meistens ganz geringfügig, hielt nur kurze Zeit an und trat nicht in allen Fällen auf. In dem raschen Abklingen der diuretischen Saponinwirkung selbst bei fortgesetzter Medikation stimmen alle Autoren überein.

Im Gegensatze zu diesen Versuchen an gesunden Menschen und Tieren prüften KOLLERT, KOFLER und HAUPTMANN auch den Einfluß saponinhaltiger Drogen an sechzehn **Kranken mit gestörtem Wasserhaushalt** (Herz-, Nieren- und Leberkranken). Bei keinem schwer hydropischen Falle gelang es, einen positiven Erfolg zu erzielen, obgleich mehrere dieser Kranken die betreffenden Drogen durch einige aufeinanderfolgende Tage erhalten hatten. Nach diesen Versuchen ist daher die praktische Verwertbarkeit der untersuchten Saponindrogen als Diuretika sehr fraglich. Die bei Mensch und Tier mit normalem Wasserhaushalt zweifellos feststellbare harntreibende Wirkung scheint eben nicht auszureichen, um auch bei einer bestehenden Wasserretention eine vermehrte Diurese hervorzurufen.

Zur **Erklärung** der beobachteten diuretischen Wirkung der Saponine wurden verschiedene Annahmen herangezogen. KOBERT[1]), der die Resorption und Ausscheidung kleiner Saponinmengen für erwiesen betrachtet, glaubt, daß die Saponine das Nierenparenchym bei ihrem Durchgang zu vermehrter Tätigkeit anregen.

Eine interessante Erklärung stammt von DOUGLAS COW[2]), der mit Blasenfistelhunden arbeitete und nach je zehn Minuten die Harnmenge bestimmte. Dabei zeigte sich, daß Wasser, per os gegeben, viel wirksamer in der Hervorrufung einer Diurese ist als die gleiche Wassermenge, subkutan oder intravenös injiziert. In gleicher Weise wirken auch wässerige Extrakte von *Ononis* und *Juniperus* nur bei Verabreichung per os beträchtlich diuretisch, nicht aber bei subkutaner oder intravenöser Einspritzung. DOUGLAS Cow nimmt auf Grund entsprechender Versuche an, daß sich in der Magen- und Darmschleimhaut dauernd eine Substanz, vielleicht fermentartiger Natur, findet, die nach oraler Zufuhr von Wasser und noch besser von Diureticis vom Magen-Darm-Trakt aus aufgenommen wird und nun ihre Diuresewirkung entfaltet.

Diese Erklärung setzt keine Resorption vom Darm aus voraus. Dasselbe gilt für eine von GAISBÖCK[3]) ausgesprochene Erklärungsmöglichkeit, wonach die Niere ebenso wie die Schleim- und Speicheldrüsen reflektorisch vom Magen-Darm-Trakt her erregt wird.

---

[1]) R. KOBERT, in HEFFTERS Handbuch, l. c., S. 1509.
[2]) DOUGLAS Cow, Arch. f. exper. Pathol. u. Pharmakol. **69**, 392 (1912).
[3]) F. GAISBÖCK, l. c.

Über Saponine als Begleitstoffe der Herzglykoside in *Digitalis, Strophanthus* usw. siehe S. 223.

Die in Österreich offizinelle **Herba Herniariae** besteht aus der ganzen Pflanze von *Herniaria glabra* und *Herniaria hirsuta* (Bruchkraut). Die Pflanze enthält ein neutrales und ein saures Saponin, daneben aber unter anderen Stoffen das Herniarin, den Methyläther des Umbeliferons (BARTH und HERZIG[1]). Auch ein Alkaloid, das Paronychin, wird für *Herniaria* angegeben. Die Droge wird namentlich in Österreich häufig verordnet, und zwar stets in Verbindung mit gleichen Teilen Folia *uvae ursi*. Dieses als „Blasentee" bezeichnete Gemisch wird bei Blasenkatarrhen und Gonorrhoe empfohlen. Die meisten Lehrbücher der Dermatologie sind sich in der günstigen therapeutischen Wirkung dieses Tees einig, geben aber keine oder nicht übereinstimmende Erklärungen über die Art der Wirkung. Ältere Autoren bezeichnen den Tee als schmerzlinderndes Mittel, das den Harndrang herabsetzt und beseitigt; neuere Autoren bezeichnen in dem Bestreben nach einer Erklärung den Tee als harntreibend infolge des Saponingehaltes der *Herniaria* (PERUTZ[2]). Die Folia *uvae ursi* und das darin enthaltene Arbutin haben mit den Saponinen nichts zu tun.

Die **Radix Ononidis** der Arzneibücher ist die Wurzel von *Ononis spinosa* L., stinkender Hauhechel. BULKOWSTEIN[3]) wies in der Droge „mehrere Stoffe von Saponincharakter" nach, teils neutraler, teils saurer Natur. Radix *Ononidis* ist ein regelmäßiger Bestandteil der „Species diureticae" der Arzneibücher.

d) Andere therapeutische Anwendungen

Die saponinhaltige *Albizzia anthelminthica* verdankt ihren Namen der Anwendung als **Bandwurmmittel.** Die Rinde dieses Baumes wird als Cortex *Musenae* oder *Musennae* bezeichnet. In Abyssinien und Kordofan, der Heimat der Pflanze, nimmt man zur Abtreibung der Bandwürmer 50 bis 60 g der zerkleinerten frischen Rinde ein (KOBERT[4]). Bei uns konnten sich saponinhaltige Bandwurmmittel bisher nicht einbürgern, obwohl auch einige saponinhaltige Spezialitäten als Wurmmittel in den Handel gebracht wurden; so enthält das Sibirol den wirksamen Bestandteil der *Musena abyssinica* (NEURATH[5]). Versuche

---

[1]) BARTH u. HERZIG, Sitzungsberichte der Akad. d. Wiss. Wien, Mathem.-naturwiss. Kl. **98**, 150 (1889).

[2]) A. PERUTZ, Die medikamentöse Behandlung der Harnröhrengonorrhoe des Mannes. Berlin u. Wien: Urban u. Schwarzenberg, 1925, S. 96.

[3]) J. BULKOWSTEIN, l. c.

[4]) R. KOBERT, Ber. d. Dtsch. pharmazeut. Ges. **22**, 205 (1912).

[5]) NEURATH, Wien. med. Wochenschr. **74**, 288 (1924).

von KOLLERT, KOFLER und HAUPTMANN[1]), Radix *Saponariae magnalbae* (*Gypsophila*) als Bandwurmmittel zu verwenden, verliefen ergebnislos, obwohl auf nüchternen Magen ein Dekokt von 10 bis 15 : 200 einer Droge mit 20% Saponingehalt verabreicht wurde. Askariden scheinen gegen Saponine recht widerstandsfähig zu sein, so fand KRUSKAL[2]) im Darm von Katzen, die per os mit Saponin vergiftet worden waren, lebende Askariden. Ebenso fand KORNAUTH[3]) lebende Askariden im Magen eines Schweines, das mit 70% Kornrade gefüttert worden war. Zur Entfernung von Oxyuren aus dem Mastdarm empfahl KOBERT[4]) Klistiere von Roßkastanienabkochung oder Seifenwurzel. Vor der praktischen Durchführung dieses Vorschlages müßte aber zuerst im Tierversuch geprüft werden, ob Saponine vom Mastdarm aus ebenso wenig giftig wirken wie bei oraler Verabreichung.

Infolge Anregung der Peristaltik und Drüsentätigkeit im Verdauungstrakt vermögen Saponine in größeren Dosen abführend zu wirken. Eine praktische Anwendung als Abführmittel in größerem Maßstabe fanden die Saponindrogen nie.

Bei Hautjucken und chronischen Ekzemen sah HENGGELER nach den Mitteilungen von KOBERT[5]) bei länger dauernder Verabreichung von *Ononis*-Tee günstige Erfolge.

Bei der sogenannten Xerose der oberen Luftwege vom einfachen trockenen Katarrh bis zu den schwersten Fällen von **Ozäna** verwendete ZICKGRAF[6]) mit sehr gutem Erfolge Spülungen mit 2%igen *Quillaja*-Dekokten. Von russischen Ärzten wurde gepulverte *Quillaja*-Rinde schon früher als Schnupfpulver bei trockenen Nasenkatarrhen und Ozäna empfohlen.

Bei der Behandlung des **Fluors** sah ZICKGRAF[7]) durch Spülungen mit verdünnten Saponinlösungen mit einem Zusatz einer kleinen „Menge pflanzlicher Stoffe" günstige Erfolge. Auf Grund dieser Angaben kam die Spezialität „Vaginosan"[8]) in den Handel. Auszüge aus Saponindrogen wurden das ganze Altertum und Mittelalter hindurch zu Scheidenspülungen benützt.

In früheren Zeiten wurden von der Volksmedizin Saponindrogen als Pessar eingeführt, um Abortus herbeizuführen (KOBERT[9]). In

---

[1]) V. KOLLERT, L. KOFLER u. W. HAUPTMANN, Wien. klin. Wochenschr. 1924, Nr. 23.

[2]) N. KRUSKAL, Arbeit. d. Pharmakol. Inst. zu Dorpat 6, 7 (1891).

[3]) C. KORNAUTH, Pharmazeut. Post 1893.

[4]) R. KOBERT, l. c.

[5]) R. KOBERT, Heil- u. Gewürzpflanzen 1, Heft 6 bis 8, 1917/18.

[6]) G. ZICKGRAF, Therapie d. Gegenwart 8, 160 (1906).

[7]) G. ZICKGRAF, Dtsch. med. Wochenschr. 51, Nr. 42 u. 49 (1926).

[8]) Pharmazeut. Zentralh. 67, 90 (1926).

[9]) R. KOBERT, Heil- u. Gewürzpflanzen 1, Heft 6 bis 8, 1917/18.

Niederländisch-Indien dienen Saponinpflanzen auch heute noch als Abtreibungsmittel (DUYSTER[1]).

Saponinlösungen wirken nach KOBERT kräftig reizend auf die **Mundschleimhaut**, wodurch die Durchblutung gefördert und der Atrophie entgegengewirkt wird. KOBERT empfiehlt daher ein Zahnpulver mit einem Gehalt von 3% *Quillaja*-Rindenpulver oder ein Mundwasser, das 5 bis 10% *Quillaja*-Tinktur enthält.

In der Dermatologie und Kosmetik wird der Teer häufig in der Form des **Liquor Carbonis detergens** verwendet. Die von JADASSOHN zur ambulanten Behandlung der Psoriasis vulgaris angegebene Salbe enthält je 10% weißes Quecksilberpräzipitat und Liquor Carbonis detergens. Das Präparat wird ferner zu Pinselungen bei Ekzemen, als Haarwuchsmittel (JAFFÉ[2]), bei Behandlung der Seborrhoea capitis[3]), als Zusatz zu Haarwässern und zur Bereitung von Teerbädern verwendet.

Manche Arzneibücher geben Vorschriften für die Herstellung des Liquor Carbonis detergens. Nach dem Deutschen Arzneibuch wird Steinkohlenteer mit einem weingeistigen *Quillaja*-Auszug durch acht Tage unter öfterem Umschütteln extrahiert. Ähnlich lauten die Vorschriften in anderen Arzneibüchern (Helv., Brit.). Dabei bleibt aber ein großer Teil des Teeres ungelöst und die entstehenden Präparate sind von recht ungleicher Beschaffenheit, meist sehr dunkel gefärbt und von unangenehmem Geruch. In der Vorkriegszeit war im Handel ein Präparat erhältlich als Liquor Carbonis detergens anglicus (Alcoholic solution of coaltar), das nach einem Geheimverfahren hergestellt und dem Pharmakopoepräparaten in Gleichmäßigkeit der Zusammensetzung, Farbe und Geruch überlegen war.

HERXHEIMER[4]) verwendete an Stelle der *Quillaja*-Tinktur eine Tinktur aus Roßkastanien und empfahl eine Entfärbung des Präparates durch Zusatz von Bleiazetat und Ausfällen des Bleies mit Kohlensäure. Der so erhaltene Liquor Carbonis hippocastani decoloratus ist allerdings nur noch schwach gefärbt, enthält aber beträchtliche Mengen von Blei. Verwendet man dagegen an Stelle der neutralen Bleiazetatlösung eine ammoniakalische Bleiazetatlösung, so wird das Filtrat durch Einleiten von Kohlensäure tatsächlich bleifrei (KOFLER und PERUTZ[5]). In beiden Fällen hat die Entfärbung aber den Nachteil, daß der größte Teil der Teerbestandteile mitgerissen wird.

---

[1]) M. DUYSTER, Pharm. Tijdschrift voor Nederlandsch Indie 1, 115—28, zit. nach Chem. Zentralbl. 1914, II, 82.

[2]) R. JAFFÉ, Klin. Wochenschr. **5**, 507 (1926).

[3]) W. WECHSELMANN, KNOLLS Mitteilungen f. Ärzte 1927, S. 7.

[4]) K. HERXHEIMER, Münch. med. Wochenschr. **70**, 1275 (1923).

[5]) L. KOFLER u. A. PERUTZ, Med. Klinik 1924, Nr. 39.

16*

Der **Liquor Cadini detergens** von Kofler und Perutz wird durch Lösen von 1 Teil Oleum Cadini in 20 Teilen *Primula*-Tinktur hergestellt. Dabei entsteht nach vollständiger Lösung des Teeres eine rotbraune, klare, nicht unangenehm riechende Flüssigkeit. Der Liquor Cadini detergens läßt sich für alkoholische Lösungen und Salben verwenden und liefert mit Wasser in jeder Verdünnung eine haltbare Emulsion, die sich beispielsweise auch zur Herstellung von Teerbädern eignet[1]).

Saponine finden häufig auch Verwendung als Zusatz zu Haar-wässern, Kopfwaschmitteln, Shampoons usw. Eine derartige Vorschrift für Shampoon lautet: 360 g Kaliumkarbonat, 10 l Wasser, 15 l industrieller Spiritus, 30 g *Quassia*-Extrakt und 8 g Saponin. Dieser Shampoonlösung kann dann weiter noch Liquor Carbonis detergens zugesetzt werden. Nach Hannemann[2]) eignet sich zur Herstellung von Kopfwässern *Quillaja*-Rindenextrakt mit wenig Kaliumkarbonat. Zu Bay-Rum wird als Schaumerzeugungsmittel unter anderen auch Saponin zugesetzt[3]).

Kobert[4]) empfiehlt den Zusatz von Saponin zu Bädern, um die Wirkung von hautreizenden Mitteln zu unterstützen oder andere haut-reizende Mittel zu ersetzen. Zusatz von Saponin zu Kohlensäurebädern verhindert das Entweichen der Kohlensäure ganz wesentlich.

Eine mißbräuchliche Anwendung von Saponindrogen wurde während des Krieges nicht selten beobachtet, indem Soldaten dieselben zur **Selbst-beschädigung** benützten, um einen Spitalsaufenthalt zu erwirken. Es wurden geschälte Kornradesamen oder Stückchen von *Helleborus*-Wurzeln in den Bindehautsack gebracht, bis eine eiterige Augenentzündung entstand. Ebenso legten Soldaten Kornradesamen und besonders *Helleborus*-Stückchen in Wunden ein und erzeugten durch öftere Wiederholung dieses Verfahrens eitrige, schwer heilende Geschwüre.

Über Zusatz von Saponin zu Seifen siehe S. 253.

45. Zusatz zu Schaumgetränken

Saponine werden Brauselimonaden und anderen Schaumgetränken zugesetzt, um einen haltbaren Schaum zu erzielen. Man verwendet hiezu billige Handelssaponine aus *Quillaja*-Rinde oder weißer Seifenwurzel (Saponin Sthamer, Saponin crudum Merck) oder aus Saponindrogen gewonnene Lösungen und Extrakte, die eigens für diesen Zweck unter

---

[1]) Pharmazeut. Zentralh. **66**, 364 (1925).
[2]) W. Hannemann, Parfümerie-Ztg. **9**, 7/8. zit. nach Chem. Zentralbl. 1923, IV, 275.
[3]) Pharmazeut. Zentralh. **67**, 112 (1926).
[4]) R. Kobert, Real-Enzyklopädie d. ges. Heilkunde, l. c.

den verschiedensten Namen in den Handel kommen, z. B. Gummi crême, Gummi mousseux, Gommalin, Cremolin, Spumatolin, Lychnol, Liquor Lautain, Aphrogen, Spumagen usw.

Für die Beurteilung dieser Schaumerzeugungsmittel sind einerseits das Schaumvermögen, anderseits die physiologischen Wirkungen maßgebend. In den Anpreisungen derartiger Präparate wird häufig nur der eine der beiden Punkte hervorgehoben, der andere vernachlässigt, wodurch dann ein falsches Bild entsteht. Ein typisches Beispiel für eine derartige einseitige Beurteilung stellt eine Mitteilung von MANDELBAUM[1]) über ein unter dem Namen „Aphrogen" empfohlenes Schaumerzeugungsmittel dar. Nach den mitgeteilten Versuchen ist die hämolytische Kraft des Aphrogens acht- bis zehnmal geringer als diejenige des Saponin STHAMER bzw. SCHOLTZ und die Giftigkeit für weiße Mäuse bei der subkutanen Injektion 80 mal geringer als die des Saponin SCHOLTZ. Einen Vergleich mit der Schaumkraft anderer Saponine zog MANDELBAUM jedoch nicht. Nach KOFLER[2]) ist aber nicht nur die physiologische Wirkung, sondern auch die Schaumkraft des Aphrogens viel geringer als die anderer Handelssaponine. Wenn man je eine Limonade mit Aphrogen und Sapotoxin herstellt und von jedem Saponin so viel verwendet, daß beide Getränke dieselbe Schaumkraft haben, so besteht in der physiologischen Wirkung kein wesentlicher Unterschied, weil eben vom Aphrogen viel mehr zugesetzt werden muß als vom Sapotoxin. Daß außerdem weder der hämolytische Index noch die Toxizität bei subkutaner Injektion an Mäusen ein Maß für eine mögliche Schädlichkeit bei oraler Verabreichung liefert, wurde schon wiederholt betont.

Für die Bewertung von Saponinen als Schaumerzeugungsmittel empfiehlt MAND[3]) den Quotienten $\dfrac{\text{Hämolyse} \times \text{Toxizität}}{\text{Schaumzahl}}$. MAND ging dabei von dem von KOFLER zur Charakterisierung der Saponine benützten Gift/Schaum-Quotienten aus (siehe S. 76). Unter Toxizität versteht MAND dabei die Giftwirkung bei subkutaner Injektion. Nun gibt aber, wie aus früheren Kapiteln hervorgeht, auch die subkutane Injektion kein genaues Maß für die Toxizität bei oraler Verabreichung. Es wäre daher vorteilhafter, an Stelle der subkutanen Injektion Fütterungsversuche anzustellen und dann als „Toxizität" die Giftigkeit bei oraler Verabreichung in den Quotienten einzusetzen. Dabei muß man allerdings berücksichtigen, daß auch Fütterungsversuche nicht unmittelbar übertragbar sind auf die Verhältnisse, wie sie sich bei saponinhaltigen Schaumgetränken finden. Denn bei den Fütterungsversuchen muß man akut toxische Dosen anwenden, um vergleichbare Zahlen zu erhalten, während die Dosen in den Getränken viel niedriger sind. Ein allgemein gültiges Schema für die Bewertung von Saponinen als Schaumerzeugungsmittel für Nahrungs- und Genußmittel läßt sich daher heute noch nicht geben. Auf jeden Fall muß aber sowohl die Schaumkraft als auch die physio-

---

[1]) M. MANDELBAUM, Chem. Ztg. **47**, 71 (1923).
[2]) L. KOFLER, Chem. Ztg. **48**, 165 (1924).
[3]) R. MAND, Chem. Ztg. **50**, 850 (1926).

logische Wirkung berücksichtigt werden. Je mehr Gesichtspunkte zur
Feststellung der physiologischen Wirkung herangezogen werden, um so
vollständiger wird das Bild. Jene Saponine sind als die geeignetsten
für Schaumgetränke zu bezeichnen, welche bei geringster physiologischer
Wirkung die größte Schaumkraft entfalten. Denn je stärker ein Präparat
schäumt, desto geringere Mengen wird der Fabrikant zur Erreichung
des beabsichtigten Zweckes zusetzen.

In Deutschland, Frankreich, Österreich und in der Schweiz ist der
Zusatz von Saponinen zu Limonaden, Fruchtsäften usw. **verboten.** In
Frankreich, Österreich und in der Schweiz ist dieses Verbot ein absolutes,
klar ausgesprochenes, während in Deutschland nach den bestehenden
Vorschriften vielleicht sehr kleine Mengen als zulässig betrachtet
werden können.

In der Schweiz ist das Verbot durch folgende Stelle des Lebens-
mittelbuches ausgesprochen: „Limonaden dürfen keine künstlichen
Fruchtäther, keine Konservierungsmittel und keine schaumbildenden
Mittel enthalten."

In Österreich ist der Saponinzusatz durch folgende Stellen des
Codex alimentarius untersagt: „Verboten ist weiters ganz allgemein
die Verwendung von künstlichen Süßstoffen, von gesundheitsschädlichen
Schaummitteln, z. B. von Saponinen und saponinhaltigen Stoffen."
„Gesundheitsschädlich sind Fruchtsäfte jeder Art, einschließlich künst-
licher Fruchtsäfte und Limonaden, wenn sie unzulässige Konservierungsmittel (S. 306), dann Saponine und saponinhaltige Stoffe . . . . . enthalten."

In Frankreich ist nach einem Beschluß des französischen Höchsten
Rates für öffentliche Gesundheitspflege die Verwendung von Saponinen
jeder Herkunft für Nahrungsmittel streng zu vermeiden (POUCHET[1]).

In Deutschland ist das Verbot weniger klar ausgesprochen. Maßgebend für die Beurteilung ist das Reichsgesetz vom 14. Mai 1879, be-
treffend den Verkehr mit Nahrungsmitteln usw. So wurde durch eine
Entscheidung des Oberlandesgerichtes Köln vom 24. März 1906 die
Anwendung des § 10 des Nahrungsmittelgesetzes gegen einen Limonadefabrikanten wegen Verwendung saponinhaltiger Stoffe gutgeheißen.
Der Rat der Stadt Leipzig erließ im Jahre 1908 eine Bekanntmachung
über die Verwendung von künstlichen Schaumerzeugungsmitteln für
die Herstellung von Erfrischungsgetränken, Limonaden und alkoholfreien Getränken und wies dabei auf die saponinhaltigen Mittel besonders
hin, die als Verfälschungen im Sinne des § 10 des Nahrungsmittelgesetzes
zu betrachten seien (UTZ[2]). Die Limonadefabrikanten wandten sich

---

[1]) POUCHET, Ann. des falsifications **3**, 200 (1910). Zit. nach Chem.
Zentralbl. 1910, II, 489.
[2]) UTZ, Arch. f. Chemie u. Mikroskopie **2**, 154 (1909).

an das Ministerium mit der Bitte um Aufhebung der Bekanntmachung des Rates der Stadt Leipzig. Das Ministerium gab diesem Gesuche keine Folge und führte in der ausführlichen Begründung unter anderem folgendes an: „Das Ministerium behält sich vor, auch seinerseits eine Anweisung an die an der Nahrungsmittelkontrolle beteiligten Sachverständigen ergehen zu lassen, sofern die von der schaumbildenden Eigenschaft der Saponine Gebrauch machenden Industriellen nicht freiwillig auf ein Verfahren verzichten, das nicht nur von allen Sachverständigen als verwerflich, sondern auch von den Gerichten als strafbar angesehen wird und überdies, wie die bei der amtlichen Nahrungsmittelkontrolle gemachten Erfahrungen erweisen, durchaus nicht erforderlich ist und keineswegs von allen Herstellern von Brauselimonaden und alkoholfreien Getränken geübt wird."

Über die **Verbreitung des Saponinzusatzes** zu Limonaden läßt sich gerade infolge des Verbotes schwer ein genaueres Bild gewinnen. Man ist hiefür auf gelegentliche Berichte und Untersuchungen angewiesen. UTZ teilte im Jahre 1909 mit, daß es fast nicht mehr möglich sei, eine Limonade ohne Saponinzusatz zu finden. LANGER[1]) berichtet im Jahre 1911, daß der Saponinzusatz nahezu allgemein in der Brauselimonadeindustrie geübt werde. Auch aus den verschiedenen Erlässen und behördlichen Verboten geht immer wieder hervor, daß ein Saponinzusatz häufig vorkommt. KOFLER und WOLKENBERG[2]) fanden (1925) bei Untersuchung mehrerer Limonaden aus verschiedenen Wiener Fabriken in keinem einzigen Falle Saponin. In Frankreich dagegen wies vor kurzem CATTELAIN[3]) in Limonaden Saponin nach.

Bezüglich der **Notwendigkeit oder Zweckmäßigkeit** eines Saponinzusatzes gehen die Meinungen auseinander. Im großen und ganzen wird der Zusatz von Schaummitteln von den Nahrungsmittelchemikern, Hygienikern usw. als überflüssig und auf Täuschung berechnet erklärt, weil dadurch der Eindruck einer aus natürlichen Fruchtsäften bereiteten Limonade hervorgerufen werden soll. Ein Großteil der Fabrikanten dagegen hält Schaummittel für notwendig. LÜBECK[4]) betrachtet den Zusatz von Saponin nicht als Täuschung und tritt für die Zulassung von Saponinen als Schaummittel ein. Dieser Ansicht trat O. RAMMSTADT[5]) entgegen. KOBERT[6]) sieht den Wert des Saponinzusatzes darin, daß der Schaum die Kohlensäure am Entweichen hindert; schäumende Getränke

---

[1]) J. LANGER, Das österr. Sanitätswesen, 1911, Nr. 26.
[2]) L. KOFLER u. A. WOLKENBERG, Biochem. Zeitschr. **160**, 398 (1925).
[3]) E. CATTELAIN, Journ. Phar. et Chim. **3**, 467 u. 511 (1926). Zit. nach Chem. Zentralbl. 1927, I, 371.
[4]) E. LÜBECK, Pharmazeut. Ztg. **53**, 637 u. 682 (1908).
[5]) O. RAMMSTADT, Pharmazeut. Ztg. **53**, 723 (1908).
[6]) R. KOBERT, Beitr., S. 101.

werden vom Publikum in der Regel nichtschäumenden vorgezogen, weil sie „weniger abgestanden" aussehen. Daneben kommt dem Saponinzusatz vielleicht eine ähnliche Bedeutung zu, wie sie für die saponinhaltigen Nahrungsmittel erörtert wurde (siehe S. 224).

Ein absolutes Verbot des Saponinzusatzes zu Brauselimonaden forderte auch die Freie Vereinigung der deutschen Nahrungsmittelchemiker auf ihrer 5. Jahresversammlung im Jahre 1906. BEYTHIEN[1]) führte in seinem Vortrage folgendes aus: „Eine Reihe von Stoffen findet sich in den meisten Brauselimonaden, welche trotz ihrer weiten Verbreitung nicht zu den normalen Bestandteilen derselben gerechnet werden können und deren bedingungslose Ausschließung dringend zu befürworten wäre: die saponinhaltigen Schaumerzeugungsmittel. Von der bekannten Tatsache ausgehend, daß die mit natürlichem Fruchtsaft hergestellten Limonaden einen deutlichen Schaum geben, sind im Laufe der Zeit nach und nach die meisten Fabrikanten der künstlichen Erzeugnisse dazu übergegangen, dieses fehlende Kennzeichen der Fruchtlimonaden durch Zusatz saponinhaltiger Auszüge oder rein isolierter Saponine zu ergänzen. Ein zwingender Grund dafür besteht nicht, und wie mir versichert wird, legen viele Industrielle selbst auf die Beibehaltung dieser Manipulation keinen besonderen Wert. Sie glauben sich nur durch Rücksicht auf die Konkurrenz dazu gezwungen und würden sich mit einem generellen Verbot wahrscheinlich leicht abzufinden wissen." In einem an BEYTHIEN anschließenden Vortrag betonte SCHAER[2]) die Giftigkeit der weitaus größten Mehrzahl der Saponine und die Schwierigkeit der sicheren chemischen Unterscheidung der giftigen von den indifferenten. SCHAER stellt daher einen Antrag auf ein absolutes Verbot des Zusatzes von Saponinen zu kohlensäurehaltigen oder anderen Getränken und einen Eventualantrag, wonach nur solche Saponine zuzulassen wären, welche mit einem pharmakologischen Attest über vollkommene physiologische Unschädlichkeit selbst in hohen Dosen versehen sind. In der Diskussion betonte LOHMANN, das Publikum wolle keine Limonaden ohne Saponin, da solche abgestanden aussehen. KÖNIG bemerkte, daß der Zusatz von Saponin nur eine bessere Beschaffenheit vortäusche, während HÄNEL den Saponinzusatz als eine wirkliche Verbesserung bezeichnet. JUCKENACK bat, den Eventualantrag SCHAERS abzulehnen, da es nicht möglich sei, nachzuweisen, ob einwandfreie Saponine verwendet wurden. SCHAER zog seinen Eventualantrag zurück, und es wurde der Antrag auf ein absolutes Verbot des Saponinzusatzes angenommen. Bezüglich des Saponinnachweises sei auf S. 73 verwiesen.

---

[1]) A. BEYTHIEN, Zeitschr. f. Untersuchg. d. Nahrungs- u. Genußmittel **12**, 35 (1906).

[2]) E. SCHAER, Zeitschr. f. Untersuchg. d. Nahrungs- u. Genußmittel **12**, 50 (1906).

Für ein absolutes Verbot traten auch MAY[1]) und LANGER[2]) ein. Gelegentlich eines Strafantrages gegen eine Leipziger Firma wegen Verwendung eines saponinhaltigen Schaummittels zur Herstellung von Brauselimonadeextrakten verfaßte HOFMANN[3]) ein ausführliches Gutachten über die Anwendung kleiner Saponinmengen und bezeichnete die usuellen Mengen auch bei öfterem Genuß als unschädlich. HOFMANN meinte, daß sich die ganze Frage voraussichtlich in der Weise lösen werde, daß aus der großen Zahl der vorhandenen Saponine die geeignetsten ausgewählt und unter genauer Deklaration zur Verwendung kommen werden. Für ein Verbot giftiger und die Zulassung unschädlicher Saponine traten auch KOBERT[4]) und HALBERKANN[5]) ein.

Die Stellungnahme KOBERTs übte einen nicht unwesentlichen Einfluß auf die Beantwortung der Frage aus. Man kann nun KOBERT[4]) als Gewährsmann sowohl für ein Verbot als auch für eine mildere Beurteilung der Saponine anführen, je nach der Zeit, aus der die zitierten Arbeiten stammen. In „Beiträge zur Kenntnis der Saponinsubstanzen" (1904) trat KOBERT für die Verwendung der Guajak-Rinden-Saponine als Zusatz zu Nahrungs- und Genußmitteln ein, forderte dafür aber ein strenges Verbot der anderen Saponine. KOBERT tritt in der genannten Schrift einer Arbeit von LOHMANN[6]) entgegen, der auf Grund seiner Versuche mit Saponin STHAMER an Tieren und Menschen zu dem Schlusse kam, daß die in der Getränkeindustrie verwendeten milligrammatischen Mengen auch bei längerem Gebrauch völlig unschädlich sind. Namentlich die Annahme einer größeren Empfindlichkeit Magen- und Darmkranker war für KOBERT und manche andere Autoren maßgebend für ihre ablehnende Haltung gegenüber dem Saponinzusatz. Auch BAYER und GAISBÖCK[7]) halten Bedenken gegen saponinhaltige Heil- und Genußmittel bei bestehenden anatomischen oder funktionellen Schleimhautveränderungen im Darmtrakt für gerechtfertigt.

Das spätere, wesentlich mildere Urteil KOBERTs bezüglich der Schädlichkeit der Saponine ist vor allem auf die Entdeckung von Saponinen in zahlreichen der menschlichen und tierischen Ernährung dienenden Pflanzen zurückzuführen. „Denjenigen Nahrungsmittelchemikern und Behörden, die immer noch alle Saponine aus Nahrungs- und Genuß-

---

[1]) O. MAY, Pharm. Zentralh. 47, 90 u. 223 (1906).

[2]) J. LANGER, Das österr. Sanitätswesen 1911, Nr. 26.

[3]) HOFMANN, Deutsches Lebensmittelbuch 1909.

[4]) R. KOBERT, Beitr., S. 94, und Heil- u. Gewürzpflanzen 1, Heft 6 bis 8, 1917/18.

[5]) H. HALBERKANN, Deutsche Mineralwasserfabrikantenzeitung 1912, Nr. 25 bis 30. Zit. nach Chem. Zentralbl. 1913, I, 852.

[6]) W. LOHMANN, Zeitschr. f. öffentl. Chemie 9, 320 (1903).

[7]) G. BAYER u. F. GAISBÖCK, Wien. med. Wochenschr. 1924, Nr. 39.

mitteln ausgeschlossen wissen wollen, muß es doch zu denken geben, daß die urkräftigen Andenbewohner seit Jahrhunderten alle Tage des Jahres Saponinbrot und sehr häufig Saponingemüse genießen" (KOBERT[1]).

In eigenen noch nicht veröffentlichten Versuchen nahmen zahlreiche zum Teil sehr schwächliche Personen dreimal täglich 0,1 g Saponin pur. albiss. MERCK. Obwohl diese Saponineinnahme zwei bis drei Wochen hindurch fortgesetzt wurde, konnte niemals die geringste Schädigung festgestellt werden. Nur in einem einzigen Falle wurde über Störungen von seiten des Magens und über Appetitlosigkeit geklagt. In vielen Fällen konnte eine Zunahme des Körpergewichtes festgestellt werden; vermutlich infolge besserer Resorption der Nahrung.

Ein anderes viel großzügigeres Experiment wurde durch eine Mitteilung von HEIDUSCHKA und ZYWNEV[2]) über den Saponingehalt der Halwa, des „türkischen Honigs", bekannt (S. 227). Die genannten Autoren fanden in einer Weißhalwa 0,1%, in einer Tachynhalwa 0,05% Saponin. Die Halwa ist für die orientalischen Völker ein allgemeines Nahrungs- und Genußmittel und wird seit Jahrhunderten in großen Mengen verzehrt. Man hat noch nie etwas von einer schädigenden Wirkung der Halwa gehört, selbst nicht in den Fällen, wo sie im Übermaß genossen wurde, wie z. B. bei Wettessen, die bei Volksfesten auf dem Balkan nicht zu den Seltenheiten gehören (HEIDUSCHKA und ZYWNEV). Auf das Wettessen soll hier weniger Gewicht gelegt werden, denn darüber, daß eine einmalige größere Saponindosis ohne Schaden ertragen wird, sind wir durch eine genügende Anzahl von Versuchen unterrichtet. Wichtiger ist der dauernde Genuß der Halwa. Denn selbst bei Annahme einer kleinen Tagesportion von nur 20 g Halwa würde die täglich aufgenommene Saponinmenge 0,01 bis 0,02 g betragen. Trotzdem ist nie etwas darüber bekannt geworden, daß Halwa etwa bei magen- und darmkranken Personen Vergiftungen hervorgerufen hätte.

Nun handelt es sich bei der Halwa um das Saponin der levantinischen Seifenwurzel, also dieselbe Pflanze, aus der ein großer Teil unserer Handelssaponine, z. B. das Saponin crudum, Saponin depuratum, Saponin pur. albiss. MERCK und andere, gewonnen werden. Das Saponin der levantinischen Seifenwurzel wurde bisher stets zu den giftigen Saponinen gerechnet. So wandte sich KOBERT[3]) gegen die Meinung LOHMANNS[4]), daß milligrammatische Mengen der Handelssaponine auch bei längerem Gebrauch für den Menschen völlig unschädlich seien mit den Worten: „Ich meinerseits halte diesen Beweis noch nicht einmal

---

[1]) R. KOBERT, Heil- u. Gewürzpflanzen 1, Heft 6 bis 8, 1917/18.

[2]) A. HEIDUSCHKA u. P. ZYWNEV, Zeitschr. f. Untersuchg. d. Nahrungs- u. Genußmittel **45**, 61 (1923).

[3]) R. KOBERT, Beitr., S. 98.

[4]) W. LOHMANN, Zeitschr. f. öffentl. Chemie **9**, 320 (1903).

für Gesunde mit vollem Magen für erbracht; für appetitlose Kranke mit empfindlichen Schleimhäuten des Halses und des Magen-Darm-Kanales möchte ich die Möglichkeit, diesen Beweis überhaupt je liefern zu können, durchaus bestreiten." Das Jahrhunderte dauernde Halwa-experiment hat diesen Beweis für den klassischen Vertreter der giftigen Saponine, das Saponin der levantinischen Seifenwurzel, erbracht. Dasselbe Saponin, das bei uns nicht streng genug verboten werden konnte, nehmen die Orientalen jahraus, jahrein in Form eines Nahrungsmittels zu sich.

Als vorsichtige **Schlußfolgerung** läßt sich etwa folgendes zusammenfassen: Das Festhalten an einem absoluten Verbot aller Saponine als Zusatz zu Nahrungs- und Genußmitteln ist nicht mehr begründet. Die Zahl der Saponine, welche in kleinen Dosen für den Menschen bei innerlicher Verabreichung auch bei dauerndem Gebrauch völlig unschädlich sind, ist verhältnismäßig groß. Es gehören zu diesen per os unschädlichen Saponinen auch solche, welche auf rote Blutkörperchen und Fische stark giftig wirken.

46. Verwendung als Waschmittel

Saponinhaltige Pflanzen dienen seit den ältesten Zeiten **als Waschmittel.** Darauf deuten schon die Namen mehrerer Pflanzen hin, und längst bevor man die Saponine aus den Pflanzen zu isolieren gelernt hatte, kannte man ihr Schaumvermögen und ihre reinigende Wirkung.

BÖHMER[1]) schreibt 1794: „Unter den Pflanzen, welche eine seifenartige Mischung besitzen und statt Seife in verschiedenen Fällen gebraucht werden können, sind vornehmlich drei, eine inländische und zwei ausländische, anzuführen. Es sind *Saponaria officinalis, Sapindus saponaria* und *Mimosa saponaria.* Außer diesen, welche den Namen von der Seife erhalten, können noch folgende Gewächse zu diesem Gebrauch angewendet werden. Aron, Roßkastanien, *Aesculus Pavia, Lychnis chalcedonica.*"

Die Anwendung der *Quillaja*-Rinde als Waschmittel war in Südamerika schon lange vor der Ankunft der Europäer bekannt. Der Name Quillaja bedeutet „Waschholz" (von quillean = waschen). Auch Waschnüsse lernten die Spanier bei der Entdeckung Amerikas dort kennen, das heißt Früchte, die wie Seife zum Waschen benutzt wurden; es sind die Seifennüsse, Fructus *Saponis indici* = *Sapindus.* Die Früchte von *Entada scandens* (Meerbohnen) dienen noch heute in drei Erdteilen zum Waschen (KOBERT[2]). Die schönen türkischen und persischen Schals wurden früher niemals mit etwas anderem als mit levantinischer oder

---

[1]) D. G. R. BÖHMER, Techn. Geschichte der Pflanzen, 1794, 1. Teil, S. 774.

[2]) R. KOBERT, Beitr., S. 2.

ägyptischer Seifenwurzel (Radix *Saponariae albae*) gewaschen. *Lychnis chalcedonica* wird als Tatarenseife bezeichnet und dient bei den Tataren schon seit den ältesten Zeiten zu Waschzwecken (KOBERT).

Von einheimischen Pflanzen wurden in Europa nach ROSENTHALER[1]) nur *Saponaria officinalis* L. und *Lychnis dioica* L. in größerem Maßstab als Waschmittel verwendet. Ihr Verbrauch ist jedoch stark zurückgegangen, seit die von *Gypsophila*-Arten stammende weiße Seifenwurzel und die *Quillaja*-Rinde zur Einfuhr gelangen.

ROSENTHALER stellt eine große Anzahl von Pflanzen zusammen, die in verschiedenen Ländern als Seifenersatzmittel Verwendung fanden und zum Teil auch heute noch finden. Bei der weitaus überwiegenden Mehrzahl beruht diese Verwendbarkeit auf der Anwesenheit von Saponinen. Eine Ausnahme bildet *Musa paradisica* L., welche nach einer Angabe von HÉBERT Kaliumoleat enthält. Unter den Monokotyledonen gehören zu den als Seifenersatzmitteln verwendeten Pflanzen vorwiegend Liliaceen und einige mit diesen verwandte Familien. Unter den Dikotyledonen kommen vor allem die Caryophyllaceen, Sapindaceen und Leguminosen in Betracht. Bei der letzteren Familie gilt dies jedoch nur von der Unterfamilie der Mimosoideen und Caesalpiniaceen, während unter den Papilionaten nur eine derartige Pflanze, *Phaseolus Mungo* L., bekannt ist.

Während des Krieges empfahl KOBERT[2]) zum Waschen der Wäsche und der Hände Abkochungen von geschälten Roßkastanien, *Cyclamen*-Knollen und Seifenwurzeln, für feldgraue Uniformen Abkochungen von Efeublättern.

Für das Waschen mancher empfindlicher Stoffe und Farben werden Saponine den Seifen vorgezogen. Der Vorteil der Saponine liegt darin, daß sie nicht wie die Seifen alkalisch reagieren. WATT[3]) berichtet, daß manche Färbungen nur dann schön ausfallen, wenn die Stoffe vor dem Färben mit vegetabilischen Waschmitteln gereinigt wurden. WALTHER erhielt ein Patent (D. R. P. 261 227) auf ein Verfahren zum Aus- oder Anfärben und Imprägnieren von Stoffen aller Art, gekennzeichnet durch Mitbenutzung von Saponin. Das Saponin soll sowohl sauren und neutralen als auch alkalischen Färbestoffen eine große Benetzbarkeit erteilen. Von den Früchten von *Sapindus saponaria* und *Randia dumetorum* wird angegeben, daß sie Stoffe bei wiederholtem Waschen schädigen. KOBERT[4]) führt dies auf eine mechanische Schädigung zurück und hält bei unzweck-

---

[1]) L. ROSENTHALER, Apotheker-Ztg. 1903, Nr. 98.
[2]) R. KOBERT, Heil- u. Gewürzpflanzen, 1, Heft 6 bis 8, 1917/18.
[3]) G. WATT, Dictionary of the economic product of India. Zit. nach ROSENTHALER, l. c.
[4]) KOBERT, Beitr., S. 2 u. 101.

mäßigem Vorgehen auch die *Quillaja*-Rinde infolge der langen Kalziumoxalatkristalle für schädlich für die Wäsche.

Saponine werden auch anderen Waschmitteln zugesetzt. In Amerika sind **saponinhaltige Seifen** zum Rasieren und als Toiletteseifen allgemein in Gebrauch. KOBERT[1]) vertritt den Standpunkt, daß man bei Patienten, die gegen Seife empfindlich sind, unter Benutzung saponinhaltiger Drogenpulver die Seifenmenge wesentlich vermindern kann. KOBERT empfahl während des Krieges Zusatz von 1 bis 3% Saponin zu den als Seifenersatz verwendeten Tonerdepräparaten. Dagegen wird allerdings von STEINER[2]) behauptet, daß ein Zusatz von Saponin (bis 3%) die Waschkraft fettloser Waschmittel nicht steigere.

Über den Wert des Saponinzusatzes zu Seifen sind die Meinungen allerdings nicht ganz übereinstimmend. Nach STEFFAN[3]) beeinträchtigt einerseits ein Zusatz von Seife das Schäumen von Saponinlösungen und anderseits sinkt auch bei Seifenlösungen die Schaumzahl, wenn Saponin zugesetzt wird. Ein Zusatz von Saponin zu Seifen, die in kaltem weichen Wasser verwendet werden, erscheint demnach nach STEFFAN unzweckmäßig. Hartes Wasser wirkt jedoch auf das Schaumvermögen von Saponinlösungen im Gegensatz zu Seifenlösungen nicht ein. Ein Zusatz von Saponin ist nach STEFFAN nur für Seifen zu empfehlen, welche in hartem Wasser oder Meerwasser Verwendung finden sollen.

Reinigungspasten, die für ganz bestimmte Zwecke hergestellt werden, enthalten nicht selten neben anderen Stoffen Saponin. Eine derartige Vorschrift für eine Handschuhreinigungspasta lautet: Saponin 1,5 Teile, Zitronenöl, 12 Teile Wasser, 48 Teile Talkum oder Veilchenwurzel werden zu einer Pasta vermischt[4]).

47. Verwendung für andere Zwecke

Die **emulgierende Wirkung der Saponine** wird ausgenützt bei der Herstellung von Emulsionen aus Lebertran, Rizinusöl, Kopaivabalsam, Oleum Santali, Oleum Chenopodii usw. Durch den Zusatz geeigneter Mengen von Saponin werden diese Emulsionen wesentlich haltbarer. Die in Frankreich und England hergestellten sehr haltbaren Lebertran- und Rizinusölemulsionen enthalten etwas Saponin (KOBERT[5]). Für die Herstellung einer Emulsio Menthae piperitae wird folgende Vorschrift

---

[1]) R. KOBERT, in Real-Enzyklopädie d. ges. Heilkunde, 4. Aufl.

[2]) O. STEINER, Mitt. Materialprüfungs-Amt Groß-Lichterfelde **41**, 94 (1923). Zit. nach Chem. Zentralbl. 1924, II, 2710.

[3]) M. STEFFAN, Seifensiederzeitung **42**. Zit. nach Chem. Zentralbl. 1915, I, 578.

[4]) Pharmazeut. Monatshefte, V, 194 (1924).

[5]) R. KOBERT, Beitr., S. 3.

empfohlen: Olei Menthae piperitae 6 g, Tincturae Quillajae 3 g, Aquae destillatae 30 g. Als zweckmäßige Grundsubstanz für Saponin gibt Kobert das sogenannte Riebesche Gemisch an: 8 Teile Traganth, 5 Teile Gummi, 10 Teile Spiritus, 55 Teile destilliertes Wasser, womit man selbst bei geringem Saponingehalt schöne Emulsionen erzielt. Die emulgierende Wirkung der Saponine spielt weiter auch eine Rolle bei dem schon oben besprochenen Liquor Carbonis detergens und Liquor Cadini detergens. Das bekannte Haarmittel Javol enthält nach Spintler[1]) neben Rindstalg Chinarindenextrakt, Zitronenöl und Bergamottöl, *Quillaja*-Saponine. Darauf ist das Emulgiertbleiben des Talges beim Verdünnen mit Wasser zurückzuführen.

Quillaja- und Seifenwurzel-Extrakt wird in der Weißgerberei bei der Herstellung von Schaffellen zur Entfettung der Häute verwendet. Károly[2]) empfahl für diesen Zweck auch Roßkastaniensaponin.

Saponin hat sich in den letzten Jahren sehr bewährt als Zusatz zu **Feuerlöschapparaten,** besonders für Bekämpfung von Flüssigkeitsbränden. Durch die Gegenwart von Saponin wird die vom Löschapparat entwickelte Kohlensäure infolge der reichlichen Schaumbildung auf der brennenden Flüssigkeit festgehalten. Der Schaum nimmt ein mindestens sechsfaches Volumen der Ausgangslösung ein, schwimmt infolge seines niedrigen spezifischen Gewichtes auf sämtlichen Flüssigkeiten und bildet eine konsistente Decke, die das Feuer erstickt und das weitere Auftreten entzündlicher Dämpfe verhindert. Den ersten Schaumlöscher mit *Liquiritia*-Saft konstruierte Laurent im Jahre 1906. Die Idee wurde von der Perkeo Aktiengesellschaft in Heidelberg in die Praxis umgesetzt (Beythien[3]).

Saponine finden auch Verwendung als Zusatz zu Präparaten, welche der **Schädlingsbekämpfung** dienen. Gastine[4]) empfahl in den zur Bekämpfung von Insekten und Kryptogamen bestimmten Flüssigkeiten die Seife durch Saponin zu ersetzen. Eine zur Bekämpfung des Diaspis, Blutlaus und der Kryptogamen geeignete Brühe besteht nach Gastine aus 10 l Wasser, 20 g gepulverten Früchten von *Sapindus utilis*, 100 g Kupferazetat und 200 cm³ Teeröl. W. Schmitz (D. R. P. 419463) verwendet als Mottenschutzmittel einen Auszug aus Quillajarinde, Lupinen- und Ginstersamen.

---

[1]) A. Spintler, Sitzungsberichte d. Naturwiss. Vereines zu Halle a. S., 11, VI, 1903. Zit. nach Kobert, Beitr., S. 4.

[2]) Z. Károly, Chem. Ztg. **49**, 297 (1925).

[3]) R. Beythien, Brennereizeitung **40**, 131 (1923). Zit. nach Chem. Zentralbl. 1924, I, 1699.

[4]) G. Gastine, Cpt. rend. hebdom. des séances de la soc. de biol. **152**, 532 (1911).

48. Verwendung als Fischgifte

Fast alle als Fischgift verwendeten Pflanzen enthalten Saponine. Eine Ausnahme bilden die Kokkelskörner (Pikrotoxin), *Ophiocaulon cissampeloides* (freie Blausäure) und *Strychnos aculeata* [Alkaloide (FICKENDEY[1])]. Die wichtigsten Familien, die saponinhaltige Fischfangpflanzen liefern, sind die der Sapindaceen, Sapotaceen, Cameliaceen, Leguminosen, Zygophyllaceen, Rhamnaceen, Rutaceen, Caryophyllaceen und Scrophulariaceen (KOBERT[2]). Nach GRESHOFF[3]) beträgt die Zahl der von den Naturvölkern alter und neuer Zeit zum Fischfang benutzten Pflanzen über 300, nach SCHAER[4]) über 400.

Die Verwendung saponinhaltiger Fischfangpflanzen läßt sich mit Sicherheit bis ins klassische Altertum zurückverfolgen. Die älteste diesbezügliche Stelle findet sich bei ARISTOTELES (Historia animalium): „Auch sterben die Fische durch den Plomos, daher plomiziert, das heißt fängt man mit dieser Pflanze anderwärts die in Flüssen und Teichen befindlichen Fische, die Phönizier aber auch die in abgeschlossenen Meeresbuchten befindlichen Seefische." Nachdem Plomos schon früher von einzelnen Autoren, allerdings mit teilweisem Widerspruch, als *Verbascum* gedeutet worden war, konnte ROSENTHALER[5]) diese Deutung von Plomos als *Verbascum*-Art zur Gewißheit machen. Wahrscheinlich handelt es sich dabei um *Verbascum sinuatum* L., welche Pflanze auch heute noch in Griechenland zum Fischfang benutzt wird. Die ganze Pflanze enthält nach ROSENTHALER Saponin, am meisten die Früchte (in lufttrockenem Zustande 6,13%). Neben *Verbascum sinuatum* finden noch andere Arten als Fischbetäubungsmittel Verwendung: *Verbascum Thapsus, Phlomoides, nigrum, pulverulentum* usw.

Unabhängig von der Tradition des klassischen Altertums kamen auch die Völker Afrikas, Nord- und Südamerikas und Asiens auf rein empirischem Wege dazu, eine ganze Anzahl saponinhaltiger Fischfangpflanzen ausfindig zu machen, und halten an dieser Art des Fischens zum Teil noch heute fest. Das älteste Fischgift der Araber ist nach SCHAER *Balanithes aegyptiaca.*

Zu den nachweisbar ältesten Fischfangpflanzen gehört auch *Cyclamen.* Nach DE LUCA[6]) wird in Kalabrien auch in neuerer Zeit der ausgepreßte Saft der *Cyclamen*-Knollen dazu benutzt, um Süßwasserfische zu fangen.

---

[1]) E. FICKENDEY, Zeitschr. f. angew. Chemie **23**, 2166 (1910).

[2]) R. KOBERT, Beitr., S. 60.

[3]) M. GRESHOFF, Monographia de plantis venenatis et sopientibus, quae ad pisces capiendos adhiberi solent. Batavia 1893 bis 1900. Zit. nach KOBERT, l. c.

[4]) E. SCHAER, Pharmazeut. Ztg. **46**, 788 (1901).

[5]) L. ROSENTHALER, Arch. d. Pharmazie **240**, 57 (1901).

[6]) De LUCA, zit. nach N. TUFANOW, Inaug.-Diss. Dorpat 1886, S. 66.

Die Knollen werden zerquetscht und in einen leinenen Sack eingefüllt. Der Sack wird in den Fluß gelegt und zur Mittagszeit bei wolkenlosem Himmel mit den Füßen ausgepreßt. Dabei entsteht eine große Menge Schaum, der von der Strömung fortgeführt wird. Die davon erreichten Fische kommen an die Oberfläche, zuerst die kleineren, die sich in einer Betäubung befinden, dann die größeren, die durch heftige Anstrengungen dem Ufer zustreben, wo man sie mit Leichtigkeit fangen kann. Am anderen Morgen findet man am Flußufer einige tote Fische. In anderen Fällen befestigt man am Ende eines Stabes ein kleines leinenes Säckchen, welches mit zerquetschten *Cyclamen*-Knollen angefüllt ist. Wenn man das Säckchen in die Höhlungen der Felsen unter dem Wasser bringt, werden die Fische gezwungen, aus ihren Schlupfwinkeln herauszugehen und können nun in Netzen gefangen werden.

Saponine sind deshalb zum Fangen von Fischen besonders geeignet, weil die Fische genießbar bleiben, da sie praktisch nichts von dem Saponin aufnehmen. Wenn man versucht, die zum Töten oder auch nur zum Betäuben der Fische erforderliche Saponinmenge annähernd zu berechnen, kommt man allerdings für praktische Zwecke zu sehr hohen Werten. Sapotoxin und Quillajasäure müssen mindestens in einer Konzentration von 1 : 200 000 angewendet werden, um Seefische zu lähmen oder zu töten; in weiterer Verdünnung sind sie nicht mehr wirksam (KOBERT[1]). Dasselbe gilt für Digitonin und kleine Süßwasserfische (KOFLER[2]). Wenn wir diese Konzentration auch für andere Saponine annehmen, so sind für 1 m³ Wasser 5 g Saponin erforderlich, was ungefähr 250 g *Cyclamen*-Knollen entspricht, für einen ganz kleinen Teich von 400 cm³ Inhalt wären demnach schon 100 kg frischer *Cyclamen*-Knollen notwendig.

Im Interesse der Fischerei ist naturgemäß die Verwendung von Saponinen ebenso wie die anderer Fischgifte verboten Schon in einer Verordnung aus dem 13. Jahrhundert wird es den Fischern untersagt, Pflanzen zu gebrauchen, durch welche die Fische getötet werden (SCHELENZ[3]).

49. Handelssaponine

Das für wissenschaftliche Zwecke am meisten verwendete Saponinpräparat ist das Saponin pur. albiss. MERCK. Nach gütiger Mitteilung der Firma ist das Präparat „gereinigtes *Saponaria*-Saponin, enthält keine *Quillaja*-Bestandteile. Weißes, in Wasser leicht lösliches Pulver von großer Schaumkraft. Gebraucht wie Saponin, ferner in der Limonaden-

---

[1]) R. KOBERT, Beitr., S. 63.

[2]) L. KOFLER, Biochem. Zeitschr. **129**, 63 (1922).

[3]) H. SCHELENZ, Geschichte der Pharmazie, Berlin: J. Springer 1904, S. 315.

und Schaumgebäckindustrie (soweit gesetzlich erlaubt)". Das Präparat zeichnet sich durch mehrere Eigenschaften vor den meisten anderen Handelssaponinen aus. Es ist von weißer Farbe, in Wasser vollständig löslich, verhältnismäßig wenig hygroskopisch und relativ niedrig im Preise. Ein weiterer Vorteil des Präparates ist die ziemlich konstante Zusammensetzung und Beschaffenheit. Gemessen am hämolytischen Index fand ich keinen deutlichen Unterschied beim Vergleich zahlreicher zu verschiedenen Zeiten bezogener Proben. Bei Versuchen mit Hefe allerdings hatte BOAS[1]) einmal ein völlig inaktives Präparat in Händen.

Der größte Fehler des Saponin pur. albiss. ist sein Name, der bei den meisten Autoren die Meinung hervorruft, daß es sich um ein vollständig reines Präparat handle. Man findet in der Literatur sehr häufig angegeben, daß „Saponin purissimum albissimum MERCK" zur Verwendung gelangte oder „Saponin album purissimum" oder „reines MERCKsches Saponin".

Nun ist es aber eine große Täuschung, wenn man glaubt, in dem Saponin pur. albiss. ein chemisch reines Präparat in Händen zu haben. ROSENTHALER[2]) fand in dem Präparat Kohlenhydrate, KOFLER und DAFERT[3]) 1,85% Asche, KAWASHINA[4]) konnte durch Reinigung nach der Bleimethode, KOFLER und DAFERT nach der Barytmethode aus dem Saponin pur. albiss. ein physiologisch stärker wirksames Präparat gewinnen. MERCK[5]) selbst sagt nach Erörterung der Schwierigkeiten bei der Gewinnung und Reinigung: Die „meisten Handelssaponine sind daher keine absolut reinen Saponine, sondern sind anzusehen als gereinigte Pflanzenextrakte, die mehr oder weniger Kohlenhydrate enthalten. Ein gereinigtes Pflanzenextrakt, das stets noch Kohlenhydrate enthält, stellt auch das Saponin album MERCK dar". Welches von den im Handel befindlichen Präparaten unter dem Saponin album MERCK gemeint ist, läßt sich aus dem zitierten Jahresbericht nicht ersehen. Tatsächlich trifft diese Bemerkung aber auch auf das Saponin pur. albiss. MERCK zu.

Trotz der geringen Reinheit ist das Saponin pur. albiss. MERCK auch für viele wissenschaftliche Zwecke das derzeit am besten geeignete Handelspräparat. Bei gewissen Untersuchungen kann aber die Unreinheit des Präparates und der Name leicht zu Irrtümern Anlaß geben, z. B. dann, wenn das Präparat zu Untersuchungen über

---

[1]) F. BOAS, Ber. d. Dtsch. botan. Ges. **40**, 33 (1922).
[2]) L. ROSENTHALER, Arch. d. Pharm. **243**, 497 (1905).
[3]) L. KOFLER u. O. DAFERT, Ber. d. Dtsch. pharm. Ges. **33**, 215 (1923).
[4]) RENZABURO KAWASHINA, Acta scholae med. Kioto **4**, 251 (1921). Zit. nach Ber. ü. d. ges. Phys. u. Pharm. **16**, 391 (1923).
[5]) E. MERCK, Jahresbericht, 36. Jahrgang, S. 78, Dez. 1923.

die chemische Zusammensetzung der Saponine herangezogen wird (S. 97), oder zu Hämolyseversuchen, bei denen der Einfluß von Kohlenhydraten und verschiedenen Ionen auf den Ablauf der Hämolyse verfolgt werden soll (siehe S. 140).

Das Saponin crudum MERCK ist nach freundlicher Mitteilung der Firma E. MERCK „Extraktivstoff aus der weißen Seifenwurzel. Gelbbraunes bis braunes Pulver, in Wasser löslich zu einer stark schäumenden Flüssigkeit. Gebraucht für technische Zwecke, zur Beförderung der Emulgierbarkeit von Ölen, als Waschmittel, in der Textilindustrie, als Seifenersatz, Klebstoff und Schaummittel für Feuerlöschapparate“.

Das Sapotoxin MERCK ist nach MERCKs Index, III. Auflage (1910), „ein aus dem Handelssaponin dargestellter glykosidischer Körper, der auch in der *Quillaja*-Rinde enthalten ist. Die Sapotoxine aus *Quillaja* und *Saponaria* sind identisch...“. Letztere Angabe ist heute wohl kaum mehr haltbar, da die Saponine der *Quillaja*-Rinde und der levantinischen Seifenwurzel aller Wahrscheinlichkeit nach nicht identisch sind. MERCKs Index bezeichnet das Sapotoxin als sehr giftig. In Wirklichkeit ist das Sapotoxin MERCK nicht viel giftiger als das Saponin pur. albiss. MERCK. Bei Mäusen beträgt die kleinste tödliche Dosis des Sapotoxins per os die Hälfte, intravenös ein Drittel jener des Saponin pur. albiss.; subkutan ist die Dosis für das Sapotoxin sogar etwas höher (KOFLER und SCHRUTKA[1]). Große Ähnlichkeit zwischen den beiden Saponinen zeigt sich bei Hämolyseversuchen. Den meisten Blutarten gegenüber erhält man denselben oder einen ähnlichen hämolytischen Index, so daß die Resistenzreihen bei beiden Saponinen sehr ähnlich sind (KOFLER und LÁZÁR[2]).

Für wissenschaftliche Zwecke wird häufig auch das „Saponin gereinigt KAHLBAUM“ benutzt, über dessen Herkunft keine Angaben zu finden sind. Das Saponin gehört bei den Hämolyseversuchen zum Typus II von KOFLER und LÁZÁR, zeigt hierin also Ähnlichkeit mit dem Sapindus- und Senegasaponin.

Für technische Zwecke wird viel das billige Saponin der chemischen Fabrik Dr. R. STHAMER (Hamburg 1) benützt. Das Präparat besteht nach KOBERT[3] zu 72% aus den Saponinen der *Quillaja*-Rinde: Quillajasäure und Sapotoxin.

In England kommt für technische Zwecke ein Präparat unter dem Namen Powdered-Saponin in den Handel. Nähere Angaben darüber konnten nicht in Erfahrung gebracht werden.

---

[1] L. KOFLER u. W. SCHRUTKA, Biochem. Zeitschr. **159**, 327 (1925).
[2] L. KOFLER u. Z. LÁZÁR, Wien. klin. Wochenschr. 1927, Nr. 1.
[3] R. KOBERT, Beitr., S. 98, und HEFFTERS Handbuch, S. 1503.

Die Firma E. MERCK brachte und bringt zum Teil noch heute folgende Saponine in den Handel. Guajaksaponin (Saponin e cortice *Guajaci*), das als ungiftiges Saponin als Schaumerzeugungsmittel empfohlen wird; ferner Cyclamin, Digitonin, Helleborein, Quillajasäure, Roßkastaniensaponin, Sapindussaponin, Senegin, Smilacin und Solanin.

BOAS[1]) nennt ein „Quillajasaponin (reinst, GEHE u. Co., Dresden)" ein „Smilacin (Sarsaparilla-Saponin, SCHUCHARDT, Görlitz)" und „Guajaksaponin (nicht völlig rein, GEHE, Dresden)".

50. Saponinverzeichnis

In dem folgenden Verzeichnis sind jene Saponine zusammengestellt, die bisher aus den Pflanzen in mehr oder weniger reiner Form gewonnen und von den Autoren mit bestimmten Namen bezeichnet wurden. Bei jedem Saponin ist die Stammpflanze und möglichst vollständig die ganze Literatur angegeben. Die ältere Literatur entnahm ich durchwegs der Zusammenstellung von KOBERT in ABDERHALDENS Biochemischem Handlexikon, Band 7, S. 145. Berlin: J. Springer. 1912.

Acaciasaponin. *Acacia concinna* D. C. u. *Ac. concinna, var. rugata.*
L. WEIL, Beitr. z. Kenntnis d. Saponinsubst. u. ihrer Verbreitung, Diss. Straßburg 1901, S. 57, 67.
ROSENTHALER, Arch. d. Pharmazie **243**, 247, 1905.
REEB, bei Weil, l. c.

Achrassaponin. *Achras Sapota* L. sive *Sapota Achras.*
G. MICHAUD, Arch. des. sc. phys. et nat. 1891, novembre. Amer. chem. Journ. **13**, 572, 1891.
BOORSMA, Bull. d. l'Inst. bot. de Buitenzorg Nr. 14, Pharmakologie **1**, 28, 1902.
TH. PECKOLT, Ber. d. Dtsch. pharm. Ges. **14**, 36, 1904.

Aegicerassaponin. *Aegiceras maius* G.
BANCROFT, siehe MAIDEN, Indigenous vegetable drugs Dep. of. Agric. Sydney, Misc. Public. Nr. 256, 1899.
H. WEISS, Arch. d. Pharmazie, **244**, 226, 1906.

Aesculussaponin. *Aesculus Hippocastanum* L. Siehe auch **Argyraescin, Telaescin, Aphrodaescin** und **Methylaphrodaescin.**
W. v. SCHULZ, Arb. d. Pharmakol. Inst. zu Dorpat **16**, 108, 1896, Pharmazeut. Ztg. f. Rußland, Nr. 33, 1894.
FRÉMY, Annales de Chim. et de Phys. **58**, 101, 1860.
L. WEIL, Beitr. z. Kenntnis d. Saponinsubst. u. ihrer Verbreitung, Diss. Straßburg, S. 42, 1901.
REEB, bei WEIL, l. c., S. 67.
KOBERT, Beitr. z. Kenntnis d. Saponinsubst. Stuttgart. S. 90, 1903.

---

[1]) F. BOAS, Ber. d. Dtsch. botan. Ges. **40**, 32 (1922).

E. WINTERSTEIN u. H. BLAU, Zeitschr. f. physiol. Chem. 75, 410, 1911.
A. W. VAN DER HAAR, Rec. trav. chim. Pays-Bas, 42, 1080, 1923
u. 45, 271, 1926.

Agrostemma-Sapotoxin. *Agrostemma Githago.*

TH. CRAWFURD, WITTSTEINS Vierteljahrschr. 6, 361. Chem. Zentralbl.
604, 1857.

NATANSON, Über die Kornradesamen. Diss. St. Petersburg (russisch),
1867.

CHRISTOPHSOHN, Vergleichende Unters. ü. d. Saponine v. *Gypsophila
Struthium, Saponaria off.*, der reifen Quillajarinde u. d. reifen Samen
v. *Agrostemma Githago.* Diss. Dorpat, 1874.

LEHMANN u. MORI, Arch. f. Hyg. 9, 257, 1889.

N. KRUSKAL, Arb. d. Pharmakol. Inst. z. Dorpat, herausgeg. von
KOBERT 6, 106, 1891.

K. SÄNGER, Beitr. z. chem. Charakteristik d. Samen d. Kornrade usw.
Diss. München, 1904.

BRANDL, Arch. f. exp. Pathol. u. Pharmakol. 54, 245, 1906 u. 59, 301,
1908.

BRANDL u. MAYER, Arch. f. exp. Pathol. u. Pharmakol. 59, 266, 1908.

NEUMAYER, Arch. f. exp. Pathol. u. Pharmakol. 59, 311, 1908.

KOBERT, Pharmazeut. Post 1892, Okt. u. Nov. Landwirtsch. Versuchsstationen 71, 257, 1909.

E. WEDEKIND u. R. KREKE, Zeitschr. f. physiol. Chem. 155, 122, 1926.

Agrostemmasäure. *Agrostemma Githago.*

J. BRANDL, Arch. f. exp. Pathol. u. Pharmakol. 54, 262, 1906, 59, 245,
1908.

Agrostemmin. *Agrostemma Githago*, siehe auch **Agrostemmasapotoxin.**

H. SCHULZE, Arch. d. Pharmazie 155, 298 u. 156, 163, 1861.

Alfalfasaponin. *Medicago sativa.*

C. A. JAKOBSON, Journ. Amer. Chem. Soc. 41, 640, 1919.

Anagallissaponin und

Anagallissaponinsäure. *Anagallis arvensis.*

SCHNEEGANS, Journ. d. Pharmazie, Elsaß-Lothringen, S. 171, 1891.

Aphrodaescin. *Aesculus Hippocastanum* L. (Kotyledonen). Siehe auch
Aesculussaponin.

ROCHLEDER, siehe bei **Argyraescin.**

LAVES, Apoth. Ztg., Nr. 4, 1903.

Araliin. *Aralia spinosa.*

GRESHOFF, Mededeel. uit's Lands platentuin 29, 86, 1900. Pharmac.
Journ. and Trans. 642, 305, 1882. Amer. Journ. of Pharmacy 390,
402, 1880.

W. G. BOORSMA, Mededeel. uit's Lands platentuin 52, 74, 1902.

A. W. VAN DER HAAR, Ber. d. Dtsch. pharmazeut. Ges. 55, 3041, 1922.

Argyraescin. *Aesculus Hippocastanum* L.

ROCHLEDER, Sitzungsber. d. Wiener Akad. 33, 565, 1858; 45, 675,
1862; 54, 679, 1862; 55, 819, 1867; 56, 39, 1867. Ann. d. Chemie u.
Pharmazie 112, 112, 1859. Journ. f. prakt. Chemie 87, 1, 1862; 101,
415, 1867; 102, 16, 1867.

FRÉMY, Ann. de chim. et de physiol. **58**, 101, 1860.
ARTAULT DE VEVEY, Bull. des sciences pharmacol. **15**, 696, 1908.
KRAUT, GMELINS Handbuch 7, 2027.

Arthanitin = Cyclamin.

SALADIN, Journ. d. chimie méd. **6**, 417, 1830.

Asclepiasäure. *Asclepias vincetoxicum.*

MASSON, Bull. d. sciences pharmacol. **18**, 85, 1911.

Assamin. *Thea chinensis* L.

BOORSMA, Über d. saponinartigen Bestandteile der Assamteesamen.
Diss. Utrecht, 1890 (holländisch).
KOBERT, Arch. f. exp. Pathol. u. Pharmakol. **23**, 240, 1887.
KOBERT, Beitr. z. Kenntnis d. Saponinsubst. Stuttgart, S. 7, 1904.
HALBERKANN, Biochem. Zeitschr. **19**, 310, 1909.
WEIL, Beitr. z. Kenntnis d. Saponinsubst. Diss. Straßburg. 1901.

Assaminsäure. *Thea chinensis* L.

BOORSMA, siehe **Assamin.**

Balanitessaponin. *Balanites Roxburghii.*

L. WEIL, Beitr. z. Kenntnis d. Saponinsubst. u. ihrer Verbreitung. Diss.
Straßburg. S. 42, 1901.

Barringtoniasaponin. *Barringtonia insignis* Miq. und *Barringtonia Vriesei* T. et B.

WEIL, Beitr. z. Kenntnis d. Saponinsubst. Diss. Straßburg. S. 45, 1901.
GRESHOFF, Mededeel. uit's Lands platentuin **25**, 1898.

Barringtonin. *Barringtonia speciosa* Gaertn.

VAN DEN DRIESSEN-MAREEUW, Pharmaz. Weekblad **40**, 729, 1903.

Bassiasaponin = Mowrin, siehe dort.

Caincasäure. *Chiococca brachiata* R. et P.

FRANCOIS, PELLETIER u. CAVENTOU, Ann. d. chim. et de phys. **44**,
296, 1829; LIEBIG, POGGENDORFS Annal. **21**, 38, 1805.
ROCHLEDER, Sitzungsber. d. Wiener Akad. **56**, 41, 1867.

Caincin. *Chiococca brachiata* R. et P.

FRANCOIS, PELLETIER u. CAVENTOU, l. c.
ROCHLEDER u. HLASIWETZ, Journ. f. prakt. Chem. **51**, 415, 1850.
ROCHLEDER, Journ. f. prakt. Chem. **85**, 284, 1862; **102**, 16, 1867.

Camellin. *Thea japonica* L., *Thea Sasanqua* Thunb.

KATZUJAMA, Arch. d. Pharmazie, 3. Reihe, **213**, 334, 1878.
MAC CALLUM, Pharmac. Journ. **14**, 21, 1883.
HOLMES, JUSTS bot. Jahresber., II, 390, 1895.
M. GRESHOFF, Apoth.-Ztg., Nr. 95, 589, 1893.

Chamaelirin. *Chamaelirium luteum Asa Gray* sive *Helonias dioica* Pursh.

N. KRUSKAL, Arb. d. Pharmakol. Inst. z. Dorpat, herausgegeb. von
KOBERT **6**, 4, 24, 1891 u. **6**, 43, 1891.

Cephalanthin. *Cephalanthus occidentalis* L.

> CARL MOHRBERG, Arb. d. Pharmakol. Inst. z. Dorpat, herausgegeb.
> von KOBERT 8, 23, 1892.
> E. CLAASSEN, Pharmazeut. Zeitung 34, S. 384.

Cephalanthussaponin. Siehe **Cephalanthin.**

Cereinsäure. *Cereus gummosus* Engelm.

> G. HEYL, Arch. d. Pharmazie **239**, 465, 1901.

Comosumsäure. *Muscari comosum.*

> CURCI, Ann. di chim. 314, 1888.
> WAAGE, Pharmezeut. Zentralhalle **33**, 671, 1892.

Convallarin. *Convallaria majalis.*

> WALZ, Neues Jahrb. d. Pharmazie 10, 145.
> MARMÉ, Göttinger Gelehrte Anzeigen II, 160, 1867.
> LINDNER, Monatshefte f. Chem. **36**, 257, 1915.
> R. KOBERT, Ber. d. Dtsch. pharmazeut. Ges. 25, 162, 1915.
> E. HIRSCHBERG in KOBERT, Neue Beitr. II, S. 56.

Convallarinsäure. Siehe **Convallarin.**

Currosaponin. *Colletia cruciata* Gill u. Hook.

> L. PELAUDA POUCE, Rev. Facult. Ciencias Quimicas Univ. Nac. de
> La Plata 1, 183, 1923. Zit. nach Chem. Zentralbl. 1926, II, 2318.

Cyclamin = Arthanitin. *Cyclamen europaeum* L., *C. persicum* Mill., *C.
repandum* Sibth., *C. graecum* Lk., *C. Coum* Mill., *C. hederaefolium*
Ait., *C. neapolitanum* Ten.

> SALADIN, Journ. de chim. méd. 6, 417, 1830.
> BUCHNER u. HERBERGER, BUCHNERS Repert. f. d. Pharmazie **37**, 36,
> 1831.
> DE LUCA, Compt. rend. 44, 723, 1857; 47, 295, 1858; 87, 297, 1878.
> MARTIUS, Neues Repert. d. Pharmazie 8, 388, 1859.
> FR. PLZÁK, Ber. d. Dtsch. chem. Ges. **36**, II, 1761, 1903.
> MUTSCHLER, LIEBIGS Annalen **185**, 214, 1877.
> TUFANOW, Arb. d. Pharmakol. Inst. z. Dorpat, herausgegeb. von KOBERT
> 1, 103 u. 104 u. 106, 1888.
> KOBERT, Beitr. z. Kenntnis d. Saponinsubst., Stuttgart. S. 24 u. 36,
> 1904.
> MICHAUD, Jahresber. d. Chem. 2305, 1887.
> WINDAUS, Ber. d. Dtsch. chem. Ges. 42, 245, 1909.
> VOTOČEK, Sitzungsber. d. kgl. böhm. Akad. d. Wiss. 8, 1898.
> ROCHLEDER, LIEBIGS Annalen 185, 221, 1877.
> RAYMANN, Bull. internat. de l'Acad. de Sc. de Bohème 1896.
> MASSON, Bull. des sciences pharmacol. 18, 477, 1911.
> DAFERT, Arch. d. Pharmazie u. Ber. d. Dtsch. pharmazeut. Ges., Heft 6,
> 1926.

Digitalinum germanicum. Gemenge von Digitalisglykosiden, enthält
auch Saponine. Siehe **Digitonin.**

Digitonin. *Digitalis purpurea* L., *Dig. ambigua* Murr. *Dig. ochroleuca* Jacq. Siehe auch **Gitonin, Digitsaponin** u. **Digitalinum germanicum.**

O. SCHMIEDEBERG, Arch. d. exp. Pathol. u. Pharmakol. **3**, 18, 1875.
H. KILIANI, Ber. d. Dtsch. chem. Ges. **23**, 1555, 1890; **24**, 339, 1891; **32**, 341, 1899; **34**, 3561, 1902. Arch. d. Pharmazie **230**, 261, 1892; **231**, 448, 1893. Ber. d. Dtsch. chem. Ges. **43**, 3562, 1910; **49**, 701, 1916; **51**, 1613, 1918.
PASCHKIS, Wien. med. Jahrb. **44**, 195, 1888.
HOUDAS, Compt. rend. d. l'Acad. des Sc. **113**, 648, 1891.
EDINGER, Ber. d. Dtsch. chem. Ges. **32**, 339, 1899.
FISCHER, Ber. d. Dtsch. chem. Ges. **23**, 2623, 1890.
KILIANI u. WINDAUS, Ber. d. Dtsch. chem. Ges. **32**, 2201, 1899.
KILIANI u. MERCK, Ber. d. Dtsch. chem. Ges. **34**, 3562, 1902.
KILIANI u. BAZLEN, Arch. d. Pharmazie **232**, 334, 1894.
FÜHNER, Ber. d. Dtsch. chem. Ges. **42**, 241, 1909.
KOBERT, Chem. Zentralbl. 1912, II, 946.
A. W. VAN DER HAAR, Arch. d. Pharmazie **251**, 217, 1913. Biochem. Zentralbl. **76**, 335, 1916.
TH. PANZER, Zeitschr. f. physiol. Chem. **78**, 414, 1912.
A. WINDAUS, Ber. d. Dtsch. chem. Ges. **42**, 240, 1909. Zeitschr. f. physiol. Chem. **65**, 110, 1910.
A. WINDAUS u. WEIL, Zeitschr. f. physiol. Chem. **121**, 62, 1922.
A. WINDAUS u. G. BANDTE, Ber. d. Dtsch. chem. Ges. **56**, 2001, 1923.
A. WINDAUS u. A. SCHWIEGER, Ber. d. Dtsch. chem. Ges. **57**, 1386, 1924.
A. WINDAUS u. O. LINSERT, Zeitschr. f. physiol. Chem. **147**, 274, 1925.
A. WINDAUS u. U. WILLERDING, Zeitschr. f. physiol. Chem. **143**, 33, 1925.
A. WINDAUS, Nachr. d. Ges. d. Wiss. zu Göttingen, mathem.-physik. Kl. 1925, Juli. Zeitschr. f. physiol. Chem. **150**, 205, 1925.
A. WINDAUS u. S. V. SHAH, Zeitschr. f. physiol. Chem. **151**, 86, 1926.
H. KILIANI, Ber. d. Dtsch. chem. Ges. **59**, 2462, 1926.

Digitsaponin. *Digitalis purpurea* (Blätter). Siehe auch **Digitonin.**

R. KOBERT, Ber. d. Dtsch. chem. Ges. **22**, 205, 1912.

Dioscin. *Dioscorea Tokoro* Makino.

J. HONDA, Arch. f. exp. Pathol. u. Pharmakol. **51**, 213, 1904.

Dioscorea-Sapotoxin. *Dioscorea Tokoro* Makino.

J. HONDA, Arch. f. exp. Pathol. u. Pharmakol. **51**, 217, 1904.

Dulcamarin. *Solanum dulcamara.*

WITTSTEIN, WITTSTEINS Vierteljahrschr. f. prakt. Pharmazie **1**, 369, 1852.
Ew. GEISSLER, Über d. Bitterstoff v. *Solanum dulcamara.* Diss. Jena 1875; Arch. d. Pharmazie **207**, 289, 1875.
DAVIS, Pharmac. Journ. (4) **15**, 160, 1902.
G. MASSON, Bull. des sciences pharmacol. **19**, 238, 1912.

Dulcarin. *Solanum dulcamara.*

DESFOSSES, Journ. de Pharmazie **7**, 414, 1827.

Elatiorsaponin. *Primula elatior* L.

>L. KOFLER u. M. BRAUNER, Arch. d. Pharmazie u. Ber. d. Dtsch. pharmazeut. Ges. **263**, 424, 1925.
>L. KOFLER u. M. BRAUNER, TSCHIRCH-Festschrift, S. 351, 1926.

Entadasaponin. *Entada scandens* Benth.

>MOSS, Pharm. Journ. **18**, 242, 1888, bestritten von GRESHOFF, Pharmazeut. Zentralh. **33**, 743, 1892.
>BOORSMA, Mededeel. uit's Lands platentuin. **52**, 63, 1902.
>R. F. BACON u. H. T. MARSHALL, Philippine Journ. of Science **1**, 1037, 1906.
>L. ROSENTHALER, Arch. d. Pharmazie **241**, 614, 1903; **243**, 247, 1905.

Eupatorin. *Eupatorium rebaudianum* Bertoni.

>K. DIETRICH, Arb. d. kaiserl. Gesundheitsamtes **28**, 420, 1908.
>R. KOBERT, Ber. d. Dtsch. pharmazeut. Ges. **25**, 162, 1915.

Guajakblättersaponin. *Guajacum officinale* L.

>FRIEBOES, Beitr. z. Kenntnis d. Guajakpräparate. Rostocker Preisschrift. Stuttgart, S. 70, 1903.

Guajakblättersaponinsäure. *Guajacum officinale* L.

>FRIEBOES, l. c.

Guajakrindensaponinsäure. *Guajacum officinale* L.

>W. FRIEBOES, Beitr. z. Kenntnis d. Guajakpräparate. Rostocker Preisschrift. Stuttgart, S. 35, 1903.
>PAETZOLD, Beitr. z. pharmakogn. u. chem. Kenntnis d. Harzes u. Holzes von *Guajacum off.*, sowie *Palo balsano*. Diss. Straßburg, S. 54, 1901.
>SCHAER, Arch. f. exp. Pathol. u. Pharmakol. **47**, 131, 1902.
>KOBERT, Beitr. z. Kenntnis d. Saponinsubst., S. 27, 1903.
>ROSENTHALER, Arch. d. Pharmazie **243**, 247, 1905.
>HALBERKANN, Biochem. Zeitschr. **19**, 51 d. Sep.-Abdr., 1909.
>A. W. VAN DER HAAR, Biochem. Zeitschr. **76**, 335, 1916.

Guajakrindensaponin (neutr.) *Guajacum officinale* L.

>FRIEBOES ⎱
>KOBERT ⎰ siehe oben.

Githagin. *Agrostemma Githago.* Siehe auch **Agrostemmasapotoxin.**

>SCHARLING, Oversigt over det Kongl. Danske Vidensabernes Sels kabs Forhandlinger 1831, 31. Mai; 1832, 31. Mai; 1849, Nr. 5 bis 6, 96; Ann. d. Chemie u. Pharmazie **74**, 351, 1850.

Gitonin. *Digitalis purpurea.* Siehe auch **Digitonin.**

>H. KILIANI, Ber. d. Dtsch. chem. Ges. **49**, 701, 1916; **51**, 1613, 1918.
>A. WINDAUS u. SCHNECKENBURGER, Ber. d. Dtsch. chem. Ges. **46**, 2628, 1913.
>A. WINDAUS, Nachr. d. Ges. d. Wiss. Göttingen, mathem.-physik. Kl. 1925, Juli; Zeitschr. f. physiol. Chemie **147**, 275, 1925.

Gypsophilasaponin. Siehe **Saponalbin.**

Hederin. *Hedera helix.*

> A. W. VAN DER HAAR, Arch. d. Pharmazie **250**, 424, 1912; **251**, 632, 1914; Pharmaceutisch Weekblad **50**, 1350, 1913; Arch. d. Pharmazie **252**, 421, 1914; Biochem. Zeitschr. **76**, 335, 1916.
> W. A. JACOBS, Journ. Biol. Chem. **63**, 621, 1925 u. **64**, 379, 1925.
> A. W. VAN DER HAAR, Rec. trav. chim. Pays-Bas **44**, 740, 1925 u. **46**, 28.
> W. A. JACOBS u. E. L. GUSTUS, Journ. Biol. Chem. **69**, 641.

Helleborein. *Helleborus niger* L., *viridis* L. u. *foetidus* L.

> KOBERT, Beitr. z. Kenntnis d. Saponinsubst. Stuttgart, S. 29 u. 59, 1903.
> E. SIEBURG, Arch. d. Pharmazie **251**, 154, 1913.

Herniariasaponin. *Herniaria glabra* L. u. *H. hirsuta* L. (Herba *Herniariae*).

> BARTH u. HERZIG, Sitzungsber. d. Wiener Akad. d. Wiss., mathem.-naturw. Klasse **98**, Abt. 2b, 159, 1889.
> v. SCHULZ, Arb. d. Pharmakol. Inst. z. Dorpat, herausgegeb. v. KOBERT **14**, 111, 1896.
> GREIN, Pharmazeut. Zeitung **49**, 257, 1904.
> E. DEUSSEN, Dermatol. Wochenschr., S. 81, 1925.
> F. DAEBLER, in KOBERT, Neue Beitr. z. Kenntnis d. Saponinsubst. 1, 1916.

Illipesaponin. *Illipe latifolia* Engl. sive *Bassia latifolia* Roxb.

> L. WEIL, Beitr. z. Kenntnis d. Saponinsubst. Diss. Straßburg, S. 58, 1901.
> R. LUCKS, Landw. Vers.-Stat. **90**, 241. Nach chem. Zentralbl. 1917, II, 770.

Illipeblättersaponin. *Illipe latifolia.*

> BOORSMA, Bull, de l'Inst. bot. de Buitenzorg, Nr. 14, Pharmakologie, Nr. 1, 31, 1902.

Jegosaponin. *Styrax japonica* Siebold et Zuccarini.

> Y. ASAHINA u. M. MOMOYA, Arch. d. Pharmazie **252**, 56, 1914.

Lychnidin. *Lychnis flos cuculi.*

> P. SÜSS, Pharmazeut. Zeitung, **47**, 805, 1902; Verh. d. Naturforschervers. II, 667, 1902.

Maclayin. *Illipe Maclayana.*

> L. SPIEGEL, Chem. Zeitung, Nr. 97, 1896.
> LANGGAARD u. ELSNER, siehe bei SPIEGEL, l. c.

Melanthin. *Nigella sativa* L.

> H. G. GREENISH, Pharmac. Journ. 15. May and 19. June 1880.

Melanthinsäure. *Nigella sativa* L.

> H. G. GREENISH, Pharmac. Journ., 15. May and 19. June 1880.
> KOBERT, Beitr. z. Kenntn. d. Saponinsubst. Stuttgart, S. 9 u. 24, 1903.
> N. KRUSKAL, Arb. d. Pharmakol. Inst. z. Dorpat, herausgeg. von KOBERT, **6**, 29, 1891.
> V. SCHULZ, Arb. d. Pharmakol. Inst. z. Dorpat, herausgegeb. von KOBERT, **14**, 37 u. 112, 1896.

Methylaphrodaescin. *Aesculus Hippocastanum* L. Siehe auch **Aesculus-saponin.**

ROCHLEDER, Sitzungsber. d. Wiener Akad. 56, 716, 1867, siehe **Saponalbin.**

Methylsaponalbin. Siehe **Saponalbin.**

Mimusopssaponin. *Mimusops Elengi* L.

BOORSMA, Bull, de l'Inst. bot. de Buitenzorg Nr. 14, Pharmakologie Nr. 1, 29, 1902.

Monesin. *Chrysophyllum glycyphloeum* Casar. sive *Lucuma glycyphloea* Mart. et Eichler.

TSCHIRCH, Arch. d. Pharmazie 246, 558, 1908.
DEROSNE, HENRY u. PAYEN, Journ. d. Pharmazie 27, 20, 1840.
PAYEN, Examen chim.-médical du Monesia, Paris, 1841.
KOBERT, Beitr. z. Kenntnis d. Saponinsubst., S. 42, 1904.
ROSANOFF, Mediz. Obosrenie, 1136, 1890.

Mowrin. *Bassia longifolia (Illipe Malaborum).*

R. KOBERT, Die landwirtschaftlichen Versuchsstationen 71, 259, 1909.
E. VALENTA, Journ. de Pharm. et de chim. 13, 210, 1886.
KELLNER, VOLHARD, JUST u. HONCAMP, Dtsch. landwirtschaftliche Presse 29, Nr. 103, 832, 1902.
MOORE, BAKER-YOUNG u. SOWTON, Brit. med. Journ., Nr. 2539, 28. August 1909. Pharmazeutic. Journ. 83, 364, 1909; Biochem. Journ. 5, 94, 1909.
LUCKS, Landwirtsch. Vers.-Stat. 90, 241, 1917.
L. SPIEGEL u. A. MEYER, Ber. d. Dtsch. pharmazeut. Ges. 28, 100, 1918.

Mussenin. *Acacia anthelminthica* sive *Albizzia anthelminthica* A. Brogn.

THIEL, Journ. d. Pharm. et de chim. 19, 67, 1889; Chem. Zeitung 1885, Nr. 9; Tropenpflanzer 1901, 332; Pharmaz. Ztg. 22, 172, 1889.

Nepheliumsaponin. *Nephelium lappaceum* L.

J. DEKKER, Pharmaceutisch Weekblad 45, 1156.

Panaquilon. *Panax Ginseng* C. A. Mayer *Panax quinquefolia* L.

GARRIQUES, Ann. d. Chem. u. Pharmazie, 90, 231, 1854.
DAVYDOW, Pharmazeut. Zeitschr. f. Rußland, 29, 97, 1890.
FUJITANI, Arch. internat. d. Pharmakodyn. et d. Thér. 14, 355, 1905.
ASAHINA, YAKUGAKUSHI u. TAGUCHI, Journ. of Pharmac. Soc. Japan, 549, 1906.

Panaxsaponin. *Panax repens.*

FR. WENTRUP, Beitr. z. Kenntnis d. Saponine. Diss. Straßburg, S. 38, 1908.
L. ROSENTHALER u. P. STADLER, Ber. d. Dtsch. pharmazeut. Ges. 17, 450, 1907.
INONE, Journ. of Pharmac. Soc. of Japan 327, 1902.
Y. MURAYAMA u. T. ITAGAKI, Journ. Pharm. Soc. Jap. 501, 53, nach Pharmazeut. Zentralh. 65, 318, 1924.

Parillin. *Smilax spec.* (Radix *Sarsaparillae*). Siehe auch **Sarsasaponin** und **Smilacin.**

G. PALLOTA, Journ. of Pharmacy 10, 543, 1824.
F. A. FLÜCKIGER, Arch. d. Pharmazie 7, 1, 1877.

V. Schulz, Arb. d. Pharmakol. Inst. z. Dorpat, herausgeg. v. Kobert **14**, 30, 1896.

Otten, Histol. Unters. d. Sarsaparillen. Diss. Dorpat 1876.

Brasche, Über Verwendbarkeit d. Spektroskopie z. Unterscheidung d. Farbenreaktionen der Gifte. Diss. Dorpat 1891.

H. P. Kaufmann u. C. Fuchs, Ber. d. Dtsch. chem. Ges. **56**, 2527, 1923.

Paristyphnin. *Paris quadrifolia* L.

Walz, Jahrb. d. prakt. Pharmazie 4, 3, 1841; 5, 284, 1842; 6,10, 1843; Neues Jahrb. d. Pharmazie **13**, 355, 1860.

Delffs, Neues Jahrb. d. Pharmazie 9, 25, 1858.

Pieroglycion. *Solanum dulcamara.*

Pfaff, Materia medica **6**, 505.

Pithecolobin. *Pithecolobium bigeminum* Mart. u. *Pith. Saman* Benth.

Greshoff, Mededeel. uit's Lands platentuin **21**, 71, 1900.

L. Rosenthaler, Zeitschr. d. Allg. österr. Apothekerver. S. 147, 1906.

Polygalasäure. Siehe **Senegin.**

Primulasäure. *Primula veris.*

Hünefeld, Journ. f. prakt. Chem. 1836 u. 1839.

L. Mutschler, Liebigs Ann. d. Chem. **185**, 214.

Masson, Bull. des sciences pharmacol. 18, 699, 1912.

O. Engfeldt, Svensk Farmac. Tidskr. **25**, 31, 1921.

R. Joachimowitz, Wien. klin. Wochenschr. **33**, 606, 1920.

R. Wasicky, Pharmazeut. Post **53**, 202, 1920; Heil- u. Gewürzpflanzen 4, 49, 1921.

F. Gaisböck, Klin. Wochenschr. **3**, 474, 1924.

B. Straudell, Finska Apotekareföreningens Tidskrift **13**, 49, 1924.

L. Kofler, Arch. d. Pharmazie u. Ber. d. Dtsch. pharmazeut. Ges. **262**, 318, 1924.

L. Kofler u. M. Brauner, Arch. d. Pharmazie u. Ber. d. Dtsch. pharmazeut. Ges. **263**, 424, 1925.

L. Kofler u. M. Brauner, Tschirch-Festschrift S. 351, 1926.

Primulin. Siehe **Primulasäure.**

Polysciassaponin. *Polyscias nodosa* Seem.

A. W. van der Haar, Pharmaceutisch Weekblad **45**, 1184; Biochem. Zeitschr. **76**, 335, 1916; Arch. d. Pharmazie 247, 213, 1909 u. **250**, 424, 1912; Pharmaceutisch Weekblad 50, 1350, 1381, 1413, 1913; Arch. d. Pharmazie **252**, 421, 1914; Biochem. Zeitschr. **76**, 350, 1916.

Quillajasäure. *Quillaja saponaria* Mol., *Quill. lancifolia* Don., *Quill. brasiliensis* Mart., *Quill. Sellowiona* Walp., *Quill. smegmadermos* D. C.

Kobert, Arch. f. exp. Pathol. u. Pharmakol. **23**, 233, 1887; Beitr. z. Kenntnis d. Saponinsubst. Stuttgart, S. 23, 1904.

P. Hoffmann, Ber. d. Dtsch. chem. Ges. **36**, 2724, 1903.

N. Kruskal, Arb. d. Pharmakol. Inst. z. Dorpat, herausgeg. v. Kobert 6, 30, 1891.

Stütz, Liebigs Annalen **218**, 231, 1883.

Brandl, Arch. f. exp. Pathol. u. Pharmakol. **54**, 260, 1906.

A. WINDAUS, E. HAMPE u. M. RABE, Zeitschr. f. physiol. Chem. **160,** 301, 1926.

A. WINDAUS, Nachr. d. Ges. d. Wiss. zu Göttingen, mathem.-physik. Kl. 1925, Juli.

Quillaja-Sapotoxin. *Quillaja saponaria* Mol., *Quill. lancifolia* Don., *Quill. brasiliensis* Mart., *Quill. Sellowiana* Walp. u. *Quill. smegmadermos* D. C.

KOBERT, Arch. f. exp. Pathol. u. Pharmakol. **23,** 241, 1887; Beitr. z. Kenntnis d. Saponinsubst. Stuttgart, S. 22, 1904.

N. KRUSKAL, l. c.

v. SCHULZ, Arb. d. Pharmakol. Inst. z. Dorpat, herausgeg. von KOBERT **14,** 86, 1896.

PACHARUKOW, Arb. d. Pharmakol. Inst. z. Dorpat, herausgeg. von KOBERT, **1,** 4, 1888.

BRANDL, Arch. f. exp. Pathol. u. Pharmakol. **54,** 262, 1906.

HESSE, LIEBIGS Annalen **261,** 373, 1891.

ROCHLEDER, Sitzungsber. d. Wiener Akad., mathem.-naturw. Kl. **56,** 97, 1867.

E. SCHMIDT, Apoth.-Zeitung 805, 1906.

Randiasaponin. *Randia dumetorum* Seem.

VOGTHERR, Arch. d. Pharmazie **232,** 512, 1894.

Randiasäure. *Randia dumetorum* Seem.

VOGTHERR, l. c.

Raraksaponin. *Sapindus Rarak* D. C.

O. MAY, Chem.-pharmakogn. Unters. d. Früchte v. *Sapindus Rarak.* Diss. Straßburg, S. 24, 1905.

Rübensaponin. Zuckerrübe und Futterrübe.

K. SMOLENSKI, Zeitschr. f. physiol. Chem. **71,** 266, 1911.

K. ANDRLIK u. E. VOTOČEK, Neue Zeitschr. f. Zuckerrüben-Industrie **40,** 39, 1898; zit. n. Chem. Zentralbl. 1898, I, 621.

F. SCHULZ, Zeitschr. f. Zuckerindust. Böhmen **41,** 3, 1916; zit. nach Chem. Zentralbl. 1916, I, 39 u. 829.

E. BLANCHARD, in KOBERT, Neue Beitr. I, 126.

KOBERT, Heil- u. Gewürzpflanzen 1, 218, 1917/1918.

A. TRAEGEL, Zeitschr. Ver. Dtsch. Zuckerindust. S. 145, 1925; zit. nach Chem. Zentralbl. 1925, II, 1102.

K. ANDRLIK, Zeitschr. f. Zuckerindust. Böhmen **41,** 343 u. 531, 1917; zit. n. Chem. Zentralbl. 1917, I, 925 u. 1917, II, 82.

F. EHRLICH u. K. REHORST, Ber. d. Dtsch. chem. Ges. **58,** 1989, 1925.

Sakurasosäure. *Primula Sieboldii* Morr.

H. YANAGISAWA u. N. TAKOSHIMA, Journ. Pharm. Soc. Japan. 1926, S. 81.

Sapindussaponin (Sapindus-Sapotoxin). *Sapindus saponaria* L., *Sapindus Mukorossi* Gaertn.

N. KRUSKAL, Arb. d. Pharmakol. Inst. z. Dorpat, herausgeg. v. KOBERT **6,** 23, 1891.

L. WEIL, Beitr. z. Kenntnis d. Saponinsubst. Diss. Straßburg S. 57, 1901.

RADLKOFER, Sitzungsber. d. kgl. Bayr. Akad. d. Wiss., math.-phys.
Klasse, 1878, Juni, S. 221ff. u. 1890.
WIESNER, Rohstoffe des Pflanzenreiches. Wien S. 761, 1873.
WINTERSTEIN u. BLAU, Zeitschr. f. physiolog. Chem. 75, 410, 1911.
WINTERSTEIN u. MAXIM, Helv. chim. acta 2, 195, 1919.
W. A. JACOBS, Journ. Biol. chem. 63, 621, 1925.
PECKOLT, Ber. d. Dtsch. pharmazeut. Ges. 12, 103, 1902.
R. ASAHINA u. M. MOMOYA, Arch. d. Pharmazie 252, 58, 1914.
W. A. JACOBS, Journ. Biol. Chem. 64, 379, 1925.

Saponalbin. *Gypsophila Arrostii* Gussone und *Gyps. paniculata* L. und andere Caryophyllaceen, „Levantinische Seifenwurzel".

KRUSKAL, Arb. d. Pharmakol. Inst. z. Dorpat, herausgeg. v. KOBERT 6,
15, 1891.
KOBERT, Beitr. z. Kenntnis d. Saponinsubst., Stuttgart 1904.
ROSENTHALER, Arch. d. Pharmazie 243, 496, 1905.
FLÜCKIGER, Arch. d. Pharmazie 228, 199, 1890.
CHRISTOPHSOHN, Vergleich. Unters. ü. d. Saponine usw. Diss. Dorpat 1874.
BUSSY, Journ. d. Pharmacy 19, 1, 1833.
ROCHLEDER u. SCHWARZ, Sitzungsber. d. Wiener Akad. 11, 335, 1854.
ROCHLEDER u. v. PAYR, Sitzungsber. d. Wiener Akad. 45, 7, 1862.
BOLLEY, Ann. d. Chem. u. Pharmazie 90, 211, 1854.
ROCHLEDER, Sitzungsber. d. Wiener Akad. 56, 97, 1867.
WENTRUP, Beitr. z. Kenntnis d. Saponine. Diss. Straßburg, 1908.
ZIMMERMANN, Über die Spaltung des Gypsophila-Saponins. Diss. Straß-
burg 1909.
BARTH u. HERZIG, Sitzungsber. d. Wiener Akad., mathem.-naturw. Kl.
98, Abt. 2 b, 159, 1889.
TRENDELENBURG, Arch. f. exp. Pathol. u. Pharmakol. 61, 256, 1909.
O. MAY, Chem.-pharmakogn. Unters. d. Früchte v. *Sapindus Rarak*.
Diss. Straßburg, S. 51, 1905.
A. W. VAN DER HAAR, Arch. d. Pharm. 251, 217, 1913.
L. KOFLER u. O. DAFERT, Ber. d. Dtsch. pharm. Ges. 33, 215, 1923.
P. KARRER, W. FIORINI, R. WIDMER u. H. LIER, Helv. chim. acta 7,
781, 1924.
P. KARRER u. H. LIER, Helv. chim. acta 9, 26, 1926.
A. W. VAN DER HAAR, Rec. trav. chim. Pays-Bas 46, 85.

Saporubin. *Saponaria officinalis* (Radix *Saponariae*).

SCHRADER, GEHLENS allgem. Journ. d. Chemie 8, 548, 1808.
BUCHHOLZ, Taschenbuch f. Scheidekünstler 1811.
OVERBECK, Arch. d. Pharmazie 177, 134, 1854.
CHRISTOPHSON, Vergleichende Unters. ü. d. Saponin d. *Gypsophila
Struthium*, der *Saponaria off.*, der Quillajarinde und der Korn-
radesamen. Diss. Dorpat 1874.
W. v. SCHULZ, Arb. d. Pharmakol. Inst. z. Dorpat, herausgeg. v. KOBERT
14, 82, 1896.
BOLLEY, Ann. d. Chemie u. Pharmazie 90, 211, 1854.
SCHIAPARELLI, Ann. d. Chim. appl. al Farm. ed Med. 77, 65, 1884.

Saporubrinsäure. *Saponaria officinalis*. Siehe auch **Saponalbin.**

R. KOBERT, Beitr. z. Kenntnis d. Saponinsubst. Stuttgart. S. 25, 1904.

Sapotin. *Achras Sapota* L. und *Achras Sapota var. sphaerica* Bg.

> G. Mischaud, Arch. des sc. phys. et nat. 1891, novembre. Amer. Chem. Journ. **13**, 572, 1891.
> Th. Peckolt, Ber. d. Dtsch. pharmazeut. Ges. **14**, 36, 1904.
> R. Kobert, Beitr. z. Kenntnis d. Saponinsubst. Stuttgart, S. 43, 1904.
> Boorsma, Bull. de l'Inst. bot. de Buitenzorg Nr. 14; Pharmakologie 1, 28, 1902.

Sapotoxin. „Levantinische Saponaria". Siehe **Saponalbin.**

Sarsasaponin. *Smilax spec.* (Radix *Sarsaparillae*). Siehe auch **Smilacin** und **Parilin.**

> v. Schulz, Arb. d. Pharmakol. Inst. z. Dorpat, herausgeg. von Kobert **14**, 30, 1896.
> F. B. Power u. A. Salway, Journ. Chem. soc. London **105**, 201, 1914.

Schimasaponin. *Schima Noronhae* Reinw.

> Weil, Beitr. z. Kenntnis d. Saponinsubst. Diss. Straßburg, S. 30, 1901.

Schimasaponinsäure. *Schima Noronhae.*

> Weil, l. c.

Senegin. *Polygala Senega* L. (Radix *Senegae*).

> Pechier, Repert. f. d. Pharmazie **11**, 158, 1821.
> Ouévenne, Journ. de Pharmacie **22**, 460, 1836; **23**, 270, 1837.
> Gehlen, Berliner Jahrb. f. Pharmazie **10**, 112, 1804.
> B. Trommsdorf, Pharmazeut. Centralbl., 30. Juni 1832.
> Bolley, Ann. d. Chem. u. Pharmacie **40**, 211, 1854.
> J. U. Lloyd u. C. H. Lloyd, Amer. Journ. of Pharmacy 1881, Oct.
> J. U. Lloyd, Pharmaz. Rundschau **86**, 191, 1889.
> John Maish, Amer. Journ. of Pharmacie 449, 1889.
> Kruskal, Arb. d. Pharmakol. Inst z. Dorpat, herausgeg. v. Kobert **6**, 27, 1891.
> v. Schulz, Arb. d. Pharmakol. Inst. z. Dorpat, herausgeg. v. Kobert **14**, 87, 1896.
> Funaro, Gazetta chimica ital. **19**, 21, 1889.
> Kestner, Sitzungsber. d. Dorpater Naturf.-Ges. **13**, 289, 1897.
> Atlass, Arb. d. Pharmakol. Inst. z. Dorpat, herausgeg. v. Kobert **1**, 65, 1888.
> Ciupercesco, Bull. de l'Assoc. pharm. de Roumanie, Nr. 1, 1903.
> D. v. Schroff, Lehrb. d. Pharmakol. Wien, S. 390 bis 392, 1868.
> A. W. van der Haar, Arch. d. Pharmazie **251**, 217, 1913; Biochem. Zeitschr. **76**, 335, 1916.
> Wedekind u. Krecke.

Smilacin (Smilasaponin, Sarsaparillsaponin). *Smilax spec.* (Radix *Sarsaparillae*). Siehe auch **Parillin** und **Sarsasaponin.**

> F. B. Power u. A. H. Salway, Journ. Chem. soc. London **105**, 201, 1914.

Strophanthinsäure. *Strophanthus gratus* (Samen).

> E. Sieburg, Ber. d. Dtsch. pharmazeut. Ges. **23**, 278, 1913.
> E. Hessel, Sitzungsber. Naturf.-Ges. Rostock **2**, 5, 1913.

Teesaponin. *Thea chinensis.* Siehe **Assamin.**

   L. WEIL, Beitr. z. Kenntnis d. Saponinsubst. Diss. Straßburg. S. 26, 1901.

Teesaponinsäure. *Thea chinensis.* Siehe **Assaminsäure.**

   L. WEIL, l. c.

Telaescin. *Aesculus Hippocastanum* L. Siehe auch **Aesculussaponin.**

   ROCHLEDER, Sitzungsber. d. Wiener Akad. **57**, 783, 1868.

Trilliin. *Trillium erectum.*

   WAYNE, MERCKs Bulletin **5**, 312, 1892.
   REID, Americ. Journ. of Pharmacy **64**, 69, 1892.
   WAAGE, Pharmazeut. Zentralh. **33**, 1892.

Verbascumsaponin. *Verbascum sinuatum* L.

   L. ROSENTHALER, Phytochem. Unters. der Fischfangpflanze *Verbascum sinuatum* L. u. einiger anderer Scrophulariaceen. Diss. Straßburg, S. 81, 1901 u. Arch. d. Pharmazie **243**, 247, 1905.

Yuccasaponin. *Yucca filamentosa* L., *Yucca baccata* L., *Yucca angustifolia* Pursh.

   HELENE C. D. S. ABBOTT, Pharmac. Journ. and Trans. 1086, 1886, *Yucca angustifolia*, a chem. study. Philadelphia 1886.
   MORRIS, Amer. Journ. of Pharmacy 520, 1895.
   v. SCHULZ, Arbeit. d. Pharmakol. Inst. zu Dorpat, herausgeg. von KOBERT **14**, 110, 1896.
   L. H. CHERNOFF, A. VIEHOEVER u. C. O. JOHNS, Journ. of biologic. Chemistr. **28**, 437, 1917.

Verzeichnis der häufig benützten Literatur

R. KOBERT: Beiträge zur Kenntnis der Saponinsubstanzen, Stuttgart: F. Enke, 1904. (Abkürzung: R. KOBERT, Beitr.)

R. KOBERT: Neue Beiträge zur Kenntnis der Saponinsubstanzen, I., Stuttgart: F. Enke, 1916. (Abkürzung: R. KOBERT, Neue Beitr., I.)

R. KOBERT: Neue Beiträge zur Kenntnis der Saponinsubstanzen, II., Stuttgart: F. Enke, 1917. (Abkürzung: R. KOBERT, Neue Beitr., II.)

R. KOBERT: Die Saponine, Biochemisches Handlexikon, herausgegeben von E. ABDERHALDEN. Berlin: Julius Springer, VII, 1912, S. 45.

R. KOBERT (erweitert von SIEBURG): Die Saponingruppe, in Handbuch der experimentellen Pharmakologie, herausgegeben von A. HEFFTER. Berlin: Julius Springer, II. Band, II. Hälfte, 1924, S. 1476. (Abkürzung: R. KOBERT in HEFFTERS Handb.)

L. ROSENTHALER: Saponinpflanzen, in Realenzyklopädie der gesamten Pharmazie, herausgegeben von MÖLLER und THOMS. Berlin und Wien: Urban & Schwarzenberg, Band XI (1908), S. 110, und I. Ergänzungsband 1914, S. 341.

E. SIEBURG: Isolierung, Nachweis und Abbaustudien auf dem Gebiete der Saponine, in Handbuch der biologischen Arbeitsmethoden, herausgegeben von E. ABDERHALDEN. Berlin und Wien: Urban & Schwarzenberg, Abt. 1, Teil 10 (1923), S. 545.

Sachverzeichnis

Handbuch der experimentellen Pharmakologie. Bearbeitet von zahlreichen Fachgelehrten. Herausgegeben von **A. Heffter †,** ehemaligem Professor der Pharmakologie an der Universität Berlin, fortgeführt von **W. Heubner,** Professor der Pharmakologie an der Universität Göttingen.

Erster Band: Kohlenoxyd. — Kohlensäure. — Stickstoffoxydul. — Narkotica der aliphatischen Reihe. — Ammoniak und Ammoniumsalze. — Ammoniakderivate. — Aliphatische Amine und Amide. Aminosäuren. — Quartäre Ammoniumverbindungen und Körper mit verwandter Wirkung. — Muscaringruppe. — Guanidingruppe. — Cyanwasserstoff. Nitrilglucoside. Nitrile. Rhodanwasserstoff. Isocyanide. — Nitritgruppe. — Toxische Säuren der aliphatischen Reihe. — Aromatische Kohlenwasserstoffe. — Aromatische Monamine. — Diamine der Benzolreihe. — Pyrazolonabkömmlinge. — Camphergruppe. — Organische Farbstoffe. Mit 127 Textabbildungen und 2 farbigen Tafeln. III, 1293 Seiten. 1923. RM 84.—

Zweiter Band. 1. Hälfte: Pyridin. Chinolin, Chinin, Chininderivate. —, Cocaingruppe, Yohimbin. — Curare und Curarealkaloide. — Veratrin und Protoveratrin. — Aconitingruppe. — Pelletierin. — Strychningruppe. — Santonin. — Pikrotoxin und verwandte Körper. — Apomorphin, Apocodein, Ipecacuanha. — Alkaloide. — Colchicingruppe. — Purinderivate. Mit 98 Textabbildungen. 598 Seiten. 1920. RM 39.—

— 2. Hälfte: Atropingruppe. — Nicotin. Coniin. Piperidin. Lupetidin. Cytisin. Lobelin. Spartein. Gelsemin. — Quebrachoalkaloide. — Pilocarpin. Physostigmin. Arecolin. — Papaveraceenalkaloide. — Kakteenalkaloide. — Cannabis (Haschisch). — Hydrastisalkaloide. — Adrenalin und Adrenalinverwandte Substanzen. — Solanin. — Mutterkorn. — Digitalisgruppe. — Phlorhizin. — Saponingruppe. — Gerbstoffe. — Filixgruppe. Bittermittel. — Cotoin. — Aristolochin. — Anthrachinonderivate. Chrysarobin. Phenolphthalein. — Koloquinten (Colocynthin). — Elaterin. Podophyllin. Podophyllotoxin. Convolvulin. Jalapin (Scammonin). Gummi-Gutti. Cambogiasäure. Euphorbium. Lärchenschwamm. Agaricinsäure. — Pilzgifte. — Ricin. Abrin. Crotin. — Tierische Gifte. — Bakterientoxine. Mit 184 zum Teil farbigen Textabbildungen. 1375 Seiten. 1924. RM 87.—

Dritter Band. 1. Hälfte: Die osmotischen Wirkungen. — Schwer resorbierbare Stoffe. — Zuckerarten und Verwandtes. — Wasserstoff- und Hydroxylionen. — Alkali- und Erdalkalimetalle. Fluor. Chlor. Brom. Jod. — Chlorsäure und verwandte Säuren. — Schweflige Säure. — Schwefel. — Schwefelwasserstoff. Sulfide. Selen. Tellur. — Borsäure. — Arsen und seine Verbindungen. — Antimon und seine Verbindungen. — Phosphor und Phosphorverbindungen. Mit 62 Abbildungen. VIII, 619 Seiten. 1927. RM 57.—

— 2. Hälfte. Die Schwermetalle. Allgemeines über Metalle. Silber, Quecksilber, Kupfer, Gold, Platin und andere Edelmetalle. Von W. Heubner-Berlin. — Zink, Mangan, Kobalt, Nickel, Cadmium, Blei, Zinn, Aluminiumgruppe, Chrom, Wismut, Thalliumgruppe, Uran, Wolfram, Molhybden. Von F. Flury-Würzburg. — Eisen. Von E. Starkenstein-Prag. — Generalregister für das ganze Handbuch. In Vorbereitung.

Die Arzneimittel-Synthese auf Grundlage der Beziehungen zwischen chemischem Aufbau und Wirkung. Für Ärzte, Chemiker und Pharmazeuten. Von Dr. **Sigmund Fränkel,** a. o. Professor für medizinische Chemie an der Wiener Universität. Sechste, umgearbeitete Auflage. VIII, 935 Seiten. 1927. RM 87.—; gebunden RM 93.—

Inhaltsverzeichnis

Allgemeiner Teil. Theorie der Wirkungen anorganischer Körper. — Theorie der Wirkungen organischer Verbindungen. — Bedeutung der einzelnen Atomgruppen für die Wirkung. — Veränderungen der organischen Substanzen im Organismus. — Spezieller Teil. Allgemeine Methoden, um aus bekannten wirksamen Verbindungen Verbindungen mit gleicher physiologischer Wirkung aufzubauen, denen aber bestimmte Nebenwirkungen fehlen. — Antipyretica. — Alkaloide. — Schlafmittel und Inhalationsanaesthetica. — Antiseptica und Adstringentia. — Abführmittel. — Antihelminthica. — Campher und Terpene. — Glykoside. — Reduzierende Hautmittel. — Glycerophosphate. — Diuretica. — Gichtmittel. — Benzylderivate. — Derivate der Gallensäuren. — Wasserstoffsuperoxyd. — Nachträge. — Patentverzeichnis. — Namenverzeichnis. — Sachverzeichnis.

Die neueren chemotherapeutischen Präparate aus der Chininreihe (Optochin, im besonderen Eukupin und Vuzin) **und aus der Akridinreihe** (Trypaflavin, Rivanol). Eine kritische Besprechung des bisherigen Erfolges und der Grundlagen der Therapie. Von **Ernst Laqueur,** Direktor des Pharmakologischen Instituts, Amsterdam. Unter Mitwirkung von A. Grevenstuk, Assistent am Pharmakologischen Institut Amsterdam, A. Sluyters, I. Assistent am Pharmakologischen Institut Amsterdam, und L. K. Wolff, I. Assistent am Hygienischen Institut Amsterdam. (Sonderabdruck aus „Ergebnisse der inneren Medizin und Kinderheilkunde", Bd. 23.) 91 Seiten. 1923. RM 3.—

Gesammelte Werke. Von Emil Fischer. Herausgegeben von M. Bergmann.

Untersuchungen über Aminosäuren, Polypeptide und Proteine I (1899 bis 1906). X, 770 Seiten. 1906. Unveränderter Neudruck. 1925. RM 48.—; gebunden RM 51.—

Untersuchungen über Aminosäuren, Polypeptide und Proteine II (1907 bis 1919). X, 922 Seiten. 1923. RM 29.—; gebunden RM 32.—

Untersuchungen über Kohlenhydrate und Fermente I (1884 bis 1908). VIII, 912 Seiten. 1909. Unveränderter Neudruck. 1925. RM 57.—; gebunden RM 60.—

Untersuchungen über Kohlenhydrate und Fermente II (1908 bis 1919). IX, 534 Seiten. 1922. RM 19.—; gebunden RM 22.—

Untersuchungen über Depside und Gerbstoffe (1908 bis 1919). VI, 541 Seiten. 1919. RM 21.80

Untersuchungen in der Puringruppe (1882 bis 1906). VIII, 608 Seiten. 1907. RM 15.—

Untersuchungen über Triphenylmethanfarbstoffe, Hydrazine und Indole. IX, 880 Seiten. 1924. RM 39.—; gebunden RM 40.50

Untersuchungen aus verschiedenen Gebieten. Vorträge und Abhandlungen allgemeinen Inhalts. X, 914 Seiten. 1924. RM 40.50; gebunden RM 42.—

Organische Synthese und Biologie. Zweite, unveränderte Auflage. 28 Seiten. 1912. RM 1.—

Neuere Erfolge und Probleme der Chemie. 30 Seiten. 1911. RM 0.80

Kohlenwasserstofföle und Fette sowie die ihnen chemisch und technisch nahestehenden Stoffe. Von Professor Dr. **D. Holde**, Dozent an der Technischen Hochschule Berlin. Sechste, vermehrte und verbesserte Auflage. Mit 179 Abbildungen im Text, 196 Tabellen und einer Tafel. XXVI, 856 Seiten. 1924. Gebunden RM 45.—

Die Chemie des Lignins. Von Dr. **Walter Fuchs**, Privatdozent an der Deutschen Technischen Hochschule in Brünn. XII, 328 Seiten. 1926. RM 18.—; gebunden RM 19.50

Grundzüge der chemischen Pflanzenuntersuchung. Von Dr. **L. Rosenthaler**, a. o. Professor an der Universität Bern. Zweite, verbesserte und vermehrte Auflage. IV, 115 Seiten. 1923. RM 4.—

Kurzes Lehrbuch der allgemeinen Chemie. Von **Julius Gróh**, o. ö. Professor der Chemie an der Tierärztlichen Hochschule Budapest. Übersetzt von Paul Hári, o. ö. Professor der Physiologischen und Pathologischen Chemie an der Universität Budapest. Mit 69 Abbildungen. VIII, 278 Seiten. 1923. Gebunden RM 8.—

Chemiker-Kalender 1927. Ein Hilfsbuch für Chemiker, Physiker, Mineralogen, Industrielle, Pharmazeuten, Hüttenmänner usw. Begründet von Dr. **Rudolf Biedermann**, fortgeführt von Professor Dr. **W. Roth**. Herausgegeben von Professor Dr. **J. Koppel**. In drei Bänden. Achtundvierzigster Jahrgang.

Erster Band. Taschenbuch. VI, 54 Seiten.

Zweiter Band. Die wichtigsten Eigenschaften anorganischer und organischer Stoffe. — Dichten. — Löslichkeiten. Analyse aller Art. — Lösungsmittel. — IV, 714 Seiten.

Dritter Band. Theoretischer Teil. IV, 592 Seiten. 1927. Zusammen RM 18.—